Darstellende Geometrie
für Maschineningenieure

Von

Dr. Marcel Großmann
Professor an der Eidgenössischen Technischen Hochschule
in Zürich

Mit 260 Textabbildungen

Berlin
Verlag von Julius Springer
1927

ISBN-13: 978-3-642-89777-1 e-ISBN-13:978-3-642-91634-2
DOI: 10.1007/978-3-642-91634-2

Reprint of the original edition 1927

Vorwort.

1. Für den werdenden Maschineningenieur.

Das vorliegende Werk bestrebt sich, einzuführen in die Vorstellungswelt, in der die Kenntnisse und Fähigkeiten der Formgebung im Maschinenbau wurzeln. Die darstellende Geometrie hat ihren Platz im Studienprogramm des Maschineningenieurs von jeher eingenommen wegen der Möglichkeit, den Unterricht in hohem Maße geeignet zu machen, die räumliche Vorstellung der Hörer zu entwickeln, zu präzisieren und anzuregen. Dabei ist freilich immer mehr die Erkenntnis durchgedrungen, daß die Vorstellungswelt des Technikers grundverschieden ist von derjenigen des Mathematikers. Es genügt daher nicht, sich auf „Theorien" zu beschränken, so wertvoll sie an und für sich sein mögen, sondern der Unterricht an einer technischen Hochschule muß, auch in den grundlegenden Vorlesungen durchtränkt sein von Vorstellungen, welche das Leben des Technikers beherrschen sollen.

Die darstellende Geometrie eignet sich in besonderem Maße dazu, diesem Ziele nahezukommen. Sie soll nicht nur lehren, Konstruktionen der räumlichen Geometrie in ebenen Abbildungen zu erledigen, im Studierenden die wichtigsten geometrischen Begriffe anschaulich zu machen, sondern sie soll, darüber hinausgehend, seinen Geist anregen zu schöpferischer Tätigkeit. Kein Gebiet des vorbereitenden Studiums an einer technischen Hochschule eignet sich so sehr zur Erreichung dieses, wie mir scheint, obersten Studienzieles. Für viele junge Leute, wenigstens in unseren Landen, bilden die Grundbegriffe und Methoden der Algebra und der Analysis eine unsichere Grundlage, sei es, daß es an der erforderlichen Abstraktionsfähigkeit fehlt, sei es, daß andere Ursachen vorliegen, die einer Bildung klarer und stets gegenwärtiger Begriffe hinderlich sind. Die darstellende Geometrie aber beruht auf wenigen, unmittelbar einleuchtenden Hauptsätzen der Raumlehre (Stereometrie) und wendet sich bei ihren Entwicklungen unmittelbar an die räumliche Vorstellung, die weniger das Ergebnis eines folgerichtigen Denkprozesses ist, als daß sie unbewußt und spontan vor dem geistigen Auge steht. Zudem wird, nach meiner vielfältigen Lehrerfahrung, der Anfänger auf keinem anderen Unterrichtsgebiet so rasch selbständig und schöpferisch, wie gerade in der darstellenden Geometrie. Freilich, die schöpferische Tätigkeit auf geistigem Gebiet hat ihre eigenen Gesetze und läßt sich nicht durch eine geschäftsmäßige Betriebsamkeit erzwingen, sondern es gilt hier der Ausspruch Spittelers[1]): „Echte Gedanken fängt man nicht auf der Treibjagd, sondern mit Netzen. Wenn man diese aufspannt und sich nicht weiter darum kümmert und leise in der Nähe davon herumschlendert, so ist es kaum zu glauben, was für eine Fülle leckeren Wildes in den Maschen hängen bleibt.“ Dazu gehört allerdings, um im Bilde zu bleiben, daß der junge Mensch, der den Anspruch darauf erhebt, dereinst auf die Gedankenjagd zu gehen, früh lerne, haltbare, gutgeknüpfte Netze zu spannen. Ein Gedankenkomplex muß von allen Seiten angegriffen werden, damit er schließlich allgegenwärtig sei und Früchte heranreifen können.

2. Für den Fachmann.

Wer darstellende Geometrie lehrt, weiß, daß äußere Bedingungen es erschweren, didaktische Überzeugungen im Unterricht zu verwirklichen. Insbesondere an kleineren oder mittleren technischen Hochschulen pflegt der Hörerkreis bunt zusammengewürfelt zu sein, besteht er doch zumeist aus künftigen Architekten, Bau- und Vermessungsingenieuren, Maschineningenieuren, Mathematikern und Physikern, deren Bedürfnisse stark voneinander abweichen. Das vorliegende Buch gibt denn auch keine Hochschulvorlesungen wieder, sondern bietet eher ein Spiegelbild des gesamten Unterrichtes, wie ich ihn seit 1907 den Maschineningenieuren an der Eidg. Technischen Hochschule in Zürich geboten habe.

Das Ziel des Buches bestimmte Stoffauswahl und Darstellungsmethode. Mancherlei Kapitel und Fragen, die herkömmlich in den Lehrbüchern der darstellenden Geometrie behandelt werden, konnten in diesem Zusammenhang weggelassen werden. Auch wurde dem Umstand Rechnung getragen, daß die mathematische Bildung des einzelnen eine Einheit sein soll und daß somit keine Veranlassung vorliegt, auf sog. Reinheit der Methode Gewicht zu legen oder sich zu scheuen, Anleihen zu machen bei Kenntnissen aus andern Wissensgebieten. Neigt doch der Anfänger nur zu sehr zu „Schubladenwissen“; ist die eine Schublade offen, so sind die andern zu.

Konnte infolge dieser Beschränkung der Umfang des Buches in mäßigen Grenzen gehalten werden, so wurde diesem Bestreben weiter Vorschub geleistet durch den grundsätzlichen Verzicht auf allen gelehrten Apparat, auf historische Nachweise und Bemerkungen. Nicht aus Geringschätzung der Zwecke, die man mit einer solchen Verbreiterung und wohl auch Vertiefung der vermittelten Erkenntnisse gewöhn-

[1]) Spitteler, Carl: Gustav. Roman. Zürich: Albert Müller.

lich zu erreichen beabsichtigt, sondern aus didaktischen Erwägungen heraus. Interesse an historischen Zusammenhängen zeigt sich, wenn überhaupt, zumeist erst in reiferen Jahren; in der Jugend überwiegt das rein sachliche Interesse, und es ist gut so. Erwacht das historische Verständnis, so gibt es, gerade auch auf dem Gebiete der darstellenden Geometrie, Werke, die diesem Bedürfnis historischer Belehrung gerecht werden; ich nenne etwa die Vorlesungen von Emil Müller in Wien und Georg Scheffers in Berlin. Dazu kommt, daß ich die Überzeugung habe, der Persönlichkeitswert eines Menschen, sein ganzes „Kaliber", habe tiefere Quellen als historische Kenntnisse, ja als Wissen und Bildung überhaupt.

Was ich in der Folge bringe, ist entweder Gemeingut der Wissenschaft oder Eigenes oder, sofern es von andern stammt und zum erstenmal in einem Lehrbuch aufgeführt wird, bibliographisch nachgewiesen.

Ich war froh über die verständnisvolle zeichnerische Mitarbeit einiger ehemaliger Hörer, welche die Reinzeichnungen nach meinen Entwürfen ausführten und denen ich für ihre Sorgfalt zu Dank verpflichtet bin. Es sind dies vor allem die Herren cand. ing. Adolf Egli und Hermann Glutz. Die vermessungstechnischen Zeichnungen zu Kap. VIII hat Herr cand. ing. Max Frei ausgeführt. Einzelne Zeichnungen hat auch Herr cand. ing. Charles Lalive bereitgestellt.

Daß die Verlagsbuchhandlung Julius Springer in Berlin alles getan hat, was zu einer sachgemäßen und schönen Ausstattung gehört, erwähne ich nur der Vollständigkeit halber; ist doch die Fürsorge dieser Firma für ihre Verlagswerke seit vielen Jahren wohlbekannt.

Zürich, im Februar 1927.

M. Großmann.

Inhaltsverzeichnis.

Einleitung.

Der Maschinenbau entwirft und verwirklicht Raumgebilde, deren besondere Zweckbestimmung Baustoff und Form bestimmt. Die Darstellung und Veranschaulichung der Form, sowie der Anordnung der einzelnen Teile erweisen sich als unentbehrlich beim Entwurf, bei der Herstellung und bei der schließlichen Verwertung des Raumgebildes. Die anschaulichste Darstellung, das Modell, ist in den meisten Fällen unzweckmäßig, kostspielig und entbehrlich. Gebräuchlich sind Zeichnungen zur Darstellung geplanter oder fertiger technischer Raumgebilde.

Es ist die Aufgabe der darstellenden Geometrie, von technischen und allgemeiner von geometrischen Gebilden Zeichnungen auf ein ebenes Zeichnungsblatt zu entwerfen und zu zeigen, wie man auf Grund solcher Zeichnungen Aufschluß gewinnen kann über die Abmessungen und geometrischen Eigenschaften des dargestellten Raumgebildes, sowie über die Anordnung seiner einzelnen Teile.

Die in der Technik gebräuchliche darstellende Geometrie erhält die Abbildungen der Raumgebilde durch den Projektionsvorgang.

Die Projektion eines Raumgebildes auf eine Projektions- oder Zeichnungsebene entsteht, wenn durch die Ecken des abzubildenden Gegenstandes Projektionsstrahlen gesetzmäßig gezogen und mit der Projektionsebene geschnitten werden.

Das Projektionsgesetz, das den Projektionsvorgang beherrscht, kann — grundsätzlich und theoretisch — sehr verschiedenartig gewählt werden. Im Maschinenbau kommt fast ausschließlich die rechtwinklige Projektion oder Normalprojektion zur Verwendung, bei der die (geradlinigen) Projektionsstrahlen die Projektionsebene rechtwinklig („normal") treffen. Seltener bedient man sich der schiefen Parallelprojektion, deren Projektionsstrahlen, unter sich gleichgerichtet, die Projektionsebene in schiefer (nicht zu ihr rechtwinkliger) Richtung treffen. Die Zentralprojektion, deren Projektionsstrahlen alle durch einen festen Punkt, das Projektionszentrum, gehen, ist in ihrer Anwendung nur üblich bei den sog. perspektivischen Abbildungen, die besser nur für größere Bauwerke (Gebäude, Brücken u. ä.) verwendet werden. Es drängt sich eben die Perspektive bei der Darstellung der Projekte des Architekten und des Bauingenieurs auf wegen der großen Anschaulichkeit, die perspektivischen Bildern gegeben werden kann und die insbesondere am Platze ist, wenn sich die Abbildung meist erst geplanter Bauwerke an Laien wendet, welche technische Zeichnungen nicht oder nicht geläufig „lesen" können. Denn die perspektivischen Abbildungen geplanter Bauwerke gleichen in ihrem geometrischen Aufbau und in ihrer Wirkung den Photographien bestehender Bauten. Ist doch der photographische Vorgang mit großer Annäherung eine Zentralprojektion, und auch das Sehen ist mit einer solchen zu vergleichen.

Da die zueinander parallelen Projektionsstrahlen bei der Parallelprojektion aufgefaßt werden können als Strahlen, die sich in unendlicher Ferne schneiden, begreift man, daß auch die Parallelprojektion eines Gegenstandes aufgefaßt werden kann als ein Sehbild, gesehen aus unendlicher Ferne, in der Projektionsrichtung.

Auch als Lichtstrahlen lassen sich die Projektionsstrahlen, die einen Gegenstand abbilden, auffassen. Sind diese Lichtstrahlen parallel zueinander, so entwerfen sie in der Projektionsebene einen Schatten, wie ihn (mit großer Annäherung) Sonnenlicht erzeugen würde. Die Zentralprojektion andererseits entspricht der Beleuchtung aus einer im Endlichen liegenden Lichtquelle. Die Schattenlehre ist so ein Teil der darstellenden Geometrie, spielt aber bei den Darstellungen aus dem Hochbau eine viel größere Rolle als bei jenen aus dem Maschinenbau.

Die darstellende Geometrie hat aber, über diese Darstellungsaufgabe hinausgehend, einzuführen in die Kenntnis der wichtigsten geometrischen Formen. Nicht nur im engeren Maschinenbau wo die schöpferische Formgebung Formenkenntnisse verlangt, sondern auch in der Mechanik, der Physik und in weiten Gebieten der angewandten Mathematik spielen die Form und die geometrischen Begriffe und Eigenschaften von krummen Linien und Flächen eine wichtige Rolle. Diese geometrischen Kenntnisse sollen im folgenden im engen Anschluß an die Vorstellungswelt des Maschineningenieurs entwickelt und veranschaulicht werden, auf daß sie lebendig werden an den technischen Raumgebilden, denen sein Interesse gilt.

I. Normalprojektion.

1. Rechtwinklige Projektion. Das einfachste Darstellungsverfahren für Raumgebilde zeichnet deren rechtwinklige Projektion auf eine Ebene. Es ist für den Anfänger vorteilhaft, sich vor allem vertraut zu machen mit dieser einfachen Abbildungsmethode, deren Grundgesetze das Verständnis sichern für gebräuchlichere, aber weniger einfache Darstellungsmethoden (Kap. II—III)[1]).

Die rechtwinklige Projektion A' eines Punktes A auf eine Projektionsebene π entsteht, indem man aus ihm den Projektionsstrahl rechtwinklig zur Projektionsebene zieht und den Spurpunkt desselben bestimmt (vgl. die anschauliche Darstellung dieses Projektionsvorganges in Abb. 1). Bequem ist es auch, zu sagen, man ziehe von A die Normale AA' auf die Projektionsebene π [2]). Es gehört so zu jedem Punkte A des Raumes eine wohlbestimmte Normalprojektion auf eine Ebene π. Nicht aber umgekehrt: Wird ein Punkt A' der Projektionsebene aufgefaßt als Normalprojektion, so gibt es unendlich viele Raumpunkte A, die zugehörig sein können, nämlich alle Punkte des Projektionsstrahles durch A', das ist der Normalen, die man in A' rechtwinklig zur Projektionsebene errichten kann. Will man daher einen dieser Punkte durch seine Normalprojektion festlegen, so muß man seine Entfernung von der Projektionsebene hinzufügen und festsetzen, welches Vorzeichen

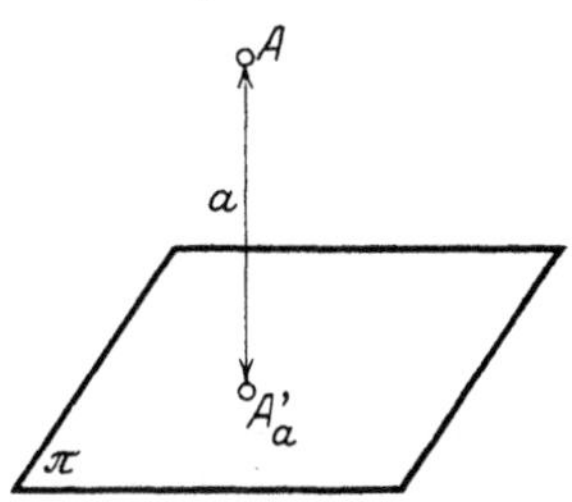

Abb. 1. Rechtwinklige Projektion des Punktes.

[1]) Siehe auch die ausführlichere Darstellung der Anfangsgründe der hier behandelten Wissenschaft in des Verfassers: Einführung in die darstellende Geometrie, 3. A. Basel: Helbing & Lichtenhahn, 1917; Darstellende Geometrie I = Teubners Technische Leitfäden, Bd. 2, 2. A. Leipzig: B. G. Teubner 1922.

[2]) Im Interesse einwandfreier sprachlicher Ausdrucksweise empfiehlt es sich, die Ausdrücke „lotrecht", „senkrecht", „ein Lot fällen" nur zu verwenden, wenn es sich wirklich um gerade Linien handelt, deren Richtung durch die Erdschwere gegeben ist, in anderen Fällen dagegen zu sagen, die Gerade sei „rechtwinklig" oder „normal" zu einer Ebene.

man dieser Strecke $A'A$ geben will, je nachdem der Raumpunkt A auf der einen oder anderen Seite der Projektionsebene liegt. Wählt man eine Einheitslänge zur Messung dieser Entfernungen, so erhält man als Ergebnis der Messung eine reine Zahl a, die Maßzahl der Entfernung $A'A$, die man, mit Vorzeichen versehen, als die Kote a des Punktes A bezeichnet. Fügt man diese Zahl der Normalprojektion A' eines Punktes A hinzu, so entsteht dessen kotierte Normalprojektion.

Ein Raumpunkt A ist seiner Lage nach durch seine kotierte Normalprojektion auf eine Ebene eindeutig bestimmt.

Die kotierte Normalprojektion eines Punktes A sei bezeichnet mit A'_a.

2. Die Normalprojektion der geraden Linie. Soll eine gerade Linie g auf eine Ebene π projiziert werden, so hat man durch ihre einzelnen Punkte A, B, C, D, ... die Projektionsstrahlen rechtwinklig zur Projektionsebene zu ziehen und die Schnittpunkte A', B', C', D', ... derselben mit der Projektionsebene zu ermitteln (vgl. die Veranschaulichung durch die Abb. 2). Da diese Projektionsstrahlen alle zur nämlichen Ebene π normal, also unter sich gleichgerichtet sind[1]), so liegen sie in einer Ebene, die zur Projektionsebene rechtwinklig steht und die man die projizierende Ebene der Geraden nennt. Es ergibt sich also, daß die Punkte A', B', C', D', ... sowohl in der Projektionsebene als auch in der projizierenden Ebene liegen, somit in ihrer Aufeinanderfolge die Schnittgerade g' beider Ebenen bilden. Zusammenfassend läßt sich sagen:

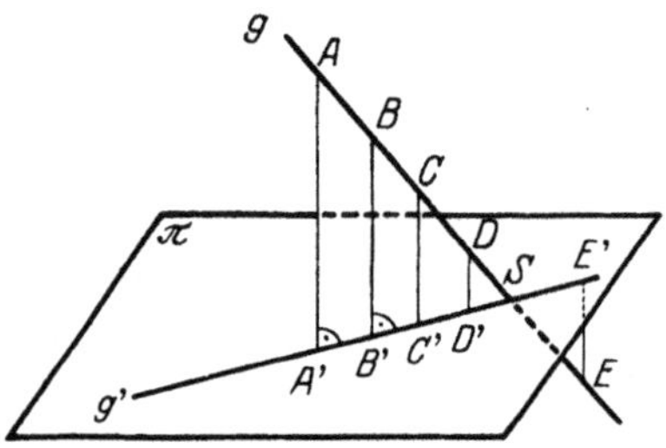

Abb. 2.
Rechtwinklige Projektion der Geraden.

Die Normalprojektion einer Geraden auf eine Ebene ist eine Gerade, nämlich die Schnittgerade der projizierenden Ebene der Geraden mit der Projektionsebene.

Weiterhin ergibt sich an Hand der Abb. 2:

Der Spurpunkt einer Geraden mit einer Ebene ist der Schnittpunkt der Geraden mit ihrer Normalprojektion auf die Ebene.

So ist in Abb. 2 der Punkt S der Spurpunkt (oder kurz die Spur) der Geraden g mit der Ebene π und liegt im Schnittpunkt der Geraden g und ihrer Normalprojektion g' auf die Ebene π.

[1]) Zur Einführung in die elementare Raumlehre, welche die Grundlage der darstellenden Geometrie bildet, empfiehlt sich z. B.: Bützberger, F.: Lehrbuch der Stereometrie, 3. A. Zürich: Art. Institut Orell Füßli 1916.

Der Winkel einer Geraden g mit einer Ebene ist der Winkel, den die Gerade mit ihrer Normalprojektion auf die Ebene bildet.

So zeigt Abb. 2 den Winkel der Geraden g mit der Ebene π, als Winkel, den die Gerade g mit ihrer Normalprojektion g' auf die Ebene π einschließt. —

Zu beachten sind die besonderen Lagen, welche die Gerade zur Projektionsebene einnehmen kann und die ihre Auswirkung beim Projektionsvorgang haben:

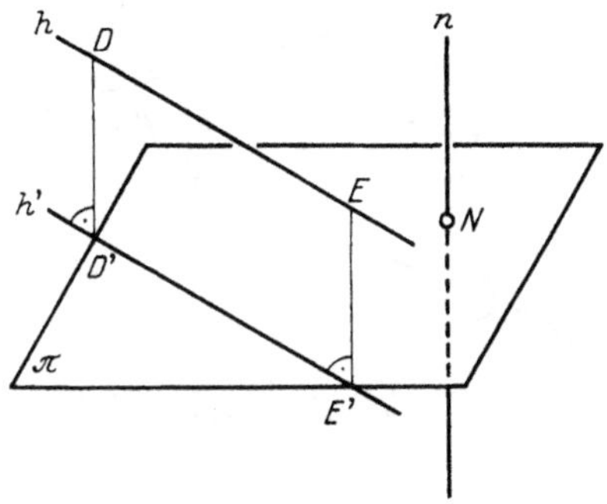

Abb. 3. Besondere Lagen der Geraden.

a) Ist die Gerade zur Projektionsebene rechtwinklig (wie z. B. die Gerade n in Abb. 3), so fallen die Projektionsstrahlen aller ihrer Punkte mit ihr zusammen und die Normalprojektion der Geraden ist ein Punkt, ihr Spurpunkt N mit der Projektionsebene.

b) Ist die Gerade zur Projektionsebene parallel (wie z. B. die Gerade h in Abb. 3), so werden alle Koten DD', EE', . . . gleich lang, und die beiden Geraden h und h' werden parallel.

Man hat also die beiden Sätze:

Steht eine Gerade zu einer Ebene normal, so ist ihre Normalprojektion auf diese Ebene ein Punkt, ihr Spurpunkt mit der Projektionsebene.

Wenn eine Gerade zu einer Ebene parallel ist, so ist sie auch zu ihrer Normalprojektion auf diese Ebene parallel.

3. Umlegung einer Geraden in die Projektionsebene. Die Abb. 1—3 stellen Veranschaulichungen räumlicher Verhältnisse dar, wie das in der Raumgeometrie (Stereometrie) üblich ist. Im Gegensatz dazu soll nun Abb. 4 eine Darstellung sein, wie solche in der darstellenden Geometrie gebräuchlich sind: man zeichnet die geometrischen Gebilde, die in der Projektionsebene liegen.

Man wählt die kotierten Normalprojektionen A'_a und B'_b zweier Raumpunkte A bzw. B. Die Verbindungsgerade g' der Punkte A' und B' ist die Normalprojektion g' der Verbindungsgeraden g der beiden Punkte A und B.

Man kann nun über die Lage der Geraden im Raum Aufschluß gewinnen, indem man ihren Spurpunkt mit der Projektionsebene und ihren Winkel mit dieser konstruiert. Es geschieht dies, indem man die Gerade g mit ihrer projizierenden Ebene umlegt in die Projektionsebene. Drehachse ist dabei die Normalprojektion g', um welche die

Umlegung der projizierenden Ebene wie um ein Scharnier erfolgt. Der Drehungswinkel bei dieser Umlegung ist ein rechter, und alle Punkte A, B, ... der Geraden g beschreiben bei der Umlegung Viertelskreise, deren Ebenen rechtwinklig stehen zur Drehachse, deren Mittelpunkte in den Normalprojektionen A', B', ... liegen und deren Halbmesser gleich sind den Koten $A'A$, $B'B$, ... Nach Durchführung der Umlegung kommen also die Punkte A und B in die Normalen zu liegen, die man in A' bzw. B' in der Projektionsebene auf g' errichten kann, und zwar in Entfernungen $A'[A]$ bzw. $B'[B]$, welche durch die Koten a und b gegeben sind.

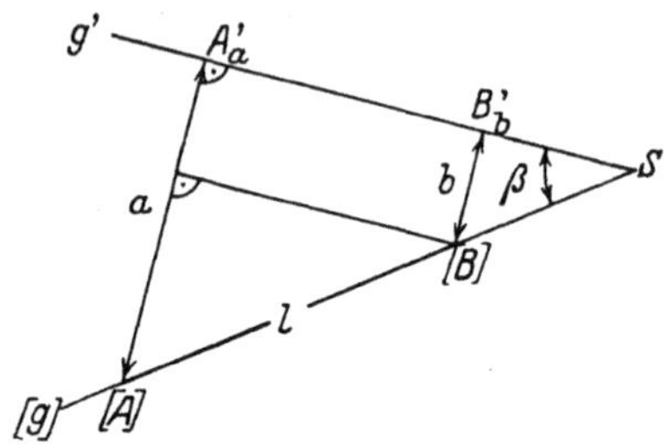

Abb. 4. Umlegung der projizierenden Ebene einer Geraden.

Die Verbindungsgerade der Punkte $[A][B]$ ist die Umlegung $[g]$ der Geraden g mit der projizierenden Ebene in die Projektionsebene. Sie bestimmt im Schnittpunkt mit der Geraden g' den Spurpunkt S der Geraden g mit der Projektionsebene, wie aus (2) folgt, wie man aber auch unmittelbar wieder erkennt und sich vorstellt: der Spurpunkt S zeichnet sich dadurch vor allen anderen Punkten der Geraden g aus, daß er die Kote Null hat, bei der Umlegung also fest bleibt.

Der Winkel β der Geraden g mit der Projektionsebene ergibt sich in der Umlegung als Winkel der Geraden $[g]$ und g'.

Die Strecke $l = [A][B]$ gibt die wahre Länge der Strecke AB.

4. Differenzendreieck einer Strecke. Man kann die wahre Länge einer Strecke sowie den Winkel, den sie mit der Projektionsebene bildet, noch auf andere, einfachere Art bestimmen. Man denke sich durch den einen der beiden Endpunkte der Strecke, z. B. durch den Punkt B, die Ebene parallel zur Projektionsebene gelegt und die projizierende Ebene der Geraden in diese Ebene umgelegt. Drehachse wird dabei die Parallele BC zu g' (vgl. die anschauliche Darstellung in Abb. 5). Der Drehradius CA des Punktes A wird gleich der Kotendifferenz der Punkte A und B. Das rechtwinklige Dreieck ABC nennt man das Differenzendreieck der Strecke AB. Nach der Umlegung liegt dieses Dreieck in einer Parallelebene zur Projektionsebene, so daß sich

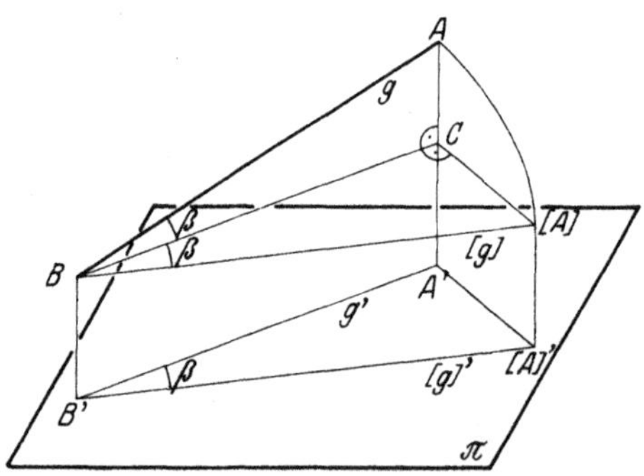

Abb. 5. Differenzendreieck einer Strecke.

die Projektion seiner Seiten in wahrer Größe darstellt (vgl. hierüber auch (5)).

Man kann also die Konstruktion, die aus dieser Überlegung folgt, in der Projektionsebene folgendermaßen ausführen (Abb. 6):

Man errichtet in der Projektionsebene im Punkte A' die Normale auf die Projektion der Strecke und macht ihre Länge gleich der Kotendifferenz der beiden Punkte. Dann ist die Strecke $[A]B'$ gleich der wahren Länge l der Strecke AB. Diese Konstruktion ist nicht nur einfacher als jene von (3), sondern sie bleibt oft auch durchführbar, wenn jene — vermöge großer Koten der Punkte A und B — Punkte $[A]$ und $[B]$ ergibt, die außerhalb der zur Verfügung stehenden Zeichnungsfläche fallen.

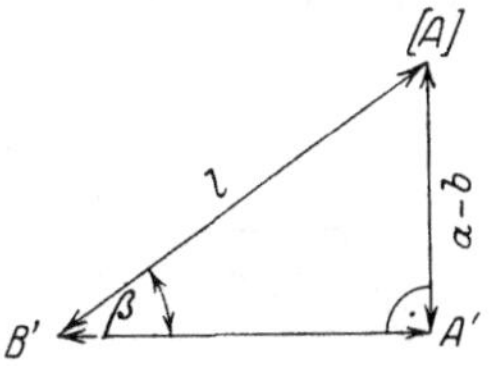

Abb. 6. Umlegung des Differenzendreiecks.

Auch der Winkel β der Geraden g mit der Projektionsebene erscheint im Differenzendreieck in wahrer Größe bei B'.

Man nennt die Parallelebene zur Projektionsebene, in welche man das Differenzendreieck umlegt, eine Hauptebene.

5. Projektion und wahre Länge einer Strecke. Wenn eine Strecke AB gegen die Projektionsebene geneigt ist, also einen Winkel mit ihr bildet, der von einem rechten verschieden ist, so erfährt sie beim Projektionsvorgang eine Verkürzung. Denn im rechtwinkligen Differenzendreieck der Strecke ist diese die Hypotenuse, ihre Normalprojektion aber die dem Winkel β anliegende Kathete. Es ist somit

$$A'B' = AB \cdot \cos\beta .$$

Die Normalprojektion einer Strecke ist gleich ihrer wahren Länge multipliziert mit dem Kosinus des Winkels, den sie mit der Projektionsebene bildet.

Die Verkürzung erfolgt also im Verhältnis $1 : \cos\beta$.

Wenn der Winkel $\beta = 0$ ist, so ergibt dieser Zusammenhang, daß die Gerade, die zur Projektionsebene parallel ist, keine Verkürzung erfährt (s. auch die Gerade DE der Abb. 3).

Ist eine Strecke zur Projektionsebene parallel, so erfährt sie beim Projizieren keine Verkürzung.

6. Stellung und Lage der Projektionsebene. Die Projektionsebene kann im Raum willkürliche Stellung und Lage haben. Verlegt man sie parallel zu sich selbst, so ändert man ihre Lage, nicht aber ihre Stellung. Verdreht man sie, so ändert man ihre Stellung.

Ausgezeichnete und gebräuchliche Stellungen der Projektionsebene erhält man, wenn man sie entweder wagrecht (horizontal) oder senkrecht (vertikal) stellt. Eine wagrechte Projektionsebene wird auch

Grundrißebene genannt, eine senkrechte Projektionsebene Aufrißebene; die Normalprojektionen auf solche Ebenen heißen Grundriß bzw. Aufriß.

7. Neigungswinkel und Neigung einer Geraden. Man nennt den Winkel β, den eine Gerade mit der Projektionsebene oder Projektionstafel bildet, gelegentlich auch ihre Tafelneigungswinkel. Man bleibt aber mit der Bedeutung des Begriffes „Neigung" im Sprachschatz besser im Einklang, wenn man vom „Neigungswinkel" einer Geraden nur dann spricht, wo es sich um ihren Winkel mit einer wagrechten Projektionsebene handelt. Von Wichtigkeit ist daneben der Begriff der „Neigung" der Geraden: man versteht darunter die trigonometrische Tangente des Neigungswinkels.

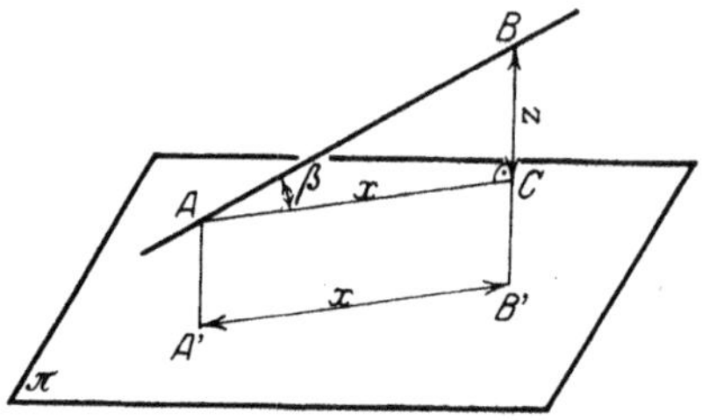

Abb. 7. Verkürzung einer Strecke bei Normalprojektion.

So hat in der anschaulich gedachten Abb. 7 die Gerade g den Neigungswinkel β, somit die Neigung

$$\operatorname{tg}\beta = \frac{z}{x},$$

wo z der Kotenunterschied der Punkte A und B ist, x die Länge der Projektion der Strecke AB. Man drückt die Neigung häufig in Bruchform so aus, daß der Zähler oder der Nenner gleich 1 wird, z. B. $1:2$, $1:5$, $1:20$, $1:{}^{1}/_{3} = 3:1$, usw. Auch in Hundertteilen läßt sich die Neigung ausdrücken; so bedeutet die Neigung $1:2$, daß die Gerade mit 50 vH geneigt ist oder im anderen Sinne ansteigt. 100 vH Neigung bedeuten für eine Gerade einen Neigungswinkel von 45⁰.

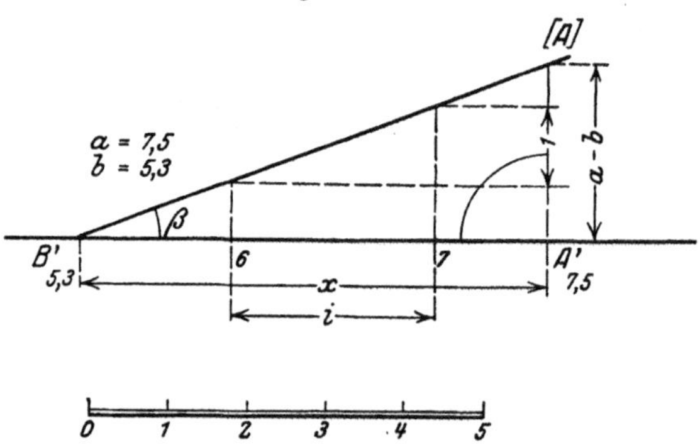

Abb. 8. Neigungswinkel der Geraden im Differenzendreieck.

Die Neigung einer Geraden läßt sich konstruktiv ermitteln, wie in (4), indem man das Differenzendreieck der Strecke AB, die in der Geraden enthalten ist, umlegt in eine zur Projektionsebene parallele Ebene. Der Neigungswinkel β erscheint dann im Differenzendreieck (Abb. 8), und die Neigung ist

$$\operatorname{tg}\beta = \frac{a-b}{x},$$

wenn a und b die Koten der Punkte A bzw. B sind und x die Länge der Normalprojektion der Strecke AB ist; die Maßeinheit, mit der diese Strecken gemessen werden, ist in der Abbildung ebenfalls angegeben.

Man kann aber die Neigung einer Geraden auch noch anders bestimmen: man denke sich auf der Geraden g der Abb. 8 die Punkte mit den ganzzahligen Koten 6, 7, ... eingetragen. Die Normalprojektionen zweier solcher Punkte, deren Kotenunterschied 1 ist, werden eine gewisse (gleichbleibende) Entfernung i haben, die man das Intervall der Geraden nennt und deren Größe maßgebend ist für die Neigung der Geraden. Je kleiner i ist, um so stärker ist die Gerade geneigt. Es ist eben, wie die Abb. 8 zeigt,

$$\operatorname{tg}\beta = \frac{1}{i},$$

d. h. Neigung und Intervall einer Geraden sind reziprok.

Kennt man daher das Intervall einer Geraden, so kennt man auch ihre Neigung. So ist in Abb. 9 der Grundriß g' einer Geraden g gegeben und diese im übrigen festgelegt durch die Angabe des Grundrisses von Punkten, deren Kotenunterschied jeweilen 1 ist. Dabei ist zu bemerken, daß die Gerade schon durch die Angabe zweier Punkte aus dieser Aufeinanderfolge bestimmt wäre. Mit dem der Abb. 9 beigefügten Einheitsmaßstab ergibt sich, daß das Intervall i die Länge $i = 2{,}5$ hat. Daher kann man, ohne umlegen zu müssen, schließen, daß die Neigung der Geraden

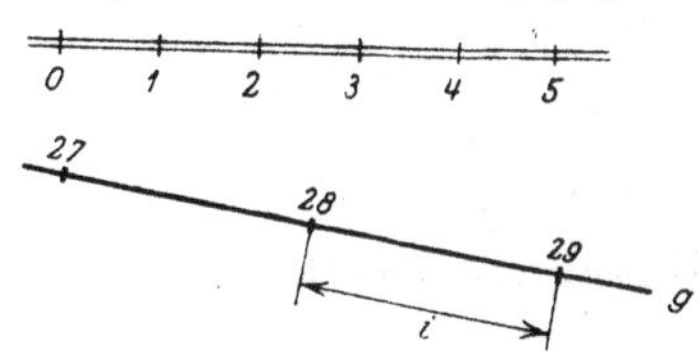

Abb. 9. Intervall einer Geraden.

$$\operatorname{tg}\beta = \frac{1}{i} = \frac{1}{2{,}5} = \frac{2}{5}$$

ist.

Kennt man das Intervall einer Geraden, ist daher die Aufeinanderfolge von Punkten mit dem Kotenunterschied 1 angebbar, so sagt man, die Gerade sei graduiert.

8. Darstellung der Ebene. Eine Ebene ε möge durch drei ihrer Punkte gegeben sein, von denen man in Abb. 10 die kotierten Normalprojektionen A'_8, B_2 und C'_{-3} kennt. Um näheren Aufschluß über Stellung und Lage der Ebene ABC zu gewinnen, denke man sich die Punkte A, B und C durch Gerade miteinander verbunden. Das Dreiseit, das so entsteht, liegt ganz in der Ebene. Durch Umlegung der normalprojizierenden Ebenen zweier Seiten, z. B. der Seiten AC und BC in die Projektionsebene (oder auch in eine Parallelebene dazu) kann man diese Seiten graduieren (7), d. h. aufeinanderfolgende Punkte mit ganzzahligen Koten bestimmen. Verbindet man nun zwei dieser Punkte, die gleiche Koten haben, so wird diese Verbindungsgerade ganz in der Ebene ABC liegen, und sie ist zur Projektionsebene parallel, da alle ihre Punkte die gleiche Kote haben wie die zwei sie bestimmenden Punkte.

Eine solche zur Projektionsebene parallele Gerade einer Ebene nennt man eine ihrer Hauptgeraden. Zu jeder Kote gehört eine und nur eine Hauptgerade der Ebene (in Abb. 10 sind die Projektionen von Hauptgeraden mit dem Kotenunterschied 1 eingetragen). Die Hauptgeraden können auch aufgefaßt werden als Schnittgeraden der Ebene mit einer Schar zur Projektionsebene paralleler Ebenen, sog. Hauptebenen. Es findet sich unter den Hauptgeraden einer Ebene auch eine, deren Kote 0 ist; diese liegt ganz in der Projektionsebene, ist also die sog. Spurgerade der Ebene mit der Projektionsebene.

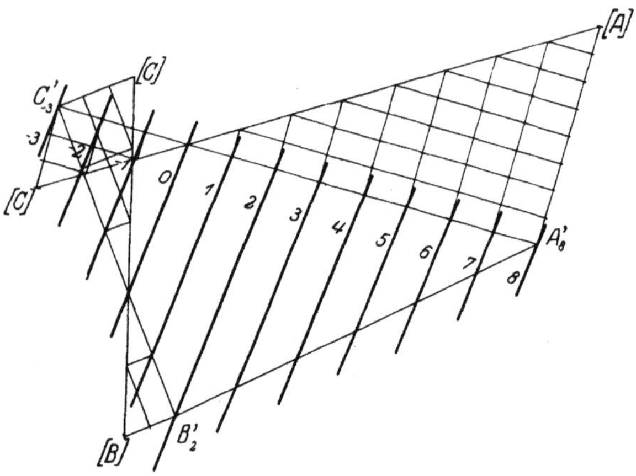

Abb. 10. Hauptlinien einer Ebene.

Aus dem Umstand, daß die Hauptgeraden einer Ebene ihre Schnittgeraden mit einer Schar (unter sich paralleler) Hauptebenen sind, folgt:

Alle Hauptgeraden einer Ebene sind unter sich und zur Spurgeraden der Ebene parallel. Man nennt sie daher auch Spurparallele.

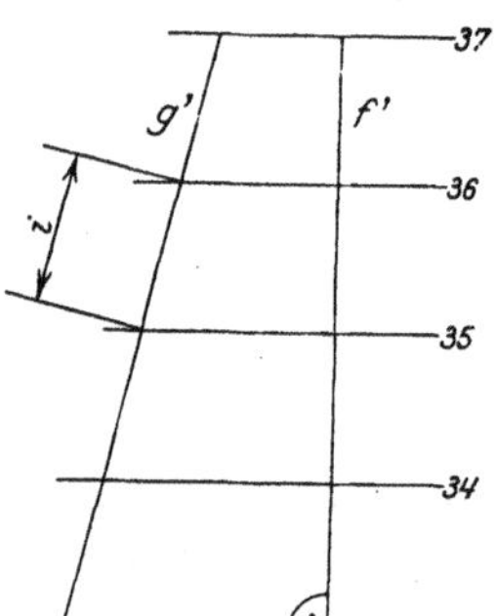

Abb. 11. Neigung der Geraden einer Ebene.

9. Spurparallelen und Spurnormalen einer Ebene. Eine Ebene ist bestimmt, d. h. ihrer Stellung und Lage nach bekannt, wenn man die kotierten Normalprojektionen zweier ihrer Hauptgeraden kennt. Oder man gibt, wie in Abb. 11, in der Normalprojektion die Aufeinanderfolge von Hauptgeraden an, deren Kotenunterschied 1 ist.

Dann kann man jede Gerade g', die man in Abb. 11 durch die Parallelenschar hindurchzieht, auffassen als den Grundriß einer Geraden g, die in der durch die Hauptgeraden bestimmten Ebene liegt. Durch ihre Schnittpunkte mit den kotierten Hauptgeraden ist sie selbst unmittelbar graduiert. Man kennt ihr Intervall i (s. die Abb. 11) und kennt also auch ihre Neigung $1 : i$.

Das Intervall i wird den kleinsten möglichen Betrag erhalten, wenn die Normalprojektion dieser Transversalen zur Normalprojektion der gegebenen Hauptgeraden rechtwinklig steht (Gerade f' in Abb. 11). Denkt man sich durch diese Gerade f' die normal projizierende Ebene gelegt, so steht diese zur Projektionsebene und zu allen den Hauptgeraden rechtwinklig (vgl. die anschaulich gedachte Abb. 12). Ihre Schnittgerade mit der durch ihre Hauptgeraden bestimmten Ebene gehört als Originalgerade f zu der Normalprojektion f'. Diese Gerade f steht also auch rechtwinklig zur Spur s der Ebene und somit zu allen Spurparallelen oder Hauptgeraden. Die Gerade wird eine Spurnormale der Ebene genannt und es gilt der Satz:

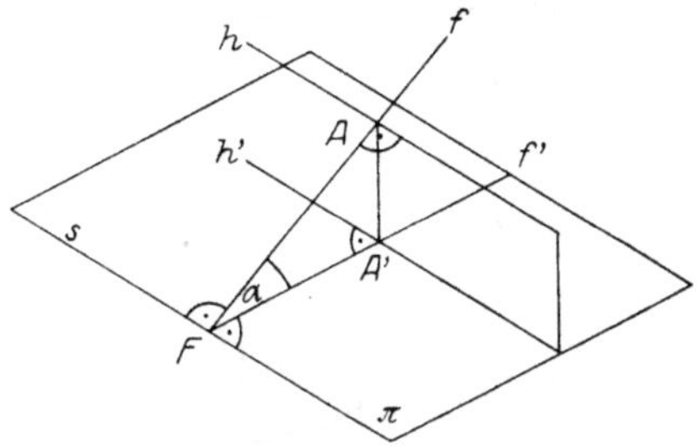

Abb. 12. Spurparallele und -normale.

Jede Spurparallele einer Ebene bildet mit jeder Spurnormalen einen rechten Winkel, dessen Normalprojektion wieder ein rechter Winkel ist.

10. Winkel einer Ebene mit der Projektionsebene. Die normal projizierende Ebene einer Spurnormalen steht also (9) zur Spur s der Ebene mit der Projektionsebene rechtwinklig, ist also eine sog. Neigungswinkelebene beider. Der Winkel α beider Ebenen wird in ihr durch die beiden Schenkel f und f' gebildet. Das heißt es gilt die Feststellung:

Der Winkel einer Ebene mit der Projektionsebene ist der Winkel einer ihrer Spurnormalen mit der Projektionsebene.

Wenn daher eine Ebene dargestellt ist, z. B. wie in Abb. 13 durch Angabe von zwei kotierten Hauptgeraden h'_a und k'_b, so findet man ihren Winkel α mit der Projektionsebene, indem man eine Spurnormale f einzeichnet und ihren Winkel mit der Projektionsebene bestimmt. Es geschieht dies bekanntlich durch Umlegung der normalprojizierenden Ebene der Geraden f.

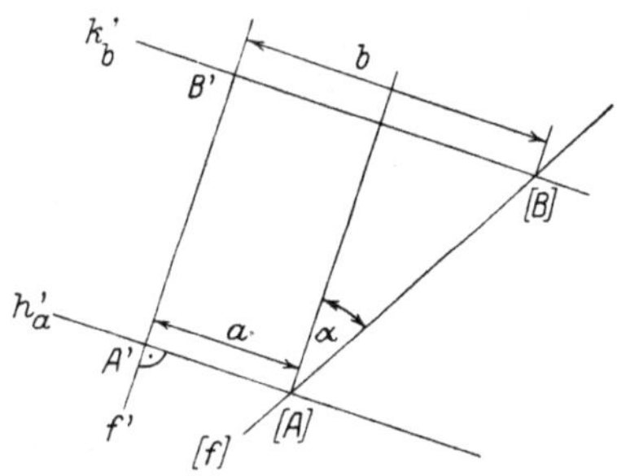

Abb. 13. Fallgerade einer Ebene.

11. Neigung einer Ebene. Ist die Projektionsebene wagrecht, so bestimmt der Winkel einer Ebene mit ihr ihre Neigung. Die Spurnormalen der Ebene heißen dann Fallgeraden der Ebene. Denn würde aus einem Punkt der Ebene eine Kugel, der eigenen Schwere folgend, herabrollen, so wäre ihr Weg durch die Spurnormale des Ausgangspunktes gekennzeichnet.

Aus (10) folgt:

Die Neigung einer Ebene ist gleich der Neigung einer ihrer Fallgeraden.

Legt man durch einen Punkt A des Raumes alle Gerade gleicher Neigung, so bilden sie die Mantellinien eines *geraden Kegels*, den man als *Neigungskegel* bezeichnen kann (vgl. Abb. 14). Der Punkt A ist die Spitze des Neigungskegels, die Achse steht senkrecht zur Projektionsebene und die kreisförmige Grundfläche liegt in der Projektionsebene.

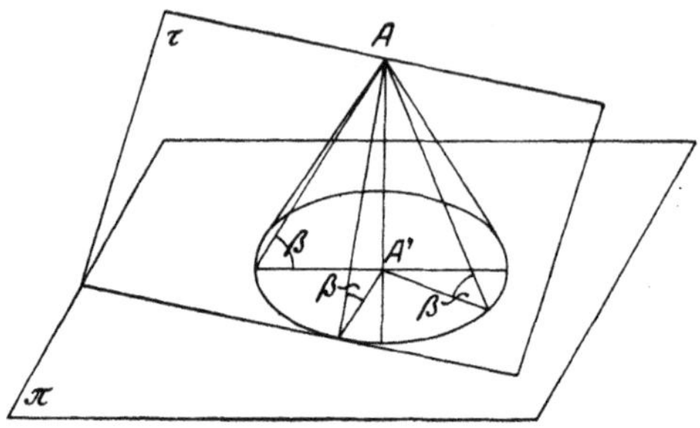

Abb. 14. Neigungskegel.

Legt man durch einen Punkt A alle Ebenen gleicher Neigung, etwa der nämlichen Neigung, wie sie vorhin für die Geraden kennzeichnend war, so umhüllen diese Ebenen denselben Neigungskegel und ihre durch den Punkt A gehenden Fallgeraden sind die Mantellinien dieses Kegels (Abb. 14).

12. Normalprojektion und wahre Gestalt ebener Figuren. Die wahre Gestalt einer ebenen Figur erfährt beim Projektionsvorgang eine Veränderung. So werden die Seiten eines ebenen Vielecks bei Normalprojektion verkürzt nach dem Projektionsgesetz von (5), die Gestalt des Vielecks wird verzerrt, sein Flächeninhalt verkleinert nach einem Gesetz, das sich in der Folge ergeben wird (15).

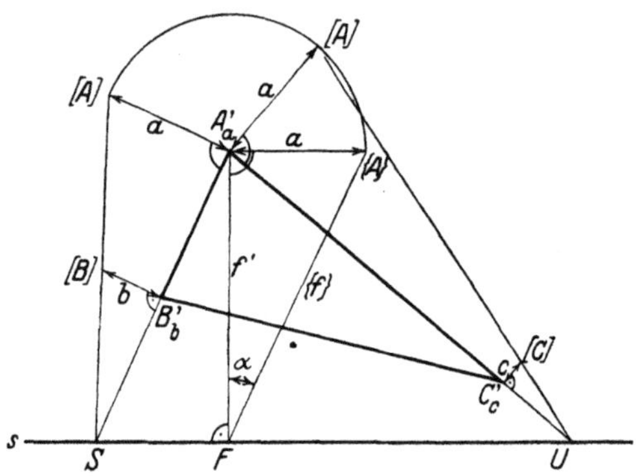

Abb. 15. Spur und Neigung einer Ebene.

Man kann nun die wahre Größe und Gestalt einer ebenen Figur ermitteln, durch darstellend-geometrische Konstruktionen finden, wenn man ihre Normalprojektion kennt und wenn die Ebene bekannt ist, in der die Figur liegt. In Abb. 15 sei die kotierte Normalprojektion der Ecken A, B und C eines Dreiecks gegeben. Durch Umlegung der Seiten AB und AC mit ihren projizierenden Ebenen in die Projektionsebene kann man die Spurpunkte S bzw. U dieser zwei Seiten bestimmen. Damit hat man die Spurgerade (oder kurz „Spur“) s der Ebene mit der Projektionsebene als Verbindungsgerade der beiden Spurpunkte S und U. Die Spurnormale f durch den Punkt A hat als Projektion f' die Normale aus dem Punkt A' auf die Spur s. Durch Umlegung ihrer projizierenden Ebene erhält man den Winkel α der Dreiecksebene mit der Projektionsebene.

Die Konstruktion der wahren Gestalt des Dreiecks ist nun in Abb. 16 durchgeführt; sie geschieht durch Umklappung der Ebene um den Winkel α in die Projektionsebene. Dabei beschreibt der Punkt A einen Kreisbogen, dessen Mittelpunkt M der Fußpunkt der Normalen aus der Projektion A' auf die Drehachse s ist, dessen Ebene zur Drehachse normal steht und dessen Radius die wahre Entfernung der Punkte M und A ist. Letztere ergibt sich durch Umlegung des Differenzendreiecks der Strecke MA. Dann ist (A) die Umklappung des Punktes A, wobei $M[A] = M(A)$ ist.

Da alle Punkte der Drehachse bei der Umklappung fest bleiben, so wird der Spurpunkt S der Seite AB — es ist dies der Schnittpunkt

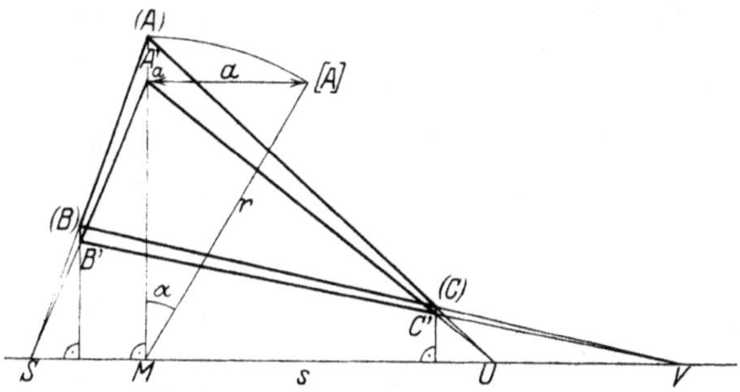

Abb. 16. Umklappung einer Ebene in die Projektionsebene.

von $A'B'$ mit der Spur S — fest bleiben. Die Verbindungsgerade der Punkte (A) und S ist somit die Umklappung der Seite AB und enthält die Umklappung (B) des Punktes B in der Normalen aus der Projektion B' zur Drehachse s. Man kann also zusammenfassen in die Sätze:

Umklappung und Normalprojektion eines Punktes liegen in einer Normalen zur Drehachse.

Umklappung und Normalprojektion einer Geraden schneiden sich auf der Drehachse.

Man findet daher die Umklappung der Dreieckseite AC als die Verbindungsgerade der Punkte (A) und U, wo U der Schnittpunkt der Projektion $A'C'$ mit der Drehachse s ist. Auf dieser Umklappung liegt der umgeklappte Punkt (C) in der Normalen aus der Projektion C' zur Drehachse. Damit hat man auch die Umklappung $(B)(C)$ der Dreieckseite BC und kann die Konstruktion der Genauigkeitsprobe unterwerfen, wonach Projektion $B'C'$ und Umklappung $(B)(C)$ der Dreieckseite BC sich auf der Drehachse s schneiden müssen.

13. Umklappung einer Ebene um eine Hauptgerade. Die Umklappung einer ebenen Figur zur Bestimmung ihrer wahren Gestalt muß nicht notwendig um ihre Spurgerade in die Projektionsebene erfolgen. Man kann die Ebene auch umklappen um eine **Hauptgerade als Drehachse**, bis sie parallel wird zur Projektionsebene. Die Umklappung erfolgt also in eine **Hauptebene** und um den gleichen Winkel wie in (12).

In Abb. 17 ist das Verfahren durchgeführt. Ein Dreieck ABC ist durch die kotierten Normalprojektionen seiner Ecken gegeben. Die Umklappung erfolge um die Hauptgerade h, welche durch die Ecke C geht. Um diese Hauptgerade h in der Projektion zu bestimmen, gilt es, in der Ebene des Dreiecks einen zweiten Punkt D zu bestimmen, der die nämliche Kote c hat wie der Punkt C. Man findet einen solchen Punkt D auf der Geraden AB, deren normal projizierende Ebene man umlegt. Die Verbindungsgerade der beiden Punkte C und D ist eine Hauptgerade der Ebene, weil die beiden Punkte gleiche Kote c haben.

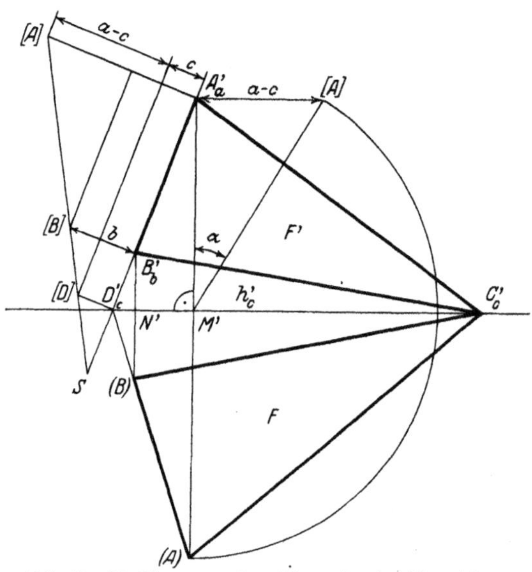

Abb. 17. Umklappung einer Ebene in eine Hauptebene.

Der Winkel α, den die Dreiecksebene mit der Hauptebene — oder also mit der Stellung der Projektionsebene — bildet, ergibt sich aus der Kotendifferenz der Punkte A und C durch Umlegung des Differenzendreiecks des Drehradius MA, der in der Projektion in die Normale aus dem Punkt A' zur Drehachse h fällt. Damit kennt man gleichzeitig die wahre Länge MA dieses Drehradius. In Abb. 17 geschieht die Umklappung um den stumpfen Winkel $180^0 - \alpha$. Dabei ist also $M'(A) = M'[A]$.

Die Umklappung der Ecke B findet man am einfachsten durch Anwendung der beiden Sätze in (12), welche den Zusammenhang von Normalprojektion und Umklappung der Punkte bzw. Geraden einer Ebene regeln. Danach liegt die Umklappung (B) des Punktes B einmal in der Normalen, die man aus der Projektion B' auf die Drehachse h fällen kann, und dann treffen sich die Projektion $A'B'$ der Seite AB und ihre Umklappung $(A)(B)$ auf der Drehachse im festbleibenden Punkt D'.

14. Affine Figuren. Die beiden Dreiecke $A'B'C'$ und $(A)(B)(C)$, Normalprojektion bzw. Umklappung des nämlichen Dreiecks ABC, gehen also gesetzmäßig, den beiden Sätzen in (12) entsprechend, aus einander hervor. Die geometrischen Eigenschaften der einen Figur spiegeln sich, wenn auch etwas entstellt, in den geometrischen Eigenschaften der anderen. Hat z. B. die eine Figur drei oder vier oder n Ecken, so ist auch die andere ein Dreieck bzw. Viereck oder n-Eck. Wenn man im Dreieck $A'B'C'$ die Seitenmitten miteinander verbindet, so zerlegt man es in Teildreiecke, deren wahre Größe und Gestalt man erhält, wenn man in der anderen Figur $(A)(B)(C)$ auch wieder die Seitenmitten verbindet. Kurz, die beiden Figuren sind geometrisch verwandt. Da die geometrischen Verwandtschaften zwischen Figuren mannigfaltigen Gesetzen genügen können, hat die in Abb. 17 vorliegende Verwandtschaft den besonderen Namen perspektivische Affinität. Es gilt also die Definition:

Zwei Figuren einer Ebene heißen perspektivisch affin, wenn den Punkten der einen die Punkte der anderen so zugeordnet sind, daß entsprechende Punkte parallele Verbindungsgeraden haben und wenn den Geraden der einen Figur die Geraden der anderen so zugeordnet sind, daß sich entsprechende Geraden in Punkten einer festen Geraden treffen.

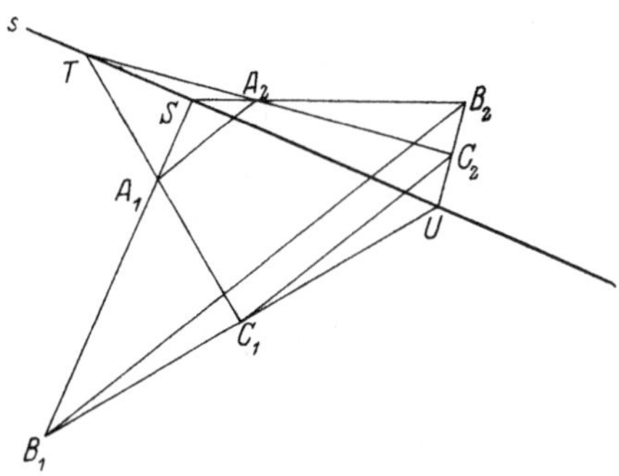

Abb. 18. Affine Dreiecke.

In Abb. 18 sind zwei affine Figuren gezeichnet. Die feste Richtung der Verbindungsgeraden entsprechender Punkte, wie A_1A_2, B_1B_2, C_1C_2, ... heißt die Affinitätsrichtung, die feste Gerade s, die der geometrische Ort der Schnittpunkte S, U, ... entsprechender Seiten, wie A_1B_1 und A_2B_2, B_1C_1 und B_2C_2, ... ist, heißt die Affinitätsachse. Im allgemeinen Fall, wie er in Abb. 18 dargestellt ist, steht die Affinitätsrichtung schief zur Affinitätsachse; man sagt dann, die beiden Figuren seien schiefaffin. Dagegen sind die beiden entsprechenden Figuren der Abb. 17 normalaffin, weil hier die Affinitätsrichtung mit der Affinitätsachse einen rechten Winkel bildet.

Man kann also feststellen:

Normalprojektion und Umklappung einer ebenen Figur sind normalaffin.

15. Flächeninhalte affiner Figuren. Aus Abb. 18 ergibt sich sofort das Affinitätsverhältnis

$$\frac{A_1A}{A_2A} = \frac{B_1B}{B_2B} = \frac{C_1C}{C_2C} = \cdots = \cdots,$$

wo A, B, C, ... die Punkte sind, in denen die Ordnungsstrahlen

A_1A_2, B_1B_2, C_1C_2, ... der affinen Verwandtschaft die Affinitätsachse treffen.

Dieses Affinitätsverhältnis hat in Abb. 17 den Wert

$$\frac{M'A'}{M'(A)} = \frac{M'A'}{M'[A]},$$

also die Bedeutung $\cos\alpha$, wobei α der Winkel der Ebene der Figur gegen die Projektionsebene ist.

Diese Zahl erweist sich auch als maßgebend bei der Flächenverkürzung, die mit dem Projektionsvorgang verbunden ist. Die Fläche F der wahren Gestalt des Dreiecks ABC läßt sich leicht in Beziehung setzen zur Fläche F' seiner Normalprojektion $A'B'C'$ (Abb. 17). Dazu fasse man das Dreieck $A'B'C'$ auf als Differenz der beiden Dreiecke $A'D'C'$ und $B'D'C'$:

$$\triangle A'B'C' = \triangle A'D'C' - \triangle B'D'C'. \tag{1}$$

Ebenso ist aber

$$\triangle (A)(B)(C) = \triangle (A)(D)(C) - \triangle (B)(D)(C). \tag{2}$$

Nun berechnen sich aber die Flächeninhalte der Teildreiecke, wie folgt, aus ihren Abmessungen:

$$\triangle A'D'C' = \tfrac{1}{2} \cdot C'D' \cdot M'A' \quad \text{und} \quad \triangle (A)(D)(C) = \tfrac{1}{2} \cdot C'D' \cdot M'(A).$$

Die beiden Flächen verhalten sich also zueinander wie

$$M'A' : M'(A),$$

ein Verhältnis, das oben gleich $\cos\alpha$ gefunden wurde.

Die Teildreiecke $A'D'C'$ und $(A)(D)(C)$ stehen also im Verhältnis $\cos\alpha : 1$, und das nämliche gilt für die beiden anderen Teildreiecke $B'D'C'$ und $(B)(D)(C)$. Also stehen vermöge der Beziehungen (1) und (2) auch die Dreiecke $A'B'C'$ und $(A)(B)(C)$ im Verhältnis $\cos\alpha : 1$. Es gilt also die Proportion:

$$F' : F = \cos\alpha : 1$$

oder

$$F' = F \cdot \cos\alpha.$$

Diese Beziehung zwischen Normalprojektion und Umklappung eines Dreiecks läßt sich sofort ausdehnen auf Vielecke, die sich ja in Dreiecke zerlegen lassen. Und die nämliche Beziehung gilt auch für den Fall, daß die ebene Figur, deren Flächeninhalt man mit dem ihrer Projektion vergleicht, krummlinig begrenzt ist. Denn der Flächeninhalt der Figur kann stets durch ein Vieleck mit sehr großer Seitenzahl beliebig genau angenähert werden. Es besteht somit der allgemeine Satz:

Der Flächeninhalt der Normalprojektion einer ebenen Figur ist gleich der wahren Fläche multipliziert mit dem

Kosinus des Winkels, den die Ebene der Figur mit der Projektionsebene bildet.

16. Normalprojektion des Kreises. In (12) und (13) ist gezeigt, wie man die wahre Gestalt und Größe einer ebenen Figur aus ihrer Normalprojektion bestimmen kann. Ebenso wichtig, ja wohl wichtiger ist es, die dabei aufgedeckten Zusammenhänge zu benutzen, um die Normalprojektion einer ebenen Figur zu finden, wenn diese ihrer Gestalt, Größe und Lage nach gegeben ist.

Es soll als Beispiel für das Vorgehen ein Kreis projiziert werden, von dem man die Ebene, den Mittelpunkt und den Radius kennt.

Der Mittelpunkt M des Kreises sei in Abb. 19 gegeben durch seine kotierte Normalprojektion. Die Ebene des Kreises sei bestimmt durch den Punkt M und die kotierte Normalprojektion einer Hauptgeraden h. Der Radius r des Kreises sei ebenfalls bekannt.

Zur Bestimmung der Projektion des Kreises denke man sich seine Ebene umgeklappt, z. B. um die gegebene Hauptgerade h in die Hauptebene ihrer Kote. Dabei wird die Umklappung (M) des Kreismittelpunktes M in die Normale zu liegen kommen, die man aus seiner Projektion M' auf die Drehachse fällen kann. Der Drehungsmittelpunkt N für den Punkt M ist der Fußpunkt dieser Normalen. Der Drehradius des Punktes M ist die wahre Länge der Strecke MN, bestimmt aus dem Differenzendreieck derselben.

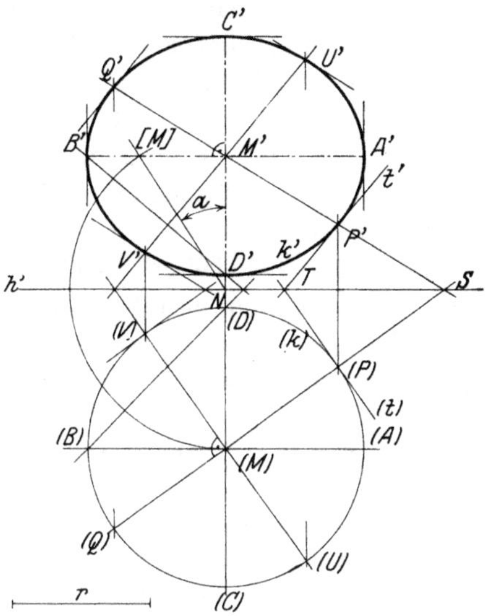

Abb. 19. Normalprojektion des Kreises.

Damit kennt man hinreichend Bestimmungsstücke des affinen Zusammenhanges (14) von Projektion und Umklappung des Kreises. Denn die Affinität zweier Figuren ist bestimmt, wenn man die Affinitätsachse (hier ist es die Drehachse h), die Affinitätsrichtung (hier handelt es sich um normale Affinität) und ein Paar entsprechender Punkte kennt (hier sind es die Punkte M' und (M)).

Schlägt man daher in der Umklappung den Kreis (k) um den umgeklappten Mittelpunkt (M), so hat man nur die entsprechende Figur in der vorhin bestimmten Affinität zu finden, um die Projektion k' des Kreises zu erhalten.

Ist somit (P) die Umklappung eines beliebigen Kreispunktes P, so liegt die Normalprojektion P' dieses Punktes einmal in dem Ordnungsstrahl der Affinität, das ist in der Normalen, die man aus (P) zur Drehachse h' ziehen kann, und dann schneiden sich die Umklappung $(M)(P)$ des Kreisdurchmessers und die Projektion $M'P'$ in einem Punkte S der Drehachse.

Ist Q der andere Endpunkt des ausgewählten Durchmessers, sind also die Strecken $(M)(P)$ und $(M)(Q)$ gleich lang, so werden auch die Projektionen $M'P'$ und $M'Q'$ gleich lang sein. M' ist also (da PQ ein beliebiger Durchmesser des Kreises ist) Mittelpunkt der Kreisprojektion, und die Durchmesser PQ des Kreises projizieren sich als die Durchmesser der Kreisprojektion.

Aber nicht nur Punkte, sondern auch Tangenten der Kreisprojektion k' liefert das Konstruktionsverfahren. Denn weil eine Kreistangente eine Gerade ist, die den Kreis in einem und nur einem Punkte trifft, oder wie man sich ausdrückt, berührt, so gehen die Tangenten der Projektion hervor aus den Tangenten des Kreises, entsprechen also in der Affinität den Tangenten des umgeklappten Kreises. Ist somit (t) die Kreistangente in (P) und trifft sie die Affinitätsachse in T, so ist die Verbindungsgerade der Punkte T und P' die Projektion t' dieser Tangente und als solche die Tangente in P' an die Kreisprojektion.

So lassen sich beliebig viele Punkte und Tangenten der Kreisprojektion bestimmen, und damit kann der Verlauf der Kurve zeichnerisch festgelegt werden. Dabei beachte man, daß man in der Raumlehre (Stereometrie) zeigt, daß die Normalprojektion eines Kreises eine Ellipse sei.

Will man den Verlauf dieser Ellipse durch eine Mindestzahl von Konstruktionen hinreichend festlegen, so empfiehlt es sich, statt Punkte und Tangenten der Kurve willkürlich verteilt zu bestimmen, folgende Ausführungen zu beachten:

Ist UV der Kreisdurchmesser, der zum Durchmesser PQ rechtwinklig steht, so geht er über in einen Durchmesser $U'V'$ der Ellipse, der im allgemeinen schief stehen wird zum Ellipsendurchmesser $P'Q'$ (18); man beachte auch, daß, wenn sowohl der Winkel der Kreisdurchmesser PQ und UV ein rechter wäre als auch der Winkel der Ellipsendurchmesser $P'Q'$ und $U'V'$, dann die Punkte (M) und M' auf einem Kreise liegen müßten, der seinen Mittelpunkt auf der Affinitätsachse hätte, was im allgemeinen nicht zutreffen wird.

Der Durchmesser $U'V'$ ist aber parallel den Ellipsentangenten in den Punkten P' und Q', da der Kreisdurchmesser UV parallel ist zu den Kreistangenten in den Punkten P und Q und aus parallelen Geraden parallele Normalprojektionen hervorgehen. Es ergibt sich also:

Zwei zueinander rechtwinklige Durchmesser des Kreises gehen über in zwei sog. konjugierte Durchmesser der Ellipse[1]).

Es gibt zwei und im allgemeinen nur zwei zueinander rechtwinklige Kreisdurchmesser, die übergehen in zwei zueinander rechtwinklige konjugierte Durchmesser der Ellipse. (Nach den sofort verständlichen Ausführungen von (18) hat ein rechter Winkel dann und nur dann eine ebenfalls rechtwinklige Normalprojektion, wenn seine Schenkel Hauptgerade und Fallgerade in seiner Ebene sind.) In Abb. 19 hat man durch den Kreismittelpunkt M den Kreisdurchmesser AB gezogen zu denken, der zur Hauptgeraden h parallel ist, und den dazu rechtwinkligen Durchmesser CD. In der Projektion wird der Winkel der beiden konjugierten Ellipsendurchmesser $A'B'$ und $C'D'$ ein rechter sein, so daß diese beiden Durchmesser die Achsen der Ellipse werden. Und zwar ist $A'B'$ die große Achse der Ellipse, denn da der Kreisdurchmesser AB in eine Spurparallele fällt, wird er parallel zur Projektionsebene und erfährt beim Projizieren keine Verkürzung, während alle anderen Kreisdurchmesser verkürzt werden. Der Kreisdurchmesser CD, der in die Spurnormale fällt, wird dagegen, verglichen mit den übrigen Kreisdurchmessern, am stärksten verkürzt (18), und $C'D'$ wird so zur kleinen Achse der Ellipse.

Auch die Länge der beiden Halbachsen $M'A'$ und $M'C'$ ergibt sich unmittelbar. Es wird

$$a = M'A' = r\,, \qquad b = M'C' = r \cdot \cos\alpha\,,$$

wenn α der Winkel der Kreisebene gegen die Projektionsebene ist.

Ferner folgt aus (15), daß der Flächeninhalt der Ellipse sich aus dem Flächeninhalt des Kreises durch Multiplikation mit $\cos\alpha$ ergibt; es ist also

$$F' = F \cdot \cos\alpha = \pi r^2 \cdot \cos\alpha = \pi \cdot a \cdot b\,.$$

Die Symmetrieeigenschaften des Kreises spiegeln sich in gewissen Symmetrieeigenschaften der Kreisprojektion; genauer gesprochen kann man sagen, daß die Symmetrieeigenschaften des Kreises übergehen in verallgemeinerte Symmetrieeigenschaften der Ellipse.

So ist jeder Kreisdurchmesser PQ eine Achse normaler Symmetrie für den Kreis; U und V sind symmetrische Punkte in bezug auf diese Achse. Allein in der Normalprojektion werden die Ordnungsstrahlen der Symmetrie zwar immer noch parallel zueinander sein, aber mit dem Ellipsendurchmesser keinen rechten Winkel mehr bilden, sofern PQ ein beliebiger Kreisdurchmesser ist. Damit wird jeder Ellipsendurchmesser zu einer Achse schiefer Symmetrie für die Ellipse. Fällt die Symmetrieachse des Kreises aber

[1]) Zwei Durchmesser einer Ellipse heißen bekanntlich konjugiert, wenn die Tangenten in den Endpunkten des einen parallel sind zum anderen.

zusammen mit einem der Kreisdurchmesser AB oder CD, so bleibt, wie oben gezeigt, der rechte Winkel zwischen Symmetrieachse und Symmetrierichtung erhalten, und die Hauptachsen der Ellipse werden zu Achsen normaler Symmetrie für sie.

17. Zeichnen von Kurven. Krumme Linien oder Kurven treten in der Geometrie und in allen Teilgebieten der theoretischen und praktischen Technik auf. Das einwandfreie, geschickte und geschmackvolle Zeichnen von Kurven aller Art vermag den graphischen (zeichnerischen) Darstellungen einen hohen Grad von Anschaulichkeit, sachlicher Richtigkeit und Geschmack zu verleihen. Auch stellen die graphischen Vervielfältigungsverfahren große Anforderungen an genaue, deutliche Abbildungen. Es empfiehlt sich daher, namentlich für den Anfänger, eine Reihe von Fehlern vermeiden zu lernen, in die er leicht verfällt. Man geht am besten vor, wie folgt:

An Hand des Konstruktionsverfahrens, das zur Kurve führt oder an Hand der Versuche, die im Prüfungsstand oder im Laboratorium zur Kurve (Diagramm) führen, ermittelt man einige Kurvenpunkte, die gut über den darzustellenden Kurvenzug verteilt sind. Oft gelingt es, in den ermittelten Kurvenpunkten auch die Tangente anzugeben, sei es, daß sich eine geometrische Konstruktion für sie angeben läßt, sei es, daß sie das Ergebnis physikalischer oder mechanischer Zusammenhänge ist. Man soll die Mühe nicht scheuen, die Kurventangenten zu ermitteln, geben sie doch in jedem Punkte die Richtung des Kurvenverlaufes an. Auch empfiehlt es sich, ausgezeichnete Kurvenpunkte, wie oberste und unterste Punkte, Wendepunkte u. ä., wenn möglich, zu ermitteln.

Erst jetzt soll man, den gefundenen Punkten folgend und die gefundenen Tangenten benutzend, die Kurve in ihrem Verlauf einzeichnen. Der Anfänger macht es meist nicht so. Er zeichnet die Kurve, den Punkten folgend ein und konstruiert nachträglich einige Tangenten. Dieses Vorgehen ist sachlich unbefriedigend und durchaus schülerhaft.

Eine widerspruchsfreie Darstellung des Verlaufes einer Kurve, die keine sachlich unbegründeten Unstetigkeiten enthält, ergibt sich nur, wenn das Bild der Kurve mit freier Hand und einem weichen Reißblei entworfen wird. Auch das Nachziehen mit Tusche verstehen manche Zeichner vortrefflich mit freier Hand auszuführen. Es ist dies eine Kunst, welche eine sichere Hand, sowie frühzeitig begonnene, langjährige Übung erfordert. Wer sich aber dieses Können erworben hat, der vermag viel bessere und geschmackvollere Kurvenbilder zu bieten als jener, der auf die käuflichen Kurvenlineale angewiesen ist. Denn verwendet man beim Ausziehen oder gar beim Entwerfen (!) von Kurven Lineale und flickt man die Kurve schlecht und recht aus deren Bögen zusammen, so wird der Kenner immer Unstetigkeiten im Verlauf, sei es hinsichtlich seiner Richtung (Tangente!), sei es hinsichtlich seiner Krümmung entdecken. Man zeichnet dann eben nicht eine bestimmte, geometrischen oder physikalischen Gesetzen gehorchende Kurve, sondern eine lose Aufeinanderfolge willkürlicher Kurvenbögen, wie sie dem Zeichner der Zufall in einer Papierwarenhandlung in die Hände gespielt hat.

18. Normalprojektion von Winkeln. In der anschaulich gedachten Abb. 20 ist eine Ebene dargestellt und einer ihrer Punkte, A, ausgewählt. Durch den Punkt A sind in der Ebene die Spurparallele h und die Spurnormale f sowie eine beliebige Gerade g gezeichnet. Von diesen Geraden seien die Normalprojektionen h', f' und g' auf die Projektionsebene π eingetragen. Die Spurpunkte G und F der Geraden g bzw. f mit der Projektionsebene liegen auf der Spur s der Ebene mit der Ebene π. Aus den beiden rechtwinkligen Dreiecken $AA'G$ und $AA'F$, welche die Kote $a = AA'$ als gemeinsame Kathete haben, während die anderen Katheten ungleich sind ($A'G > A'F$), ergibt sich sofort, daß der

$$\sphericalangle AFA' \quad > \quad \sphericalangle AGA'$$

ist, d. h. die Spurnormale bildet unter all den Richtungen in der Ebene den größten Winkel mit der Projektionsebene.

Man betrachte nun die spitzen Winkel, welche die beliebige Gerade g mit der Spurparallelen h einerseits und mit der Spurnormalen f anderseits bildet. Der letztere, also der Winkel der Geraden g und f, ist kleiner als seine Projektion, das ist der Winkel der Geraden g' und f', weil die Strecken von A bis G und F größer sind als ihre Projektionen, die Strecken von A' bis G bzw. F. Es zeigt sich also:

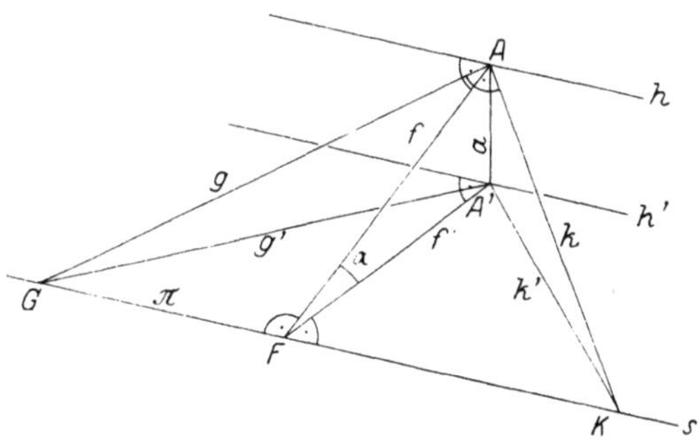

Abb. 20. Neigung von Geraden einer Ebene.

Der Richtungsunterschied einer Geraden in einer Ebene mit der Spurnormalen dieser Ebene erscheint in der Normalprojektion größer als in Wirklichkeit.

Anderseits ergänzt der Winkel der Geraden g mit der Spurparallelen h den eben betrachteten Winkel zu einem rechten, denn Spurparallele und Spurnormale bilden einen rechten Winkel. Und auch in der Normalprojektion bilden die Geraden f' und h' einen rechten Winkel. Es gilt also der weitere Satz:

Der Richtungsunterschied einer Geraden in einer Ebene mit der Spurparallelen dieser Ebene erscheint in der Normalprojektion kleiner als in Wirklichkeit.

Denkt man sich in Abb. 20 die neue Gerade k in der Ebene durch den Punkt A gezogen, die mit der Geraden g einen rechten Winkel bildet, so folgt aus den beiden Sätzen, die eben ausgesprochen wurden, daß von den vier rechten Winkeln mit dem Scheitel A die von den beiden Geraden g und k gebildet werden, jene beiden Scheitelwinkel, in deren Winkelraum die Spurnormale f fällt, beim Projektionsvorgang vergrößert werden, während die beiden anderen Scheitelwinkel, in deren Winkelraum dann die Spurparallele h fällt, beim Projizieren verkleinert erscheinen. Alles zusammenfassend kann man daher sagen:

Ein rechter Winkel hat dann und nur dann einen rechten Winkel zur Normalprojektion, wenn seine Schenkel Spurparallele bzw. Spurnormale seiner Ebene sind.

19. Normalstellung. Steht eine Gerade rechtwinklig (normal) zu einer Ebene, so spiegelt sich das in der Normalprojektion der Geraden.

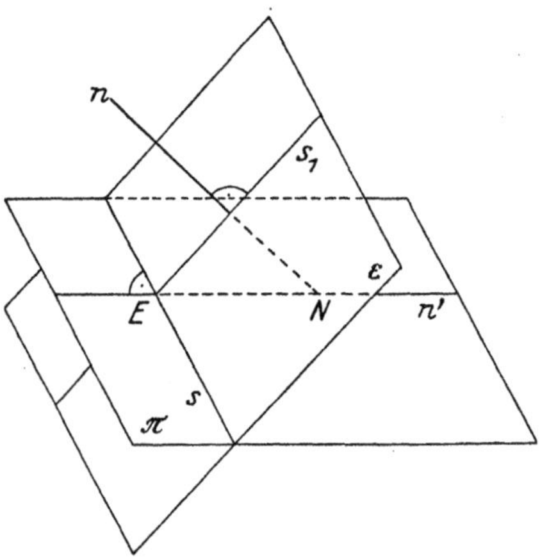

Abb. 21. Normalstellung von Gerade und Ebene.

In der anschaulich gedachten Abb. 21 stehe die Gerade n rechtwinklig zur Ebene ε. Denkt man sich durch die Gerade n die projizierende Ebene gelegt (2), so steht sie zur Ebene ε und zur Projektionsebene π rechtwinklig, also auch, wie die Stereometrie lehrt, rechtwinklig zur Schnittgeraden beider, zur Spur s der Ebene mit der Projektionsebene. Somit steht auch die Projektion n' rechtwinklig zur Spur s. Man hat also bewiesen:

Steht eine Gerade zu einer Ebene rechtwinklig, so steht die Normalprojektion der Geraden rechtwinklig zur Spur der Ebene mit der Projektionsebene.

In Abb. 22 sei eine Ebene gegeben durch die kotierten Normalprojektionen dreier Punkte A, B und C und ein Punkt P außerhalb dieser Ebene durch seine kotierte Normalprojektion. Man ermittle die wahre Entfernung des Punktes von der Ebene.

Die Projektion n' der Normalen, die man von dem Punkte P auf die Ebene fällen kann, steht nach dem vorhin bewiesenen Satz rechtwinklig zur Normalprojektion der Hauptgeraden h der Ebene; diese ist also zuerst zu ermitteln.

Hierauf legt man die projizierende Ebene der Geraden n um in die Projektionsebene und kann in der Umlegung die Normale aus dem Punkte P auf die Schnittgerade DE der projizierenden Ebene mit der Ebene ABC fällen und erhält damit zugleich die wahre Entfernung PF in der Umlegung. —

Es sollen nun in der Folge einige Körperdarstellungen in Normalprojektion gegeben werden. —

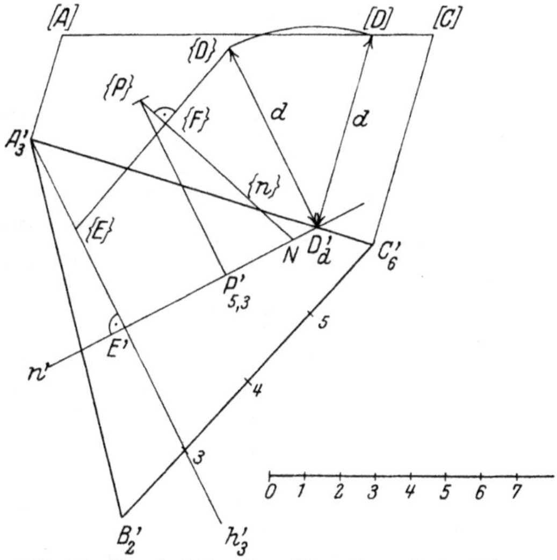

Abb. 22. Konstruktion einer Normalen auf eine Ebene.

20. Normalprojektion eines Würfels. Ein Würfel mit der Seitenkante a sei so gestellt, daß eine Ecke A in der Projektionsebene liegt und eine Körperdiagonale AE zur Projektionsebene normal steht (s. die Bezeichnung der Würfelecken in Abb. 23).

Um den Würfel in Normalprojektion darzustellen, denke man sich durch die Körperdiagonale AE und eine der drei durch A gehenden Kanten, z. B. durch die Kante AB, die Ebene gelegt. Da diese Ebene die Körperdiagonale AE enthält, diese aber zur Projektionsebene normal steht, so steht sie selbst zur Projektionsebene normal. Derartige Ebenen nennt man Profilebenen. Ihre Spur mit der Projektionsebene sei die Gerade $A'B'$ (Abb. 24). Um diese ihre Spur werde die Profilebene in die Projektionsebene umgelegt. Dabei bleibt die Ecke A an Ort und Stelle, während die Ecke E in die Normale aus dem Punkt A zur Drehachse fällt, und zwar in eine Entfernung, die gleich ist der Körperdiagonalen $AE = a \cdot \sqrt{3}$ des Würfels mit der Kantenlänge a. Diese Länge ist in Abb. 25 planimetrisch aus der Kantenlänge a konstruiert. Die eben umgelegte Profilebene enthält nämlich vier Würfelecken A, B, E und F, die ein Rechteck bilden, dessen Seiten $AB = EF = a$ sind als Würfelkanten und $AF = BE = a \cdot \sqrt{2}$ als Würfelflächendiagonalen: somit hat die Diagonale des Rechtecks, eben die Würfeldiagonale AE, die Länge $a \cdot \sqrt{3}$. Man kann also in Abb. 24 die Umlegung $[A][B][E][F]$ des Rechtecks zeichnen. Dabei

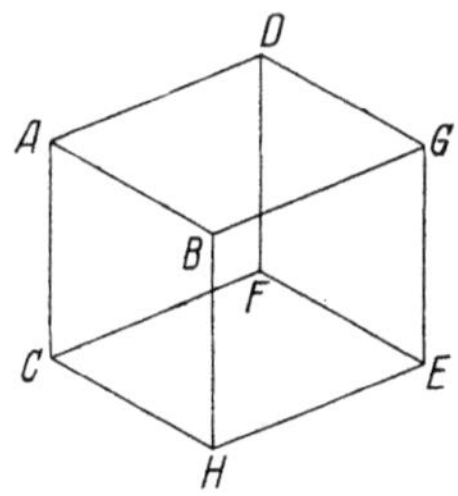

Abb. 23. Eckenbezeichnung des Würfels.

findet man die Umlegungen [B] und [F] der Ecken B und F durch Kreisbogenschnitt, denn die Winkel an diesen Ecken sind rechte. Damit sind auch die Koten z_1 und z_2 der Ecken B bzw. F ermittelt.

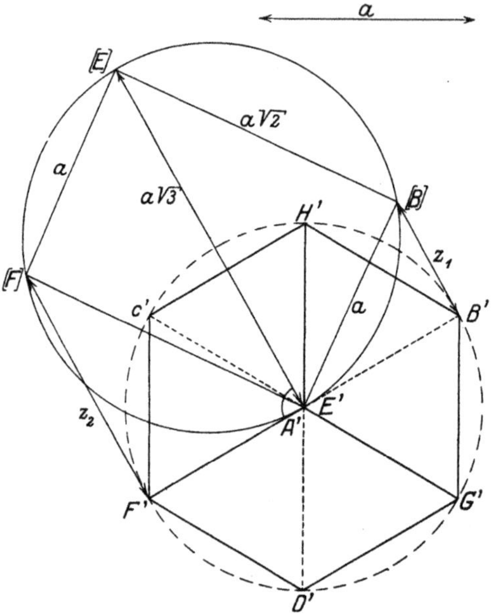

Abb. 24. Normalprojektion des Würfels.

Da nun die drei von A ausgehenden Würfelkanten AB, AC und AD gleich lang und zur Projektionsebene gleich stark geneigt sind, werden sie sich beim Projektionsvorgang gleich stark verkürzen. Die Ecken C und D werden daher Projektionen C' und D' haben, die auf dem Kreise liegen, den man mit dem Mittelpunkt A durch den Punkt B' ziehen kann. Das gleiche gilt für die drei von E ausgehenden Würfelkanten, die ja zu den von A ausgehenden parallel sind. Es liegen also die Projektionen der drei Ecken F, G, H auf dem nämlichen Kreis. Die Projektionen der Ecken B, C, D; F, G, H bilden somit ein regelmäßiges Sechseck, wie man unmittelbar erkennt. Damit lassen sich alle Kantenbilder des Würfels in der Zeichnung eintragen, wobei zu beachten ist, daß die drei von der Ecke A ausgehenden Kanten in der Projektionsrichtung $E \to A$ unsichtbar sind, weil sie durch den undurchsichtig gedachten Würfel verdeckt werden. Solche unsichtbar gedachten Kanten werden in den Zeichnungen der darstellenden Geometrie entweder weggelassen oder gestrichelt angedeutet.

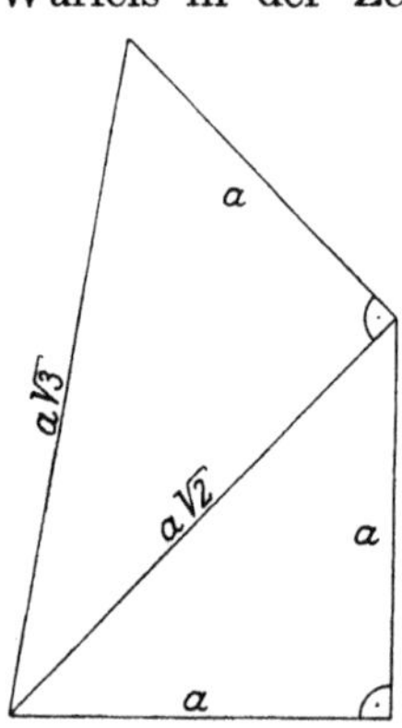

Abb. 25. Kante, Flächen- und Körperdiagonale.

21. Eingeschriebene Kreise der Würfelflächen. Um auch die Kreise abzubilden, die in den in der Ecke E zusammenstoßenden Würfelflächen liegen und diesen Quadraten eingeschrieben sind, denke man sich z. B. die Würfelfläche $EGBH$ um eine Hauptlinie umgeklappt in eine Hauptebene, um den Zusammenhang von Normalprojektion und Umklappung einer ebenen Figur zu verwerten (16). Da die Punkte G und H gleiche Kote z_2 haben, ist ihre Verbindungsgerade eine Hauptgerade der betrachteten Würfelfläche. Im Interesse einer übersichtlichen Anordnung der Abb. 26 liegt es aber, als Drehachse die Hauptgerade h des Punktes B zu wählen, die ja zur Geraden GH parallel ist. Die Umklappung (E) der Ecke E fällt dann in die Normale aus der Projektion E' auf die Drehachse und der Drehungsmittelpunkt B des Punktes E liegt im Fußpunkt dieser Normalen auf der Drehachse h. Die Konstruktion der wahren Größe des Drehradius BE ergibt sich aus der seitlichen Umlegung seines Differenzendreiecks, wobei der Kotenunterschied z der Punkte B und E der Abb. 24 entnommen werden kann.

Weil man nun die Drehachse h und ein Paar entsprechender Punkte E' und (E) der Projektion und der Umklappung der Würfelfläche kennt, so kennt man hinreichend Bestimmungsstücke der Affinität (16), welche beide Systeme verknüpft. Daher kann man zur Darstellung des dem Quadrat $EGBH$ eingeschriebenen Kreises schreiten.

Zu dem Ende wird man einmal die Umklappung $(E)(G)(B)(H)$ der Würfelfläche, dann den eingeschriebenen Kreis zeichnen und die ganze Figur zurückklappen, indem man dabei die beiden Grundgesetze des affinen Zusammenhanges benutzt (14). Man wird insbesondere auch die vier Berührungspunkte des Kreises mit den Würfelkanten eintragen, sowie die Hauptachsen der Ellipse (16).

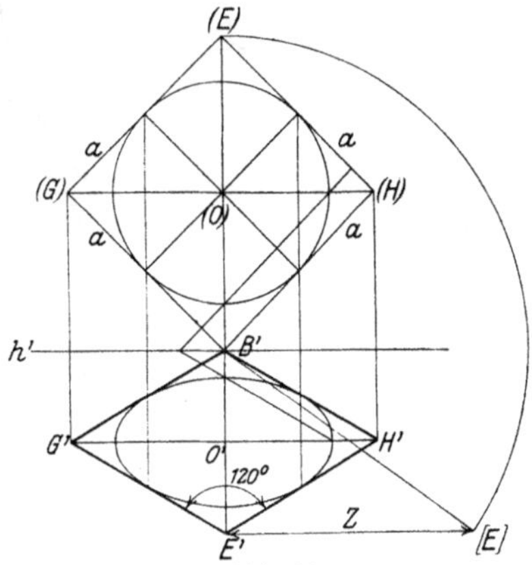

Abb. 26.
Eingeschriebene Kreise der Würfelflächen.

22. Darstellung des Dreikants. Kennt man genügend Bestimmungsstücke eines Dreikants, so kann man es darstellen und die noch fehlenden Stücke konstruieren. Es seien zwei Bestimmungsfälle herausgegriffen:

a) Vom Dreikant kennt man eine Seite b und die beiden anliegenden Winkel α und γ. In Abb. 27 sei die bekannte Seite b in die Projektionsebene gelegt, der Punkt O sei der Scheitel des Dreikants. Rechtwinklig zu den Schenkeln m und n des Winkels b lege man Neigungswinkelebenen, welche die Winkel α und γ des Dreikants enthalten und mit ihnen umgelegt werden mögen. Dann kann man in der Umlegung zwei Punkte A und C bestimmen, die in den beiden unter den Winkeln α bzw. γ gelegten Ebenen die nämliche Kote z haben. Man kann somit durch diese Punkte A bzw. C die Hauptgeraden h bzw. k in den erwähnten Ebenen ziehen. Ihr Schnittpunkt P ist ein Punkt, welcher auf der Schnittgeraden dieser zwei Ebenen, also auf der zu bestimmenden dritten Kante des Dreikants liegt.

Zur Bestimmung der noch fehlenden Stücke des Dreikants seien zuerst die Seiten a und c konstruiert. Dazu hat man die beiden Seitenflächen, die sie enthalten, um die Winkel $180^0 - \alpha$ und $180^0 - \gamma$ umzuklappen in die Ebene der dritten Seite b. Die Kantenpunkte A_0 und C_0 mögen dabei nach (A_0) bzw. (C_0) kommen, so daß die Geraden $O(A_0)$ und $O(C_0)$ die Umklappungen der Kante OP sind und die gesuchten Seiten a bzw. c begrenzen.

Um den dritten Winkel β des Dreikants zu konstruieren, denke man sich eine ihn enthaltende Neigungswinkelebene gelegt, etwa die

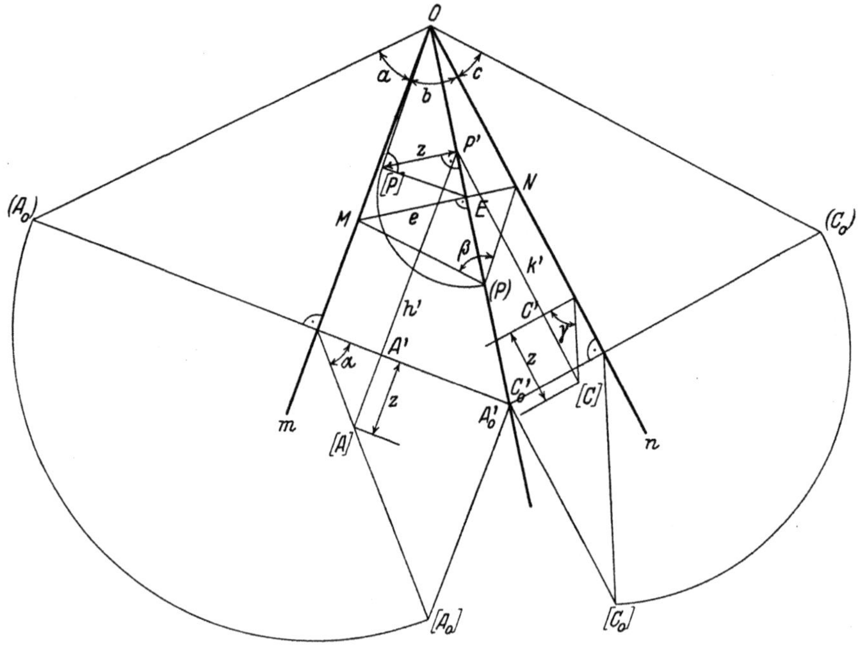

Abb. 27. Darstellung des Dreikants.

durch den Punkt P gehende. Um den rechten Winkel, den sie mit der Kante OP bildet, benutzen zu können, werde die projizierende Ebene dieser Kante umgelegt in die Projektionsebene, wobei der Punkt P nach $[P]$ zu liegen kommt, in die Normale aus dem Punkt P' zur Drehachse OP' und in die Entfernung $P'[P] = z$. Zieht man dann im Punkte $[P]$ die Normale zur Geraden $O[P]$, so erhält man auf der Drehachse einen Punkt E der Spur e der Neigungswinkelebene, und diese selbst ist rechtwinklig zur Projektion OP' (19). Die Spur e treffe die anderen Kanten des Dreikants in den Punkten M und N, so daß die Verbindungsgeraden dieser beiden Punkte mit dem Punkte P die Schenkel des gesuchten Winkels β sind. Kommt bei der Umklappung der Neigungswinkelebene in die Projektionsebene der Punkt P nach (P), so ist der Winkel $M(P)N$ die wahre Größe des Winkels.

b) Vom Dreikant kennt man die drei Seiten. In Abb. 28 seien die drei Seiten a, b und c aneinander mit dem gemeinsamen Scheitel O angetragen. Die Schenkel u und v können dann aufgefaßt werden als die Umklappungen der der Seite b gegenüberliegenden Kante

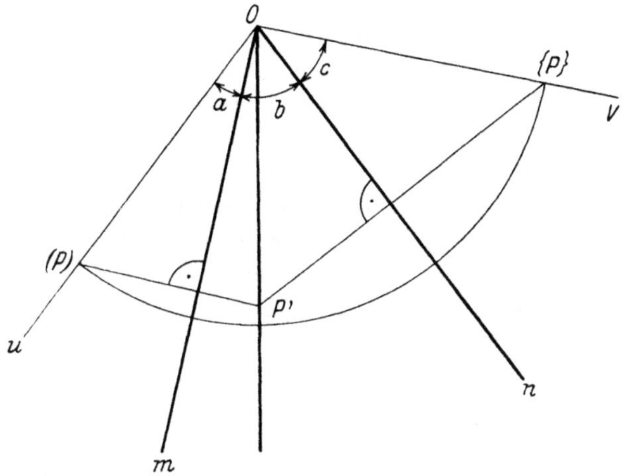

Abb. 28. Dreikant aus den drei Seiten.

in die Ebene dieser Seite. Wählt man daher einen Punkt P dieser Kante in beiden Umklappungen, so daß $O(P) = O\{P\}$ ist, so läßt sich die Projektion P' desselben finden als der Schnittpunkt der beiden Normalen aus den Punkten (P) und $\{P\}$ auf die Drehachsen m bzw. n. Die Gerade OP' ist dann die Projektion der dritten Kante des Dreikants.

Die noch fehlenden Winkel α, β und γ des Dreikants ergeben sich durch naheliegende Konstruktionen, die man am besten an Hand der Abb. 27 sich zurechtlegt. —

23. Darstellung eines Vierkantloches in einer und in zwei Normalprojektionen. In Abb. 29 sei ein Vierkantloch in normaler Projektion dargestellt, so zwar, daß die Projektionsstrahlen in der Kantenrichtung verlaufen. Diese eine Projektion genügt zur Erkenntnis der Abmessungen des Körpers, wenn man den Kotenunterschied der beiden Endflächen, also die Höhe h, angibt.

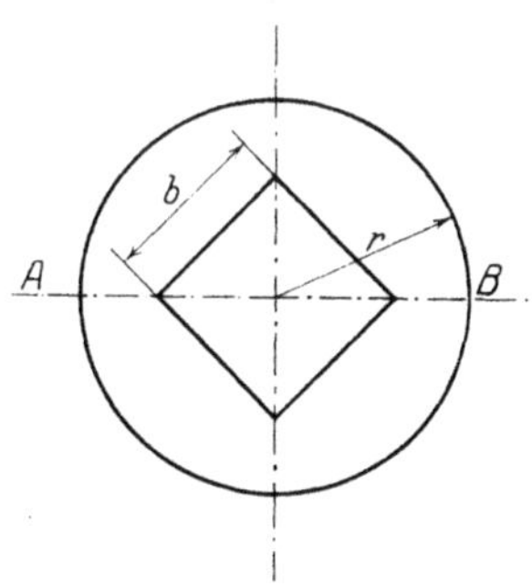

Abb. 29. Grundriß eines Vierkantlochs.

Aufschlußreicher für das Aussehen des Gegenstandes ist es, wenn man in Abb. 30 noch eine andere Normalprojektion gibt. Sie ist auf eine Profilsebene gedacht, die in Abb. 29 durch ihre Spur AB gegeben ist. Abb. 30 wird vorteilhaft als Schnitt AB des Gegenstandes gedeutet. In dieser Projektion erscheint die Höhe h unmittelbar.

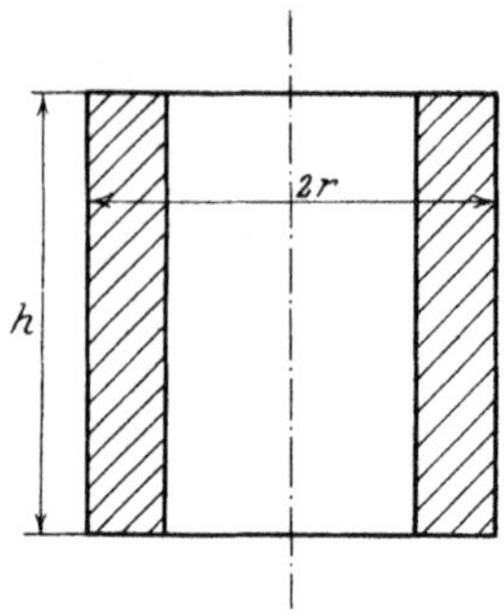

Abb. 30.
Aufriß eines Vierkantlochs.

Noch zweckmäßiger ist es, einen Zusammenhang dieser beiden Normalprojektionen herzustellen (s. Abb. 31). Die beiden Normalprojektionen sind gedacht auf zwei zueinander rechtwinklige Projektionsebenen, die nämlichen, die schon in den Abb. 29 und 30 ihrer Lage nach verwendet wurden. Die zweite Projektion oder der Aufriß ist dabei umgelegt gedacht in die Ebene der ersten Projektion oder des Grundrisses. Drehachse ist die Projektionsachse x der Abb. 31. In dieser gegenseitigen Lage heißen die beiden Normalprojektionen einander zugeordnet. Sie genügen zusammen, um dem Beschauer ein vollständiges Bild des dargestellten Gegenstandes zu vermitteln, lassen die Abmessungen entweder unmittelbar erkennen oder gestatten ihre geometrische Konstruktion.

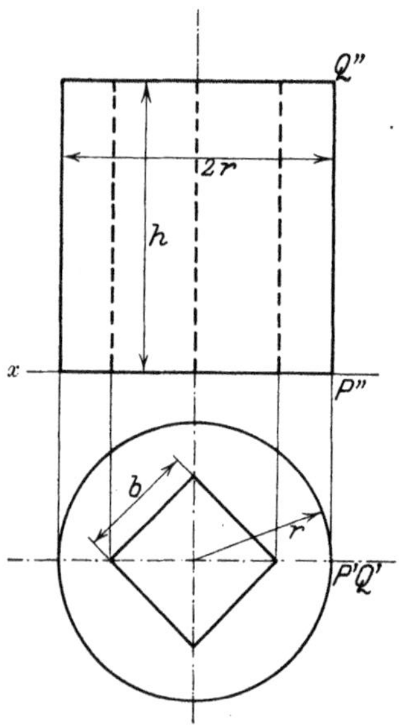

Abb. 31.
Zugeordnete Normalprojektionen.

Die kotierte Normalprojektion, die den Gegenstand dieses ersten Kapitels gebildet hat, eignet sich vortrefflich als Einführung des Anfängers in die darstellende Geometrie. Allein für zusammengesetztere Darstellungen und Konstruktionen wird das fortwährende Umlegen von Profilebenen lästig. Es ist aber nötig, entweder um bekannte Koten zu verwerten oder aber um unbekannte Koten zu bestimmen. Auch ist es leichter, sich aus zwei zugeordneten Normalprojektionen eine klare Vorstellung des dargestellten Raumgebildes zu machen, als wenn man einer Projektion in der Vorstellung immer die Koten der Punkte hinzufügen muß.

Mit diesen zugeordneten Normalprojektionen befaßt sich das zweite Kapitel. —

II. Zugeordnete Normalprojektionen.

24. Das Zweitafelsystem. Man wählt zwei zueinander rechtwinklige Projektionsebenen oder Projektionstafeln. Die erste Projektionsebene wird häufig, namentlich wenn sie wagrecht gedacht wird, Grundrißebene genannt, die zweite Projektionsebene, die dann senkrecht wird, Aufrißebene. Fällt man dann von einem Punkte A des Raumes aus die beiden Normalen auf die Projektionsebene (vgl. die anschauliche Darstellung dieser Raumfigur in Abb. 32), so treffen diese die beiden Projektionsebenen in den beiden Projektionen des Punktes A, nämlich die erste Projektionsebene π_1 in der ersten Projektion A' (dem Grundriß) und die zweite Projektionsebene π_2 in der zweiten Projektion A'' (dem Aufriß) des Punktes A.

Die Ebene durch diese beiden Projektionsstrahlen steht rechtwinklig zu den beiden Projektionsebenen, also auch rechtwinklig zu ihrer Schnittgeraden, der Projektionsachse. Somit enthält diese Ebene den (rechten) Winkel, den die beiden Projektionsebenen bilden. Ist also X der Punkt, in welchem die betrachtete Ebene der beiden Projektionsstrahlen die Projektionsachse trifft, so ist der $\measuredangle A'XA''$ ein rechter. Das Viereck $AA'XA''$ enthält somit drei rechte Winkel bei den Ecken A', A'' und X, so daß der vierte Winkel bei der Ecke A auch ein rechter ist, das Viereck also ein Rechteck. Aus der Gleichheit der gegenüberliegenden Seiten AA' und $A''X$ bzw. AA'' und $A'X$ ergeben sich die Sätze:

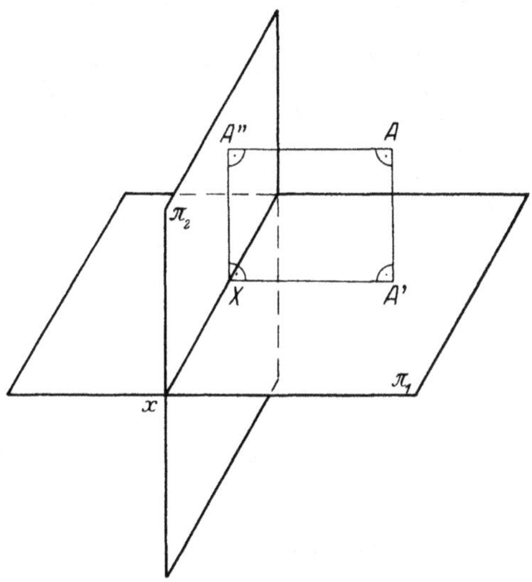

Abb. 32. Zweitafelsystem.

Die Entfernung eines Punktes von der Grundrißebene ist gleich der Entfernung seines Aufrisses von der Projektionsachse.

Die Entfernung eines Punktes von der Aufrißebene ist gleich der Entfernung seines Grundrisses von der Projektionsachse.

Man kann die beiden Projektionen A' und A'' eines Punktes A im Zweitafelsystem nicht völlig willkürlich wählen, denn täte man es und würde man in den beiden gewählten Punkten A' und A'' die beiden Projektionsstrahlen normal zur ersten bzw. zweiten Projektionsebene errichten, so würden diese beiden Geraden einander immer dann nicht treffen, windschief sein, wenn die beiden gewählten Projektionen A' und A'' nicht in einer zur Projektionsachse rechtwinkligen Ebene liegen würden (vgl. eine derartige unzulässige gegenseitige Lage der beiden Punkte A' und A'' in Abb. 33; es gibt keinen Raumpunkt A, dessen beide zugeordneten Normalprojektionen die Punkte A' und A'' dieser Figur wären).

Dagegen können zwei Punkte A' und A'' in den beiden Projektionsebenen π_1 bzw. π_2 und in einer Normalebene zur Projektionsachse liegend in dem Sinne als zugeordnet betrachtet werden, als es dann stets einen Raumpunkt A gibt, dessen beide zusammengehörige Projektionen sie sind. Und aus der Lage der beiden zugeordneten Normalprojektionen schließt man sofort auf die Lage des durch sie dargestellten Raumpunktes: dieser liegt einmal in der durch die beiden Projektionen bestimmten Normalebene zur Projektionsachse und dann in den beiden sich schneidenden Projektionsstrahlen, die man in den gegebenen Punkten normal zu den Projektionsebenen errichten kann.

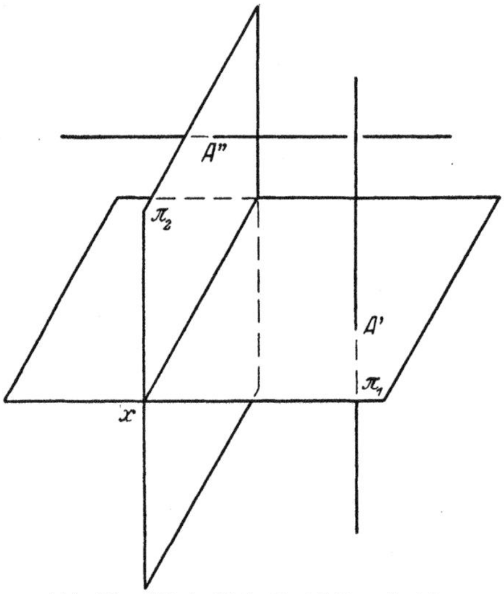

Abb. 33. Windschiefe Projektionsstrahlen.

25. Zusammenlegen der beiden Projektionsebenen. Es wäre mühsam und umständlich, mit dem Zweitafelsystem in dieser Aufmachung zu konstruieren. Man müßte ja in zwei zueinander rechtwinkligen Ebenen zeichnen.

Daher zieht man es vor, sich zwar ein Zweitafelsystem zu denken, aber nur in einer der Projektionsebenen zu zeichnen. Diese Anordnung läßt sich dadurch treffen, daß man die eine der beiden Projektionsebenen mit allem, was darinnen ist, umlegt, bis sie mit der anderen zusammenfällt.

Dabei ist es unentbehrlich, sich über gewisse Annahmen zu verständigen, den Sinn betreffend, in welchem diese Umlegung stattfinden soll.

Durch die beiden Projektionsebenen wird nämlich der Raum in vier Raumteile oder Quadranten zerlegt (vgl. die Abb. 34), die folgendermaßen bezeichnet seien:

I. Quadrant: über der Grundrißebene und vor der Aufrißebene;
II. ,, über der Grundrißebene und hinter der Aufrißebene;
III. ,, unter der Grundrißebene und hinter der Aufrißebene;
IV. ,, unter der Grundrißebene und vor der Aufrißebene.

Man kann nun, um Mißverständnissen vorzubeugen, festsetzen, daß das Zusammenlegen der beiden Projektionsebenen stets so geschehen soll, daß dabei der I. Quadrant geöffnet wird (s. die Angabe dieses Umlegungssinnes in Abb. 34).

Nach der Zusammenlegung der beiden Projektionsebenen werden die beiden zur Projektionsachse normalen Seiten XA' und XA'' des in Abb. 32 betrachteten Rechtecks in eine zur Projektionsachse normale Gerade fallen, und man kann sagen:

Die beiden zugeordneten Normalprojektionen eines Punktes fallen in eine Normale zur Projektionsachse.

Solche Normalen zur Projektionsachse nennt man Ordnungslinien der Zuordnung. Man kann daher auch sagen:

Grund- und Aufriß eines Punktes liegen in einer Ordnungslinie.

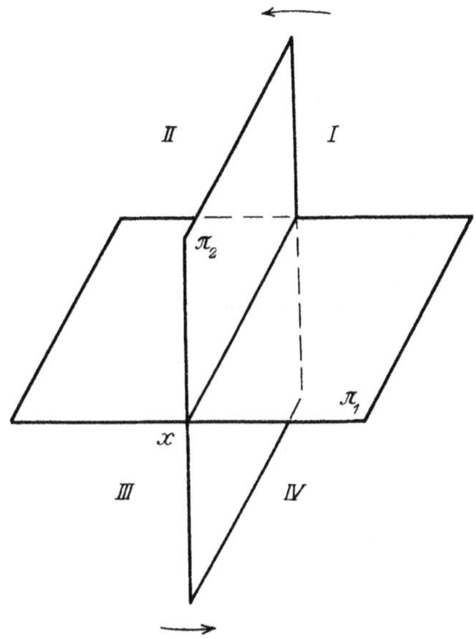

Abb. 34. Ineinanderlegen der beiden Projektionsebenen.

Abb. 35 enthält die zugeordneten Normalprojektionen von Punkten A, B, C und D, die im I., II., III. bzw. IV. Quadranten liegen, wie sie nach der Zusammenlegung der Projektionsebenen zu liegen kommen, wenn dabei, wie abgemacht, der I. Quadrant geöffnet wird.

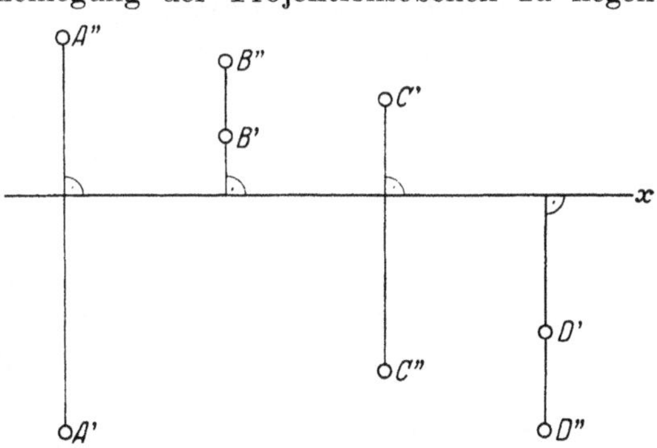

Abb. 35. Punkte in den vier Quadranten.

Abb. 36 enthält die Projektionen von Punkten, die besondere Lage zum Zweitafelsystem haben, nämlich

Punkt E liegt in der Grundrißebene,

Punkt F liegt in der Aufrißebene,

Punkt G liegt in beiden Projektionsebenen, also in der Projektionsachse; seine beiden Projektionen fallen zusammen.

Da die Entfernungen der Projektionen eines Punktes von der Projektionsachse gleich sind den Entfernungen des Punktes von den Projektionsebenen (24), so erkennt man, daß, wenn die beiden Projek-

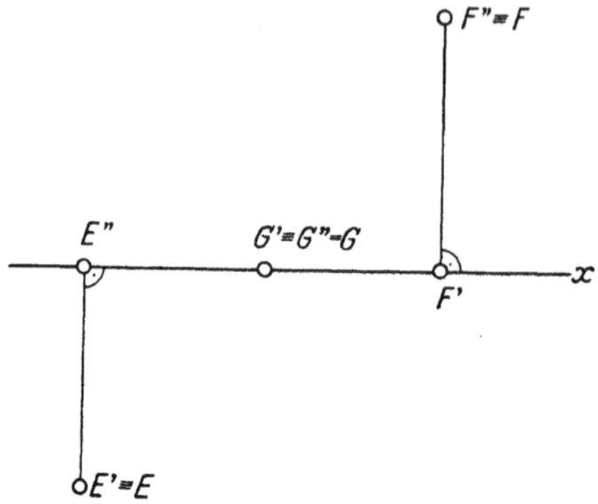

Abb. 36. Punkte in den Projektionsebenen.

tionen des Punktes von der Projektionsachse gleich weit entfernt sind, der dargestellte Punkt von beiden Projektionsebenen gleich weit entfernt sein muß, also in einer der beiden Halbierungsebenen der Quadranten liegen muß.

So liegen in Abb. 37 die Punkte

H und *J* in der Halbierungsebene des I. bzw. des III. Quadranten, und die Punkte

K und *L* in der Halbierungsebene des II. bzw. des IV. Quadranten. Insbesondere ergibt sich also:

Die Raumpunkte mit zusammenfallenden zugeordneten Normalprojektionen liegen in *einer* Ebene, der Halbierungsebene des II. und IV. Quadranten (Koinzidenzebene).

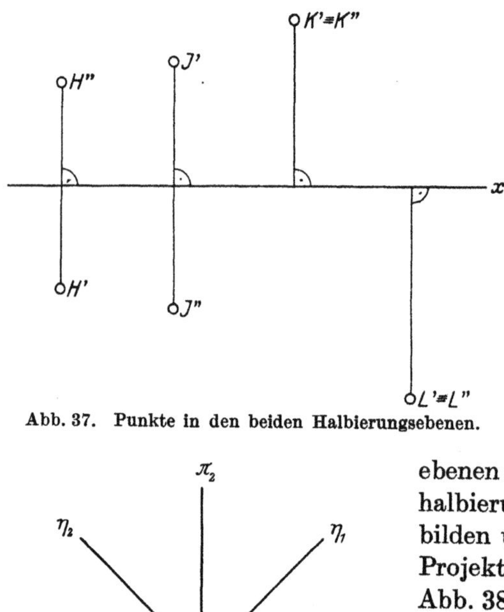

Abb. 37. Punkte in den beiden Halbierungsebenen.

Das Ebenenbüschel, das die beiden Projektionsebenen π_1, π_2 und die beiden Winkelhalbierungsebenen η_1, η_2 derselben bilden und dessen Scheitelkante die Projektionsachse ist, wird in Abb. 38 dargestellt, gesehen (oder projiziert) in Richtung der Projektionsachse.

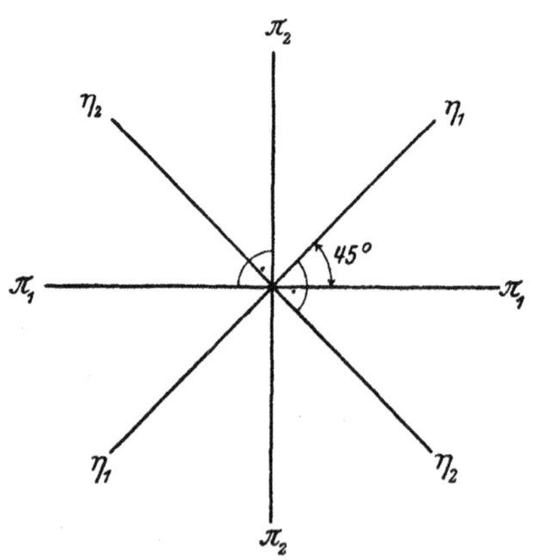

Abb. 38.
Projektionsebenen und Halbierungsebenen.

26. Kreuzriß. Es empfiehlt sich in vielen Fällen, noch eine dritte Projektionsebene einzuführen, rechtwinklig zu den beiden ersten Projektionsebenen, also auch rechtwinklig zur Projektionsachse, die man die Kreuzrißebene nennt. Durch die drei Projektionsebenen wird der Raum in acht Teile (Oktanten) zerlegt, von denen einer, im I. Quadranten liegend, links von der Kreuzrißebene, als der erste bezeichnet wird (s. die Numerierung der Oktanten in der anschaulich gedachten Abb. 39). Beim Zusammenlegen der drei Projektionsebenen in eine möge wieder der erste Oktant geöffnet werden. Dann zeigt Abb. 40, wie die drei Projektionen. A' (der Grundriß), A'' (der Aufriß) und A''' (der Kreuzriß) eines Punktes A zu liegen kommen. Die Strecken a, b und c sind dabei die Entfernungen des Punktes von den Projektionsebenen.

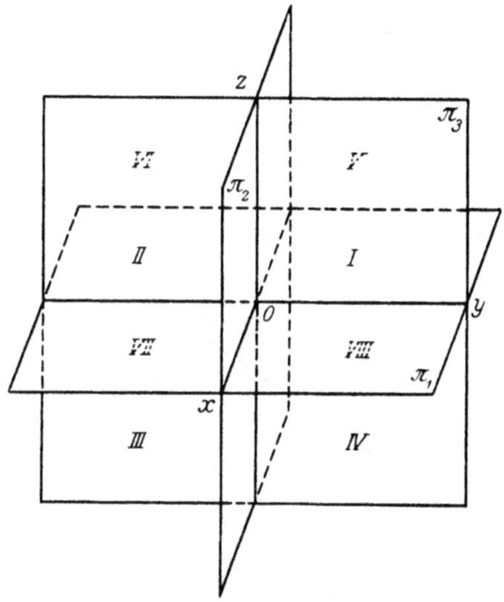

Abb. 39.
Die acht Oktanten des Dreitafelsystems.

Das Projektionssystem ist dann ein Dreitafelsystem.

Die Anordnung zeigt die enge Verknüpfung, die zwischen den Grundlagen der darstellenden Geometrie einerseits und der analytischen Geometrie des Raumes anderseits besteht. Man kann das Dreitafelsystem auffassen als Koordinatensystem: die drei Projektionen sind die Koordinatenebenen, die drei Projektionsachsen sind die drei zueinander rechtwinkligen Koordinatenachsen, und die Entfernungen a, b und c eines Punktes von den Projektions- oder Koordinatenebenen sind die drei Koordinaten des Punktes, durch die seine räumliche Lage zahlenmäßig bestimmt ist.

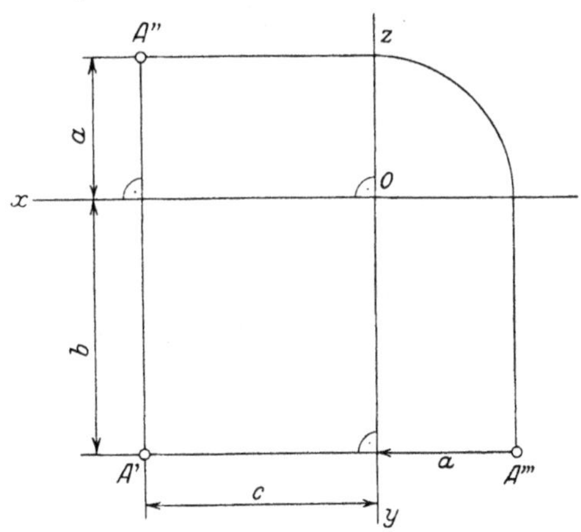

Abb. 40.
Projektionen eines Punktes im Dreitafelsystem.

27. Konstruktion der wahren Entfernung zweier Punkte im Zwei- und Dreitafelsystem. Es sei eine Strecke AB gegeben durch ihre beiden zugeordneten Projektionen, den Grundriß $A'B'$ und den Aufriß $A''B''$. Es ist die wahre Länge der Strecke zu konstruieren.

Verschiedene Konstruktionsvorgänge stehen zur Verfügung.

Abb. 41 enthält die Umlegung der ersten projizierenden Ebene der Strecke in die Grundrißebene; die benötigten Koten a und b der Punkte entnimmt man dem Aufriß.

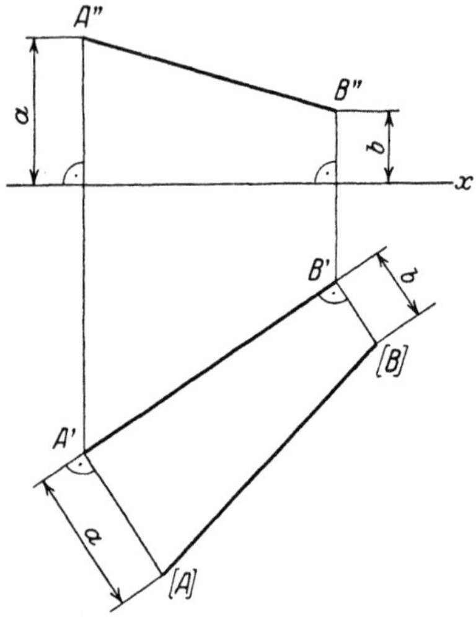

Abb. 41. Umlegung der ersten projizierenden Ebene einer Strecke.

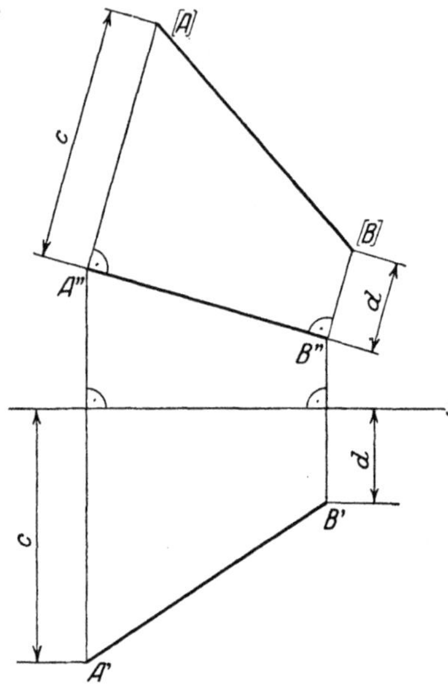

Abb. 42. Umlegung der zweiten projizierenden Ebene einer Strecke.

Abb. 42 zeigt dasselbe Vorgehen, aber mit Vertauschung der Rolle der beiden Projektionsebenen: man legt die zweite projizierende Ebene der Strecke um in die Aufrißebene und entnimmt die dabei benötigten Koten c und d dem Grundriß. —

Man kann aber auch die eine oder andere projizierende Ebene drehen, bis sie parallel wird zu derjenigen Projektionsebene, auf der sie nicht rechtwinklig steht:

Abb. 43 zeigt die Drehung der ersten projizierenden Ebene der Strecke AB um die zur Grundrißebene normale Drehachse AA' bis zum Parallelismus mit der Aufrißebene. Dabei beschreibt der Endpunkt B einen Kreisbogen, der sich im Grundriß in wahrer Gestalt

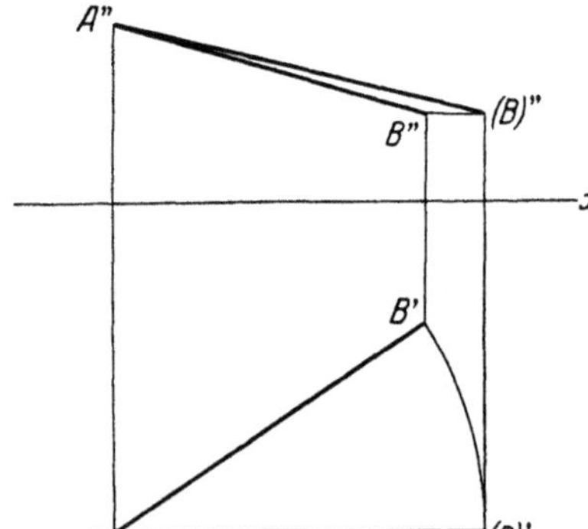

Abb. 43. Drehung der ersten projizierenden Ebene einer Strecke.

als der Kreisbogen zeigt, der durch den Punkt B' geht und den Mittelpunkt A' hat, im Aufriß aber als die Parallele durch B'' zur Projektionsachse. Damit kann man die beiden Projektionen der Endlage (B)

des gedrehten Punktes B angeben. Nach der Drehung ist die Strecke AB in der Lage $A(B)$ zur Aufrißebene parallel und erscheint mithin im Aufriß als $A''(B)''$ in wahrer Länge.

Abb. 44 enthält die Drehung der zweiten projizierenden Ebene der Strecke AB bis zum Parallelismus mit der Grundrißebene. Drehachse ist dabei die Gerade AA''.

Abb. 45 endlich bestimmt die wahre Länge der Strecke AB durch Umlegung ihres auf die Kreuzrißebene bezogenen Differenzendreiecks [vgl. die Auseinandersetzung dieser Methode in (4)].

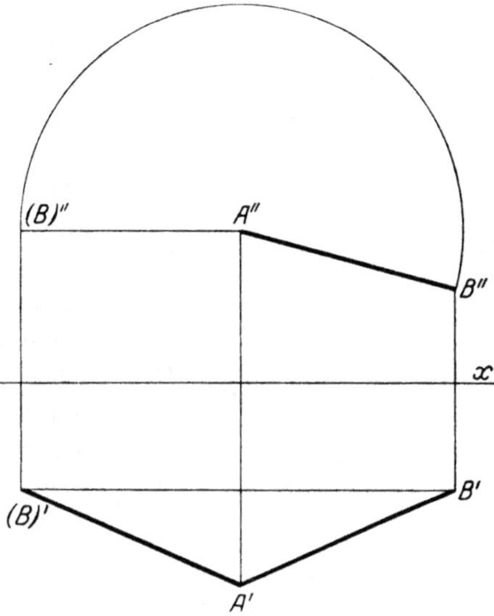

Abb. 44. Drehung der zweiten projizierenden Ebene einer Strecke.

28. Weglassen der Projektionsachsen. Alle Konstruktionen der darstellenden Geometrie lassen sich im Zwei- und Dreitafelsystem durchführen. Allein es ist für viele Konstruktionen auf dem Zeichenbrett, namentlich aber für die Anwendungen der darstellenden Geometrie,

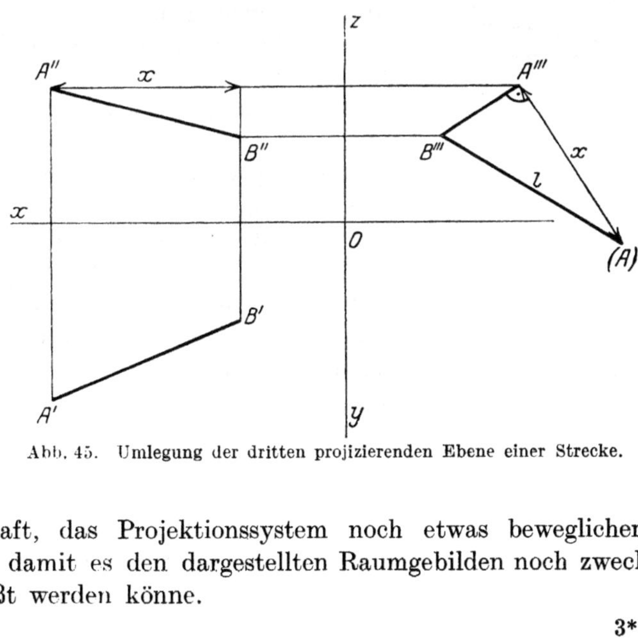

Abb. 45. Umlegung der dritten projizierenden Ebene einer Strecke.

vorteilhaft, das Projektionssystem noch etwas beweglicher zu gestalten, damit es den dargestellten Raumgebilden noch zweckmäßiger angepaßt werden könne.

In Abb. 46 ist eine Strecke AB durch ihre beiden zugeordneten Normalprojektionen dargestellt. Durch Umlegen der beiden Differenzendreiecke der Strecke ist ihre wahre Länge l und sind die Winkel β_1 und β_2 ermittelt, die sie mit den Projektionsebenen bildet. Man kennt also vermöge dieser Konstruktionen alles, was die Lage der Strecke im Raum kennzeichnet: Länge und Neigungswinkel. Dabei beachte man, daß man im Verlaufe dieser Konstruktionen keinen Gebrauch hat machen müssen von der Lage der Projektionsachse x; hätte diese eine andere, zur ersten parallele Lage x^* gehabt, so hätte sich nichts geändert, weder am Resultat, noch an den Konstruktionen selbst. Maßgebend ist demnach nur die Richtung der Projektionsachse, nicht ihre Lage. Die Richtung der Projektionsachse aber ist rechtwinklig zur Richtung der Ordnungslinien. Man hätte also unbeschadet die Projektionsachse ganz weglassen können. Die so entstehende Abb. 47 läßt sich leicht deuten.

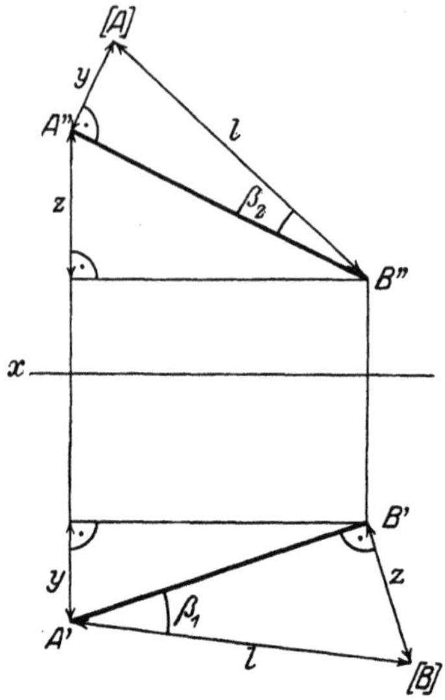

Abb. 46.
Differenzendreiecke einer Strecke.

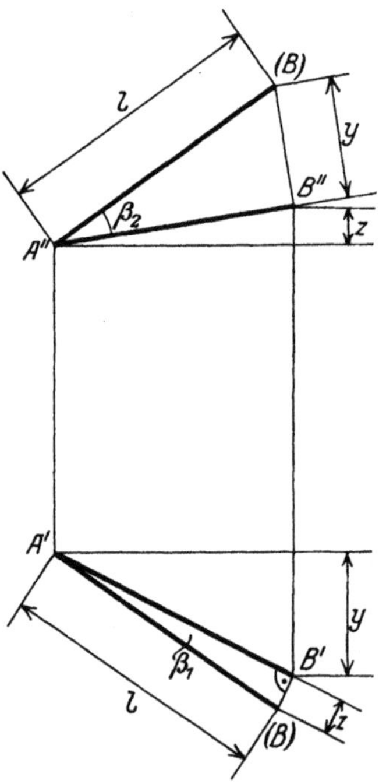

Abb. 47.
Neigungswinkel einer Strecke.

Verzichtet hat man mit dem Weglassen der Projektionsachse auf die Festlegung und Kenntnis der Entfernungen der Endpunkte A und B der Strecke von den beiden Projektionsebenen. Es läßt sich allgemein sagen:

Ist in den Zeichnungen der darstellenden Geometrie die Projektionsachse nur ihrer *Richtung* nach (durch Angabe der Richtung der Ordnungslinien) bestimmt, so sind die Projektionsebenen nur ihrer gegenseitigen *Stellung* nach, nicht aber ihrer Lage nach festgelegt. Die gegenseitige Lage der einzelnen Teile und die Abmessungen der dargestellten Raumgebilde lassen sich durch geometrische Konstruktionen ermitteln.

Unbestimmt bleibt nur die Entfernung der dargestellten Punkte von den Projektionsebenen.

Und dieser zuletzt erwähnte Umstand stellt die erhöhte Anpassungsfähigkeit dieses weniger starren Projektionssystems an die darzustellenden Raumgebilde und in bezug auf die zu lösenden Aufgaben dar: da die beiden Projektionsebenen nur ihrer Stellung nach, nicht aber ihrer Lage nach bestimmt sind, kann man sie parallel zu sich selbst verschiebbar denken und dem dargestellten Raumgebilde anpassen. Man hat keine festen, sondern bewegliche Projektionsebenen, die man, je nach Bedürfnis, bald mit dieser, bald mit jener Parallelebene zusammenfallen lassen kann.

Darum sollen in der Folge die Grundaufgaben der darstellenden Geometrie gelöst werden, ohne daß eine feste Projektionsachse vorausgesetzt wird. Man kennt nur die Richtung der Ordnungslinien; dadurch sind die Projektionsebenen ihrer gegenseitigen Stellung nach, nicht aber ihrer Lage nach, festgelegt.

29. Wahre Gestalt und Größe ebener Figuren. Die Konstruktionsmethode, die hier zur Anwendung kommt — das Umklappen der Figur mit ihrer Ebene um eine Hauptgerade in eine Hauptebene — ist schon in (13) auseinandergesetzt worden. Die Durchführung dieses Konstruktionsgedankens im System der zugeordneten Normalprojektionen gibt Abb. 48. Da ist ein Dreieck ABC gegeben durch seine beiden zugeordneten Normalprojektionen, den Grundriß $A'B'C'$ und den Aufriß $A''B''C''$. Als Drehachse wähle man in der Ebene eine erste Hauptgerade h, also eine in der Ebene des Dreiecks liegende Gerade, die zur ersten Projektionsebene parallel ist. Man wählt sie, indem man ihren Aufriß h'' wählt, parallel zur Projektionsachse, also rechtwinklig zu den Ordnungslinien. Da nun diese Hauptgerade h ganz in der Ebene des Dreiecks ABC liegen soll, so wird sie dessen Seiten in Punkten schneiden müssen, die mit U, V und W bezeichnet seien und deren Aufrisse U'', V'' und W'' man kennt als die Schnittpunkte des Aufrisses h'' der Hauptgeraden mit den Aufrissen der Dreieckseiten. Die Grundrisse U', V' und W' dieser Schnittpunkte finden sich in den Ordnungslinien aus den Aufrissen und auf den Grundrisssen der betreffenden Dreieckseiten. Die Zeichnung muß dann die Genauigkeitsprobe aushalten, wonach die drei Punkte U', V' und W' in einer Geraden, eben dem Grundriß h' der Hauptgeraden, liegen müssen. Damit kennt man die Richtung aller ersten Hauptgeraden oder Spurparallelen der Ebene.

Um diese erste Hauptgerade h erfolgt nun die Drehung der Dreieckebene ABC bis zum Parallelismus mit der Grundrißebene oder also bis sie in die durch die Gerade h gehende erste Hauptebene fällt. Dabei kommt die Umklappung (A) des Punktes A in die

Normale zu liegen, die man aus dem Grundriß A' zur Drehachse h fällen kann. Der Drehungsmittelpunkt M des Kreisbogens, den der Punkt A beschreibt, ist der Fußpunkt dieser Normalen; die Länge des Drehradius ist die wahre Länge der Entfernung der Punkte A und M und wird ermittelt durch seitliche Umlegung des Differenzendreiecks der Strecke $A\,M$.

Ist die Umklappung (A) eines Punktes bekannt, so ergeben sich die Umklappungen der übrigen Ecken und der Seiten des Dreiecks durch Verwendung der normalen Affinität, die zwischen Projektion und Umklappung des Dreiecks besteht.

30. Zugeordnete Normalprojektionen eines Kreises. Abb. 49 gibt eine Durchführung der umgekehrten Aufgabe, aus der wahren Gestalt und Lage einer ebenen Figur, hier eines Kreises, die zugeordneten Normalprojektionen zu finden.

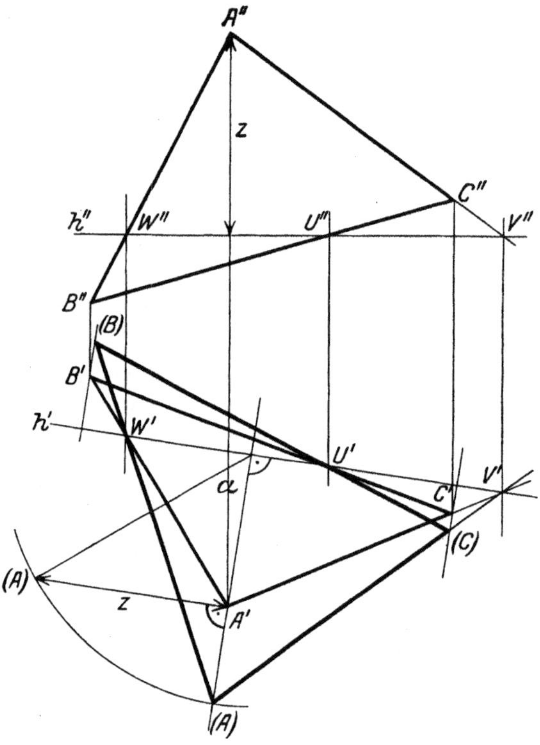

Abb. 48. Umklappung eines Dreiecks um eine Hauptlinie.

Der Mittelpunkt M des Kreises sei gegeben durch seine beiden zugeordneten Normalprojektionen, die Ebene des Kreises durch zwei in ihr liegende Gerade, etwa durch die erste Hauptgerade h des Punktes M, und durch eine zweite, sie in M schneidende Gerade g. „Gegeben“ heißt in diesem Zusammenhange: gegeben je durch ihre beiden zugeordneten Normalprojektionen. Die Größe des Kreises sei bestimmt durch den gegebenen Radius r.

Die Konstruktionsmethode ist schon einmal im Eintafelsystem auseinandergesetzt (16). In Abb. 49 sei als Drehachse s eine erste Hauptgerade der Ebene gewählt. Dann bestimmt sich der Grundriß des Kreises durch Umklappung seiner Ebene um die Gerade s unter Verwendung des affinen Zusammenhanges (16) zwischen Umklappung und Normalprojektion. Aus dem Grundriß des Kreises läßt sich der Aufriß unmittelbar ableiten. Ist P' der Grundriß eines Kreispunktes, so bestimmt man den zugehörigen Aufriß P'' mit Hilfe der beiden zugeordneten Projektionen einer Geraden, die in der Kreisebene liegt und durch den Punkt P geht, etwa des Kreisdurchmessers MP. Trifft nämlich der Grundriß $M'P'$ dieser Geraden die Gerade s' im Punkte U', so liegt der zugehörige Aufriß U'' auf der Geraden s'' und in der durch U' gehenden Ordnungslinie. Dann ist $M''U''$ der Aufriß des herangezogenen Kreisdurchmessers und enthält den Punkt P''. Auch Tangenten der Aufrißellipse lassen sich in ähnlicher Weise ermitteln.

31. Der Zusammenhang zweier zugeordneter Normalprojektionen einer ebenen Figur. Kennt man die zugeordneten Normalprojektionen dreier Punkte einer ebenen Figur, so ist damit die Lage der Ebene bestimmt und ist die Zuordnung der Projektionen aller übrigen Punkte der Ebene bestimmt. Es läßt sich dann das Konstruktionsverfahren, das in (30) angewendet worden ist, um aus dem Grundriß des Kreises den Aufriß zu finden, verallgemeinern.

Das Verfahren kommt darauf hinaus, Punkte in den beiden zugeordneten Normalprojektionen darzustellen, die im Raume eine Ebene erfüllen.

In Abb. 50 sei diese Ebene durch die Projektionen der Punkte A, B und C gegeben. Da die Projektionsachse fehlt (27) und nur mittelbar durch die Richtung der Ordnungslinien gegeben ist, hat es keinen Sinn, nach der Lage des Dreiecks ABC in bezug auf feste Projektionsebenen zu fragen, z. B. die Spurgerade der Ebene ABC mit der einen oder anderen Projektionsebene bestimmen zu wollen. Unbestimmt bleiben die Entfernungen der Punkte A, B und C, sowie der übrigen Punkte ihrer Verbindungsebene von den Projektionsebenen, da diese keine feste Lage haben.

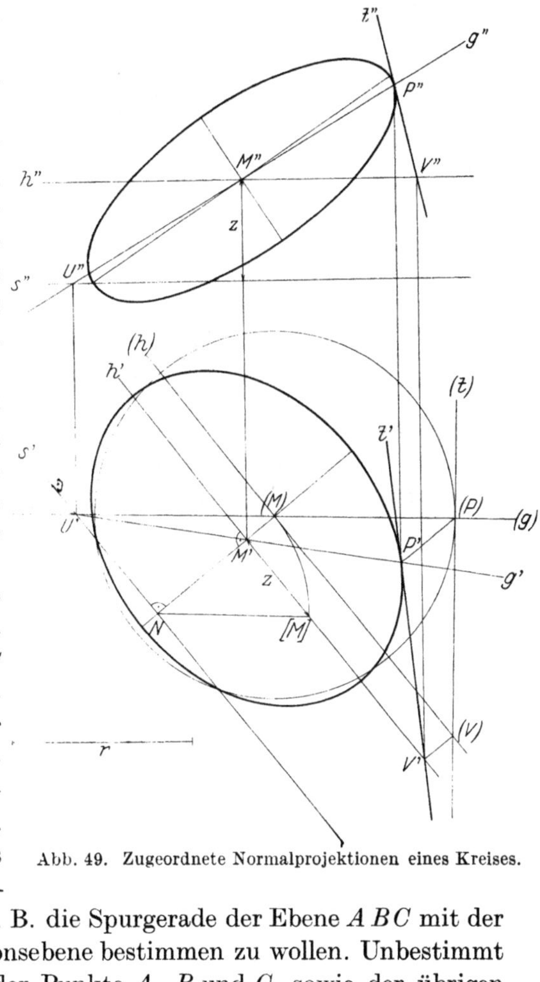

Abb. 49. Zugeordnete Normalprojektionen eines Kreises.

Bestimmt ist dagegen der Stellungsunterschied der Ebene ABC gegenüber den Projektionsebenen und bestimmt ist auch die gegenseitige Lage aller übrigen Punkte der Ebene, so daß man die Zuordnung der beiden Normalprojektionen der Punkte der Ebene treffen kann.

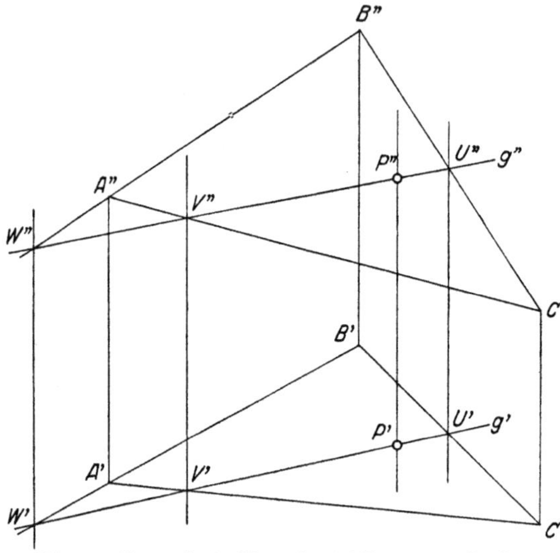

Abb. 50. Zugeordnete Normalprojektionen von Punkten in einer Ebene.

Ist P' der Grundriß eines Punktes P der Ebene ABC, so findet man den zugehörigen Aufriß P'', indem man sich in der Ebene und durch den Punkt eine Gerade g gezogen denkt, deren Grundriß man durch den Punkt P' beliebig zieht. Da diese Gerade in der Ebene ABC liegen soll, muß sie die Seiten des Dreiecks ABC schneiden in Punkten U, V und W, deren Grundrisse man kennt und deren Aufrisse daher angegeben werden können. Diese drei Aufrisse U'', V'' und W'' müssen in einer Geraden g'' liegen (Genauigkeitsprobe!), und auf dieser liegt auch der Aufriß P'' des Punktes P. Unter Umständen kann man oder muß man auf die obenerwähnte Genauigkeitsprobe verzichten und nur mit zweien der drei Punkte U, V und W arbeiten.

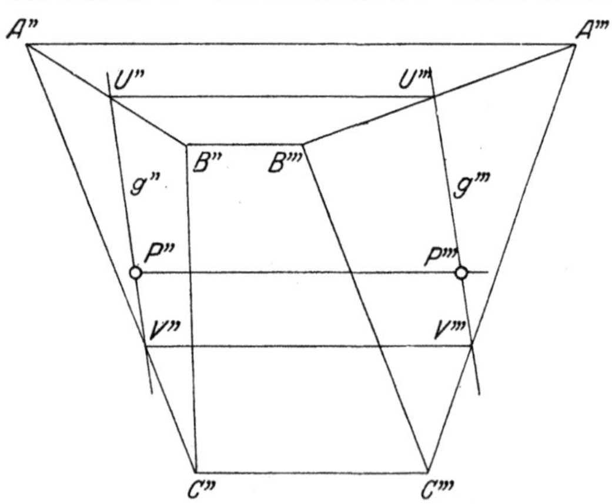

Abb. 51. Zugeordnete Normalprojektionen von Punkten in einer Ebene.

Abb. 51 zeigt diesen Zusammenhang zwischen Aufriß und Kreuzriß einer ebenen Figur. Abb. 52 wendet ihn an zur Bestimmung der zugeordneten Normalprojektionen eines ebenen Fünfecks.

Um den Zusammenhang zweier zugeordneter Normalprojektionen einer ebenen Figur noch besser entwickeln, in Worte fassen und konstruktiv verwerten zu können, werde zunächst ein Sonderfall der Abb. 52 betrachtet. Es sei nämlich in Abb. 53 angenommen, die Ebene ABC sei so gegeben, daß die zugeordneten Projektionen dieser drei Punkte jeweilen zusammenfallen. Es sei also $A' \equiv A''$, $B' \equiv B''$ und $C' \equiv C''$. Führt man dann die Konstruktion durch, die den beiden vorhergehenden Abbildungen zugrunde liegt, so ergibt sich, daß für das Vieleck $ABCDE$, dessen Grundriß gegeben und dessen Aufriß abgeleitet wird, die beiden zugeordneten Projektionen aller Ecken zusammenfallen, daß also auch $D' \equiv D''$ und $E' \equiv E''$ ist. Und was die Konstruktion für diese zwei Punkte der Ebene ABC ergibt, das gilt für alle ihre Punkte. Und wäre anderseits ein Punkt X durch zusammenfallende Projektionen gegeben, so würde sich ergeben, daß er mit den Punkten $ABCDE$ in einer Ebene liegt. Es zeigt sich also:

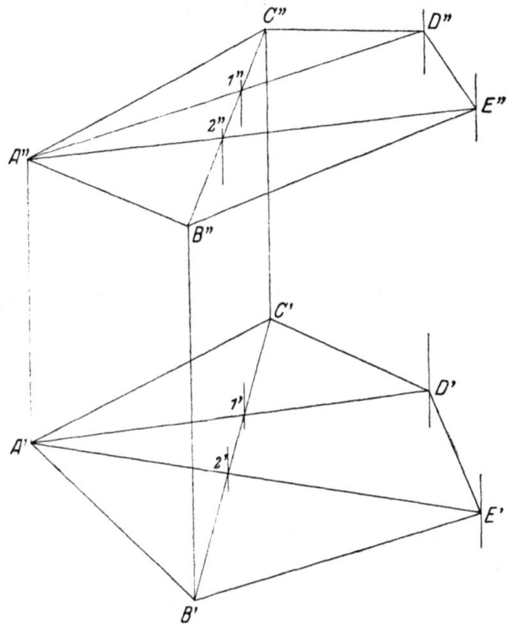

Abb. 52. Zugeordnete Normalprojektionen eines ebenen Vielecks.

Im Zweitafelsystem bilden alle Punkte des Raumes,

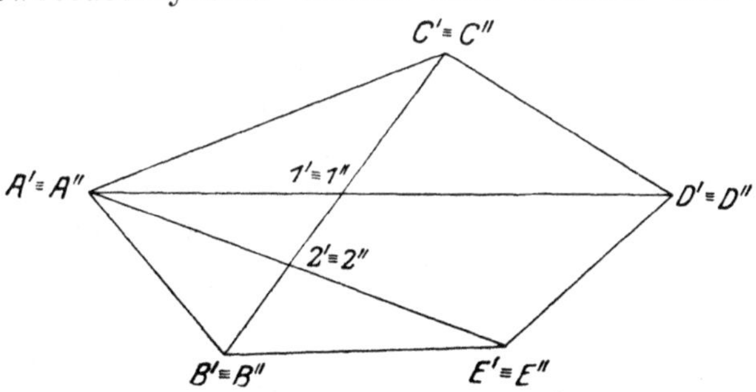

Abb. 53. Vieleck in der Koinzidenzebene.

deren zugeordnete Normalprojektionen zusammenfallen, eine Ebene, die sog. Koinzidenzebene.

Man kann leicht die Neigung dieser Koinzidenzebene gegen die beiden Projektionsebenen ermitteln: die erste und zugleich zweite

Hauptlinie der Ebene h und k steht rechtwinklig zu den Ordnungslinien, und die zu ihr rechtwinklige Spurnormale f bestimmt als Winkel mit der ersten und zugleich mit der zweiten Projektionsebene $\beta_1 = \beta_2 = 45^0$ (Abb. 54). Denkt man sich die horizontale Grundrißebene von vorn nach hinten gehend, die vertikale Aufrißebene von oben nach unten, so verläuft die Koinzidenzebene von hinten oben nach vorn unten.

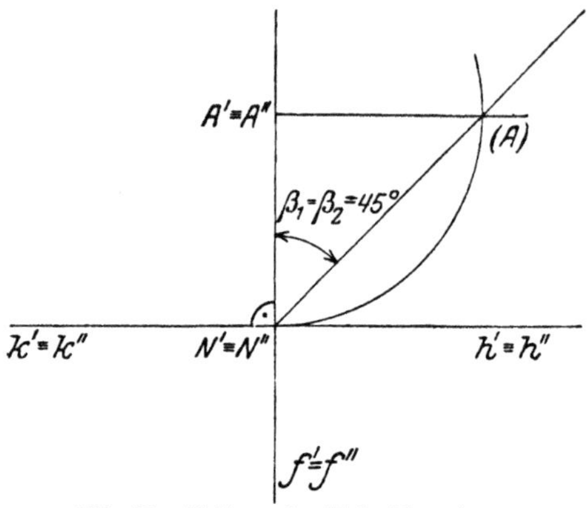

Abb. 54. Stellung der Koinzidenzebene.

Jede andere Ebene, z. B. die Ebene $ABCDE$ der Abb. 50, schneidet die Koinzidenzebene in einer Geraden, der Koinzidenzgeraden der Ebene, deren Punkte alle die Eigenschaft haben, daß ihre zugeordneten Normalprojektionen zusammenfallen (koinzidieren). Man ermittelt für eine gegebene Ebene diese Gerade s, deren beide Projektionen natürlich zusammenfallen, indem man zweimal Grund- und Aufriß von Geraden der Ebene zum Schnitt miteinander bringt. In Abb. 55 ist s diese Koinzidenzgerade der Ebene ABC.

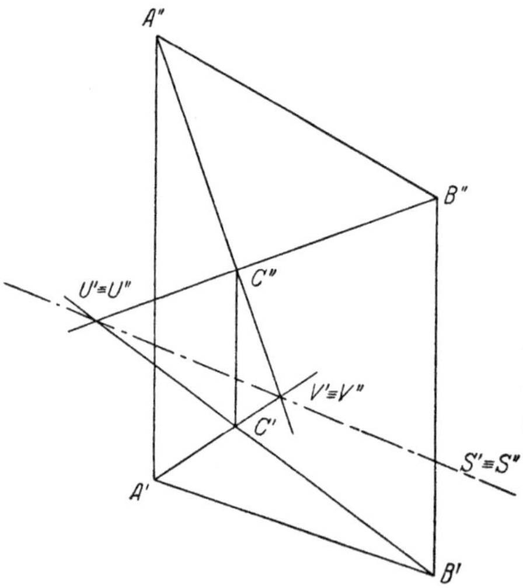

Abb. 55. Koinzidenzgerade einer Ebene.

An Hand dieser Abbildung erkennt man den Zusammenhang der beiden Projektionen einer ebenen Figur. Zwischen dem Grund- und dem Aufriß einer solchen Figur besteht eine Zuordnung in dem Sinn, daß den Punkten A', B', ... der einen die Punkte A'', B'', ... der anderen entsprechen und entsprechende Punkte parallele Verbindungsgeraden haben und daß ferner den Geraden $A'C'$, $B'C'$, ... der einen die Geraden $A''C''$, $B''C''$, ... der anderen so entsprechen, daß die Schnittpunkte V', U', ... in einer Geraden s' liegen. Nach den in (14) eingeführten Benennungen heißt dies, daß die beiden Figuren (schief)affin sind.

Die beiden zugeordneten Normalprojektionen einer ebenen Figur sind affin. Affinitätsrichtung ist die Richtung der Ordnungsstrahlen, Affinitätsachse ist die Koinzidenzgerade der Ebene.

32. Eigentliche und uneigentliche Raumelemente. Die Bausteine oder Elemente, aus denen die geometrischen Figuren zusammengesetzt werden, sind die Punkte, Geraden und Ebenen. Die Geometrie der Alten kannte nur den Punkt als selbständigen Baustein der geometrischen Figuren. Geraden, Ebenen, krumme Linien und Flächen dachte man sich aus Punkten zusammengesetzt. Die neuere Geometrie, die vom 19. Jahrhundert an entwickelt wurde, hat mit dieser Überlieferung mit Nutzen gebrochen, indem sie auch Geraden und Ebenen als selbständige Bestandteile der Figuren heranzog. Aber schon einige Jahrhunderte vorher gelang es, durch Erweiterung der Begriffe Punkt, Gerade und Ebene Ausnahmen zu beseitigen, die den Aussagen der Elementargeometrie anhaften.

Parallele Geraden haben einerlei Richtung, durch jeden Punkt des Raumes läßt sich eine einzige Gerade vorgegebener Richtung ziehen, lehrt die euklidische Geometrie. Es empfiehlt sich daher zu sagen, daß parallele Geraden einen uneigentlichen Punkt gemein haben, der in ihrer gemeinsamen Richtung in unendlicher Ferne liege.

Parallele Ebenen haben einerlei Stellung, durch jeden Punkt des Raumes kann man eine und nur eine Ebene vorgegebener Stellung legen. Es empfiehlt sich wieder, eine Erweiterung des Begriffes „Gerade“ vorzunehmen und zu sagen, daß parallele Ebenen eine uneigentliche Gerade gemein haben, die unendlich-fern liegt und aus nur uneigentlichen Punkten besteht. Denn jede Stellung enthält unendlich viele Richtungen. Und als Schlußstein dieses erweiterten Begriffsystems spricht man von der uneigentlichen (unendlich-fernen) Ebene, die alle uneigentliche Punkte und Geraden des Raumes enthält. Diese perspektivische Raumanschauung beseitigt alle Ausnahmen, die in der euklidischen Elementargeometrie der Verknüpfung der Raumelemente zu Figuren anhaften.

33. Geometrie der Lage und Geometrie des Maßes. Was diesen Aufbau der geometrischen Figuren anbetrifft, so hat man zwei Möglichkeiten zu unterscheiden. Spielen beim Aufbau Maßverhältnisse eine Rolle, wie gleiche Strecken, gleiche Winkel, rechte Winkel u. ä., so gehört die Figur der Geometrie des Maßes an, wie dies bei den Figuren der Elementargeometrie fast ausschließlich der Fall ist. Wird hingegen beim Aufbau der Figur abgesehen von metrischen Begriffen oder Forderungen, so gehört die Figur, die aus der Verknüpfung der Raumelemente entsteht, der Geometrie der Lage an. Es seien in der Folge einige Beispiele solcher Figuren gegeben und einander gegenübergestellt, welche Gegenüberstellung ein Grundgesetz wird erkennen lassen, das die Geometrie der Lage beherrscht.

Es seien zunächst in der Geometrie der Ebene (Planimetrie) ein vollständiges Viereck und ein vollständiges Vierseit betrachtet.

Vollständiges Viereck.

Ein vollständiges Viereck wird gebildet durch vier Punkte einer Ebene, von denen keine drei in einer Geraden liegen.

In Abb. 56 seien die Punkte A, B, C und D die Ecken des Viereckes. Dann hat dieses sechs Seiten, nämlich die sechs Verbindungsgeraden der Ecken zu je zweien. Die sechs Seiten lassen sich zu drei Paaren von Gegenseiten anordnen, die je einen Diagonalpunkt bestimmen: X, Y und Z.

Vollständiges Vierseit.

Ein vollständiges Vierseit wird gebildet von vier Geraden in einer Ebene, von denen keine drei durch einen Punkt gehen.

In Abb. 57 seien die Geraden a, b, c und d die Seiten des Vierseits. Dann hat dieses sechs Ecken, nämlich die sechs Schnittpunkte der Seiten zu je zweien. Die sechs Ecken lassen sich zu drei Paaren von Gegenecken anordnen, die je eine Diagonalgerade bestimmen: x, y und z.

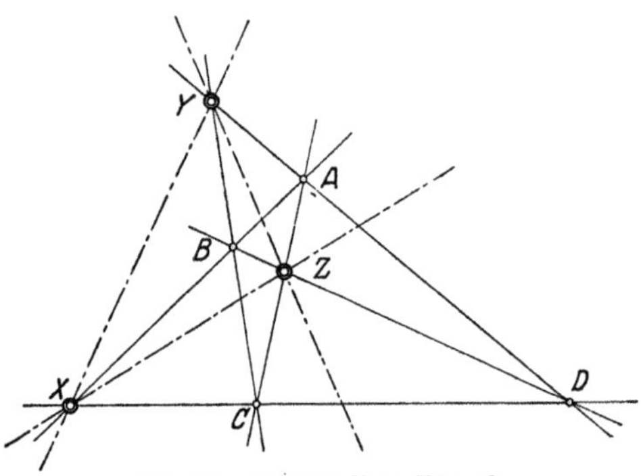

Abb. 56. Vollständiges Viereck.

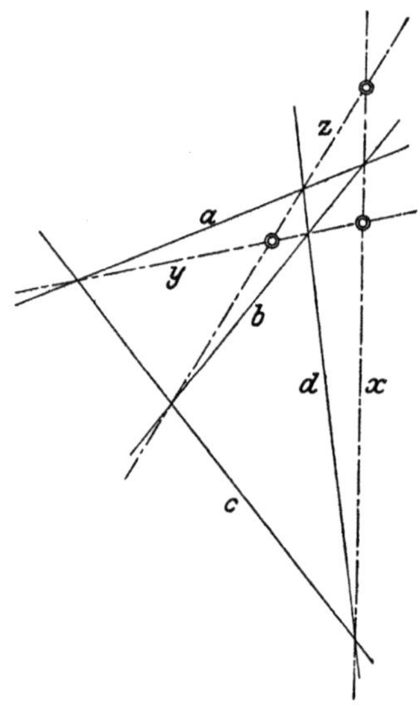

Abb. 57. Vollständiges Vierseit.

Die Gleichartigkeit des Eintretens der Punkte und Geraden in die eine Figur, der Geraden bzw. Punkte in die andere ist in die Augen springend und nicht zu überhören.

Sowie Punkte und Geraden die Elemente der ebenen Figuren sind, bei denen die Ebene als Träger der Figur auftritt, so kann man auch den Punkt als Träger geometrischer Figuren betrachten und die durch ihn hindurchgehenden Geraden und Ebenen als Elemente nehmen, aus denen sich die Figuren dieser Bündelgeometrie zusammensetzen. So leiten sich z. B. aus den beiden Figuren, die in den Abb. 56 und 57 dargestellt sind, zwei Gebilde der Bündelgeometrie ab, indem man von einem Punkte T, der außerhalb der Ebene τ der Figuren liegt, den Schein derselben bildet, d. h. den Punkt durch Geraden und Ebenen mit den Punkten bzw. Geraden jener Figuren verbindet. Die beiden

Gebilde der Bündelgeometrie, die dann entstehen, seien einander gegenübergestellt:

Vollständiges Vierkant.	Vollständiges Vierflach.
Dieses hat vier Kanten, die nach den vier Ecken des vollständigen Viereckes gehen, sechs Flächen, nach den sechs Seiten der ebenen Figur gehend, und drei Diagonalkanten, nach den drei Diagonalpunkten gehend.	Dieses hat vier Flächen, die nach den vier Seiten des vollständigen Vierseits gehen, sechs Kanten, nach den sechs Ecken der ebenen Figur gehend und drei Diagonalflächen, nach den drei Diagonalgeraden gehend.

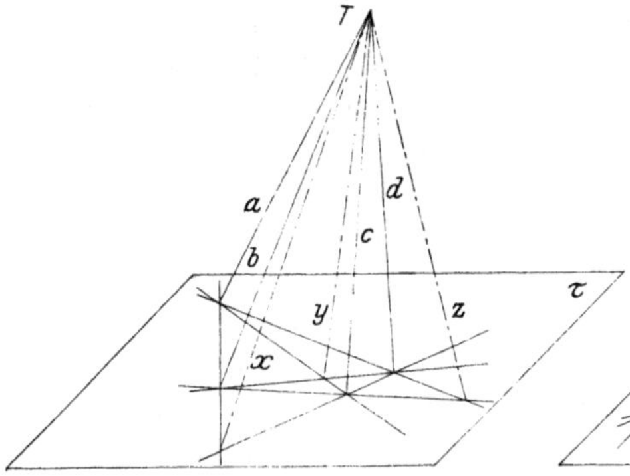

Abb. 58. Vollständiges Vierkant.

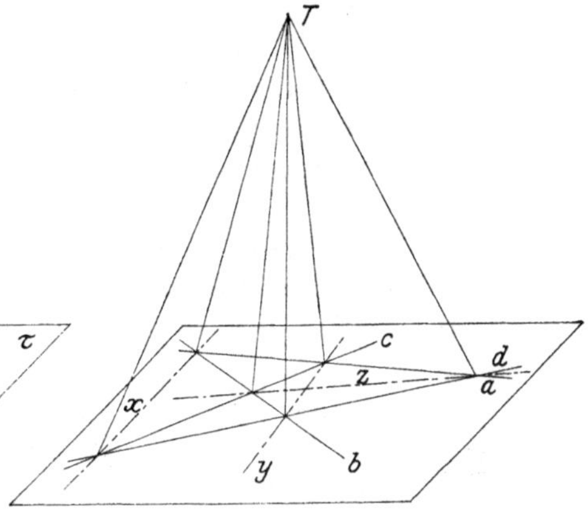

Abb. 59. Vollständiges Vierflach.

Hier erkennt man sofort, daß Geraden und Ebenen gleichwertige Elemente sind, aus denen sich die Figuren der Bündelgeometrie aufbauen. Und wie die Figuren der Bündelgeometrie durch Scheinbildung aus denen der ebenen Geometrie hervorgehen, so könnten umgekehrt diese letzteren durch Schnittbildung aus den ersteren erhalten werden.

Auch in der Geometrie des Raumes (Stereometrie) lassen sich leicht durch die Verknüpfung der geometrischen Elemente Raumgebilde angeben, bei denen eine Gegenüberstellung erkennen läßt, daß Punkte und Ebenen einerseits, Ebenen und Punkte anderseits gleichartig in sie eintreten. Zwei der einfachsten derartigen Gebilde sind

das vollständige Viereck	und das vollständige Vierflach.
Vier Punkte, die nicht in einer Ebene liegen und von denen keine drei in einer Geraden liegen, haben vier Verbindungsebenen zu je dreien, sechs Verbindungsgeraden zu je zweien.	Vier Ebenen, die nicht durch einen Punkt gehen und von denen keine drei durch eine Gerade gehen, haben vier Schnittpunkte zu je dreien, sechs Schnittgeraden zu je zweien.

Man nennt den Zweitakt, der in diesen Gegenüberstellungen steckt, die Dualität, die Figuren, die einander gegenübergestellt sind, duale Figuren. Wie man sieht, sind

in der ebenen Geometrie . . Punkt und Gerade,
in der Bündelgeometrie . . . Gerade und Ebene und
in der Raumgeometrie . . . Punkt und Ebene

duale Elemente.

Aber diese Dualität beherrscht nur einen Teil der Geometrie. Es gelingt nicht, z. B. zur Figur des Kreises der ebenen Geometrie oder zur Figur des geraden Kreiskegels der Bündelgeometrie oder zur Figur der Kugel der Raumgeometrie ein duales Gebilde anzugeben. Und zwar kommt es in diesem Zusammenhange darauf an, ob bei der Bildung des Raumgebildes, bei der Verknüpfung der geometrischen Elemente Gebrauch gemacht worden ist oder nicht von Maßverhältnissen. Ist dies nicht der Fall — und dem war so bei den Figuren, die eben einander gegenübergestellt worden sind — so gehört die Figur der Geometrie der Lage an, und es läßt sich eine ihr gegenüberstehende duale Figur angeben. Wurde aber bei der Bildung des Raumgebildes Gebrauch gemacht von Maßverhältnissen oder Maßbegriffen — und dies ist der Fall beim vorhin erwähnten Kreis, beim geraden Kreiskegel und bei der Kugel — so gehört die Figur der Geometrie des Maßes an, und es existiert keine duale Figur.

Die Geometrie der Lage oder projektive Geometrie ist jüngeren Datums als die Geometrie des Maßes oder metrische Geometrie. Die uns von den Alten überlieferte Elementargeometrie enthält fast ausschließlich Raumgebilde, bei denen Maßverhältnisse eine wesentliche Rolle spielen, die also der Geometrie des Maßes angehören.

34. Konstruktionsaufgaben. Wie die Raumgebilde entweder der Geometrie der Lage oder der Geometrie des Maßes angehören, so zerfallen auch die Konstruktionsaufgaben, die sich auf sie beziehen, in zwei Gruppen, in deskriptive Aufgaben, d. h. in solche, wo abgesehen wird von Maßverhältnissen und nur die weitere Verknüpfung der Bestandteile der Figur verlangt wird, und in metrische Aufgaben, bei denen auch Maßverhältnisse eine Rolle spielen. So ist z. B. die Aufgabe, den Schnittpunkt einer Geraden mit einer Ebene zu konstruieren, deskriptiver Natur. Die Richtigkeit der Konstruktion kann visuell, d. h. mit dem Auge überprüft werden. Dagegen ist die Aufgabe, die wahre Größe eines Winkels zu bestimmen, metrischer Natur; zur Überprüfung der Richtigkeit der Durchführung müßte der Zirkel benutzt werden, um die Maßverhältnisse der Figur nachzuprüfen.

Ist eine Konstruktionsaufgabe der räumlichen Geometrie gestellt und soll sie durch Konstruktion in den Projektionsebenen nach den Methoden der darstellenden Geometrie gelöst werden, so hat man zwei Schritte scharf auseinanderzuhalten: den Konstruktionsgedanken und seine zeichnerische Durchführung. Erst muß man sich darüber klar sein, welche Verknüpfung der gegebenen geometrischen Elemente vorzunehmen ist. Dann erst kann man konstruieren, d. h. in den Projektionen durchführen, was sich im Raum abspielen soll. Der Anfänger hüte sich davor, sofort und aufs Geratewohl zeichnen zu wollen, bevor er sich im klaren ist, was er eigentlich will. Dieser Grundsatz gilt nicht nur für die darstellende Geometrie, sondern für alle konstruktiven Wissenschaften.

Aus den vorhergehenden Abbildungen geht hervor, daß, wenn sich zwei Gerade im Raum schneiden, die Schnittpunkte zugeordneter Normalprojektionen in einer Ordnungslinie liegen müssen. Demgegenüber stellt Abb. 60 zwei Geraden g und l dar, die nicht in einer Ebene, sondern windschief liegen.

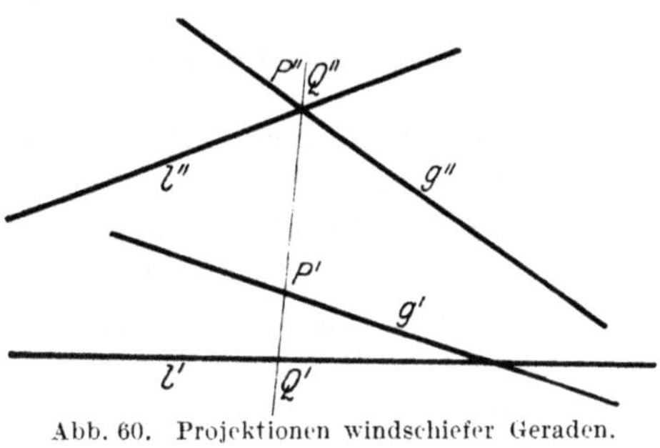

Abb. 60. Projektionen windschiefer Geraden.

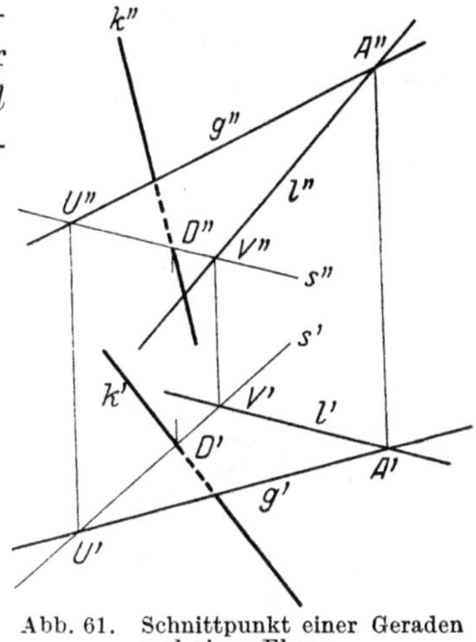

Abb. 61. Schnittpunkt einer Geraden und einer Ebene.

a) Schnittpunkt einer Geraden mit einer Ebene. Eine Ebene sei in Abb. 61 gegeben durch die zugeordneten Normalprojektionen zweier sich schneidender Geraden g und l. Eine gegebene Gerade k soll mit ihr geschnitten werden.

Konstruktionsgedanke: man legt durch die Gerade k eine Hilfsebene, bestimmt ihre Schnitt gerade s mit der gegebenen Ebene und bringt die beiden Geraden k und s zum Schnitt. Dieser Schnittpunkt D liegt ja sowohl in der Geraden k, wie auch in der gegebenen Ebene, denn er liegt auf der Geraden s.

Abb. 62 zeigt die zeichnerische Durchführung dieses Konstruktionsgedankens bei Verwendung der ersten projizierenden Ebene der Geraden k als Hilfsebene. Dann fällt nämlich der Grundriß s' der Geraden s mit dem Grundriß k' zusammen. Die Ge-

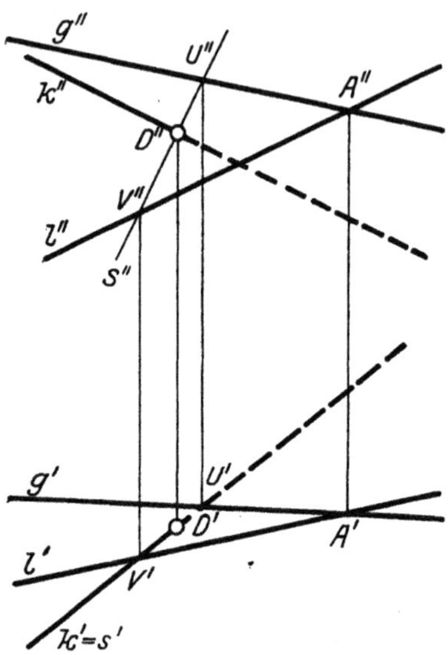

Abb. 62. Schnittpunkt einer Geraden und einer Ebene.

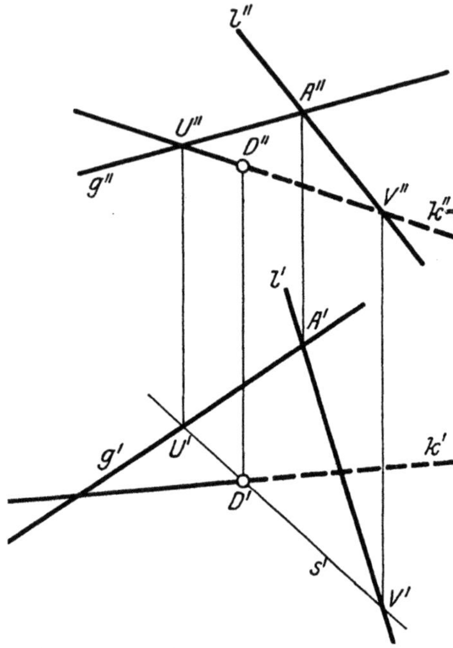

Abb. 63. Schnittpunkt einer Geraden und einer Ebene.

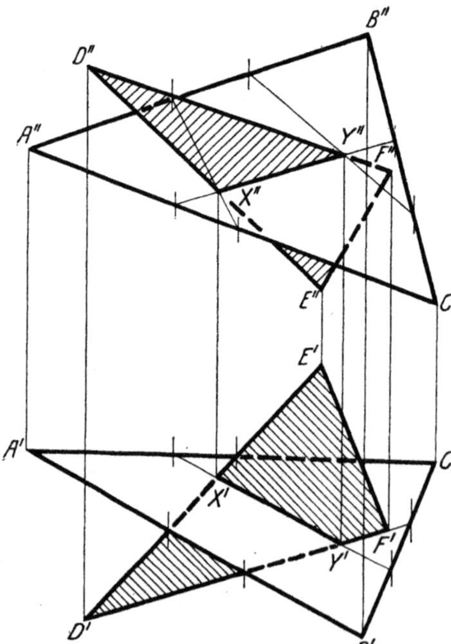

Abb. 64. Durchdringung zweier ebener Vielecke.

raden k und s heißen Deckgerade. Den Aufriß s'' der Schnittgeraden s findet man aus den Aufrissen der beiden Punkte U und V, in denen die projizierende Hilfsebene die Geraden g bzw. l schneidet. Damit kennt man den Aufriß des gesuchten Schnittpunktes D und findet in der Ordnungslinie durch diesen Punkt auch den Grundriß.

In Abb. 63 ist die zweite projizierende Ebene der Geraden k verwendet.

b) Schnittgerade zweier Ebenen. Zwei Ebenen seien durch die Dreiecke ABC und DEF gegeben; man bestimme ihre Schnittgerade s.

In Abb. 64 sind die Schnittpunkte X und Y der Geraden

DE und *DF* der einen Ebene mit der anderen bestimmt. Die gesuchte Schnittgerade ist dann die Verbindungsgerade dieser beiden Punkte.

35. Normalstellung. Es sei eine metrische Aufgabe angefügt, die Normalstellung einer Geraden zu einer Ebene betreffend. Mit dieser Aufgabe erledigen sich grundsätzlich auch alle übrigen, die Normalstellung von geometrischen Elementen angehend.

In Abb. 65 sei eine Ebene gegeben durch zwei sich in einem Punkt *A* schneidende Geraden *g* und *l*. Von einem Punkte *P* werde die Normale *n* zu dieser Ebene gezogen.

Der Grundgedanke für die Lösung ist bereits in (19) gegeben, es gilt, den dort erkannten Satz anzuwenden auf das Zweitafelsystem. So kommt man zu dem Ergebnis:

Ist eine Gerade rechtwinklig zu einer Ebene, so ist ihr Grundriß rechtwinklig zur ersten, ihr Aufriß rechtwinklig zur zweiten Hauptgeraden der Ebene.

Man hat also in Abb. 65 zuerst die beiden Hauptgeraden *h* und *k* der Ebene ihrer Richtung nach zu konstruieren; dann ist *n'* rechtwinklig zu *h'* und *n''* zu *k''*.

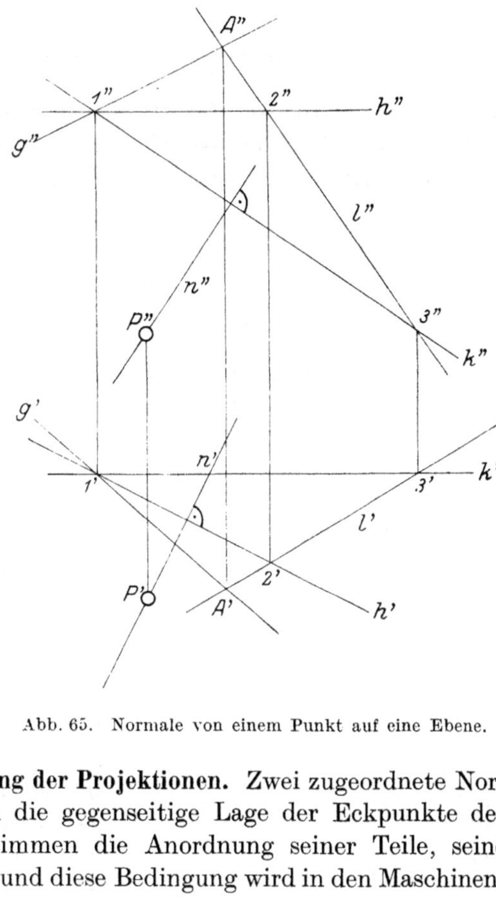

Abb. 65. Normale von einem Punkt auf eine Ebene.

36. Anzahl und Anordnung der Projektionen. Zwei zugeordnete Normalprojektionen bestimmen die gegenseitige Lage der Eckpunkte des dargestellten Körpers, bestimmen die Anordnung seiner Teile, seine Form. Aber nur dann — und diese Bedingung wird in den Maschinenzeichnungen nur selten erfüllt —, wenn die zusammengehörigen Projektionen der Punkte kenntlich gemacht sind, etwa durch Buchstabenbezeichnungen. So kann man sich zum Beispiel die Form des Gegenstandes, der durch die beiden Projektionen der Abb. 66 dargestellt ist, leicht zusammenreimen. Trotz dieser Möglichkeit und um Buchstabenbezeichnungen tunlichst vermeiden zu können, zieht man es im Maschinenbau vor, weitere Projektionen und Schnitte hinzuzufügen, also etwa den Gegenstand der Abb. 66 darzustellen durch die drei Projektionen der Abb. 67. Nur muß man dabei Festsetzungen

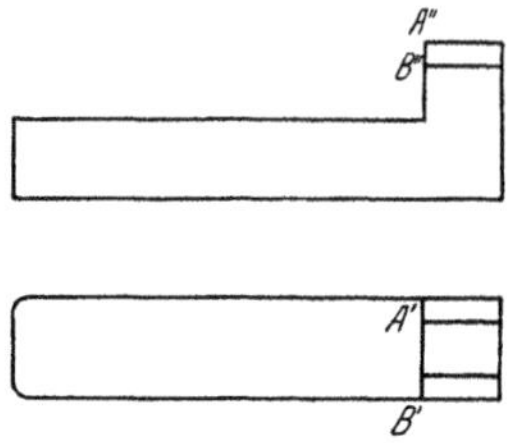

Abb. 66.
Bezeichnung zugeordneter Normalprojektionen der Ecken.

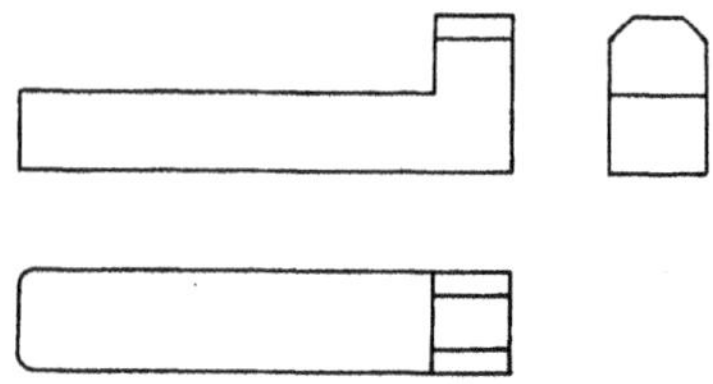

Abb. 67.
Drei zugeordnete Normalprojektionen.

über die Anordnung der Projektionen treffen, um Unklarheiten und Irrtümer über die Begriffe Links und Rechts, Oben und Unten, Vorn und Hinten zu vermeiden. Diese Festsetzungen sind mehr oder weniger willkürlich, wechseln auch von einem Lande zum anderen, sind aber in neuerer Zeit innerhalb der Landesgrenzen der meisten Kulturländer normiert. In Deutschland sind es die Deutschen Industrienormen (DIN), in der Schweiz die Normen des Vereins Schweizerischer Maschinenindustrieller (VSM-Normalien), welche neben den Abmessungen der wichtigsten Maschinenelemente auch die Anordnung und Ausführung der technischen Zeichnungen regeln.

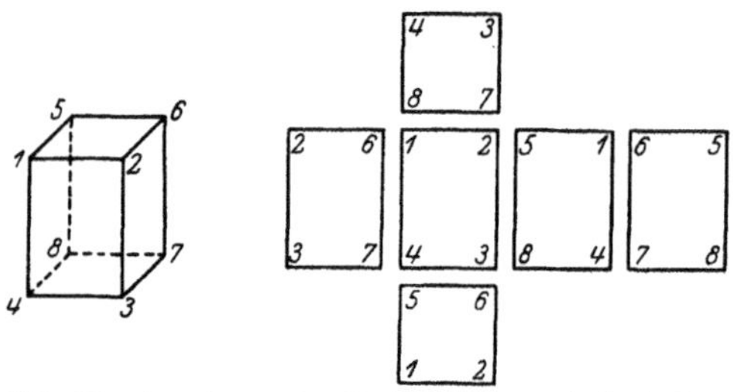

Abb. 68. Anordnung der Projektionen nach deutschen und schweizerischen Normen.

Abb. 68 zeigt diese Anordnung. Sie ist die nämliche für die beiden genannten Normalienausschüsse. Ein Quader, dessen Ecken mit den Ziffern 1—8 bezeichnet seien, sei so gestellt, daß seine Flächen parallel sind der Grund-, Auf- und Kreuzrißebene (26). Dann zeigt die Abbildung die gegenseitige Anordnung der sechs Hauptansichten des Quaders.

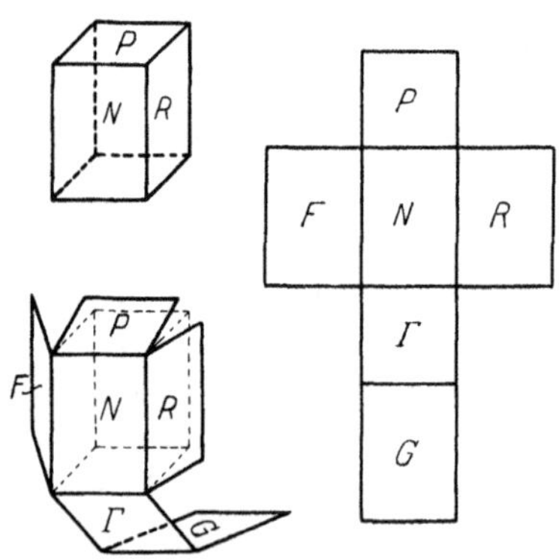

Abb. 69. Anordnung der Projektionen nach amerikanischen Normen.

Verschieden davon ist die Anordnung der Projektionen, wie sie in Amerika üblich ist. Abb. 69 zeigt dieses Verfahren, das ein folgerichtiges Abwicklungsverfahren ist. Die Quaderflächen seien mit Buchstaben bezeichnet und vom Quader ein Netz gebildet, wie es die Abbildung zeigt.

III. Neue Projektionen.

37. Umprojizieren. Ein Gegenstand ist durch zwei seiner zugeordneten Normalprojektionen völlig bestimmt. Wohlverstanden, dabei müssen die beiden Normalprojektionen der einzelnen Punkte einander wirklich (etwa durch eine Buchstabenbezeichnung) zugeordnet sein (36). Weitere Projektionen müssen mit den zwei gegebenen im Einklang stehen, können aus ihnen abgeleitet werden. So wiederholt sich in

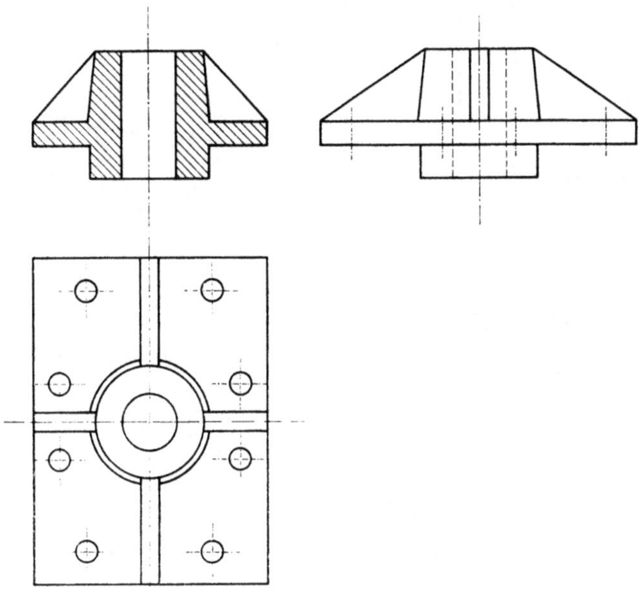

Abb. 70. Anordnung der Projektionen (Gleitschuh).

Abb. 70 der Kotenunterschied zweier Punkte bezüglich der Aufrißebene, der im Grundriß erscheint, in der dritten Projektion, im Kreuzriß. Dies erscheint jedem, der bei Betrachtung von Projektionen die dargestellten Gebilde im Raum sieht, als selbstverständlich. Es entsteht aber die allgemeine Aufgabe, aus zwei zugeordneten Normalprojektionen eines Gegenstandes weitere Normalprojektionen abzuleiten, eine Umprojektion vorzunehmen, zu transformieren.

Leiten wir die Regeln für dieses Umprojizieren ab.

In Abb. 71 sei von dem Würfel $ABCDEFGH$ ein neuer Grundriß gezeichnet, so zwar, daß die neuen Ordnungslinien die Richtung $A''A'''$ haben. Es kommt dies darauf hinaus, daß man die Stellung der Grundrißebene abändert. Sie steht nach der Transformation nicht mehr rechtwinklig zu den Ordnungslinien $A'A''$, sondern zu den Ordnungslinien $A''A'''$.

Da bei dieser Transformation der Stellung der Grundrißebene die Stellung der Aufrißebene ungeändert bleibt, so bleiben auch die Kotenunterschiede y bezüglich der Stellung dieser Aufrißebene ungeändert, d. h. sie müssen in der dritten Projektion so gut erscheinen wie in der ersten.

Dieses Wiedererscheinen der Kotenunterschiede bezüglich der fest-

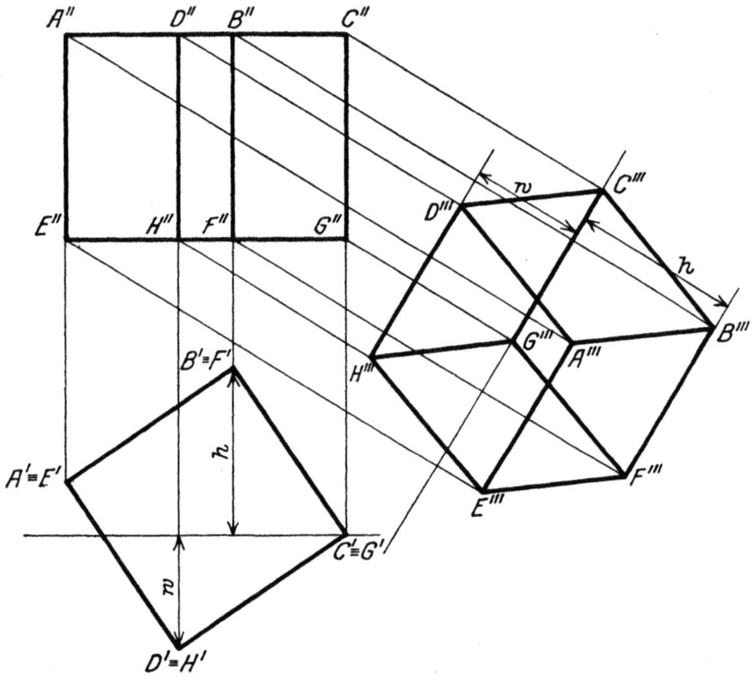

Abb. 71. Umprojizieren eines Würfels.

gehaltenen Projektionsebene ist die einzige Transformationsregel. Es folgt daraus, daß man in der dritten Projektion, die man abzuleiten hat, ein Ausgangsniveau, z. B. dasjenige des Punktes C, beliebig wählen darf. Die neue, dritte Projektionsebene ist eben auch nur ihrer Stellung, nicht ihrer Lage nach, bestimmt.

Das Umprojizieren wird also beherrscht durch die Regel:

Ändert man die Stellung einer Projektionsebene, so bleiben die Kotenunterschiede in bezug auf die andere ungeändert.

Abb. 72 zeigt die Konstruktion eines neuen Aufrisses des Würfels $ABCDEFGH$ bei Beibehaltung der Stellung der Grundrißebene. Hier sind es die Kotenunterschiede z, der Punkte bezüglich der Stellung der Grundrißebene, die ungeändert bleiben. —

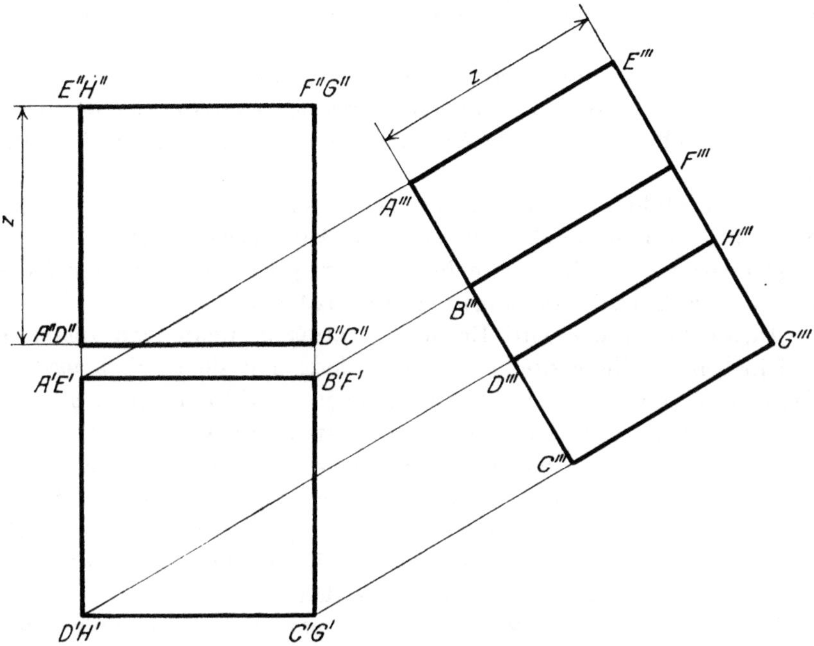

Abb. 72. Umprojizieren eines Würfels.

38. Lösung von Konstruktionsaufgaben durch Umprojektion. Eine Aufgabe der darstellenden Geometrie wird um so einfacher lösbar, je besser das Projektionssystem den gegebenen Gebilden angepaßt ist. Ist eine Anordnung der Projektionsebenen denkbar, die besser ist als die gegebene, so kann sie durch Umprojektion erreicht werden.

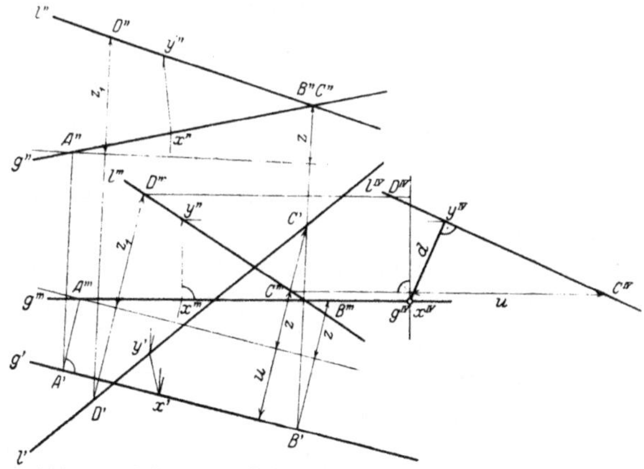

Abb. 73. Kürzester Abstand windschiefer Geraden durch Umprojizieren.

a) Es soll der kürzeste Abstand von zwei windschiefen Geraden der wahren Länge und der Lage nach bestimmt werden. Die beiden windschiefen Geraden g und l seien durch zwei zugeordnete Normalprojektionen gegeben (Abb. **73**).

Wäre nun die eine der beiden Geraden, etwa g in Abb. 74, zu einer Projektionsebene rechtwinklig, so wäre der kürzeste Abstand der beiden Geraden zu dieser Projektionsebene parallel, würde also in wahrer Länge erscheinen.

Diese ausgezeichnete Lage des Geradenpaares kann man aber durch Umprojizieren herstellen: man transformiert, so daß die eine der beiden Projektionsebenen, z. B. die Grundrißebene, zur Geraden g rechtwinklig wird.

Das Einführen einer neuen Grundrißebene erfordert aber *zwei Schritte*; vorbereitend muß auch die Aufrißebene in ihrer Stellung abgeändert werden, *denn die beiden Projektionsebenen müssen immer rechtwinklig zueinander stehen.*

Dieser Forderung wird Rechnung getragen, wenn man zuerst die Aufrißebene in ihrer Stellung so abändert, daß sie parallel wird zur Geraden g, d. h. die neuen Ordnungslinien $A'A'''$ müssen zu g' rechtwinklig stehen. Man hat die neuen, dritten Projektionen g''' und l''' der beiden Geraden g und l zu bestimmen, indem man je zwei ihrer Punkte umprojiziert und dabei die Regel für das Umprojizieren beachtet. Das Ausgangsniveau, z. B. des Punktes A, kann beliebig gewählt werden.

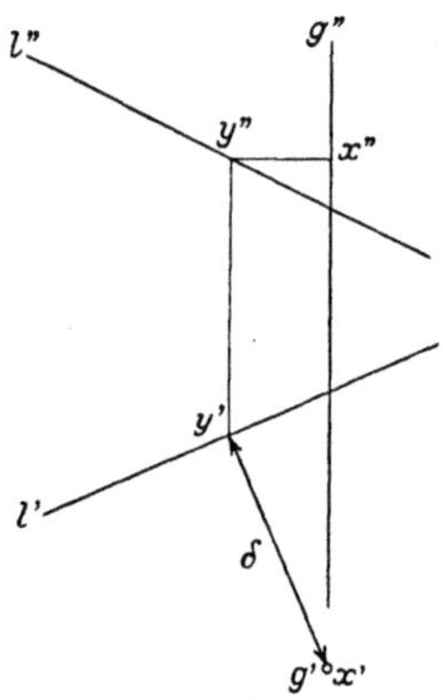

Abb. 74. Kürzester Abstand windschiefer Geraden.

Zweitens stellt man nun die Grundrißebene rechtwinklig zur Geraden g, indem man die Ordnungslinien parallel zu g''' wählt.

In der neuen, vierten Projektion haben dann die beiden Geraden die besondere Lage gegen das Projektionssystem, die in der Abb. 74 vorausgesetzt wurde.

In Abb. 73 ist der kürzeste Abstand $d = XY$ der beiden Geraden in die ursprünglichen Projektionen zurückgeführt worden. —

b) Es ist die wahre Größe und Gestalt einer ebenen Figur zu bestimmen.

Wäre die ebene Figur parallel zu einer der beiden Projektionsebenen, so würde sie in wahrer Größe erscheinen.

Da dies in Abb. 75 nicht der Fall ist, so wird man diese ausgezeichnete Lage durch Umprojizieren herstellen, z. B. machen, daß die Grundrißebene zur Ebene der Figur parallel wird. Auch dies erfordert zwei Schritte. Vorbereitend muß die Aufrißebene rechtwinklig zur Ebene des Vielecks gestellt werden, was dadurch gelingt, daß man eine erste Hauptlinie h der Ebene des Vielecks bestimmt und die neuen Ordnungslinien $A'A'''$ parallel zum Grundriß h' anordnet.

In dieser neuen, dritten Projektion muß das Vieleck als Strecke erscheinen, denn seine Ebene ist projizierend.

Nun kann man die Grundrißebene parallel zur Ebene des Vielecks legen, zu welchem Endzweck man die neuen Ordnungslinien rechtwinklig zur eben erhaltenen, dritten (geradlinigen) Projektion des Vielecks anordnen muß.

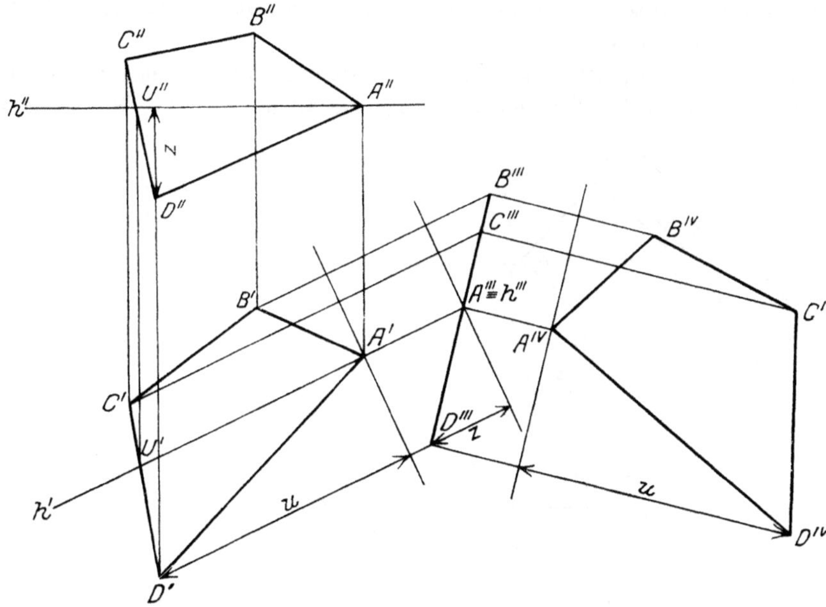

Abb. 75. Umprojizieren eines ebenen Vielecks zur Bestimmung seiner wahren Gestalt.

Die neue, vierte Projektion des Vielecks zeigt dessen wahre Größe und Gestalt.

39. Lösung von Darstellungsaufgaben durch Umprojektion. Auch die Darstellung von Gegenständen kann oft durch Umprojektion vereinfacht werden. Einige Beispiele mögen auch hier das Vorgehen zeigen.

a) Darstellung eines Krümmers. Eine Rohrleitung habe die Achse a und erfahre an der Stelle O eine Knickung (Änderung der Richtung und des Gefälles), so daß weiterhin b die Achse sei (Abb. 76). Die beiden zylindrischen Rohre mit den Achsen a und b und gleichen Lichtweiten werden eine Durchdringungskurve haben, die es darzustellen gilt.

Auch hier wendet man mit Vorteil eine Umprojektion an. Die Durchdringungsellipse der beiden Rohre erscheint als gerade Strecke, wenn die beiden Achsen zur Projektionsebene parallel sind.

Man wird also die Stellung der Projektionsebenen so transformieren, daß die eine von ihnen zur Ebene der beiden Achsen a, b parallel wird.

Da ist es zunächst nötig, die andere Projektionsebene zur Ebene beider Achsen rechtwinklig zu stellen.

In Abb. 76, wo die Achse b horizontal verläuft, wurde eine neue Aufrißebene rechtwinklig zur Achse b eingeführt. Dann erscheint diese Achse b in der dritten Projektion als Punkt, und man hat die dritte Projektion der Achse a zu finden, indem man die dritte Projektion A''' eines ihrer Punkte A bestimmt, der zusammen mit dem Knickpunkt O die Achse bestimmt.

Die vierte Projektion der Achsen erhält man, indem man die neuen Ordnungslinien $O'''O^{IV}$ rechtwinklig zur Geraden a''' legt. Die Achse b

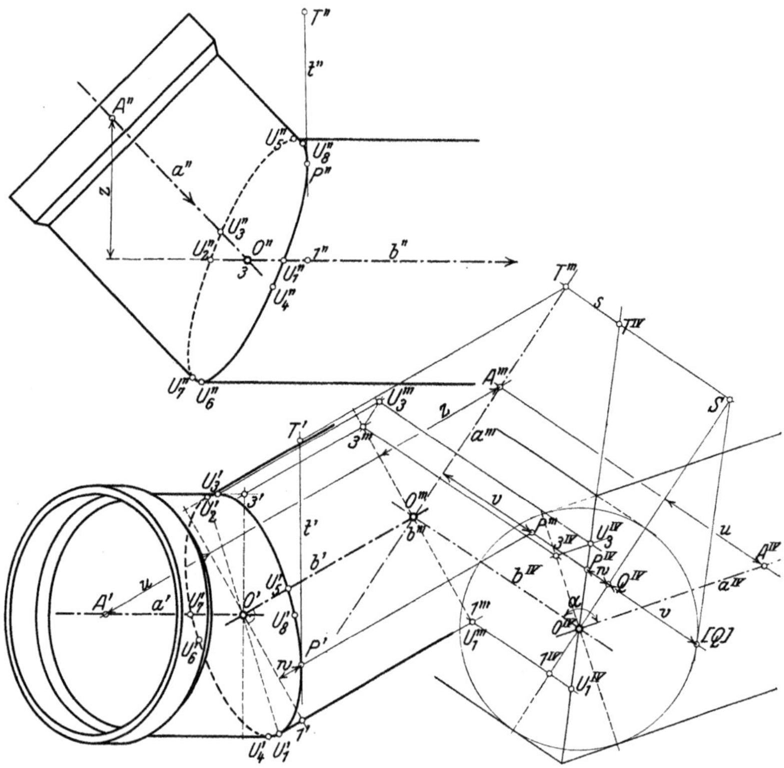

Abb. 76. Krümmer.

erscheint in dieser vierten Projektion als Gerade $b^{IV} = O'''O^{IV}$ und die Gerade a^{IV} wird gefunden durch Transformation des Punktes A.

In dieser vierten Projektion kann man nun, unter Benutzung der bekannten lichten Weite der beiden Rohre, deren Umrißmantellinien zeichnen. Man erhält damit die vierte, geradlinige Projektion der Ellipse, die beiden Rohren gemeinsam ist. Diese Kurve gilt es nun zurückzutransformieren.

Es sei z. B. P ein Punkt dieser Durchdringungsellipse, gegeben durch seine vierte Projektion P^{IV}. Es ist nun in erster Linie die Kote v dieses Punktes P über der Achsenebene zu bestimmen. Dazu legt man z. B. durch den Punkt O einen Normalschnitt des einen Zylinders, z. B. des Zylinders mit der Achse b. Trifft die Mantellinie des Punktes P diesen Normalschnitt im Punkte Q, so erhält man in der Umlegung des Normalschnittes die Kote $v = Q^{IV}[Q]$ der Punkte Q und P. Da diese Kote v die Entfernung des Punktes P von der Achsenebene ist, so erscheint sie in dritter Projektion als Kotenunterschied der Punkte O und P, erlaubt also die Angabe der dritten Projektion P''' des Punktes P.

Aus der dritten und vierten Projektion des Punktes P findet man nun, unter Beachtung der Grundregel für das Umprojizieren, die erste Projektion P' dieses Punktes und endlich auch die zweite Projektion P''. Es muß also der Kotenunterschied w der Punkte P und O, wie er in der vierten Projektion erscheint, wieder auftreten als Kotenunterschied der nämlichen Punkte in der ersten Projektion, das eine Mal gemessen in Richtung der Ordnungslinien $O'''Q^{IV}$, das andere Mal in Richtung $O'O'''$.

Um die Tangente t im Punkte P an die gemeinsame Ellipse der beiden Rohre zu bestimmen, hat man die Tangentialebene an den einen der beiden Zylinder zu schneiden mit der Kurvenebene. In Abb. 76 wurde die Tangentialebene im Punkte P an den Zylinder mit der Achse b gelegt. Diese berührt den Zylinder längs der Mantellinie PQ, ihre Spur s mit der Achsenebene (vierte Projektion!) kann also als parallel zur Achse b gefunden werden durch den Spurpunkt S der Tangente in Q an den Normalschnitt des Zylinders (Umklappung!). Die vierte Projektion T^{IV} des Spurpunktes der gesuchten Tangente t mit der Achsenebene liegt dann im Schnittpunkt der Spuren beider Ebenen, die in der Geraden A zum Schnitt zu bringen sind. Die dritte Projektion T''' des Spurpunktes T liegt auf der Geraden a''', denn diese stellt die dritte Projektion der projizierenden Achsenebene dar. Aus T''' und T^{IV} findet man durch Anwendung der Grundregel für das Umprojizieren die Projektionen T' und T'' des Spurpunktes der Tangente t und damit auch die Projektionen t' und t'' dieser Tangente.

Bei der Darstellung einer Kurve, wie hier der Durchdringungsellipse der beiden Rohre, empfiehlt es sich, nicht nur das Konstruktionsverfahren für einen allgemeinen Kurvenpunkt und seine Tangente anzugeben, sondern auch ausgezeichnete Kurvenpunkte, deren Kenntnis für den Verlauf oder die Sichtbarkeit der Kurvenprojektionen aufschlußreich ist, zu bestimmen. Solche Punkte sind hier die 8 Umrißpunkte U, die Punkte, wo die Kurve im Grund- oder Aufriß eine Umrißmantellinie des einen oder des anderen Zylinders überschreitet. Nicht alle 8 Punkte sind einzeln zu bestimmen, denn ihre Lage ist nicht unabhängig voneinander.

Erläutern wir die Konstruktion des Punktes U_1, des Umrißpunktes der Mantellinie des Zylinders b, auf der der Punkt 1 liegt. Man transformiert zuerst den Punkt 1, damit man in der vierten Projektion seine

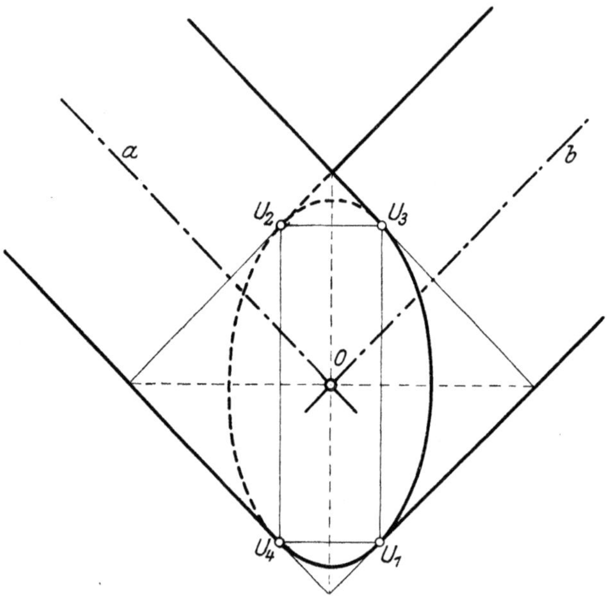

Abb. 77. Umrißpunkte für die Durchdringung zweier Zylinder.

Mantellinie angeben kann. Diese bringt man in U_1^{IV} zum Schnitt mit der Kurvenebene und transformiert den Punkt zurück. Seine erste Projektion U_1' hat Bedeutung als die Stelle, von wo für den Grundriß ein Bogen — U_1U_4 — der Durchdringungsellipse den Umriß bildet.

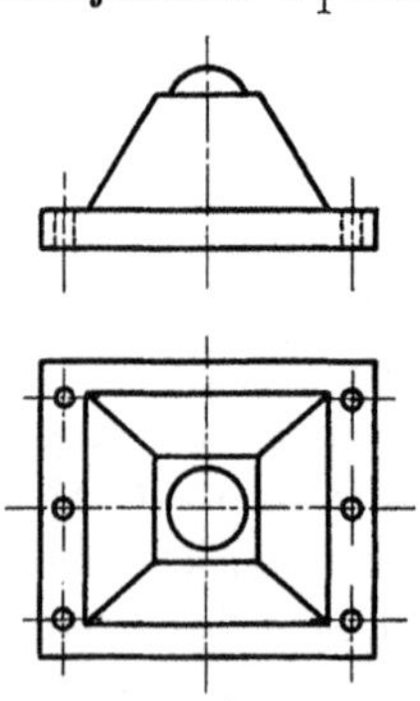

Abb. 78. Kugelkipplager.

In dieser Weise könnte man alle 8 Umrißpunkte bestimmen. Allein man beachte, daß die Punkte $U_1' \ldots U_4'$ (und ebenso, im Aufriß, $U_5'' \ldots U_8''$) Berührungspunkte paarweis paralleler Tangenten der Ellipse sind, also erstens paarweis in den Endpunkten von Ellipsendurchmessern liegen ($U_1' U_2'$ und ebenso $U_3' U_4'$ gehen durch den Mittelpunkt O' der Grundrißellipse), und daß zweitens die 4 Punkte $U_1' U_2' U_3' U_4'$ ein Parallelogramm von leicht angebbarer Lage bilden. Abb. 77 gibt eine markantere Skizze dieser Verhältnisse und zeigt auch, welches für die erste Projektion die Umrißverhältnisse des Krümmers sind.

b) Bei der Abbildung technischer Gegenstände bevorzugt man die Gebrauchslage und wird dadurch oft genötigt, mehr als zwei Projektionen des Gegenstandes zu zeichnen, also weitere Projektionen aus zweien abzuleiten.

Durch die beiden zugeordneten Projektionen der Abb. 78 ist ein **Kugelkipplager** gegeben: in der Gebrauchslage ist es auf der schiefen Fläche eines Betonblockes befestigt und sein Kugelabschnitt entspricht der Kugelpfanne einer auf diesem Auflager ruhenden Eisenkonstruktion.

Aus den beiden Projektionen Nr. 1 und 2, deren Maße aus der Abb. 78 ersichtlich sind, leitet man nun Abb. 79, eine Draufsicht, ab, indem man sich von der Regel für das Umprojizieren leiten läßt.

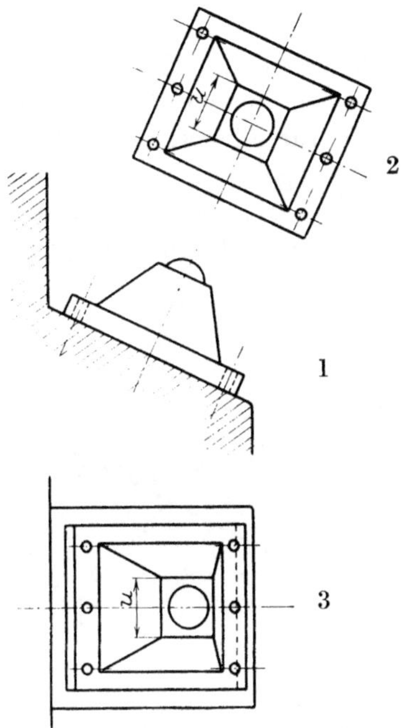

Abb. 79. Umprojizieren eines Kugelkipplagers.

40. Vereinfachte Bezeichnung der Projektionen. Im vorhergehenden sind die zugeordneten Normalprojektionen in der herkömmlichen Weise der darstellenden Geometrie bezeichnet: Ist z. B. ein Punkt mit A bezeichnet, so ist seine erste Projektion A', seine zweite Projektion A'', weitere Projektionen A''', A^{IV} usw. Allein diese Bezeichnungsweise ist im allgemeinen nicht eingedrungen in das Maschinenzeichnen. Dort werden, wie schon erwähnt, eher überschüssige Projektionen oder Schnitte eingeführt, als die Zusammengehörigkeit der Projektionen an-

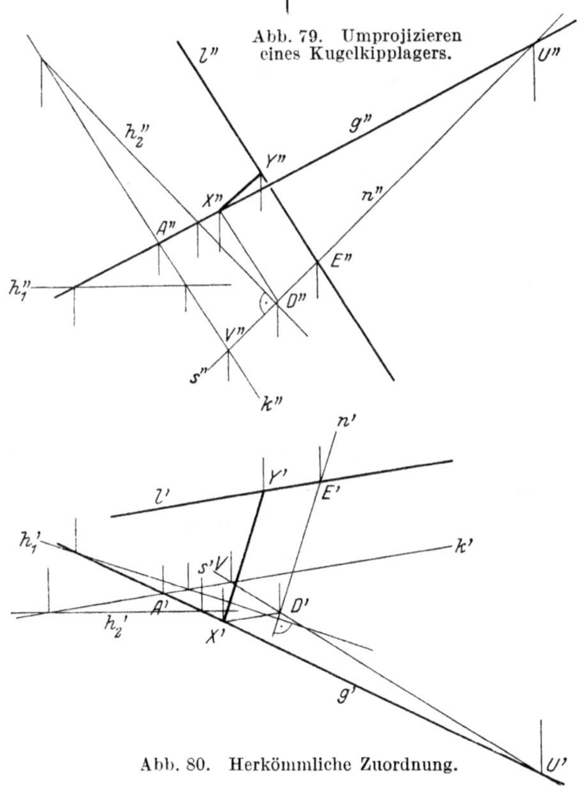

Abb. 80. Herkömmliche Zuordnung.

gegeben. Man kann nun aber einen Mittelweg einschlagen, der in der Folge vielfach betreten werden wird. Man bezeichnet die Punkte und Linien in den Projektionen wie die abgebildeten Originale und fügt ein für allemal durch Beschriftung hinzu, um welche Projektion des Raumgebildes es sich handeln soll („Grundriß“ oder „Aufriß“ oder „Kreuzriß“ oder „Seitenriß“). Es kommt nämlich in den Konstruktionsfiguren und Darstellungen der darstellenden Geometrie nicht vor, daß ein Punkt und die eine seiner Projektionen gleichzeitig in einer Zeichnung vorkämen. Auch gelingt es leicht, abgesehen von weitläufigen, abstrakten Darstellungen, die hier keine Rolle spielen, die zwei oder mehr Projektionen eines Raumgebildes auseinander zu halten, so daß sie sich nicht überdecken.

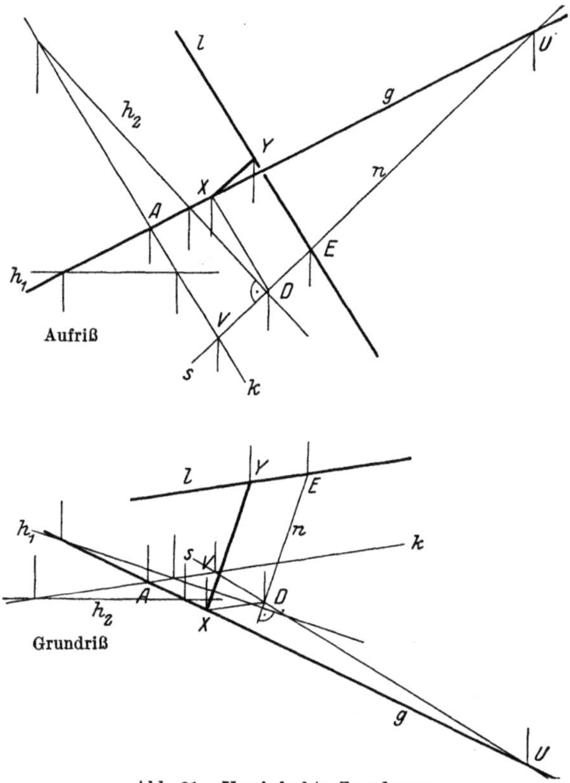

Abb. 81. Vereinfachte Zuordnung.

Die Abb. 80 und 81 geben die Gegenüberstellung der beiden Beschriftungsarten, der herkömmlichen und der vereinfachten. Es handelt sich um die Konstruktion der Lage des kürzesten Abstandes XY zweier windschiefer Geraden g und l. Nach der bekannten Konstruktion der Stereometrie wählt man auf der einen der beiden Geraden, etwa auf g, einen Punkt A und legt durch ihn die Parallele k zur anderen Geraden. Von einem Punkte E der Geraden l zieht man die Normale n auf die Ebene, die von den Geraden g und k gebildet wird, und bestimmt ihren Schnittpunkt D mit dieser Ebene. Dann hat man noch die Strecke DE parallel zu sich selbst zu verschieben, bis sie in die Lage XY kommt, wo sie die Geraden g und l schneidet.

IV. Axonometrische Projektion.

41. Zweck der Axonometrie. Die meisten zu technischen Zwecken geformten Gegenstände weisen Kanten in drei zueinander rechtwinkligen Richtungen auf, Kanten, die in der Längsrichtung, nach der Tiefe und in die Höhe verlaufen. Es ist daher empfehlenswert, die drei Projektionsachsen (29) so zu wählen, daß sie parallel zu diesen Hauptkantenrichtungen des darzustellenden Körpers verlaufen. Die entstehenden drei Normalprojektionen (Grundriß, Aufriß und Kreuzriß) zeichnen sich dann durch besondere Einfachheit aus, denn in jeder dieser Normalprojektionen werden einzelne Kanten als Punkte, einzelne Flächen als gerade Strecken erscheinen, dann nämlich, wenn sie zur betreffenden Projektionsebene rechtwinklig stehen, wenn sie projizierend sind.

Aber diese Einfachheit wird erkauft durch erschwerte Übersichtlichkeit. Zwar der Fachmann wird solche technische Zeichnungen „lesen" können, auch wenn es sich um verwickelter geformte und zusammengesetzte Dinge handelt; es wird ihm gelingen, die räumlichen Formen sich aus den gegebenen Projektionen und Schnitten zusammenzureimen. Aber immer dann, wenn auch dem Laien und Käufer ein anschauliches Bild des Gegenstandes vermittelt werden soll oder wenn den ausführenden Arbeitern eine Unterstützung ihres Raumvorstellungsvermögens geboten werden soll, entsteht das Bedürfnis nach der Herstellung besonders anschaulicher Bilder. Zwar, wenn der darzustellende Gegenstand fertig vorliegt, wird ein photographisches Bild diesem Bedürfnis genügen können; ist aber der Gegenstand erst geplant, so versagt dieses Vorgehen. Auch empfiehlt sich die Herstellung axonometrischer Zeichnungen und namentlich Skizzen zu Studienzwecken, weil diese Tätigkeit den Studierenden zwingt, sich den Gegenstand in allen seinen Teilen richtig vorzustellen, da ein widerspruchsfreies axonometrisches Bild sonst nicht hergestellt werden kann.

Die Axonometrie lehrt die Herstellung solcher anschaulicher Bilder von Gegenständen, wenn diese auf ein rechtwinkliges Projektions- oder Koordinatensystem (29) bezogen sind.

Die Methode der Axonometrie besteht darin, daß sie lehrt, von einem Gegenstand, von dem man die drei Risse oder auch die Maße in den Achsenrichtungen kennt, eine neue vierte Projektion auf eine zu den drei Hauptprojektionsebenen schiefe Ebene herzustellen. Diese vierte Projektion wird am besten wieder rechtwinklig vorgenommen, weil dieses Projektionsverfahren Bilder liefert, die nicht als „verzerrt" empfunden werden.

42. Die Grundaufgabe der Axonometrie. Ein Gegenstand kann axonometrisch abgebildet werden, wenn man es versteht, Kanten, die einer der drei Hauptachsen parallel sind, abzubilden. Diese Aufgabe aber gelingt, sobald man einen Punkt axonometrisch abbilden kann, der durch seine drei Hauptprojektionen oder also auch durch seine Koordinaten u, v und w seiner Lage nach im Projektions- oder Koordinatensystem gegeben ist, welches wir zunächst fest voraussetzen, während später natürlich auch in diesem Projektionsverfahren eine Befreiung von festen Projektionsebenen und -achsen eintreten muß, die auch hier nur ihrer Stellung bzw. Richtung nach gegeben sein müssen.

Abb. 82 gibt die Lage der Bildebene π im Projektionssystem durch Angabe der Punkte X, Y und Z, in denen sie die drei Projektionsachsen schneidet, also auch durch Angabe ihrer Spuren s_1, s_2 und s_3 mit den drei Projektionsebenen. Der abzubildende Punkt A sei durch seine drei Hauptprojektionen A', A'' und A''' gegeben.

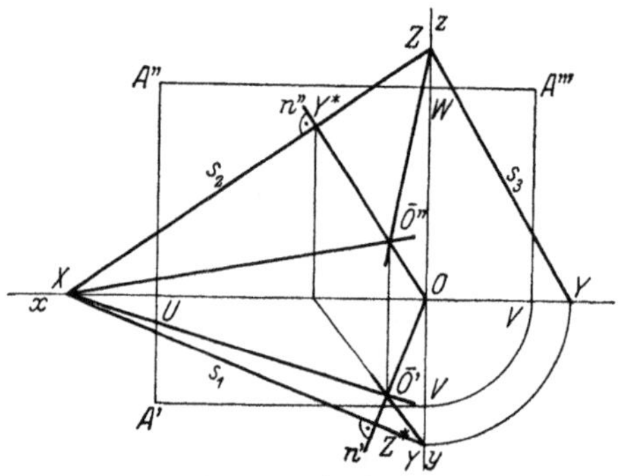

Abb. 82. Bildebene in Dreitafelsystem.

Man wird vorerst dazu schreiten, das Achsenkreuz, d. h. die drei Achsen x, y und z, die sich im Anfangspunkte O schneiden, auf die Ebene π zu projizieren. Dazu hat man nur den Projektionsstrahl, das ist die Normale n vom Anfangspunkte O auf die Projektionsebene π zu fällen und den Durchstoßpunkt $\bar{O}$ dieser Normalen mit der Ebene π zu bestimmen. Dann sind die Geraden $\bar{O}X$, $\bar{O}Y$ und $\bar{O}Z$ bzw. die axonometrischen Bilder der drei Achsen x, y und z.

Allein die Abb. 82 enthält nicht, worum es bei der Herstellung axonometrischer Bilder zu tun ist. Soll das axonometrische Bild des Achsenkreuzes und das Bild weiterer Gegenstände, die auf das Achsenkreuz bezogen sind, den anschaulichen Zwecken genügen, für die sie hergestellt werden, so ist eine Zeichnung zu entwerfen, für welche die Ebene π die Zeichnungsebene ist, bei der also alles in wahrer Größe erscheint, was in dieser Ebene liegt. Das ist in Abb. 83 geschehen. Der Abb. 82 wurden die Maße entnommen, also die wahren Längen der Seiten des Dreiecks XYZ. Da nun (vgl. Abb. 82) die Geraden n' und n'' auf den Spuren s_1 bzw. s_2 rechtwinklig stehen, so sind die Punkte Z^* und Y^* im Dreieck XYZ Höhenfußpunkte (s. Abb. 83). Das axonometrische Bild $\bar{O}$ des Anfangspunktes O ist daher der Schnittpunkt der beiden Höhen ZZ^* und YY^* im Dreieck XYZ, und die dritte Höhe geht durch den Höhenschnittpunkt $\bar{O}$ und ist axonometrisch das Bild XX^* der dritten Achse. Man erkennt also:

Das axonometrische Bild des Anfangspunktes ist der Höhenschnittpunkt im Spurendreieck der Bildebene, die axonometrischen Bilder der Achsen sind die Höhen in diesem Spurendreieck.

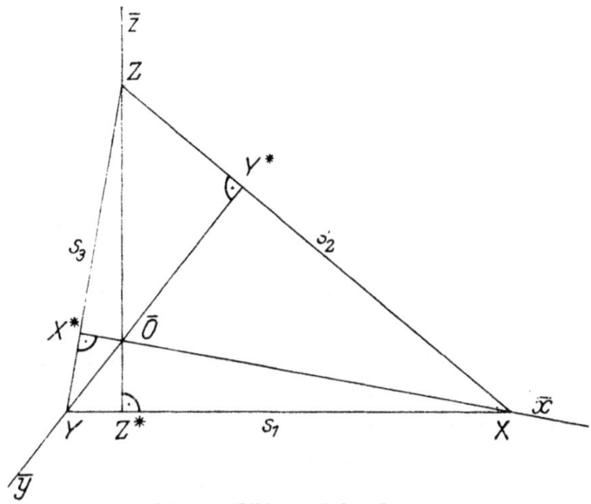

Abb. 83. Bild des Achsenkreuzes.

Um nun den Punkt A, der in Abb. 82 durch seine drei Projektionen gegeben ist, axonometrisch abzubilden, sei in Abb. 84 das Bild des Achsenkreuzes wiederholt (der Abb. 83 entnommen)

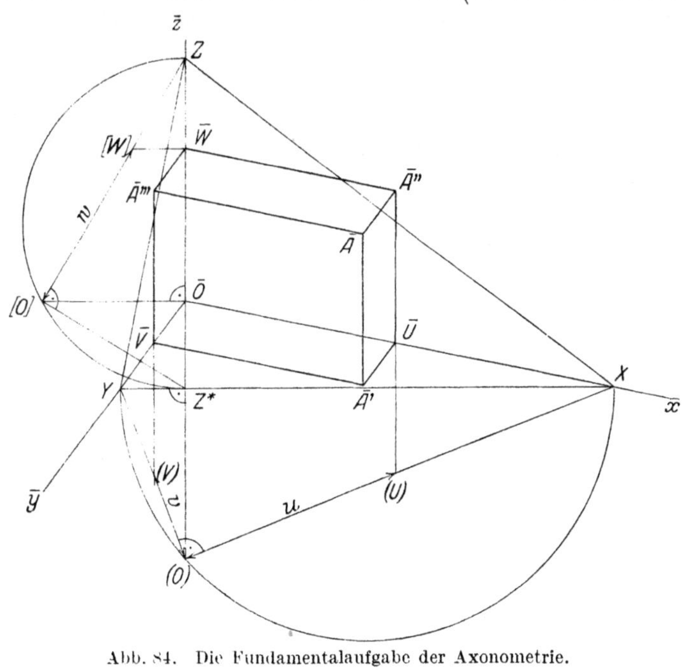

Abb. 84. Die Fundamentalaufgabe der Axonometrie.

angegeben. Die Abbildung des Punktes A wird am besten überblickt, wenn man das Augenmerk auf den Quader $A\,A'\,A''\,A'''O\,U\,V\,W$ richtet (Abb. 82), dessen Kanten die Koordinaten u, v, w des Punktes A sind.

Diese Kanten werden in der axonometrischen Projektion verkürzt erscheinen, und um diese Verkürzung richtig anzugeben, wird man Umklappungen der Achsen x, y und z in die axonometrische Bildebene vornehmen müssen. Klappt man eine der Projektionsebenen in die Bildebene um, so kann man die Umklappungen zweier Achsen benutzen. So ist in Abb. 84 die Grundrißebene π_1 umgeklappt worden. Drehachse dieser Umklappung ist die Spur XY der Grundrißebene mit der Bildebene. Nach der Umklappung wird der Punkt O in die Normale zu liegen kommen, die man von seinem axonometrischen Bild $\overline{O}$ auf diese Drehachse s_1 fällen kann; diese Normale ist das axonometrische Bild der z-Achse. Zu beachten ist ferner, daß der Winkel XOY der beiden Achsen ein rechter ist, also in der Umklappung als rechter erscheinen muß. Somit liegt die Umklappung (O) des Anfangspunktes O auch auf dem Kreis über dem Durchmesser XY, ist also einer der Schnittpunkte dieses Kreises mit der vorhin erwähnten Normalen. Die Geraden $(O)X$ und $(O)Y$ sind dann die Umklappungen der Achsen x und y, denn die Punkte X und Y bleiben als Spurpunkte der Achsen x bzw. y fest. Auf den umgeklappten Achsen (x) und (y) können nun die Quaderkanten $OU = u$ bzw. $OV = v$ (der Abb. 82 entnommen) aufgetragen werden, und aus den Umklappungen (U) und (V) ihrer Endpunkte findet man die axonometrischen Bilder $\overline{U}$ bzw. $\overline{V}$.

Um endlich die letzte Quaderkante OW abzubilden, könnte man in gleicher Weise die Auf- oder Seitenrißebene in die Bildebene umklappen. Es kann aber auch eine andere, durch die z-Achse gehende Ebene umgeklappt werden, am besten ihre projizierende Ebene. Dabei fällt der Punkt O in die Normale aus dem Bild $\overline{O}$ zur Drehachse $\overline{z}$, und zwar auf den Kreis über dem Durchmesser ZZ^*, denn der Winkel ZOZ^* ist ein rechter. Auf der umgelegten z-Achse $[O]Z$ kann dann die Quaderkante w abgetragen werden, und aus ihrem Endpunkt $[W]$ findet man dessen Bild $\overline{W}$.

Kennt man die axonometrischen Bilder $\overline{O}\,\overline{U}$, $\overline{O}\,\overline{V}$ und $\overline{O}\,\overline{W}$ der drei in O zusammenstoßenden Quaderkanten, so läßt sich leicht das axonometrische Bild des ganzen Koordinatenquaders des Punktes A ergänzen, da parallele Kanten parallele Bilder haben. Die Ecken $\overline{A}'$, $\overline{A}''$ und $\overline{A}'''$ im Quaderbild sind der axonometrische Grund-, Auf- bzw. Kreuzriß des Punktes A.

Hat man in dieser Weise einen Punkt A abgebildet, so lassen sich alle übrigen Punkte des Raumes leicht abbilden. Man hat nur zu beachten, daß sich parallele Strecken parallel und gleich stark verkürzt abbilden.

Dann ist zunächst zu sagen, daß es nicht nötig ist, vorerst eine Abb. 82 zu entwerfen, welche die Lage der axonometrischen Bildebene π im Dreitafelsystem gibt. Man kann unmittelbar in der Bildebene zeichnen, und zwar kann man wählen entweder das Spurendreieck XYZ der axonometrischen Bildebene, wobei dann dessen Höhen die Achsenbilder sind,

oder aber diese Achsenbilder.

Allein weder die eine noch die andere Wahl ist völlig willkürlich. Das Spurendreieck der axonometrischen Bildebene ist spitzwinklig.

Es läßt sich diese Beschränkung in der Wahl des Spurendreiecks der Bildebene an Hand der Abb. 82 leicht beweisen.

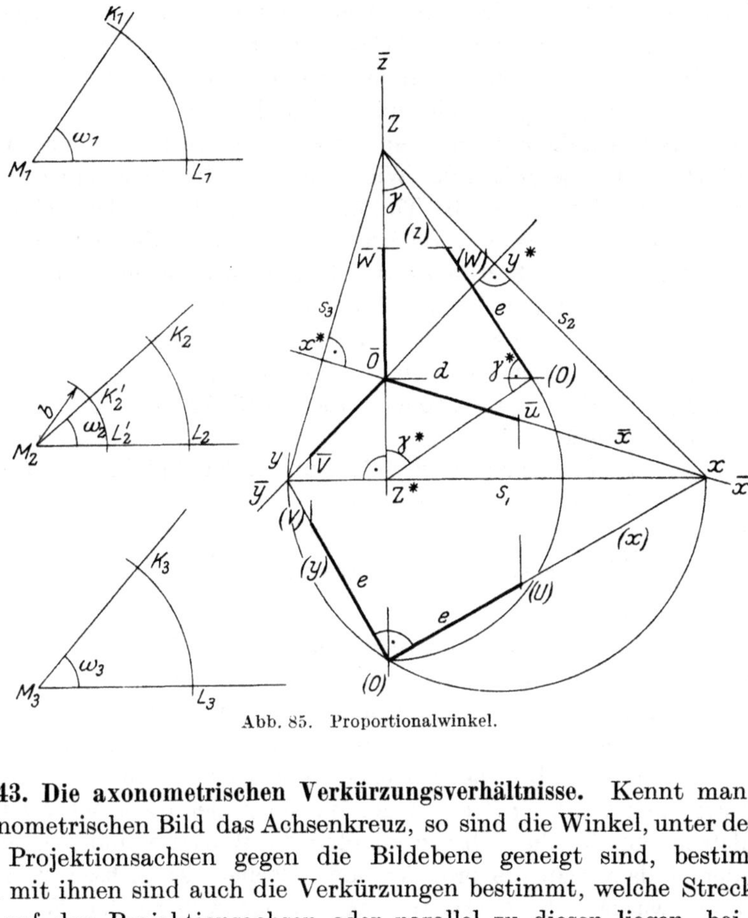

Abb. 85. Proportionalwinkel.

43. Die axonometrischen Verkürzungsverhältnisse. Kennt man im axonometrischen Bild das Achsenkreuz, so sind die Winkel, unter denen die Projektionsachsen gegen die Bildebene geneigt sind, bestimmt, und mit ihnen sind auch die Verkürzungen bestimmt, welche Strecken, die auf den Projektionsachsen oder parallel zu diesen liegen, bei der axonometrischen Abbildung erfahren. Denn das Verkürzungsverhältnis zwischen Normalprojektion einer Strecke und ihrer wahren Länge ist bekanntlich der Kosinus des Winkels, den die Strecke mit der Bildebene bildet (5).

In Abb. 85 sei das Bild des Achsenkreuzes gewählt. Dann ist das Spurendreieck der Bildebene zwar seiner Form, nicht aber seiner Größe nach bestimmt. Denn die axonometrische Bildebene kann parallel zu sich verschoben werden, ohne daß sich die Neigung der Projektionsachsen zu ihr ändert, ohne daß sich also das axonometrische Bild des Achsenkreuzes ändert. Die Lage der Bildebene im Achsenkreuz wird erst festgelegt, wenn einer der Spurpunkte der Achsen mit der Bildebene angenommen wird. Es sei z. B. der Spurpunkt X der x-Achse gewählt (auf dem Bild $\overline{x}$). Dann gehen durch diesen Punkt die Spuren s_1 und s_2 der Bildebene mit der Grund- bzw. Aufrißebene, und zwar rechtwinklig zu den Achsenbildern $\overline{z}$ bzw. $\overline{y}$. Damit sind dann auch die Spurpunkte Y und Z der beiden anderen Achsen bestimmt und die Spur s_3 der Kreuzrißebene als deren Verbindungsgerade, und sie muß der Probe genügen, rechtwinklig zu sein zum Achsenbild $\overline{x}$.

Eine Strecke, die auf einer der Achsen liegt, wird nun um so stärker verkürzt werden, je größer der Winkel ist, den die Achse mit der Bildebene bildet. Man kann die Verkürzungsverhältnisse der Achsen am besten überblicken und vergleichen, wenn man die Verkürzungen ermittelt, welche eine Einheitsstrecke e erfährt, die man sich auf allen drei Achsen aufgetragen denkt. Man denkt sich wieder, wie in (42), die Grundrißebene um die Spur s_1 in die Bildebene umgeklappt und etwa die projizierende Ebene der z-Achse um ihre Spur $\overline{z}$ in die Bildebene umgelegt und erhält so die axonometrischen Bilder $\overline{O}\,\overline{U}$, $\overline{O}\,\overline{V}$ und $\overline{O}\,\overline{W}$ der Einheitsstrecke.

Nennt man die Winkel der drei Achsen mit der Bildebene α, β und γ, so sind die Verkürzungsverhältnisse

$$\frac{\overline{O}\,\overline{U}}{e} = \cos\alpha\,, \qquad \frac{\overline{O}\,\overline{V}}{e} = \cos\beta\,, \qquad \frac{\overline{O}\,\overline{W}}{e} = \cos\gamma\,.$$

44. Die Beziehung zwischen den drei axonometrischen Verkürzungsverhältnissen. Die drei Verhältnisse $\cos\alpha$, $\cos\beta$ und $\cos\gamma$ sind nicht unabhängig voneinander; zwei von ihnen bestimmen das dritte. Um dies zu erkennen, beachte man, daß in Abb. 85 die Winkel α, β und γ der Achsen mit der Bildebene erscheinen oder leicht konstruiert werden können. Der Winkel $\overline{O}Z[O]$ ist der Winkel γ, den die z-Achse mit der Bildebene einschließt. Ebenso könnten die Winkel α und β gefunden werden, indem man die projizierenden Ebenen der Achsen x bzw. y umlegen würde. Auch erkennt man in der Abb. 85 den Winkel γ^* der Grundrißebene mit der Bildebene, und man sieht, daß

$$\alpha + \alpha^* = 90^0, \qquad \beta + \beta^* = 90^0, \qquad \gamma + \gamma^* = 90^0. \tag{1}$$

Die drei Winkel α^*, β^* und γ^* haben aber noch eine andere Bedeutung, die man wieder in der Abb. 85 erkennt; es sind die Winkel des Strahles $O\overline{O}$ mit den Achsen (s. den Winkel $\gamma^* = \overline{O}[O]Z$).

Statt also nach der Abhängigkeit zu fragen, die zwischen den drei Winkeln α, β und γ besteht, die von der Bildebene mit den drei Achsen gebildet werden, kann man auch nach der Beziehung fragen, die zwischen den drei Winkeln α^*, β^* und γ^* besteht, gebildet von einem durch den Anfangspunkt des Achsenkreuzes gehenden Strahl mit den Achsen.

Diese Beziehung zwischen den Richtungswinkeln einer Richtung spielt in der analytischen Geometrie des Raumes und in der Mechanik eine grundlegende Rolle und möge hier in Erinnerung gerufen werden.

Der Punkt O ist also der Fußpunkt der Normalen, die man von dem Anfangspunkt O auf die Bildebene fällen kann. Es seien a, b und c die Koordinaten des Punktes O im Achsensystem (s. die anschaulich gedachte Abb. 86). Dann erkennt man, daß im Koordinatenquader des Punktes $\bar{O}$ a, b und c die Kanten, $d = O\bar{O}$ die Körperdiagonale ist, daß also

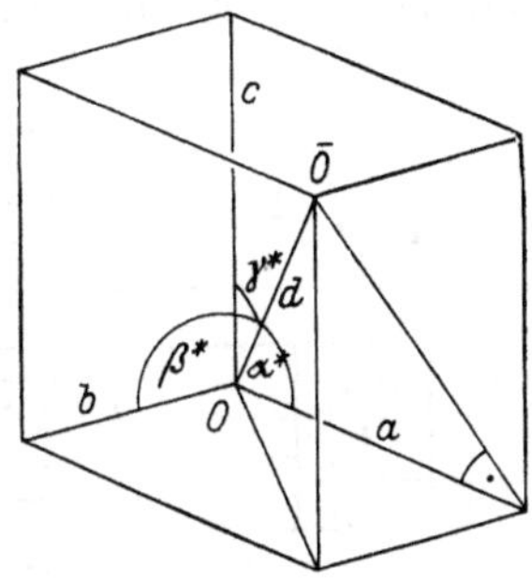

Abb. 86. Beziehung zwischen den Richtungswinkeln einer Richtung.

$$d^2 = a^2 + b^2 + c^2 \tag{2}$$

ist.

Da nun, wie die Abbildung zeigt,

$$\cos\alpha^* = \frac{a}{d}, \qquad \cos\beta^* = \frac{b}{d}, \qquad \cos\gamma^* = \frac{c}{d} \tag{3}$$

ist, so hat man nur die Gleichung 2) durch d^2 zu dividieren, um zu erhalten

$$\cos^2\alpha^* + \cos^2\beta^* + \cos^2\gamma^* = 1 \tag{4}$$

oder also, mit Benutzung der Beziehungen 1)

$$\sin^2\alpha + \sin^2\beta + \sin^2\gamma = 1$$

oder endlich

$$\cos^2\alpha + \cos^2\beta + \cos^2\gamma = 2\,,$$

d. h. die Summe der Quadrate der drei axonometrischen Verkürzungsverhältnisse ist gleich 2.

45. Axonometrische Darstellungen. Ein Gegenstand, z. B. die Sohllagerplatte der Abb. 87, soll axonometrisch dargestellt werden.

Man wird zuerst das Bild des Achsenkreuzes zu wählen haben. Dabei hat man zu beachten, daß das Spurendreieck der Bildebene, dessen Höhen die Achsenbilder sind, spitzwinklig wird (42). In Abb. 88 sei das nämliche Achsenbild vorausgesetzt wie in Abb. 85. Man kennt also die drei axonometrischen Verkürzungsverhältnisse.

Dann sind immer noch zwei Voraussetzungen bezüglich der Lage des Achsenkreuzes im Raum möglich. Ist d der Abstand $\overline{O}\,O$ des Anfangspunktes von der Bildebene (Abb. 85), so kann angenommen werden, daß der Anfangspunkt in diesem Abstand vor oder hinter der Bildebene liege. Im ersten Falle sieht man die (horizontale) Grundrißebene XOY von unten, sieht also jede Horizontalebene von unten, d. h. man sieht die dargestellten Gegenstände von unten. Im zweiten Falle ist es umgekehrt; alle Gegenstände erscheinen im Bild als von oben gesehen. Die Auswahl unter diesen zwei Möglichkeiten wird man treffen, indem man die Gegenstände so darstellt, wie sie dem Beschauer in der Gebrauchslage erscheinen. Hängelager, Wellenkupplungen u. ä. wird man von unten gesehen darstellen, Fußlager, Fundamentalplatten u. ä. dagegen von oben gesehen.

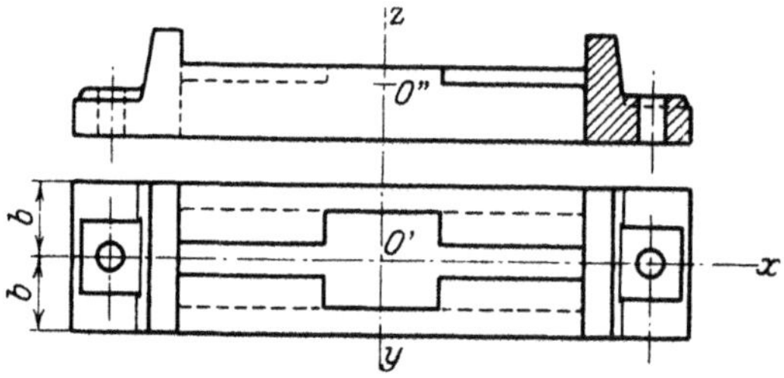

Abb. 87. Sohlplatte.

Dementsprechend werde die Sohlplatte Abb. 87 als von oben gesehen dargestellt.

Für den Anfänger ist es empfehlenswert, einen bestimmten Punkt des Gegenstandes als zusammenfallend mit dem Anfangspunkt O sich vorzustellen (s. Abb. 87). Dabei ist es zweckmäßig, den Anfangspunkt möglichst zusammenfallen zu lassen mit einem Symmetriezentrum des Gegenstandes, weil dann das Auftragen der richtig verkürzten Kantenlängen Vorteile gewährt.

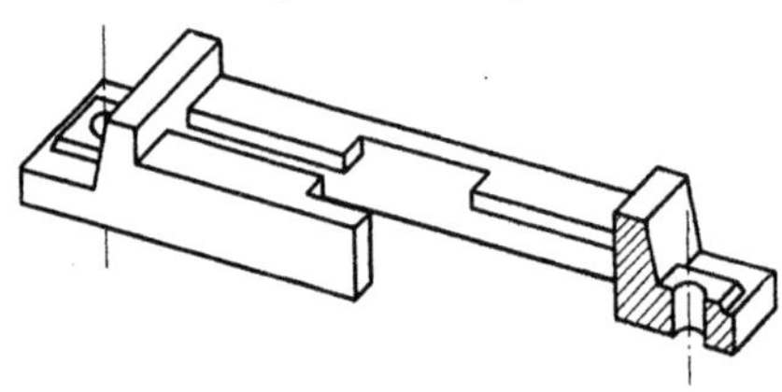
Abb. 88. Axonometrisches Bild der Sohlplatte.

Bei Gegenständen, die nur geradlinige Kanten aufweisen wie die Sohlplatte Abb. 87, handelt es sich nun nur darum, die Kantenlängen, die in die Achsenrichtungen fallen, im axonometrischen Bild richtig verkürzt darzustellen. Da die Verkürzungsverhältnisse für das Achsenbild der Abb. 88 bekannt sind aus der Abb. 85, bleibt nur noch anzugeben, wie sich diese zahlreichen Verkürzungen konstruktiv am besten, das ist am genauesten und am raschesten durchführen lassen. Es geschieht dies durch die Einführung sog. Proportionalwinkel. In Abb. 85 ist für jede der drei Verkürzungen einer, ω_1, ω_2 und ω_3, ermittelt. Man ziehe, um z. B. ω_2 zu konstruieren, um einen Mittelpunkt M_2 einen Kreisbogen mit dem

Halbmesser e, d. h. einen Bogen des Einheitskreises. In diesen trage man als Sehne $L_2 K_2$, die nach dem Bild der y-Achse verkürzte Einheitsstrecke ab, also die Strecke $O\,V$. Dann ist der Winkel $\omega_2 = \sphericalangle L_2 M_2 K_2$ der gesuchte Proportionalwinkel für die y-Achse.

Ist nun irgendeine Kante des Gegenstandes, z. B. seine halbe Breite b, richtig verkürzt anzutragen, so wird man, da diese Kante zur y-Achse parallel ist, mit dem Radius b einen Kreisbogen $K_2' L_2'$ um den Scheitel M_2 des Proportionalwinkels ω_2 schlagen. Die Sehne $K_2' L_2'$ ist dann die richtig verkürzte Strecke und kann bei der Herstellung von Abb. 88 verwendet werden.

Der zeichnerische Vorteil der Einführung von Proportionalwinkeln (bei allen Arten von Verkürzungen) besteht darin, daß nur der Zirkel, nicht auch das Lineal, verwendet werden muß beim Messen und Auftragen der Maße.

Es erhöht die Anschaulichkeit der axonometrisch dargestellten Maschinenelemente oder -einzelheiten, wenn der Gegenstand geschnitten dargestellt wird, wenn also z. B., wie es in Abb. 88 geschehen ist, ein Viertel $x\,O\,y$ herausgeschnitten wird.

Zu sagen ist ferner, daß sich die Axonometrie nur als anschauliche Darstellungsmethode für Gegenstände von nicht zu gewaltiger Größe eignet, also eben für Maschinenelemente, Einzelheiten der Anordnung, Apparate u. dgl., nicht aber für große Maschinen, Bauten usw. Werden derartige große Gegenstände axonometrisch dargestellt, so entsteht im Beschauer leicht das Gefühl, es handle sich um ein kleines Modell jenes Gegenstandes. Es macht sich eben das Fehlen der eigentlichen perspektivischen Wirkungen fühlbar, die namentlich darin bestehen, daß parallele Kanten im Bild zusammenlaufen sollten im sog. Fluchtpunkt ihrer Richtung (man denke an photographische Bilder!).

46. Axonometrisches Bild der Kugel. An Gegenständen, die man axonometrisch darstellen soll, treten häufig Kreise, ganz oder als Bogen von solchen, auf. Um das Wesentliche über ihre Abbildung zu sagen, werde eine Kugel dargestellt, deren Mittelpunkt M z. B. im Koordinatenanfangspunkt liege, ohne daß diese Wahl eine Besonderheit bedeuten würde. Als Bild des Achsenkreuzes werde in Abb. 89 dasjenige der Abb. 85 übernommen, so daß auch deren Verkürzungsverhältnisse und Proportionalwinkel übernommen werden können.

Die Normalprojektion einer Kugel ist ein Kreis, dessen Radius gleich dem Radius R der Kugel ist. Mit dem Kugelradius hat man also um das axonometrische Bild $\overline{M}$ des Kugelmittelpunktes einen Kreis zu ziehen, der den scheinbaren Kugelumriß $\overline{u}$ bedeutet; der wirkliche Kugelumriß ist der Kugelgroßkreis u, welcher in der durch den Kugelmittelpunkt gehenden Parallelebene zur Bildebene liegt.

Nun bestimmt man am besten die Bilder der sechs Punkte, in denen die Kugel die drei Achsen x, y und z trifft. Sie seien mit A_1 und A_2, B_1 und B_2, C_1 und C_2 bezeichnet. Um ihre Bilder zu finden, hat man den Kugelradius nach den drei Achsen zu verkürzen, etwa mittels der Proportionalwinkel der Abb. 85.

Die Kugel wird von der Grundrißebene in einem Großkreis geschnitten, der sich im axonometrischen Bild als Ellipse darstellt. Alle Durchmesser des Kreises verkürzen sich bei der axonometrischen Normalprojektion, mit Ausnahme des zur Bildebene parallelen Durchmessers $\bar{A}\bar{B}$, der unverkürzt bleibt und die große Achse der Ellipse liefert.

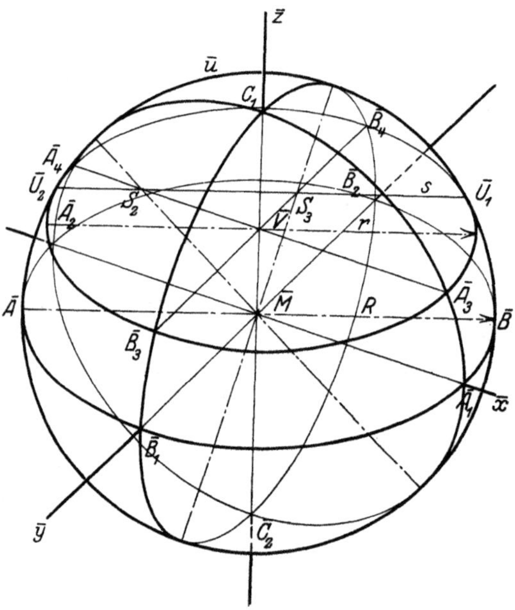

Abb. 89. Axonometrisches Bild der Kugel.

Die Ellipsentangenten in den beiden Punkten $\bar{A}_1$ und $\bar{A}_2$ sind parallel zum Achsenbild $\bar{y}$, denn die Kreistangenten sind parallel zur Achse y. Ebenso sind die Ellipsentangenten in den Punkten $\bar{B}_1$ und $\bar{B}_2$ parallel zum Achsenbild $\bar{x}$. Die Durchmesser $\bar{A}_1\bar{A}_2$ und $\bar{B}_1\bar{B}_2$ sind also konjugierte Durchmesser der Ellipse.

Um weitere Punkte und Tangenten dieser Ellipse zu finden, kann man nun den affinen Zusammenhang benutzen, der zwischen Normalprojektion und Umklappung einer ebenen Figur besteht (16). Dabei wird der Kreis am besten umgeklappt in die durch den Punkt M gehende Bildebene, so daß seine Umklappung zusammenfällt mit dem Umriß $\bar{u}$.

Festzuhalten ist insbesondere:

Liegt ein Kreis in einer der drei Hauptprojektionsebenen oder überhaupt in einer ersten, zweiten oder dritten Hauptebene, so ist die große Achse seiner Bildellipse als Parallele zur Bildebene zu einem der Achsenbilder rechtwinklig.

Abb. 89 enthält auch noch die Konstruktion eines Parallelkreises der Kugel, eines Kleinkreises in einer ersten Hauptebene. Sei $\bar{V}$ das axonometrische Bild des Mittelpunktes dieses Kleinkreises. Dann ist zuerst der Radius des Parallelkreises zu bestimmen, was durch eine Umklappung der projizierenden Ebene der z-Achse geschehen könnte. Um aber die Abb. 89 nicht durch zu viele Linien zu belasten, wurde so vorgegangen: mit Hilfe des Proportionalwinkels ω_3 wurde die wahre Länge des Mittelpunktabstandes $h = MV$ der Kleinkreisebene bestimmt und dann in einer Abb. 90 der Radius des Kleinkreises ermittelt, der zu diesem Mittelpunktsabstand gehört. Dieser Radius ist r. Somit kann durch den Mittelpunkt V rechtwinklig zum Achsenbild $\bar{z}$ die große Achse der Bildellipse gezogen werden. Hierauf bestimmt man die Kleinkreispunkte $A_3 A_4 B_3 B_4$, die auf den Durchmessern parallel zu den Achsen x und y liegen; dazu hat man den Radius r mit den Proportionalwinkeln ω_1 bzw. ω_2 zu verkürzen. Weitere Punkte und Tangenten könnten wieder mittels der Affinität bestimmt werden, die zwischen axonometrischem Bild und Umklappung des Kreises besteht; dessen Ebene würde dabei am besten in die durch den Mittelpunkt V gehende Bildebene umgeklappt.

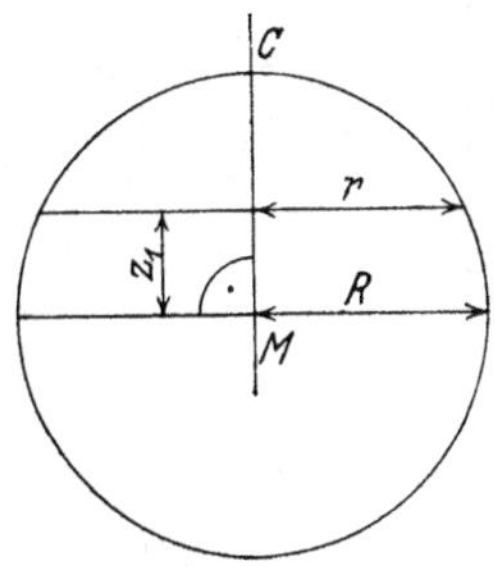

Abb. 90. Radius des Kleinkreises der Kugel (verkleinert).

Leicht lassen sich auch die Umrißpunkte U_1 und U_2 konstruieren, in denen der Kleinkreis von der sichtbaren Halbkugel zur unsichtbaren übergeht. Sichtbarkeitsgrenze ist der Umrißgroßkreis u der Kugel. Man hat also jene Punkte des Kleinkreises zu ermitteln, die auch auf dem Umriß der Kugel liegen, die also in der Schnittgeraden s der beiden Kreisebenen liegen. Somit ist die durch den Anfangspunkt M gehende Bildebene zu schneiden mit der Parallelkreisebene. Die drei Spuren der ersteren gehen durch M und sind rechtwinklig zu den Achsenbildern, zwei Spuren der letzteren sind die Geraden $A_3 A_4$ und $B_3 B_4$. Dies liefert die beiden Spurpunkte S_2 und S_3 der gesuchten Schnittgeraden s, deren Schnittpunkte (s ist rechtwinklig zu $\bar{z}$) mit dem Umrißkreis die gesuchten Umrißpunkte des Kleinkreises sind.

47. Axonometrische Kurvenbilder. An einem Beispiel möge gezeigt werden, wie man andere Kurven als Kreislinien abbildet, z. B. Durchdringungskurven, die an darzustellenden Gegenständen auftreten. Als Beispiel sei die Schalenkupplung gewählt, von der Abb. 91 Grund- und Aufriß, Abb. 92 einen Normalschnitt enthält.

Als Bild des Achsenkreuzes sei in Abb. 93 die nämliche Anordnung getroffen wie in Abb. 85, nur werde vorausgesetzt, der Gegenstand erscheine im Bild als von unten gesehen (45).

Die Abbildungsaufgabe bietet nur in der axonometrischen Darstellung der Nischen für die Schrauben Neues. Diese zylindrischen Nischen durchdringen die Schale in Kurven, die sich leicht durch Punkte und Tangenten bestimmen lassen.

Es handelt sich darum, den naheliegenden Konstruktionsvorgang umzusetzen in die axonometrische Darstellung. Er sei deswegen zuerst in Abb. 91 im Grund- und Aufriß durchgeführt. Um Punkte der Durchdringungskurve k der Nische mit der Schale zu finden, denkt man sich Hilfsebenen E gelegt, die zu beiden Zylinderachsen, zu derjenigen der Welle und zu derjenigen der Nische, parallel sind, da eine solche Ebene beide Zylinder in Mantellinien schneiden wird, deren Schnittpunkte Punkte der Durchdringungskurve sind. Die Ebene E schneidet die Schale in der Mantellinie m, deren Aufriß m'' unmittelbar durch die Wahl der Ebene gegeben ist und deren Grundriß m' ermittelt wird, indem man durch eine Umlegung des Normalschnittes der Schale die Kote y eines Punktes P der Mantellinie m bestimmt. Wo die Gerade $E \equiv m''$ den Grundkreis der Nische trifft, sind Punkte $1''$ und $2''$ des Aufrisses k'' der Durchdringungskurve, und ihre Grundrisse $1'$ und $2'$ liegen auf dem Grundriß m' der Mantellinie m.

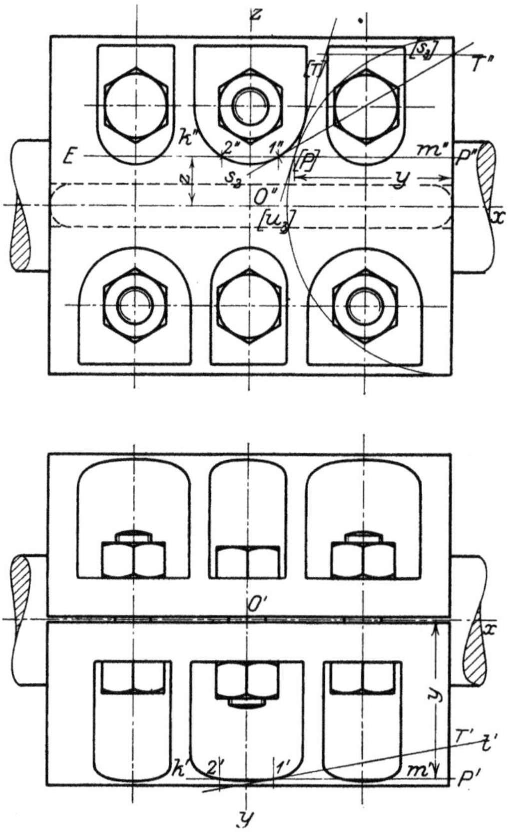

Abb. 91. Grund- und Aufriß einer Schalenkupplung.

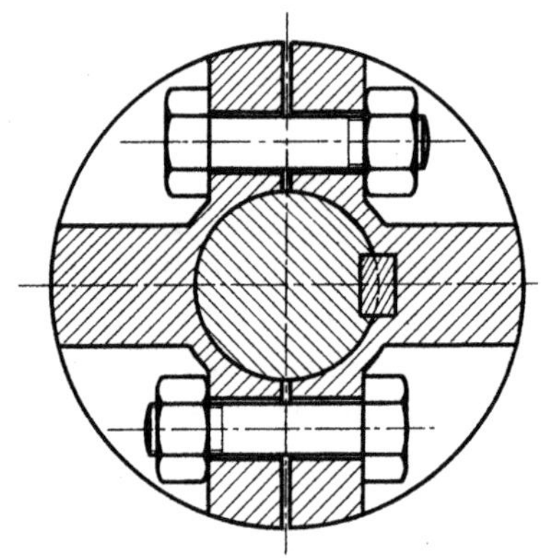

Abb. 92. Normalschnitt der Schalenkupplung.

Diese Konstruktion hat man nun durchzuführen im axonometrischen Bild (Abb. 93). Ist z die Höhe der in Abb. 91 gewählten Hilfsebene E, so verkürzt man diese Kote mit Hilfe des Proportionalwinkels ω_3 der Abb. 85 und erhält so die axonometrischen Bilder zweier Spuren

C_1 und C_3 der Hilfsebene E. Wo die Spur $\overline{C}_3$ das Bild des Normalschnittes der Schale trifft, ist das Bild des Punktes P. Wollte man diesen Punkt genau ermitteln, so müßte man seine Kote y mit Hilfe des Proportionalwinkels ω_2 verkürzen. Nun kann auch das axonometrische Bild $\overline{m}$ der Mantellinie m angegeben werden und können die Strecken vom Punkte P bis zu den Punkten 1 und 2, die man der Abb. 91 entnimmt, mit Hilfe des Proportionalwinkels ω_1 verkürzt werden.

Um nun auch die Tangente t an die Kurve k im Punkte 1 zu bestimmen, beachte man, daß sie in den Berührungsebenen beider Zylinder liegen muß, deren Durchdringungskurve die Kurve k ist. In Abb. 91 kann man ohne weiteres die Spur s_2 der Tangentialebene im

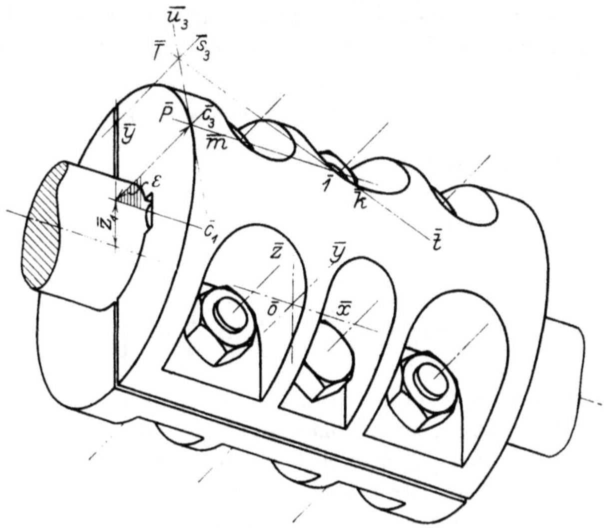

Abb. 93. Axonometrisches Bild der Schalenkupplung.

Punkte 1 an die zylindrische Nische angeben, denn es ist die Tangente im Punkte $1''$ an den Grundkreis der Nische. Damit findet man auch die Umlegung $[s_3]$ der Spur s_3 dieser Tangentialebene mit dem Normalschnitt der Schale. Anderseits ist die dritte Spur $[u_3]$ der Tangentialebene an die Schale längs der Mantellinie m die Tangente im Punkte $[P]$ an den umgelegten Normalschnitt der Schale. Der Schnittpunkt T der beiden dritten Spuren ist ein Punkt der gesuchten Tangente t, dessen Wiederaufklappung unmittelbar den Aufriß T'' ergibt und auch den Grundriß T' durch die Kote $T''[T]$. Durch T' geht der Grundriß t' der gesuchten Tangente t.

Es ist nun nicht nötig, diese ganze Konstruktion im axonometrischen Bild (Abb. 93) zu wiederholen. Es genügt, das Resultat, den Punkt T der Tangente t abzubilden. Dieser Punkt liegt in der Abschlußebene der Schale, und sein Bild $\overline{T}$ kann bestimmt werden, indem man der Abb. 91 seine beiden Koordinaten entnimmt und diese mit Hilfe der

Proportionalwinkel ω_2 und ω_3 verkürzt. Durch den Punkt $\overline{T}$ geht dann das axonometrische Bild $\overline{t}$ der Kurventangente t. —

Ganz allgemein lassen sich krumme Linien axonometrisch abbilden, indem Punkte und Tangenten derselben abgebildet werden. Dazu hat man Koordinaten der Punkte zu messen und mit Hilfe der Proportionalwinkel richtig verkürzt darzustellen. Die Tangenten der Kurve aber stellt man dar, indem man außer ihrem Berührungspunkt einen weiteren Punkt derselben darstellt.

48. Achsenbild für gegebenes Verhältnis der Verkürzungen. Es wäre nicht zweckmäßig, die Verkürzungsverhältnisse vorzuschreiben und das Bild der drei Achsen dementsprechend zu konstruieren. Denn da die drei Verkürzungsverhältnisse nicht unabhängig voneinander sind (44), könnten nur zwei von ihnen gewählt werden, das dritte müßte gemäß der Beziehung

$$\cos^2\alpha + \cos^2\beta + \cos^2\gamma = 2 \tag{1}$$

bestimmt werden. Gibt man z. B.

$$\cos\alpha = \frac{1}{2}, \qquad \cos\beta = \frac{1}{3},$$

so wird

$$\cos\gamma = \sqrt{2 - \frac{1}{4} - \frac{1}{9}} = \sqrt{\frac{59}{36}},$$

also behaftet mit einer unbequemen Irrationalität.

Zweckmäßiger ist es, zwar abzusehen von einer Festlegung der Verkürzungen selbst, dagegen vorzuschreiben, wie sie sich gegenseitig zu verhalten haben. Man kann fordern, daß sich die drei Verkürzungsverhältnisse $\cos\alpha$, $\cos\beta$ und $\cos\gamma$ für die drei Achsen verhalten wie einfache ganze Zahlen, z. B.

$$\begin{aligned} \cos\alpha : \cos\beta : \cos\gamma &= a : b : c \\ &= 2 : 1 : 2 \quad \text{oder} \\ &= 3 : 1 : 3 \quad \text{oder} \\ &= 5 : 4 : 6\,. \end{aligned} \tag{2)}$$

Die Verkürzungsverhältnisse selbst lassen sich dann mit Gleichung (1) und den beiden Gleichungen, die in der Proportion (2) enthalten sind, bestimmen.

Es entsteht nun die Konstruktionsaufgabe:

Welches Bild des Achsenkreuzes entspricht einem gegebenen Verhältnis der drei axonometrischen Verkürzungsverhältnisse?

In Abb. 94 sei XYZ das Spurendreieck der Bildebene, X^*, Y^* und Z^* seien die Fußpunkte seiner drei Höhen, $\overline{O}$ deren Schnittpunkt, also das

Bild des Anfangspunktes. Nun sei M der Mittelpunkt der Strecke $XY = 2s$. Da der Kreis mit dem Mittelpunkt M und dem Halbmesser s die beiden Fußpunkte X^* und Y^* enthält, so ist

$$MX^* = MY^* = s\,.$$

Daher sind die Dreiecke XMX^* und YMY^* gleichschenklig, und zieht man durch den Punkt $\bar{O}$ die Parallelen $\bar{O}X_1$ und $\bar{O}Y_1$ zu X^*M

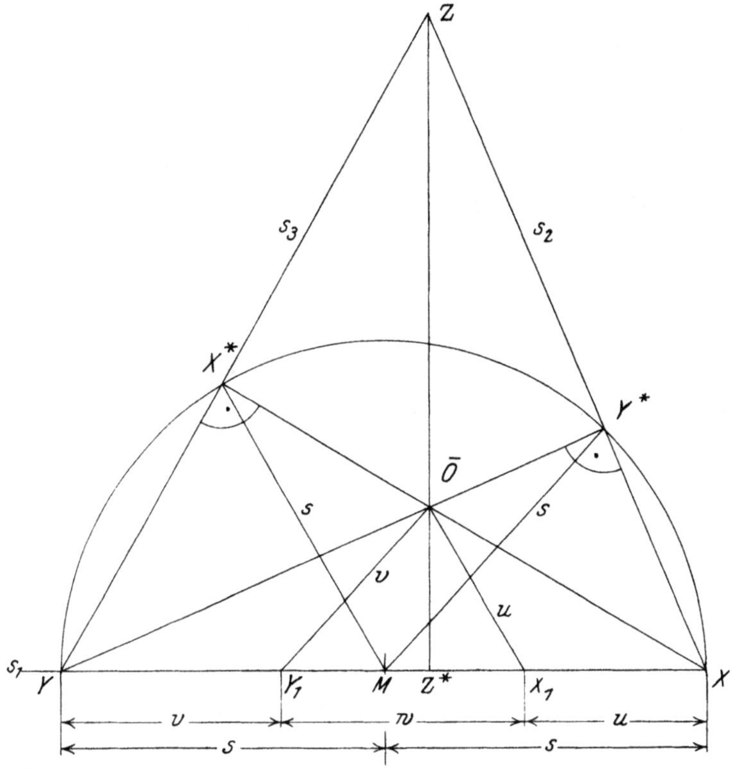

Abb. 94. Achsenbild.

bzw. Y^*M, so werden auch die Dreiecke $XX_1\bar{O}$ und $YY_1\bar{O}$ gleichschenklig. u und v seien die Strecken $\bar{O}X_1$ bzw. $\bar{O}Y_1$, w sei die Strecke X_1Y_1, so daß

$$u + v + w = 2s$$

ist.

Dann gelingt es leicht, in der Figur ein Maß zu gewinnen für die Quadrate der Verkürzungsverhältnisse. Es ist

$$u : s = \bar{O}X : X^*X\,.$$

Dieses Verhältnis aber läßt sich deuten in der projizierenden Ebene der x-Achse. Abb. 95 enthält das rechtwinklige Dreieck, das in dieser Ebene liegt, sowie den Winkel α, den die x-Achse mit der Bildebene einschließt. Da erkennt man die Beziehungen

$$\cos\alpha = \bar{O}X : OX\,,$$

$$\cos\alpha = OX : XX^*,$$

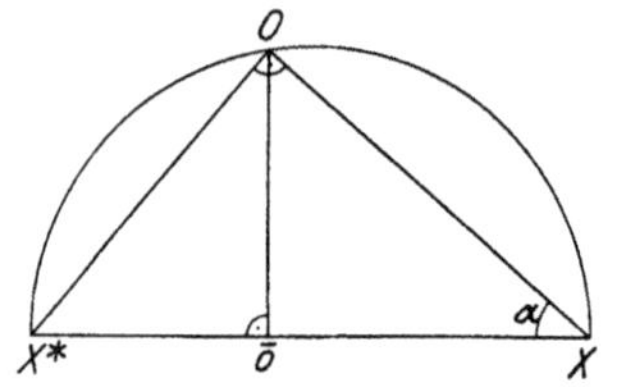

Abb. 95.
Dreiecke in der projizierenden Ebene der x-Achse.

also findet man durch Multiplikation dieser beiden Gleichungen

$$\cos^2\alpha = X\bar{O} : XX^*.$$

Somit ist

$$u : s = \cos^2\alpha$$

und ebenso

$$v : s = \cos^2\beta\,.$$

Auch für das dritte Quadrat läßt sich ein Maß gewinnen. Es ist ja

$$\cos^2\gamma = 2 - \cos^2\alpha - \cos^2\beta = 2 - \frac{u}{s} - \frac{v}{s} = \frac{2s - u - v}{s} = \frac{w}{s}\,.$$

Es ergibt sich also, daß sich im Dreieck $X_1\bar{O}\,Y_1$ die Seiten u, v und w verhalten wie die Quadrate der axonometrischen Verkürzungsverhältnisse[1]).

49. Konstruktion der Achsen für gegebenes Verhältnis der drei axonometrischen Verkürzungsverhältnisse. Aus den Beziehungen der Abb. 94

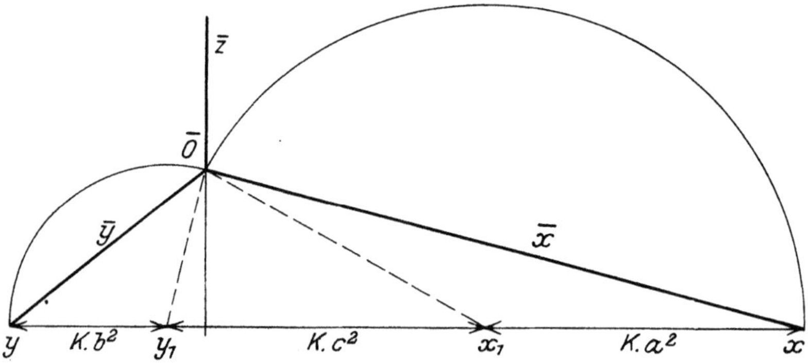

Abb. 96. Konstruktion des Achsenbildes für gegebenes Verhältnis a : b : c der Verkürzungsverhältnisse.

folgt, daß sich das Bild des Achsenkreuzes für ein gegebenes Verhältnis der Verkürzungsverhältnisse in Abb. 96 so konstruieren läßt:

Es sei

$$\cos\alpha : \cos\beta : \cos\gamma = a : b : c\,.$$

[1]) Pasternak: Note sur l'axonométrie orthogonale. Ens. math. XXIV, 1924—25.

Dann trage man auf einer Geraden von einem Punkte Y Strecken ab, die proportional sind den Quadraten der gegebenen Verhältniszahlen a, b und c. Es sei also $YY_1 = k \cdot b^2$, $Y_1X_1 = k \cdot c^2$ und $X_1X = k \cdot a^2$.

Hierauf konstruiere man durch Bogenschnitt den Punkt O, so daß $OX_1 = k \cdot a^2$ und $OY_1 = k \cdot b^2$ wird. Dann ist OX das Bild der x-Achse, OY das Bild der y-Achse, die Normale aus O zur Geraden XY das Bild der z-Achse. Will man also in der axonometrischen Zeichnung eine vertikale z-Achse erhalten, so hat man nur die Gerade XY horizontal anzunehmen.

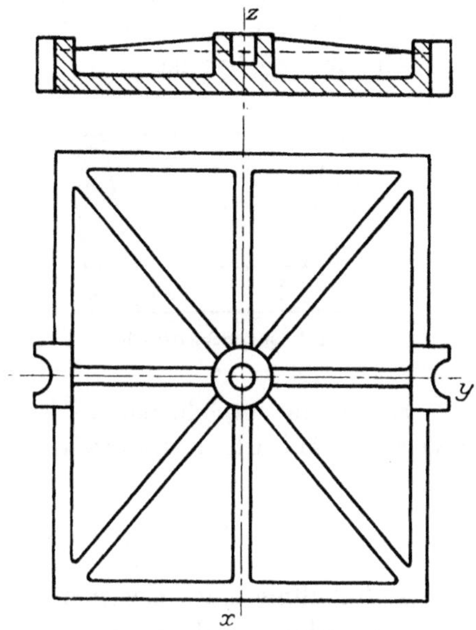

Abb. 97. Druckplatte.

50. Vereinfachte axonometrische Darstellungen. Als erstes Beispiel sei die Druckplatte gewählt, die in Abb. 97 gegeben ist. Das Achsenkreuz wurde nach (49) entsprechend den Verhältnissen

$$\cos\alpha : \cos\beta : \cos\gamma = a : b : c = 2 : 1 : 2 \tag{1}$$

konstruiert.

Man kann sich nun die axonometrische Darstellungsarbeit in Abb. 98 wesentlich vereinfachen, wenn man darauf verzichtet, die richtigen Verkürzungen der Maße vorzunehmen und nur Gleichung (1) beachtet.

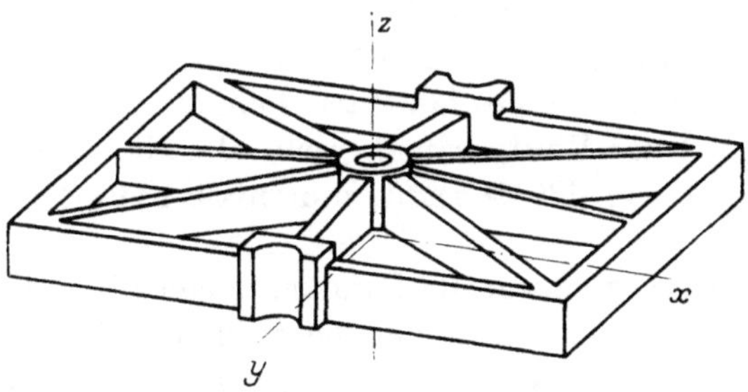

Abb. 98. Axonometrisches Bild $\cos\alpha : \cos\beta : \cos\gamma = 1 : {}^1/_2 : 1$.

Es heißt dies, daß man die Maße, die man der Abb. 97 entnimmt, unverkürzt abträgt, wenn sie parallel der x- oder z-Achse verlaufen, dagegen auf die Hälfte reduziert, wenn sie der y-Achse parallel sein sollen. Das hat freilich zur Folge, daß das axonometrische Bild eines etwas größeren Gegenstandes, als er durch die Abb. 97 gegeben ist, entsteht. Allein dieser Umstand ist bei vielen axonometrischen Abbildungen ohne Bedeutung.

Abb. 100 gibt nach der nämlichen Methode das axonometrische Bild der Schleifscheibe, die durch die Abb. 99 gegeben ist.

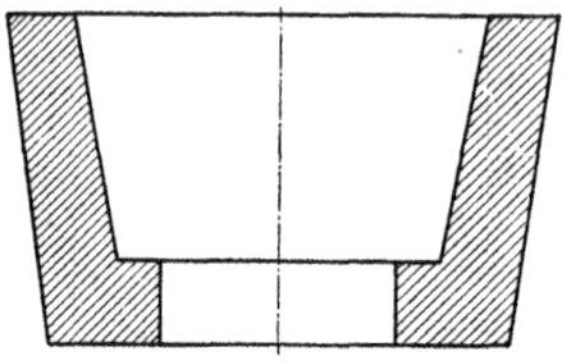

Abb. 99. Schleifscheibe.

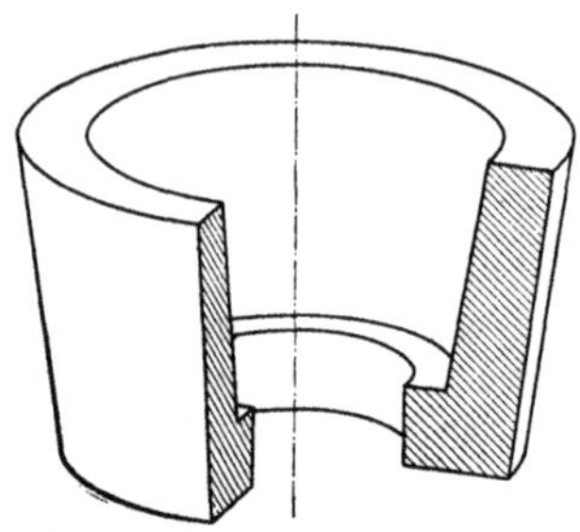

Abb. 100. Axonometrisches Bild der Schleifscheibe.

Besonders empfehlenswert ist dieses vereinfachte Verfahren beim axonometrischen Skizzieren (mit freier Hand).

V. Kurven und Flächen.

51. Bahnlinie eines bewegten Punktes. Bewegt sich ein Punkt, so ist seine Bahn geradlinig, wenn die Bewegung nur der Trägheit folgt, dagegen krummlinig, wenn Kräfte auf den Punkt einwirken und seine Bewegungsrichtung beeinflussen. Die krummlinigen Bahnen heißen auch Kurven. Erfolgt die Bewegung nach Gesetzen, so wird auch die Bahnkurve gesetzmäßig sein. Die gesetzmäßigen Kurven können auch aufgefaßt werden als geometrische Örter ihrer Punkte, Örter, die bestimmten (einfachen oder verwickelteren) geometrischen Eigenschaften genügen. So ist z. B. die Wurfbahn im luftleeren Raum eine Parabel, hat also die geometrischen Eigenschaften dieses Kegelschnittes.

Wenn nun alle Lagen des bewegten Punktes in einer Ebene liegen (wie im Beispiel der Wurfparabel), wenn also die Bahnkurve ganz in einer Ebene liegt, so heißt sie eben, andernfalls räumlich oder Raumkurve.

52. Ebene Kurven. Liegt die Bahnkurve eines Punktes vor, so wird man in jedem Zeitpunkt nicht nur die Stelle angeben können, an der er sich eben befindet, sondern im allgemeinen auch die Richtung, nach der er sich gerade bewegt. Die Gerade, die den Punkt mit dem unmittelbar folgenden verbindet, enthält das Bahnstückchen der augenblicklichen Bewegung und heißt die Berührungsgerade oder Tangente der Bahnkurve an der betreffenden Stelle. Man kann die Tangente auch auffassen als die Grenzlage einer Geraden, welche die Kurve außer im betrachteten Punkte noch an einer anderen Stelle schneidet, wenn man diesen zweiten Punkt dem ersten immer näher rücken läßt, bis er mit ihm zusammenfällt. Ist die Kurve eben, so liegen die Sekanten PQ, PQ_1, ... (Abb. 101) alle in der Kurvenebene und haben als Grenzlage die Tangente t, vorausgesetzt, daß die Kurve die in den Anwendungen einzig in Betracht kommenden Stetigkeitseigenschaften hat und der Punkt ein „gewöhnlicher" Kurvenpunkt ist, also nicht unter die Ausnahmefälle fällt, die noch zu erörtern sind.

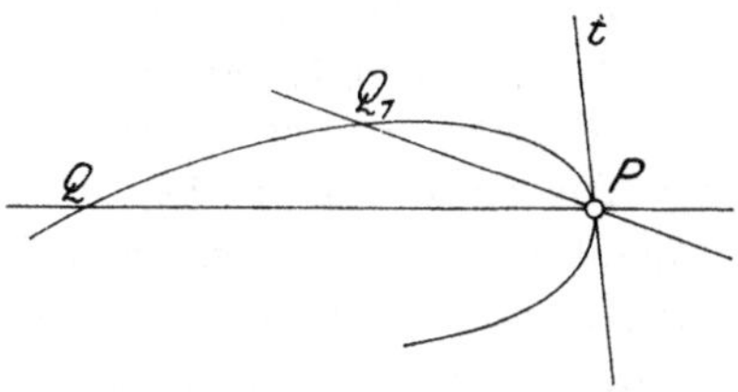

Abb. 101. Tangente einer ebenen Kurve.

Solchergestalt ist mit der Bewegung eines Punktes auch die Bewegung einer Geraden verknüpft, eben der Kurventangente; die Kurve kann aufgefaßt werden nicht nur als beschrieben durch ihre Punkte, als geometrischer Ort eines Punktes, sondern auch als umhüllt durch ihre Tangenten, als geometrischer Ort einer Geraden. Und wie die Tangente einer Kurve durch einen Grenzübergang abgeleitet werden können, so ergeben sich die Berührungspunkte einer sich bewegenden Geraden mit der von ihr umhüllten Kurve ebenfalls durch einen Grenzübergang. Es sei in Abb. 102 eine ebene Kurve als Umhüllung einer sich bewegenden Geraden angedeutet. Ist nun p eine der Tangenten und ist q eine zweite, so bewege man diese Gerade in immer neue Lagen gegen die feste Tangente hin, bis sie mit ihr zusammenfällt. Die Grenzlage des Schnittpunktes der bewegten Tangente mit der festen ist dann der Berührungspunkt der Geraden p mit der umhüllten Kurve.

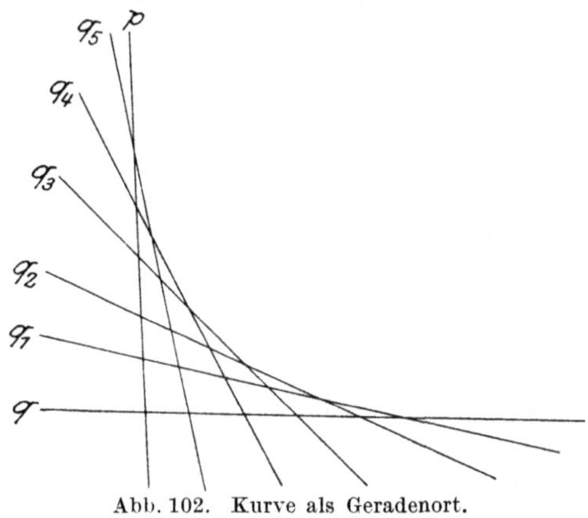

Abb. 102. Kurve als Geradenort.

Diese beiden Auffassungen stehen einander dual gegenüber (32). Dies tritt besonders in folgender Gegenüberstellung hervor:

Die Tangente an eine Kurve in einem ihrer Punkte ist die Verbindungsgerade des Kurvenpunktes mit dem benachbarten Kurvenpunkt.	Der Berührungspunkt einer Kurve mit einer ihrer Tangenten ist der Schnittpunkt der Tangente mit der benachbarten Kurventangente.

Die Kurventangente wird nicht mehr eindeutig durch einen Grenzübergang bestimmbar, wenn der Kurvenpunkt außergewöhnlich ist.

Darunter versteht man solche Stellen der Ebene, durch die der bewegte Punkt mehrmals hindurchgeht, die demnach mehrfache Kurvenpunkte sind (s. die Abb. 103, die einen Doppelpunkt, Abb. 104, die einen dreifachen Punkt veranschaulicht). An diesen Stellen kann man offenbar nicht mehr eindeutig von einer „Bewegungsrichtung“ des Punktes sprechen. Übrigens genügt es für die Zwecke, welche diese Darstellung verfolgt, Doppelpunkte zu betrachten, da drei- und mehrfache Punkte in der darstellenden Geometrie, namentlich aber in ihren Anwendungen, nicht auftreten.

Zieht man durch den Doppelpunkt D in Abb. 103 eine Gerade C, so trifft sie die Kurve, außer im Punkte D, noch an einer Stelle E. Ja, diese Gerade C muß als eine solche aufgefaßt werden, die drei Punkte mit der Kurve gemeinsam hat, kann sie doch betrachtet werden als die Grenzlage einer Geraden f, die ganz nahe am Doppelpunkt vorbeigeht und deren drei Schnittpunkte mit der Kurve offenkundig sind (s. Abb. 103).

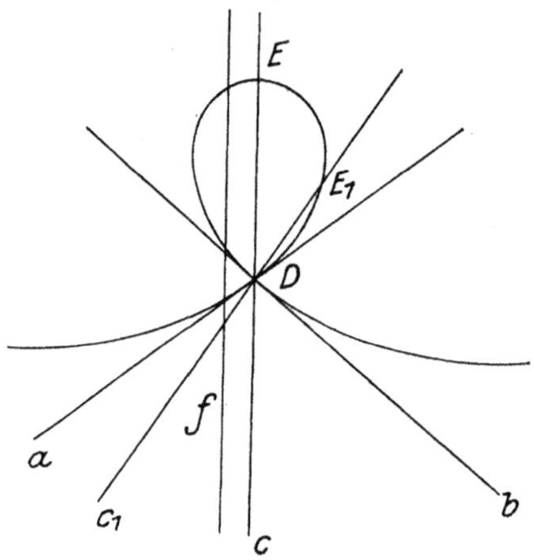

Abb. 103. Doppelpunkt einer ebenen Kurve.

Abb. 104. Dreifacher Punkt einer ebenen Kurve.

Nun werde wieder ein Grenzübergang vorgenommen: die durch den Doppelpunkt gehende Gerade C werde um diesen gedreht, so daß der dritte Schnittpunkt E immer näher an den Doppelpunkt D rückt und endlich mit ihm zusammenfällt. Die Grenzlage, a oder b, die dann entsteht, ist eine der Haupttangenten der Kurve im Doppelpunkt D; sie hat mit der Kurve an der Stelle D drei Punkte gemein. Der Winkel, den die beiden Haupttangenten a und b miteinander bilden, steht in Beziehung zur Schleife, die sich im Knotenpunkte D schürzt. Wird das geometrische Gesetz, das zur Kurve mit Knotenpunkt führt, in den Konstanten, die es enthält, leicht abgeändert, so kann man die Form der Kurve, insbesondere auch die Schleife, und mit ihr den Winkel der beiden Haupttangenten a und b abändern. Die Abb. 105 zeigt den Formenwandel, den man der Kurve geben kann. Fallen dabei die beiden Haupttangenten zusammen (Fall c der Abb. 105), so schrumpft die Schleife in eine Spitze zusammen. Einen solchen Punkt nennt man auch einen Rückkehrpunkt der Kurve, wie unmittelbar einleuchtet, wenn man einen Punkt die Kurve durchlaufend sich vorstellt. Aber noch eine dritte Erscheinungsform des Doppelpunktes ist möglich. Wenn die Abänderung der Konstanten, von

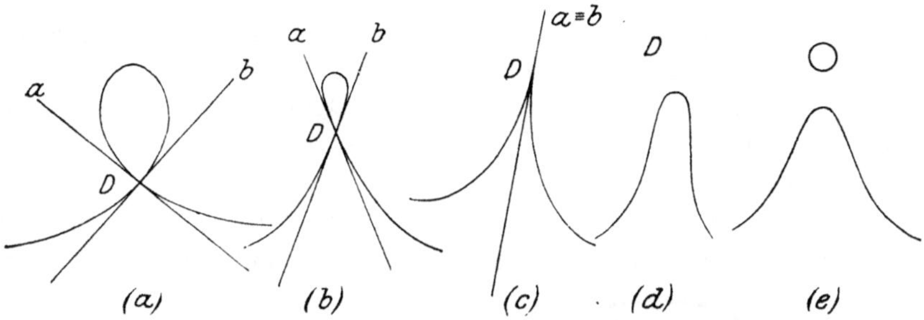

Abb. 105. Formenwandel des Doppelpunktes einer ebenen Kurve.

denen die Kurve abhängt und die vom Fall a über den Fall b zum Fall c geführt hat, fortgesetzt wird, wird es eintreten, daß die beiden Haupttangenten a und b, die zuerst reell und voneinander verschieden waren, dann reell aber zusammenfallend, imaginär werden. Dieser Fall, d in Abb. 105, sieht dann so aus, daß sich der außergewöhnliche Punkt vom übrigen Kurvenzug losgelöst hat, zum Einsiedlerpunkt oder isolierten Doppelpunkt geworden ist. Man hat sich das so vorzustellen, daß dem geometrischen Gesetz, das der Kurve zugrunde liegt, einmal die Punkte auf dem Kurvenzug und dann der einzeln liegende Punkt D genügen. Daß der Punkt D auch in diesem Falle d noch als Doppelpunkt angesprochen werden kann, erhellt, wenn man sich diesen Fall durch Formenwandel hervorgegangen denkt aus dem Fall e, wo an Stelle eines Doppelpunktes ein kleines Oval erscheint. Hier ist klar, daß eine durch das Oval hindurchgehende Gerade zwei nahe beieinander liegende Punkte mit der Kurve gemein hat, die zusammenfallen, wenn das Oval zu einem Punkte zusammenschrumpft.

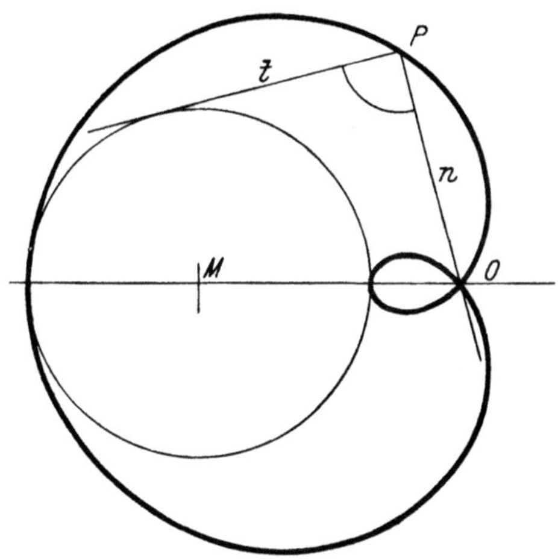

Abb. 106. Fußpunktkurve des Kreises (1. Fall).

Es gibt also drei Arten von Doppelpunkten:

1. Knotenpunkte mit reellen und voneinander verschiedenen Haupttangenten,

2. Spitzen mit reellen, aber zusammenfallenden Haupttangenten,

3. Einsiedlerpunkte mit imaginären Haupttangenten.

Diese drei möglichen Fälle finden sich in den Abb. 106—108 dargestellt bei einer Kurve, der Fußpunktkurve eines Kreises für einen Punkt O. Die Kurvenpunkte sind die Fußpunkte der Normalen, die man vom Punkte O auf die Tangenten des Kreises fällen kann. Drei Fälle sind möglich:

1. der Punkt O liegt außerhalb des Kreises, dessen Mittelpunkt M ist; dann wird er zum Knotenpunkt der Kurve und die beiden Haupt-

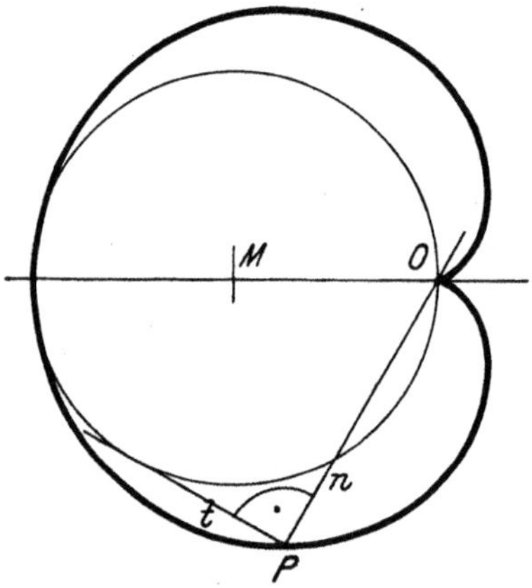

Abb. 107.
Fußpunktkurve des Kreises (2. Fall).

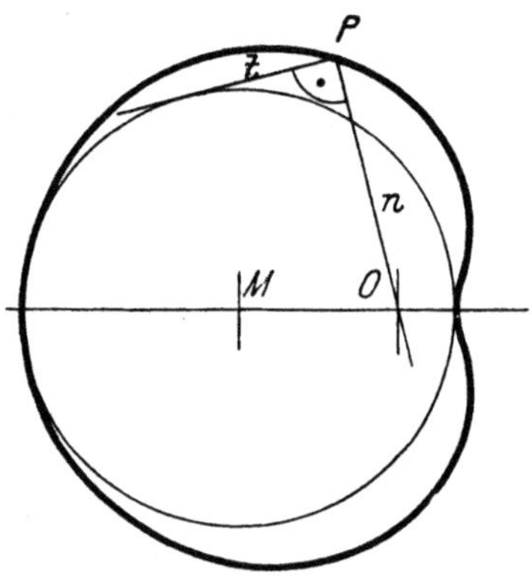

Abb. 108.
Fußpunktkurve des Kreises (3. Fall).

tangenten a und b sind rechtwinklig zu den beiden Tangenten, die man vom Punkte O aus an den Kreis ziehen kann;

2. der Punkt O liegt auf dem Kreis; dann entsteht eine Fußpunktkurve, die im Punkte O eine Spitze hat;

3. der Punkt O liegt innerhalb des Kreises; er wird zum Einsiedlerpunkt.

Die Konstante, deren Abänderung in diesem Beispiel den Formenwandel der Kurve hervorbringt, ist die Entfernung des Punktes O vom Mittelpunkt M des Kreises.

53. Raumkurven. Liegen die Punkte einer Kurve nicht alle in einer Ebene, so ist die Kurve räumlich. Abb. 109 stellt das axonometrische Bild einer Raumkurve dar. Durchläuft ein Punkt diese Bahnkurve, so gehört zu jedem Zeitpunkt eine Stelle, an der er sich eben befindet. Die Lage des Punktes ist abhängig vom Zeitpunkt. Man kann also die Koordinaten x, y und z eines Kurvenpunktes auffassen als Funktionen eines Parameters u, etwa der ablaufenden Zeit

$$x = f_1(u),$$
$$y = f_2(u),$$
$$z = f_3(u).$$

Eliminiert man den Parameter u aus zweien dieser Gleichungen, so entsteht eine Gleichung, die nur zwei der drei Punktkoordinaten

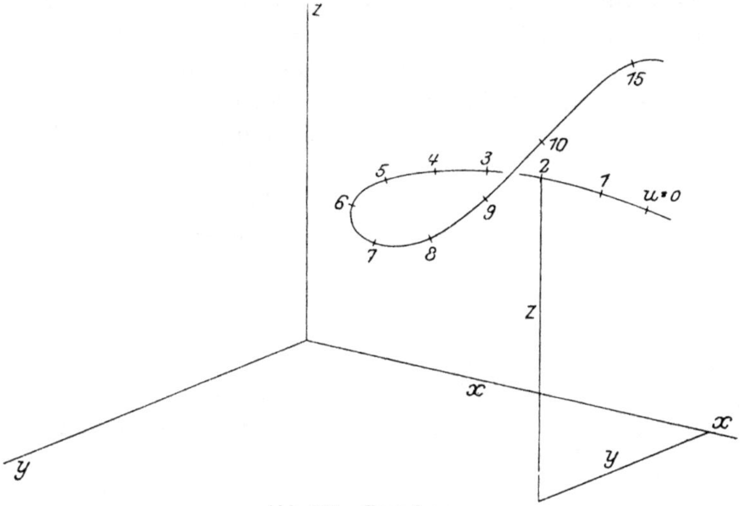

Abb. 109. Raumkurve.

enthält und erfüllt ist von den Koordinaten aller Kurvenpunkte. Die drei so möglichen Gleichungen lassen sich geometrisch deuten als die Gleichungen ebener Kurven, die in den Projektionsebenen liegen, den Projektionen der Raumkurve.

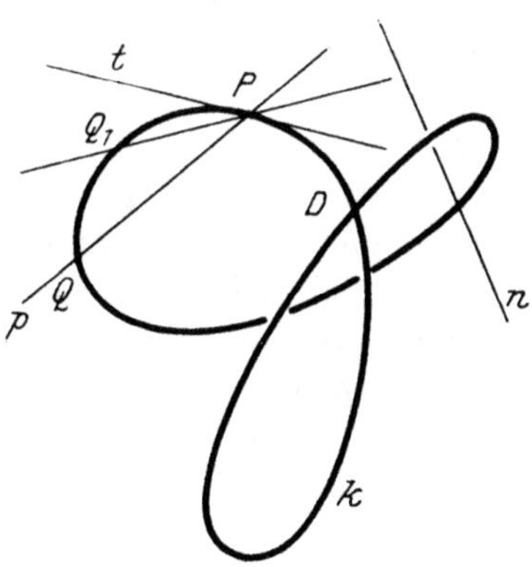

Abb. 110. Sekante, Bisekanten und Tangente einer Raumkurve.

Sei in Abb. 110 P ein (gewöhnlicher) Kurvenpunkt, Q ein anderer Punkt. Die Verbindungsgerade PQ zweier Punkte der Kurve ist dann eine ihrer Bisekanten, während eine Gerade wie n, welche die Raumkurve nur in einem Punkte schneidet, Sekante heißt. Bewegt sich nun der Punkt Q auf der Kurve in neue Lagen $Q_1, \ldots$ gegen den festen Punkt P hin, so dreht sich die Bisekante PQ um den Punkt P, und sie wird, immer vorausgesetzt, daß der Punkt P ein gewöhnlicher Kurvenpunkt sei und auch die Kurve keine Besonderheiten biete, von denen man in diesem Zusammenhang absehen kann, einer Grenzlage t zustreben, welche die Tangente der Kurve an der Stelle P ist. —

Die Tangente ist die Gerade, welche sich der Kurve an der Stelle P am besten anpaßt; aber auch eine Ebene kann im allgemeinen angegeben werden, die sich der Kurve an der Stelle P am besten anschmiegt. Sie kann ebenfalls durch einen Grenzübergang erhalten werden. Legt man durch die Tangente t und den Kurvenpunkt Q die Ebene, so erhält man eine Ebene, von der man sagen kann, daß sie die Kurve an der Stelle P berührt, weil sie eben die Tangente t des Punktes P enthält. Rückt nun wieder der Punkt Q dem Punkte P auf der Kurve immer näher, um endlich mit ihm zusammenzufallen, so dreht sich die Verbindungsebene der Tangente t mit dem wandernden Punkte Q um die Gerade t und wird einer Grenzlage zustreben, welche man die Schmiegungsebene der Kurve an der Stelle P nennt. Da die Kurventangente t auch bei den Raumkurven zwei benachbarte Punkte enthält, enthalten auch die Berührungsebenen der Kurve an der Stelle P zwei benachbarte Kurvenpunkte und außerdem schneiden sie die Kurve noch in einem Punkte Q. Bei der Schmiegungsebene fällt aber dieser dritte Punkt auch mit dem Punkte P zusammen. Somit findet man:

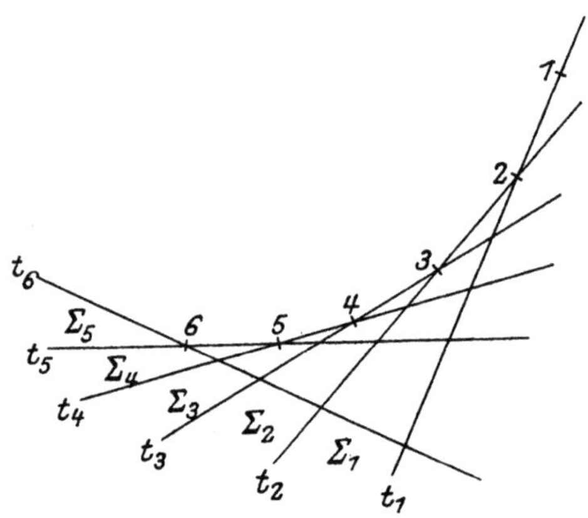

Abb. 111. Schmiegungsebenen einer Raumkurve.

Die Schmiegungsebene hat mit der Raumkurve drei benachbarte Punkte gemein.

Oder anders ausgedrückt:

Die Schmiegungsebene verbindet drei benachbarte Kurvenpunkte.

Der folgende vierte Punkt tritt aus dieser Ebene der drei vorangehenden Punkte im allgemeinen heraus. —

Denkt man sich die Gesamtheit der Tangenten einer Raumkurve, so bilden sie eine Fläche, die Tangentenfläche der Raumkurve. Abb. 111 enthält eine rohe Versinnlichung der Verhältnisse. $1, 2, 3, 4, \ldots$ mögen benachbarte Punkte der Raumkurve vorstellen, zu je zwei benachbarten durch Kurventangenten t_1, t_2, t_3, ... verbunden. Die Ebene durch je drei benachbarte Kurvenpunkte, das ist die Ebenen

1 2 3, 2 3 4, 3 4 5, . . . sind benachbarte Schmiegungsebenen der Raumkurve. Sie enthalten je zwei benachbarte Tangenten $t_1 t_2$, $t_2 t_3$, $t_3 t_4$, ...

Die Schmiegungsebene enthält zwei benachbarte Tangenten der Raumkurve.

Oder auch:

Je zwei benachbarte Tangenten einer Raumkurve schneiden sich; ihre Verbindungsebene ist Schmiegungsebene der Raumkurve.

Die Tangentenfläche einer Raumkurve kann abgewickelt werden. Die Abwicklung erfolgt durch die Schmiegungsebenen: man dreht die Schmiegungsebene Σ_1 oder 123 um die Tangente t_2 als Scharnier um den kleinen Winkel zweier benachbarter Schmiegungsebenen, bis sie zusammenfällt mit der benachbarten Schmiegungsebene 2 3 4 oder Σ_2. Nach der Drehung liegen also die vier Punkte 1, 2, 3 und 4 in einer Ebene Σ_2, und diese wird um die Tangente t_3 gedreht, bis sie mit der folgenden Schmiegungsebene 345 oder Σ_3 zusammenfällt usw.

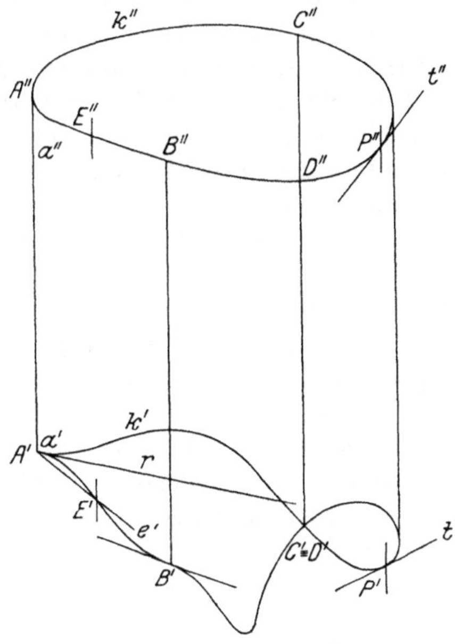

Abb. 112. Projektionen einer Raumkurve.

Wird also eine Raumkurve abgewickelt mit ihrer Tangentenfläche, so wird sie verebnet. Ihre Länge bleibt ungeändert; denn sie setzt sich zusammen aus den Bogenstückchen 12, 23, 34, . . . , die bei der Abwicklung unverändert bleiben. —

An der Projektion einer Raumkurve können Besonderheiten der Raumkurve selbst erkannt werden. In Abb. 112 erkennt man aus Besonderheiten des Grundrisses k' der Raumkurve k:

1. Der Punkt A' ist eine Spitze (52) des Grundrisses, woraus man folgert, daß die Raumkurve k im Punkte A eine projizierende Tangente a hat. In der Tat, hat eine Raumkurve in einem Punkte A eine projizierende Tangente, so hat ihre Projektion eine Spitze. Denn denkt man sich durch die Tangente eine Ebene gelegt, so hat diese mit der Raumkurve an der Stelle A zwei benachbarte Punkte gemein und möge sie an einer anderen Stelle E treffen. Die erste Spur e der Ebene wird somit den Grundriß k' treffen an der Stelle A' (dieser Schnittpunkt zählt für zwei) und außerdem an einer weiteren Stelle E'. Nun werde diese Ebene

um die projizierende Tangente a gedreht, wobei der Punkt E auf der Kurve dem Punkt A immer näher rückt und endlich mit ihm zusammenfällt. Die Spur e wird den Grundriß k' der Kurve stets in drei Punkten treffen, von denen zwei in den Punkt A' fallen. Dieser Punkt A' muß daher ein außergewöhnlicher Punkt, ein Doppelpunkt sein, und zwar ein Rückkehrpunkt, da nicht zwei, sondern eine einzige Haupttangente das Resultat des Grenzüberganges ist, die Spur der Schmiegungsebene der Raumkurve an der Stelle A. Denn wenn der Punkt E mit dem Punkt A zusammenfällt, so wird aus der Berührungsebene, die sich um die Tangente dreht, die Schmiegungsebene, deren Spur die Rückkehrtangente ist. Man hat also bewiesen:

Hat eine Raumkurve eine projizierende Tangente, so hat ihre Projektion an der entsprechenden Stelle eine Spitze.

2. Im Punkte B' hat der Grundriß einen Wendepunkt, d. h. drei benachbarte Punkte der Kurve liegen in der Wendetangente; dann liegen die zugehörigen drei Punkte der Raumkurve in einer projizierenden Ebene, und es folgt:

Hat die Raumkurve eine projizierende Schmiegungsebene, so hat die Projektion an der entsprechenden Stelle eine Wendetangente.

3. Ein Doppelpunkt der Projektion weist nicht notwendig auf einen Doppelpunkt der Raumkurve; dies wäre nur der Fall, wenn auch in einer zweiten Projektion sich der Doppelpunkt an der nämlichen Stelle wiederholen würde. In Abb. 112 ist dies bei $C' = D'$ nicht der Fall, C'' und D'' sind verschieden. CD ist eine projizierende Bisekante.

Hat die Raumkurve eine projizierende Bisekante, so hat die Projektion einen Doppelpunkt.

54. Flächen. Eine krumme Fläche entsteht, wenn sich eine Linie bewegt; diese Erzeugende kann während ihrer Bewegung die Form wechseln oder auch beibehalten.

Es seien im axonometrischen Bild der Abb. 113 $k_0, k_1, k_2, k_3, k_4, \ldots$ verschiedene Lagen der erzeugenden Kurve angedeutet, etwa den Zeitpunkten $0, 1, 2, 3, 4, \ldots$ entsprechend, gezählt vom Anfangsmoment der Bewegung an. Diese Zeitpunkte seien auch einfach dadurch angedeutet, daß die Zahlwerte $u = 0, 1, 2, 3, 4, \ldots$ an die entsprechenden Kurven geschrieben seien. Jede Kurve selbst ist der Träger einer Skala von Parametern v (53). Wenn man nun auf allen Kurven $u = 0, 1, 2, 3, \ldots$ die Punkte mit dem nämlichen Werte des Parameters v miteinander verbindet, so wird ein zweites Kurvensystem entstehen, wo jede Kurve der geometrische Ort ist der Punkte von dem nämlichen Werte v. Die beiden Kurvensysteme $u = \text{const}$ und $v = \text{const}$ überdecken die krumme Oberfläche, und deren Gestalt erscheint durch die überdeckenden Kurven modelliert. Die beiden Zahlen u und v sind krummlinige Koordinaten auf der Fläche, ihre Angabe reicht hin zur Ortsbestimmung auf der Fläche. Die einzelnen Punkte P der Fläche werden im Raume ihrer Lage nach festgelegt sein, wenn man die räumlichen Koordinaten x, y und z der Punkte als Funktionen der krummlinigen Punktkoordinaten kennt:

$$\begin{aligned} x &= f_1(u, v)\,, \\ y &= f_2(u, v)\,, \\ z &= f_3(u, v)\,. \end{aligned} \tag{1}$$

Die verschiedenen Arten krummer Oberflächen unterscheiden sich nun sowohl hinsichtlich der Art der erzeugenden Linie, wie auch hinsichtlich der Art ihrer Fortbewegung.

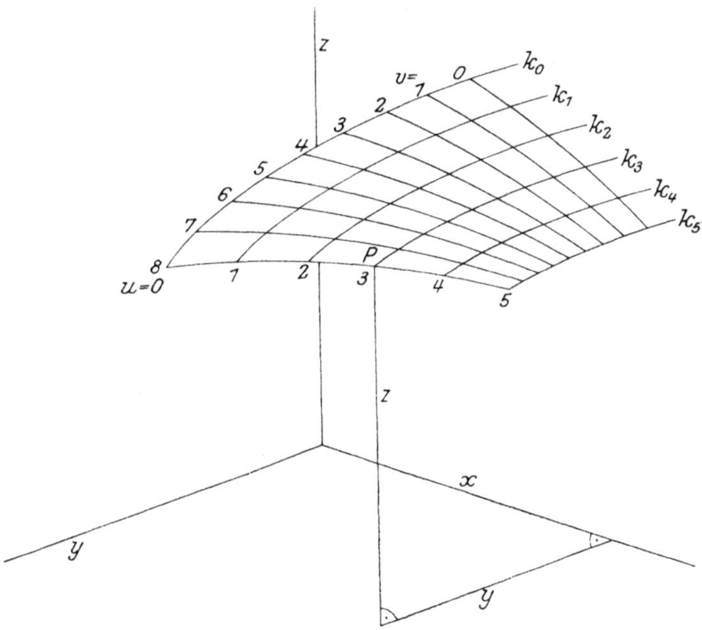

Abb. 113. Krumme Fläche.

Eine Regelfläche entsteht, wenn die erzeugende Linie eine Gerade ist. Wird dabei ein Punkt der erzeugenden Geraden bei der Bewegung festgehalten, so wird die Fläche zur Kegelfläche, deren Spitze der festgehaltene Punkt ist. Liegt diese Spitze zudem unendlich-fern, sind also alle Erzeugenden parallel, so entsteht eine Zylinderfläche. Die Abb. 114—116 veranschaulichen diese drei Fälle. Die Regelfläche ist gegeben, wenn man die Bewegung der erzeugenden Geraden durch Angabe dreier Leitkurven leitet; die Erzeugende müssen alle drei Leitkurven treffen. Die Kegelfläche ist bestimmt, wenn man außer ihrer

Spitze S noch eine Leitkurve gibt, die von allen Erzeugenden oder Mantellinien geschnitten werden muß. Die Zylinderfläche gibt man durch Angabe der gemeinsamen Richtung der Erzeugenden und einer

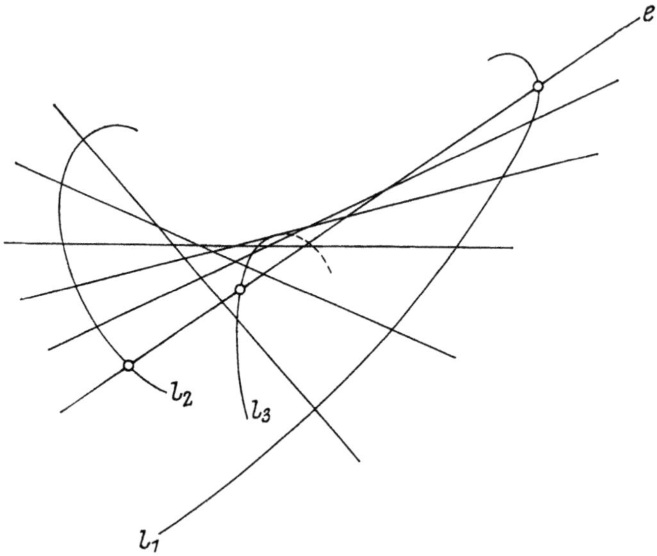

Abb. 114. Regelfläche.

Leitkurve. Die Leitkurven können in allen drei Fällen eben oder räumlich sein. —

Eine Rotations- oder Drehfläche wird erzeugt durch die Rotation einer Linie um eine Achse (Abb. 117). Dabei beschreibt jeder

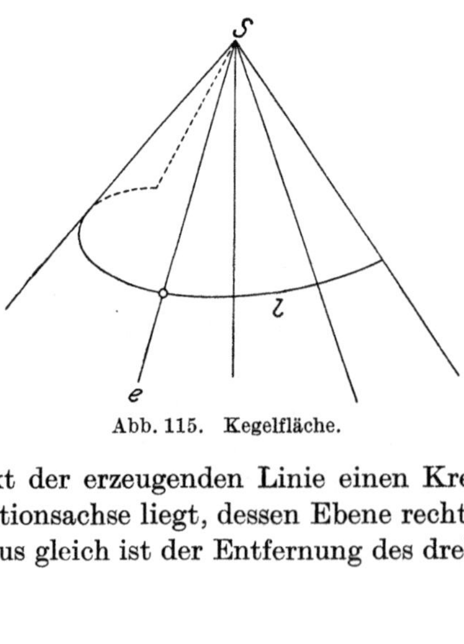

Abb. 115. Kegelfläche.

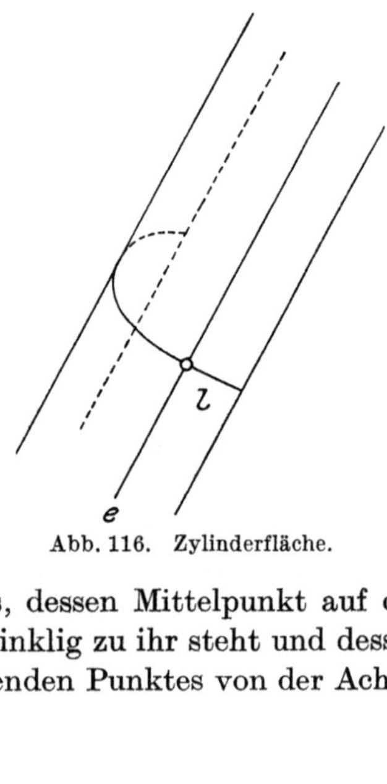

Abb. 116. Zylinderfläche.

Punkt der erzeugenden Linie einen Kreis, dessen Mittelpunkt auf der Rotationsachse liegt, dessen Ebene rechtwinklig zu ihr steht und dessen Radius gleich ist der Entfernung des drehenden Punktes von der Achse.

Diese Kreise heißen die Parallelkreise der Fläche. Legt man einen ebenen Schnitt der Fläche durch die Achse, so nennt man die herausgeschnittene Kurve einen Meridian der Rotationsfläche. Die Meridiane einer Rotationsfläche gehen durch Drehung auseinander hervor, sind also kongruent. Jede Drehfläche kann insbesondere durch Drehung ihres Meridians erzeugt werden. Rotationsflächen sind ihrer Eigenschaften und ihrer einfachen Herstellung wegen sehr verbreitet, insbesondere im Maschinenbau.

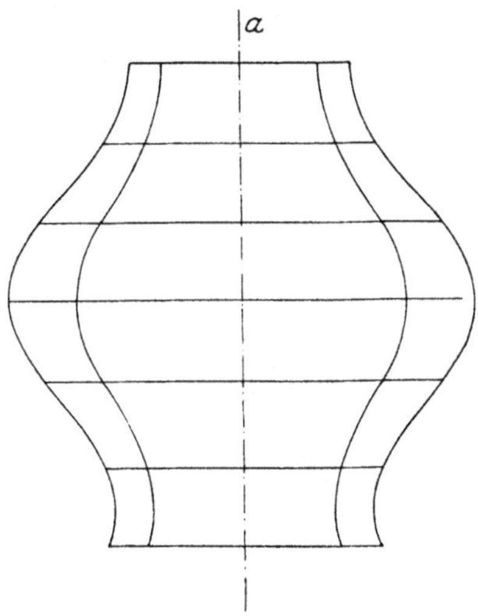

Abb. 117. Rotationsfläche.

55. Tangentialebenen. Ist P ein (gewöhnlicher) Flächenpunkt und trifft eine durch ihn hindurchgehende Gerade g die Fläche noch in einem anderen Punkte Q (Abb. 118), so möge der Punkt Q dem Punkte P auf der Fläche immer näher rücken und endlich mit ihm zusammenfallen. Dann wird sich die Gerade g einer Grenzlage nähern, die zwei benachbarte Flächenpunkte verbindet und eine Tangente der Fläche ist. Die Tangente t der Fläche berührt auch die Kurve k, den Weg des Punktes Q. Und da man auf der Fläche durch den Punkt P unzählig viele Kurven ziehen kann, gibt es auch unzählig viele Tangenten, welche die Fläche im Punkte P berühren. Es gilt nun der Satz:

Alle Tangenten in einem gewöhnlichen Punkte einer krummen Fläche liegen in einer Ebene, der Tangentialebene an die Fläche in diesem Punkt.

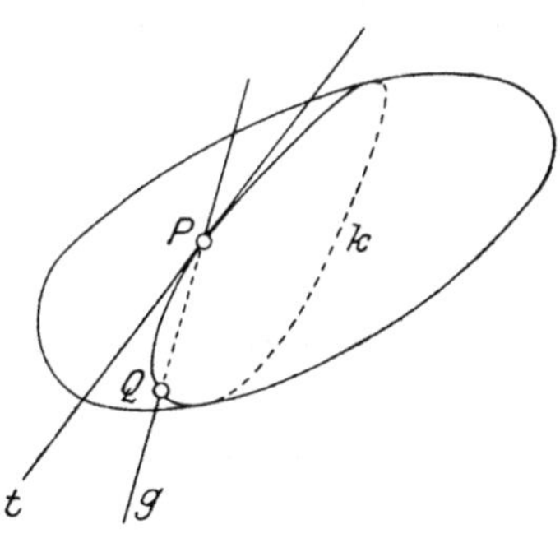

Abb. 118.
Tangente einer krummen Fläche.

Um diesen Satz in voller Allgemeinheit zu beweisen und gleichzeitig eine Vorstellung davon zu vermitteln, wie eine krumme Fläche in der Umgebung eines ihrer Punkte beschaffen ist, sei die Abb. 119 entworfen. Eine Rotationsfläche mit der Achse a und der Meridiankurve m sei zugrunde gelegt, ohne daß dieses besondere Beispiel die Allgemeingültigkeit der Beweisführung berühren würde.

Auf der Fläche denke man sich (Abb. 119) einen Punkt P gewählt, etwa gerade auf dem Meridian m. Durch diesen Punkt P ziehe man auf der Fläche zwei Kurven, einmal den Meridian m und dann den Parallelkreis und lege an beide Kurven im Punkte P die Tangenten t_1 an die erste, t_2 an die zweite. Die erste fällt in die Ebene des Meridians m,

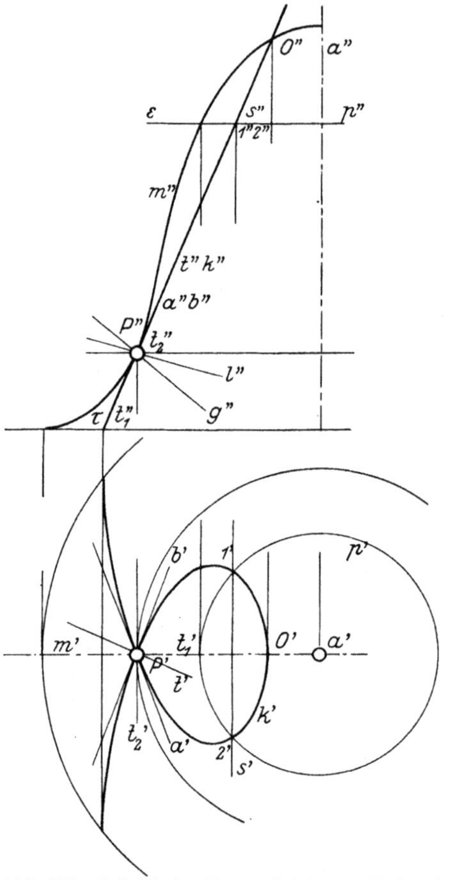

Abb. 119. Schnitt der Tangentialebene mit der sie berührenden Fläche.

die zweite steht dazu rechtwinklig. Nun lege man durch diese beiden Tangenten t_1 und t_2 die Ebene τ und bringe sie zum Schnitt mit der Rotationsfläche. Punkte dieser Schnittkurve k wird man erhalten, wenn man Hilfsebenen ε, die zur Rotationsachse rechtwinklig stehen, verwendet. Eine solche Hilfsebene schneidet aus der krummen Fläche einen Parallelkreis p heraus, aus der Ebene τ beider Tangenten eine Gerade s. Die beiden Punkte 1 und 2, in denen sich diese beiden Linien treffen, gehören beiden Flächen, also ihrer Schnittkurve, an. Die Konstruktion läßt erkennen, daß die Schnittkurve k im Punkte P einen Doppelpunkt hat. Allein diese Erfahrung aus dem Zeichnen muß bewiesen werden, und in der Tat läßt sich sofort erkennen, daß der Punkt P kein gewöhnlicher Punkt der Kurve k sein kann. Denn die durch P gehenden und in der Ebene τ liegenden Geraden t_1 und t_2 haben mit der Rotationsfläche, also auch mit der Schnittkurve k an der Stelle P zwei unendlich benachbarte Punkte gemein, so daß es zwei Geraden durch P von dieser Eigenschaft gibt, die sonst bei einem gewöhnlichen Kurvenpunkt nur der Tangente zukommt. Somit ist der Punkt P in der Tat Doppelpunkt der Schnittkurve k. Jede Gerade t, in der Kurvenebene gelegen und durch den Punkt P gehend, hat somit an der Stelle P mit der Kurve k, also mit der Fläche, zwei unendlich-benachbarte Punkte gemein, ist also eine Tangente der Fläche. Damit ist zunächst bewiesen:

Legt man durch zwei Tangenten, die eine krumme Oberfläche in einem Punkte berühren, die Verbindungsebene, so ist jede Gerade in ihr und durch den Punkt eine Tangente der Fläche.

Zum Schluß ist nun zu zeigen, daß im allgemeinen, d. h. wenn der Punkt P kein außergewöhnlicher Flächenpunkt ist, eine Gerade g, die nicht in der Ebene τ liegt, keine Tangente der Fläche sein kann. Um diesen Beweis zu führen, werde einmal das Gegenteil angenommen, also vorausgesetzt, daß eine Gerade g, die nicht in der Ebene τ liegt (s. Abb. 119), Tangente der Fläche sei. Wäre diese Voraussetzung zulässig, so könnte man beweisen, daß jede Gerade l durch P Tangente an die Fläche sei: man denke sich die Verbindungsebene der beiden Geraden g und l, sowie ihre Spur t mit der Ebene τ. Die Ebene durch die beiden Geraden g und l enthält dann zwei Tangenten der Fläche: die Gerade g nach Voraussetzung und die in der Ebene τ liegende Gerade t, so daß nach dem eben bewiesenen Satz auch die beliebige Gerade l Flächentangente wäre. Dies ist aber bei gewöhnlichen Flächenpunkten sicher nicht der Fall. Man hat also bewiesen:

Die sämtlichen Tangenten an eine Fläche in einem gewöhnlichen ihrer Punkte liegen in einer Ebene, der sog. Tangentialebene an die Fläche in diesem Punkte.

Ferner:

Der Schnitt der Tangentialebene mit der Fläche, die sie berührt, hat im Berührungspunkte einen Doppelpunkt.

Freilich braucht dieser Doppelpunkt kein Knotenpunkt zu sein, sondern es können auch seine anderen Abarten (53) auftreten. Wenn man den Flächenpunkt in Abb. 120 in einem Wendepunkt des Meridians m wählt, so hat die Schnittkurve k der Tangentialebene τ mit der Fläche im Punkte P eine Spitze. Wählt man dagegen (Abb. 121) den Punkt P an einer Stelle, wo der Meridian m derRotationsachse seine konkave Seite zukehrt, so wird der Berührungspunkt P ein isolierter Doppelpunkt der Kurve k.

Diese Fälle können unterschieden werden. Man sagt:

Ein Punkt einer Fläche kann hyperbolisch, parabolisch oder elliptisch sein, je nachdem seine Tangentialebene die Fläche in einer Kurve schneidet, die im Berührungspunkt einen Knoten, eine Spitze oder einen Einsiedlerpunkt hat.

Aus diesen Entwicklungen folgt weiter:

Die Tangentialebene in einem Punkt an eine Fläche ist bestimmt durch zwei Tangenten der Fläche.

Da man erkannt hat, daß alle Tangenten an Kurven, die auf der Fläche liegen, in der Tangentialebene der Fläche liegen, so schließt man:

1. Die Tangente an den ebenen Schnitt einer Fläche in einem seiner Punkte ist die Schnittgerade der Kurvenebene mit der Tangentialebene an die Fläche in diesem Punkte.

2. Die Tangente an die Durchdringungskurve zweier Flächen in einem ihrer Punkte ist die Schnittgerade der Tangentialebenen an die beiden Flächen in diesem Punkte.

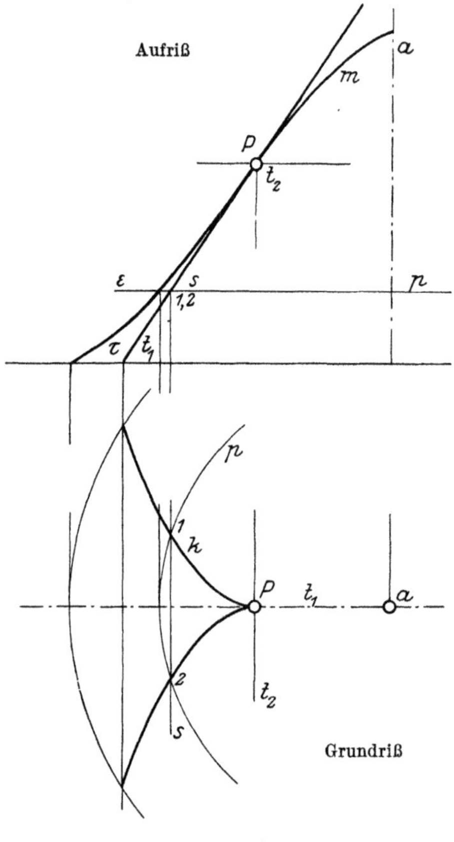

Abb. 120. Tangentialebene in einem parabolischen Flächenpunkt.

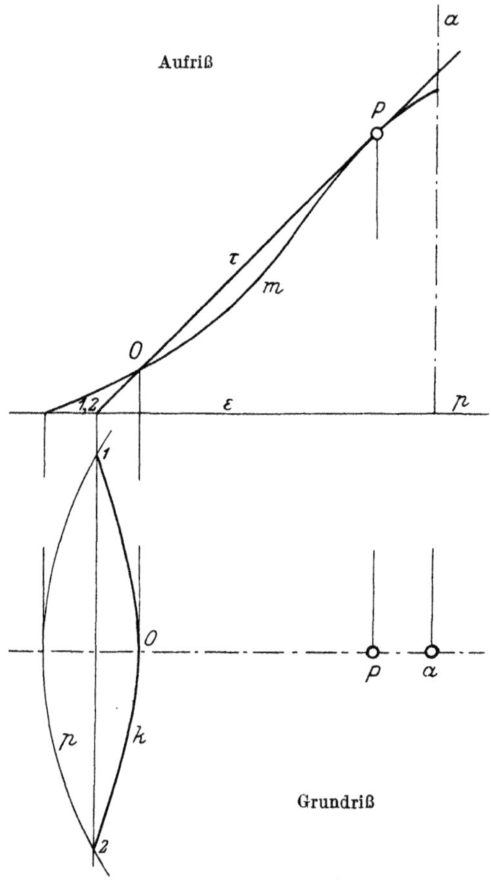

Abb. 121. Tangentialebene in einem elliptischen Flächenpunkt.

Errichtet man in einem Punkte einer krummen Oberfläche die Normale auf die Tangentialebene des Punktes, so erhält man die Flächennormale, die rechtwinklig steht zu allen Flächentangenten des Punktes.

56. Abwickelbare Flächen. Im allgemeinen bilden die Tangentialebenen einer Fläche eine ebenso mächtige Mannigfaltigkeit wie die Flächenpunkte: zu jedem Punkt gehört eine Tangentialebene und zu jeder Tangentialebene ein Berührungspunkt. Und da es zweifach unendlich viele Flächenpunkte gibt, gibt es auch zweifach unendlich viele Tangentialebenen der Fläche.

Es ist aber des Ausnahmefalles der abwickelbaren Flächen zu gedenken.

Die abwickelbaren Flächen werden umhüllt durch die Bewegung (das „Abrollen“) einer Ebene, wenn diese Bewegung mit *einem* Grade der Freiheit erfolgt.

„Ein Grad der Freiheit“ bedeutet, daß die Bewegung in jedem Augenblick ein „Vorwärts“ und ein „Rückwärts“ erkennen läßt, daß die Lage der sich bewegenden Ebene von einem einzigen Parameter abhängt.

Betrachten wir das entstehende Gebilde. In Abb. 122 sei die Ebene ε, die sich bewegen soll, auf ein rechtwinkliges Koordinatensystem be-

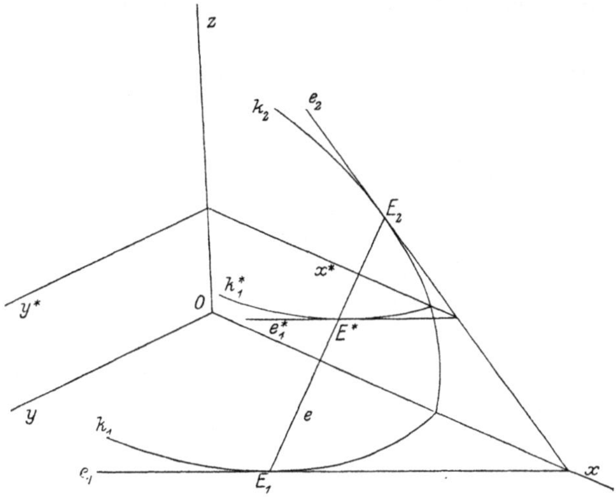

Abb. 122. Abwickelbare Fläche.

zogen. Da sich diese Ebene ε mit einem Freiheitsgrad bewegen soll, werden sich auch ihre Spuren mit den Projektionsebenen mit einem Freiheitsgrade bewegen, also ebene Kurven umhüllen. Diese Kurven sind die Spurkurven der umhüllten Fläche mit den Koordinatenebenen; sie seien mit k_1, k_2, k_3 bezeichnet. Eine Ebene gehört der Umhüllung an, wenn ihre Spuren e_1, e_2, e_3 Tangenten dieser Spurkurven sind (und sich im übrigen auf den Projektionsachsen treffen). Denkt man sich nun die Ebene ε mit der unendlich-benachbarten, die in der Bewegung auf sie folgt, geschnitten, so entsteht eine Gerade e, die man eine Erzeugende der umhüllten Fläche nennt, weil sie ihrer ganzen Ausdehnung nach auf ihr liegt. Diese Erzeugende verbindet den Berührungspunkt der Spur e_1 mit der Spurkurve k_1 mit dem Berührungspunkt der Geraden e_2 mit der Kurve k_2. Daß diese Gerade ganz auf der Fläche liegt, erkennt man durch Einführung eines Schnittes, z. B. mit einer neuen Grundrißebene π_1^*. Die Spuren e_1^* und e_2^* der Ebene ε mit der neuen Grundrißebene sind bzw. parallel zu den Spuren e_1 und e_2 der Ebene ε mit der alten Grundrißebene. Die Spuren e_1^* werden eine Kurve k_1^* umhüllen. Da sich nun in der Geraden e zwei unendlich-benachbarte Ebenen schneiden, werden sich im Berührungspunkt der Spur e_1^* mit der Kurve k_1^* zwei benachbarte Spuren treffen, so daß der Berührungspunkt E^* der Fläche angehört. Die Kurve k_1^* ist die Spurkurve der Fläche mit der neuen Grundrißebene. Nun kann man folgenden Satz beweisen:

Die umhüllenden Ebenen berühren die Fläche in allen Punkten der Erzeugenden, die sie enthalten.

Denn die Ebene ε erweist sich sofort als die Tangentialebene der Fläche im beliebigen Punkte E^* der Erzeugenden. Denn nach (55) bestimmt man in einem Punkte einer krummen Fläche die Tangentialebene, indem man der Fläche durch den Punkt zwei Kurven aufschreibt und deren Tangenten ermittelt. Diese Kurven durch den Punkt E^* mögen einmal die Erzeugende e und dann die Spurkurve k_1^* sein. Erstere deckt sich mit der eigenen Tangente, letztere hat die Tangente e_1^*, die Verbindungsebene beider ist also die Ebene ε.

Es gehört so zu jeder Erzeugenden eine einzige Tangentialebene, die die Fläche längs derselben berührt. Die abwickelbaren Flächen sind Regelflächen (54), weil sie unzählig viele geradlinige Erzeugende enthalten; sie unterscheiden sich aber im Verhalten der Tangentialebenen von den allgemeineren, sog. windschiefen Regelflächen (Kap. XI) Während hier, bei den abwickelbaren Regelflächen die Tangentialebene in allen Punkten der Erzeugenden die Fläche berührt, ist das dort nicht mehr der Fall, sondern jeder Punkt der Erzeugenden hat eine andere Tangentialebene.

Seien ε_1, ε_2, ε_3 drei unendlich-benachbarte Tangentialebenen der abwickelbaren Fläche, e_{12} und e_{23} seien die Schnittgeraden der Ebene ε_1, ε_2 bzw. ε_2, ε_3, also zwei unendlich-benachbarte Erzeugenden der Fläche. Diese müssen sich schneiden, denn beide liegen in der Ebene ε_2. Man erkennt also:

Zwei unendlich-benachbarte Erzeugende einer abwickelbaren Regelfläche schneiden sich.

Bei den windschiefen Regelfächen gilt dieser Satz nicht; dort sind zwei unendlich-benachbarte Erzeugende im allgemeinen windschief.

Wenn nun die Ebene ε abrollt und die Fläche umhüllt, so wird sich auch die Erzeugende e bewegen, und auch ihr Schnittpunkt R mit der unendlich-benachbarten Erzeugenden wird sich bewegen und seine aufeinanderfolgenden unendlich vielen Lagen werden eine Kurve, im allgemeinen eine Raumkurve bilden, die sog. Rückkehrkurve der abwickelbaren Fläche.

Abb. 123 enthält eine rohe Versinnlichung dieser infinitesimalen Zusammenhänge. e_1, e_2, e_3, ... seien benachbarte Erzeugende der abwickelbaren Fläche; ihre Verbindungsebenen ε_{12}, ε_{23}, ε_{34}, ... sind dann benachbarte Tangentialebenen, während die Schnittpunkte R_{123}, R_{234}, R_{345}, ... je dreier benachbarter Tangentialebenen oder auch je zweier benachbarter Erzeugenden Punkte der Rückkehrkurve sind. Vergleicht man das entstandene Gebilde mit der Raumkurve (53, Abb. 111), so erkennt man die Gleichartigkeit beider. Die Tangentenfläche einer Raumkurve ist eine abwickelbare Fläche, umhüllt von den Schmiegungsebenen der Raumkurve, und jede abwickelbare Fläche hat eine Raumkurve als Rückkehrkurve.

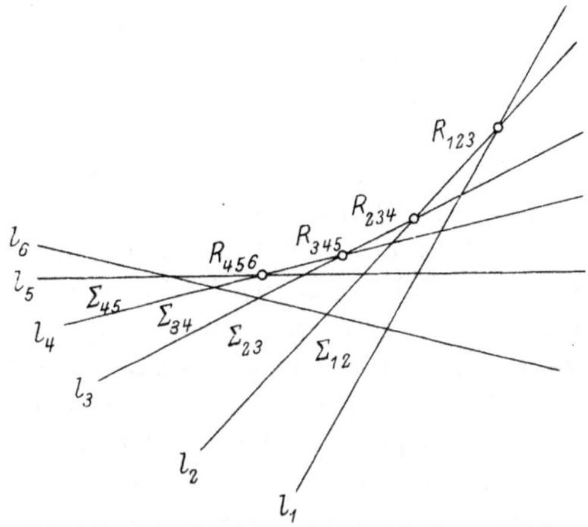

Abb. 123. Rückkehrkurve der abwickelbaren Fläche.

Die abwickelbare Fläche hat zwei Mäntel, die beschrieben werden von den beiden Halbstrahlen t_1 und t_2 der Tangente t der Rückkehrkurve, die im Berührungspunkt zusammenstoßen (Abb. 124). Die beiden Mäntel stoßen in der Rückkehrkurve schneidenartig zusammen, wie man leicht erkennt, wenn man sich folgende Dinge überlegt:

Eine Gerade möge die abwickelbare Fläche schneiden, und zwar gehe sie nahe an der Rückkehrkurve vorbei. Sie verbinde einen Punkt 1 des vorderen Mantels mit einem Punkt 2 des hinteren (Abb. 124). Überführt man nun die Gerade 1, 2 durch einen Grenzübergang in eine Gerade k, welche die Raumkurve schneidet, so rücken die beiden Punkte 1 und 2 zusammen, in den Schnittpunkt mit der Raumkurve. Also:

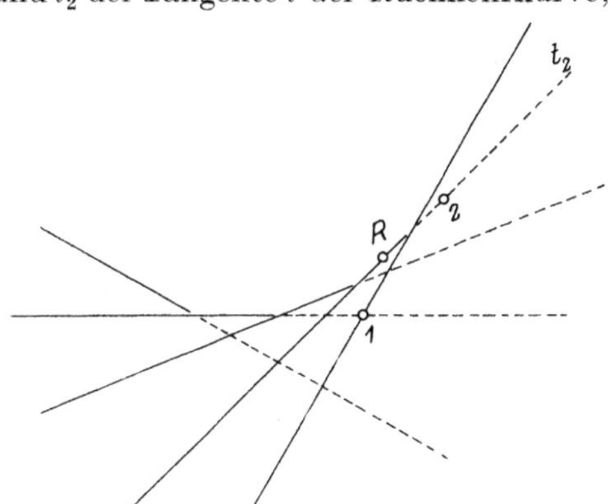

Abb. 124.
Zur Rückkehrkurve der abwickelbaren Fläche.

Trifft eine Gerade die Rückkehrkurve einer abwickelbaren Fläche, so fallen von den Schnittpunkten der Geraden mit der abwickelbaren Fläche zwei in den Schnittpunkt mit der Rückkehrkurve.

Wenn daher ein ebener Schnitt einer abwickelbaren Fläche gelegt wird, so wird der Schnittpunkt R der Ebene mit der Rückkehrkurve notwendig ein Doppelpunkt der Schnittkurve sein, da jede Gerade g durch ihn die Kurve in R zweipunktig schneidet. Und zwar muß der Punkt R eine Spitze sein. Denn legt man durch die Gerade g und die Tangente r der Raumkurve eine Ebene, so kann man ohne weiteres als Schnittpunkte derselben mit der ebenen Kurve angeben: den Punkt R (zweipunktig) und den Punkt P, in dem die Gerade die abwickelbare Fläche trifft. Dreht man nun diese Ebene um die Gerade t bis sie zur Schmiegungsebene (53) der Rückkehrkurve wird, so wird der Punkt P in den Doppelpunkt R rücken, und zwar wird diese Grenzlage eine eindeutige sein, auf welchem der beiden Mäntel auch der Punkt P liegt. Der Punkt R muß somit zusammenfallende Haupttangenten haben (52), er ist eine Spitze und kein Knotenpunkt.

Der ebene Schnitt einer abwickelbaren Fläche hat in den Schnittpunkten mit der Rückkehrkurve Spitzen.

Da dies für jeden ebenen Schnitt gilt, ist der Ausdruck „schneidenartig" für das Zusammenstoßen der beiden Mäntel einer abwickelbaren Fläche sachgemäß.

57. Umriß der Flächen. Soll eine krumme Fläche dargestellt werden, so empfiehlt sich die Projektion zweier Kurvensysteme, die auf der Fläche liegen, sowie die Bestimmung des scheinbaren Umrisses der Fläche im Bild. Die Fläche wird in der Projektion im allgemeinen umrissen durch eine Kurve, die folgendermaßen entsteht. Man denkt sich in der Projektionsrichtung die Tangenten der Fläche gezogen. Diese bilden in ihrer Gesamtheit eine Zylinderfläche (54), den Umrißzylinder der Fläche. Dieser berührt die Fläche längs einer Kurve u (s. Abb. 125), dem wahren Umriß, der auf der Fläche die in der Projektionsrichtung sichtbaren Punkte von den in dieser Richtung unsichtbaren scheidet. Die Spurkurve nun dieses Zylinders in der Projektionsebene, d. h. die Projektion u' des wahren Umrisses ist der scheinbare Umriß. Man kann auch sagen:

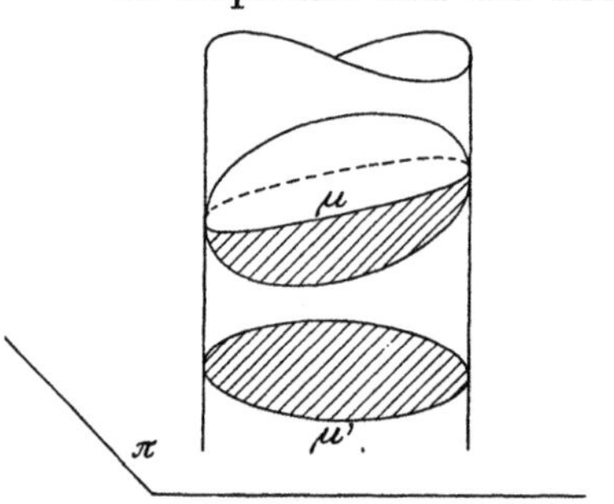

Abb. 125. Wahrer und scheinbarer Umriß einer Fläche.

Der wahre Umriß ist der Ort der Berührungspunkte der projizierenden Tangentialebenen.

Es gilt nun der für die Darstellung krummer Oberflächen wichtige Satz:

Die Projektion einer Kurve, die auf einer krummen Fläche verläuft, berührt den scheinbaren Umriß der Fläche.

Ist k' (Abb. 126) die Projektion einer Kurve, die auf der Fläche verläuft, deren scheinbarer Umriß u' ist, so sei U der Punkt, wo die Kurve k den wahren Umriß u durchsetzt, wo sie also vom sichtbaren Teil der Fläche zum unsichtbaren übergeht. Da sich der Punkt U auf dem wahren Umriß befindet, ist seine Tangentialebene projizierend, enthält anderseits die Tangente t der Kurve k im Punkte U (55). Die Projektion t' dieser Tangente deckt sich also mit der Spur dieser projizierenden Tangentialebene, die ihrerseits Tangente an den scheinbaren Umriß u' ist, denn der scheinbare Umriß wird eingehüllt von den Spuren der projizierenden Tangentialebenen.

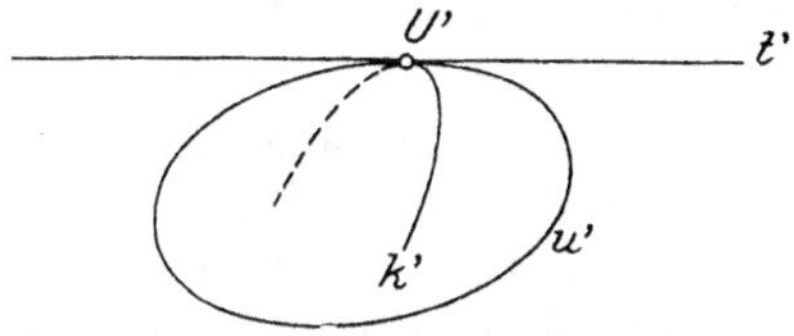

Umrißpunkt einer Kurve auf einer Fläche. Abb. 126.

Der scheinbare Umriß einer Fläche umhüllt (berührt) daher die Projektionen aller Kurven, die auf der Fläche liegen (und den wahren Umriß überschreiten).

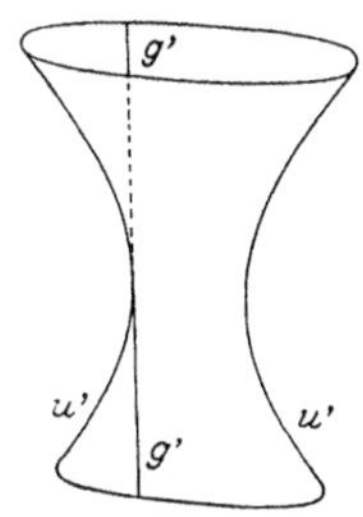

Abb. 127. Gerade Linie auf einer krummen Fläche.

Abb. 127 zeigt das Bild einer Geraden g, die auf einer Fläche mit dem Umriß u' liegt. Daraus folgt, daß der scheinbare Umriß u' einer Regelfläche, das ist einer durch die Bewegung einer Geraden erzeugten Fläche, die Umhüllungskurve der Projektionen aller Erzeugenden ist (Abb. 114). Nur wenn die Regelfläche zu den abwickelbaren gehört, wird die zur einzelnen Erzeugenden gehörige Tangentialebene im allgemeinen nicht projizierend sein. Es wird nur einige Erzeugende geben oder geben können, für welche die Tangentialebene projizierend wird; deren Projektionen bilden dann den Umriß (vgl. die Abb. 115 und 116, in denen der Umriß der Zylinder- bzw. Kegelfläche aus Mantellinien besteht).

Die Bestimmung des Umrisses einer Fläche verlangt also die Bestimmung eines Tangentenzylinders, dessen Mantellinien die Projektionsrichtung einhalten.

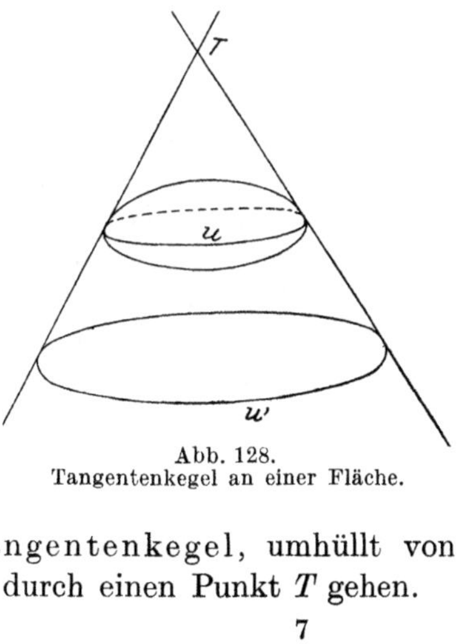

Abb. 128. Tangentenkegel an einer Fläche.

Abb. 128 veranschaulicht einen Tangentenkegel, umhüllt von allen Tangentialebenen der Fläche, die durch einen Punkt T gehen.

Tangentenzylinder, Tangentenkegel, Umrißbestimmung krummer Flächen lassen sich auch anschaulich als Schattenbestimmung bei der Belichtung krummer Oberflächen deuten. Fällt auf eine krumme Oberfläche Licht in der Projektionsrichtung ein, so wird der wahre Umriß zur Eigenschattengrenze, welche den belichteten Teil der Fläche trennt von dem im Schatten liegenden (Abb. 128). Der scheinbare Umriß aber wird zum Schlagschatten, den die Fläche auf die Projektionsebene wirft. Liegt die Lichtquelle im Endlichen, sind also die Lichtstrahlen nicht parallel, sondern gehen sie von einem im Endlichen gelegenen Punkt aus, so bilden die Lichtstrahlen, welche die Fläche streifen, einen Kegel, den Tangentenkegel, den man von der Lichtquelle aus an die Fläche legen kann.

58. Krümmung der Kurven. Denkt man sich im Berührungspunkt der Tangente einer ebenen Kurve die Gerade rechtwinklig zur Tangente und in der Kurvenebene gelegen, errichtet, so erhält man die sog. Normale der Kurve. Diese ist der geometrische Ort der Mittelpunkte von Kreisen, welche die Kurve im Berührungspunkt mit der Tangente berühren (Abb. 129). Jeder solche Kreis hat mit der Kurve an der Berührungsstelle zwei unendlich-benachbarte Punkte gemein. Ist z. B. in Abb. 129 k ein Kreis, der die Kurve an der Stelle P berührt und an der Stelle Q schneidet, so kann man sich einen Grenzübergang denken, bei dem sich der Radius des Kreises verändert, der Mittelpunkt O auf der Normalen verschiebt, so zwar, daß sich der Punkt Q dem Punkte P auf der Kurve immer nähert, bis er in ihn hineinfällt. Dann wird der Berührungskreis k übergegangen sein in den Krümmungs- oder Oskulationskreis k_0 der Kurve an der Stelle P. Radius ϱ und Mittelpunkt O des Berührungskreises ergeben den Krümmungsradius ϱ_0 und den Krümmungsmittelpunkt O_0. Aus diesem Grenzübergang ergibt sich:

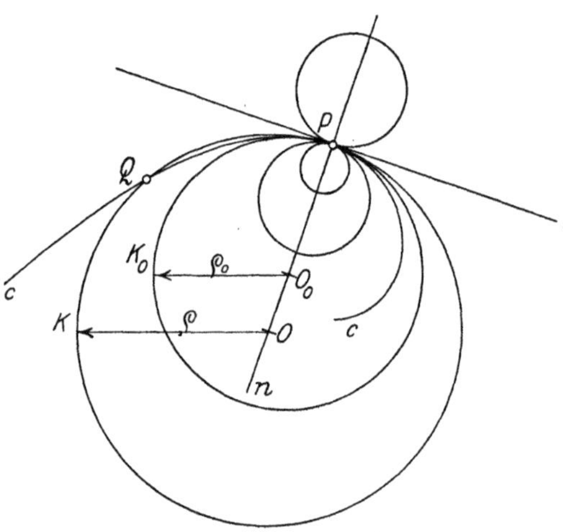

Abb. 129. Tangierende und oskulierender Kreis an eine ebene Kurve.

Der Krümmungskreis einer ebenen Kurve hat mit ihr an der Berührungsstelle drei unendlich-benachbarte Punkte gemein.

Die Oskulation ist also eine Berührung, verbunden mit einem Schneiden. Der Krümmungskreis berührt und durchsetzt die Kurve (Abb. 129). —

Drei unendlich-benachbarte Punkte einer Raumkurve liegen in der Schmiegungsebene der Stelle (53). Der Kreis durch sie bestimmt die erste Krümmung oder Flexion der Raumkurve. Der folgende, vierte unendlich nahe gelegene Punkt wird im allgemeinen aus der Schmiegungsebene heraustreten, wenn die Kurve räumlich ist. Die Differentialgeometrie mißt den Grad dieses Heraustretens, indem sie den (unendlich-kleinen) Winkel bestimmt, den zwei unendlich-benachbarte Schmiegungsebenen miteinander bilden. Dieses Maß ergibt die zweite Krümmung oder Torsion der Raumkurve. Daher nennt man die Raumkurven auch doppelt-gekrümmt oder gewunden (tordiert). Wird eine Raumkurve mit ihrer Tangentenfläche verebnet, so bleibt dabei die gegenseitige Lage dreier unendlich-benachbarter Punkte unangetastet, da ja die Abwicklung erfolgt, indem die unendlich-benachbarten Schmiegungsebenen ineinandergeklappt werden. Die abgewickelte Raumkurve hat daher an jeder Stelle eine Krümmung, die gleich ist der ersten Krümmung der Raumkurve. Die zweite Krümmung der Raumkurve dagegen wird durch die Abwicklung mit der Tangentenfläche aufgehoben; die abgewickelte Kurve ist nicht mehr gewunden, sondern eben.

59. Algebraische Kurven und Flächen. Die analytische Darstellung der Kurven und Flächen gibt die Möglichkeit einer Einteilung dieser Gebilde. Treten z. B. in der Parameterdarstellung der Kurven oder der Flächen (52, 53, 54) nur algebraische Funktionen auf, so nennt man auch die so bestimmten Gebilde algebraisch, dagegen transzendent, wenn transzendente Funktionen in die analytische Darstellung der Gebilde eintreten.

Die Begriffsbestimmungen und Eigenschaften der algebraischen Gebilde beruhen auf der Theorie der algebraischen Funktionen und Gleichungen. Hier sei nur zusammengestellt, was in der Folge davon benötigt wird.

1. Die Anzahl der Schnittpunkte einer ebenen algebraischen Kurve mit einer Geraden ihrer Ebene ist konstant und heißt die *Ordnung* der Kurve.

Die Anzahl der Tangenten, die man an eine algebraische Kurve von einem Punkte ihrer Ebene aus ziehen kann, ist konstant und heißt die *Klasse* der Kurve.

Ordnung und Klasse einer algebraischen Kurve sind im allgemeinen verschieden voneinander.

2. Die *Ordnung* einer algebraischen Raumkurve ist die konstante Anzahl ihrer Schnittpunkte mit einer Ebene.

Die *Klasse* einer algebraischen Raumkurve ist die konstante Anzahl ihrer Schmiegungsebenen durch einen Punkt.

3. Ordnung und Klasse einer algebraischen Fläche nennt man die konstante Anzahl ihrer Schnittpunkte mit einer Geraden bzw. ihrer Tangentialebenen durch eine Gerade.

Die Anzahl der Schnittpunkte zweier ebener algebraischer Kurven von den Ordnungen m und n ist $m \cdot n$, wenn sie in der nämlichen Ebene liegen.

Die Anzahl der gemeinsamen Tangenten zweier algebraischen Kurven einer Ebene und von den Klassen m und n ist $m \cdot n$.

4. Der ebene Schnitt einer algebraischen Fläche m^{ter} Ordnung ist eine algebraische Kurve m^{ter} Ordnung.

Der Tangentenkegel von einem Punkt an eine algebraische Fläche n^{ter} Klasse ist ein algebraischer Kegel n^{ter} Klasse.

5. Die Normalprojektion einer ebenen oder gewundenen algebraischen Kurve m^{ter} Ordnung ist im allgemeinen — d. h. bei willkürlicher Projektionsrichtung — eine ebene Kurve m^{ter} Ordnung.

6. Zwei algebraische Flächen m^{ter} und n^{ter} Ordnung haben eine Durchdringungskurve von der Ordnung $m \cdot n$.

Denn legt man eine beliebige Ebene durch das Gebilde, so schneidet sie aus den beiden Flächen algebraische Kurven von den Ordnungen m bzw. n heraus, die $m \cdot n$ Schnittpunkte haben. In jeder Ebene liegen also $m \cdot n$ gemeinsame Punkte beider Flächen.

60. Ebene Schnitte und Durchdringungen krummer Flächen. 1. Soll man den ebenen Schnitt einer krummen Fläche konstruieren, so hat man eine hinreichende Zahl, über den Kurvenzug gut verteilter Punkte der Schnittkurve zu ermitteln. Ein allgemeines Konstruktionsverfahren ergibt sich im einzelnen Fall aus der Regel:

Um Punkte der Schnittkurve einer krummen Fläche mit einer Ebene zu ermitteln, legt man eine Schar von Hilfsebenen. Die Schnittpunkte der aus der Fläche herausgeschnittenen Kurven mit den aus der Schnittebene herausgeschnittenen Geraden sind gemeinsame Punkte der Fläche und der Schnittebene (s. Abb. 130).

Es handelt sich nur darum, die Hilfsebenen der Natur der Fläche zweckmäßig anzupassen, d. h. so, daß ihr Schnitt mit der Fläche eine möglichst einfache Kurve sei (womöglich Gerade, Kreis od. ä.).

Zur besseren Kenntnis des Verlaufes der Schnittkurve wird man in den ermittelten Punkten auch die Tangenten bestimmen, gemäß dem Satz (1) in (55). Denn die Tangente gibt für jede Stelle die Richtung an, in der die Kurve zu zeichnen ist.

Zur Übersicht über den Kurvenzug trägt es auch bei, ausgezeichnete Punkte (Umrißpunkte, höchste und tiefste Punkte u. dgl.) zu bestimmen.

Allgemein gesprochen ist es empfehlenswerter, sich eher zu beschränken auf eine kleine Zahl gut verteilter Punkte allgemeiner Konstruktion samt Tangenten, sowie ausgezeichneter Punkte, als mechanisch die allgemeine Konstruktionsregel immer wieder durchzuführen und so zu einer großen Zahl von Kurvenpunkten zu kommen, die sich — war der Konstrukteur nicht sehr genau — oft genug widersprechen. —

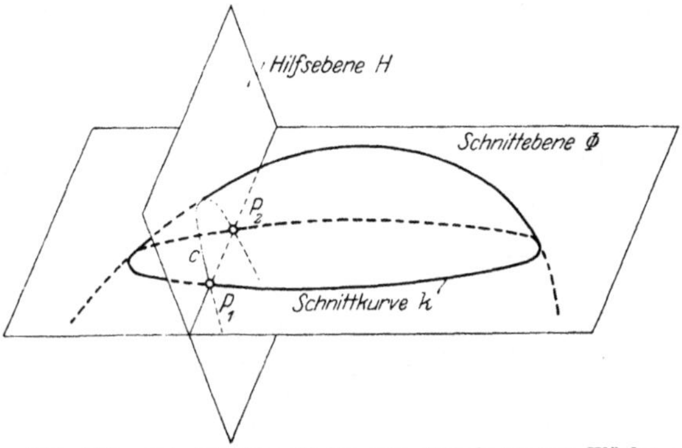

Abb. 130. Schnitt einer Ebene mit einer krummen Fläche.

2. Handelt es sich dagegen darum, die **Durchdringungskurve** zweier Flächen zu bestimmen, so wird man allgemein Punkte ermitteln nach dem Verfahren:

Um Punkte der Durchdringungskurve zweier Flächen zu konstruieren, legt man Hilfsflächen, die aus beiden Flächen Kurven schneiden, deren Schnittpunkte gemeinsame Punkte beider Flächen sind (s. Abb. 131).

Es handelt sich darum, im Einzelfall die Auswahl der Art und der Lage der Hilfsflächen (evtl. Hilfsebenen) den beiden gegebenen Flächen möglichst zweckmäßig anzupassen, damit einfache Kurven aus den beiden Flächen geschnitten werden.

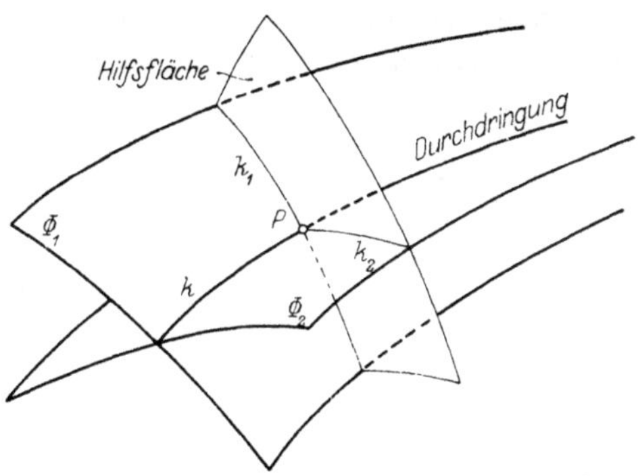

Abb. 131. Durchdringung zweier krummer Flächen.

Auch hier wird man sich nicht auf Punkte beschränken, sondern in den ermittelten Punkten auch die Tangenten der Durchdringungskurve ermitteln nach dem Satz (2) von (55).

Ausgezeichnete Punkte soll man auch hier nicht außer acht lassen, da ihre Kenntnis das Zeichnen der Kurve erleichtert.

Auschlußreich über den Verlauf und die Eigenschaften einer Schnitt- oder Durchdringungskurve ist auch die Kenntnis der Art der Kurve.

VI. Kreiszylinder- und Kreiskegelflächen.

61. Kreise als Leitkurven von Zylinder- und Kegelflächen. Zu den einfachsten und am häufigsten verwendeten krummen Flächen gehören die Zylinder- und Kegelflächen, deren Leitkurven Kreise sind. Diese Flächen gehören zu den algebraischen Flächen, und zwar sind es Flächen zweiter Ordnung und zweiter Klasse. Um dies einzusehen, denke man sich eine Gerade g (Abb. 132) durch die Fläche gelegt und bestimme ihre Verbindungsebene mit der Spitze S des Kegels. Ist dann l die Spur dieser Ebene mit der Ebene der Leitkurve, so wird diese die Leitkurve in zwei Punkten A und B treffen, die freilich imaginär sein können. Auf den Mantellinien m und n durch diese beiden Schnittpunkte liegen die zwei Schnittpunkte P und Q der Geraden g mit der Kegelfläche. Abb. 132 enthält auch die Linien, die diesem Beweisverfahren bei der Kreiszylinderfläche entsprechen.

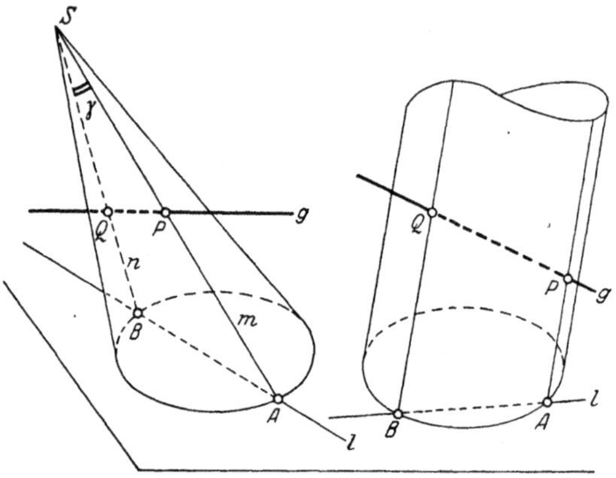

Abb. 132. Schnitt einer Geraden mit Zylinder und Kegel zweiter Ordnung.

Soll anderseits die Klassenzahl dieser Kreiskegel- oder -zylinderflächen bestimmt werden, so hat man zu fragen, wie viele Tangentialebenen durch eine Gerade gehen, welche ihrerseits durch die Spitze geht. Dazu bestimmt man (Abb. 133) den Spurpunkt G dieser Geraden g mit der Ebene der Leitkurve und kann von diesem Punkte aus zwei Tangenten an den Leitkreis ziehen. Diese sind die Spuren der beiden durch die Gerade gehenden Tangentialebenen. Sie berühren die Kegelfläche in den Mantellinien, die von den beiden Berührungspunkten der Spuren mit dem Leitkreis ausgehen.

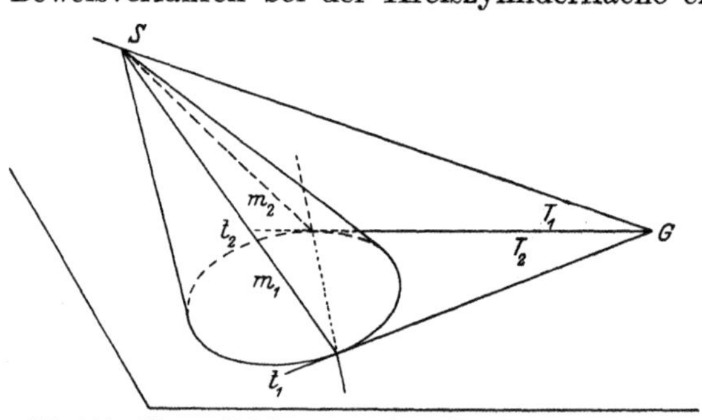

Abb. 133. Tangentialebenen an einen Kegel zweiter Klasse.

Aus diesen Eigenschaften der betrachteten Flächen folgt:

Die ebenen Schnitte der Kreiskegel- und -zylinderflächen sind Kurven zweiter Ordnung und zweiter Klasse oder kurz zweiten Grades, wie man zusammenfassend sagt.

Diese Kurven zweiten Grades sind die aus der elementaren und analytischen Geometrie bekannten Kegelschnitte, wie der gemeinsame Name für Kreis, Ellipse, Parabel und Hyperbel heißt.

62. Ebener Schnitt und Abwicklung eines geraden Kreiskegels. Ein Kreiskegel heißt gerade, wenn seine Spitze in der Normalen zur Ebene des Grundkreises, errichtet in dessen Mittelpunkt, liegt.

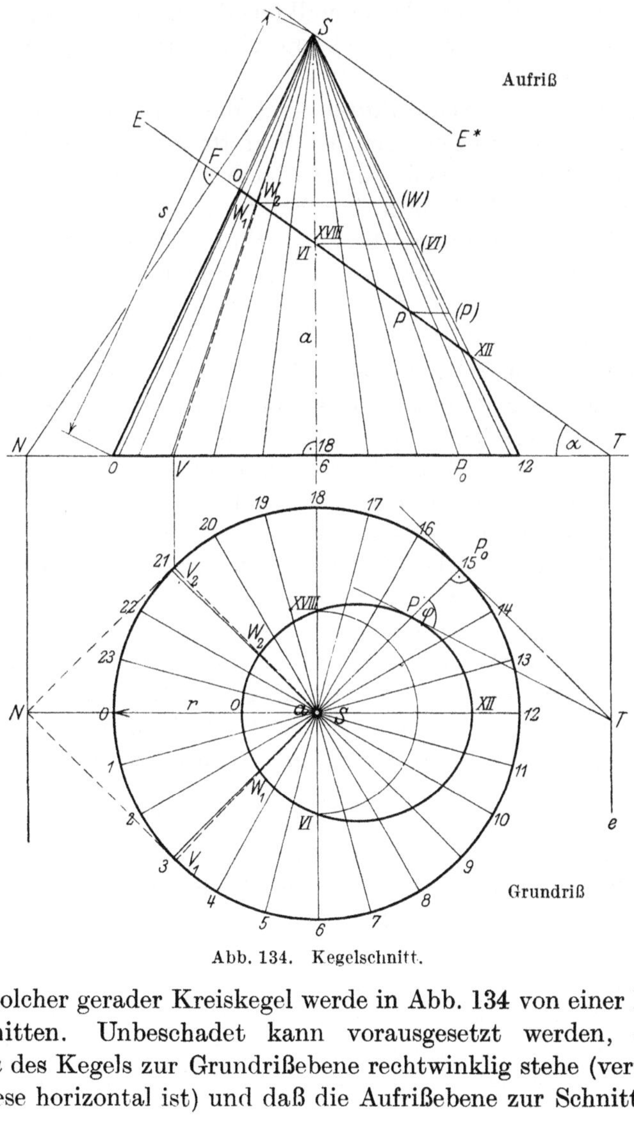

Abb. 134. Kegelschnitt.

Ein solcher gerader Kreiskegel werde in Abb. 134 von einer Ebene E abgeschnitten. Unbeschadet kann vorausgesetzt werden, daß die Achse a des Kegels zur Grundrißebene rechtwinklig stehe (vertikal sei, wenn diese horizontal ist) und daß die Aufrißebene zur Schnittebene E

rechtwinklig stehe, der Schnitt also in der zweiten Projektion als gerade Strecke erscheine. Durch die Einführung neuer Projektionsebenen (Kap. III) könnte man diese Anpassung der Projektionsebenen an das zu behandelnde Gebilde erzielen, wenn man es nicht voraussetzen würde.

Man erhält nun Punkte der Schnittkurve, in dem man Mantellinien des Kegels mit der Schnittebene zum Schnitt bringt. Ist z. B. die Verbindungsgerade P_0S eine solche Mantellinie, so erkennt man im Aufriß unmittelbar ihren Schnittpunkt P mit der Ebene E und kann damit in der Ordnungslinie auch den Grundriß dieses Punktes P angeben. So ist in Abb. 134 der Grundkreis des Kegels in 24 gleiche Teile geteilt worden, um eine Folge gleichmäßig verteilter Mantellinien benutzen zu können.

Tangenten der Schnittkurve sind die Schnittgeraden der Tangentialebenen des Kegels mit der Schnittebene. Schneidet die den Kegel längs PS berührende Tangentialebene die Spur e der Schnittebene mit der Leitkreisebene im Punkte T, so ist die Verbindungsgerade TP die Tangente an die Schnittkurve im Punkte P.

Soll der abgeschnittene Kegel verwirklicht werden, so hat man seine Abwicklung zu zeichnen. Dazu denkt man sich den Kegel längs einer Mantellinie, z. B. derjenigen des Punktes 12, aufgeschnitten und den Mantel ausgebreitet. Dann wird er zu einem Kreissektor werden, dessen Radius die Seitenlinie s des Kegels ist, die im Aufriß der Abb. 134 in wahrer Länge erscheint. Man hat nun auf der Abwicklung des Grundkreises des Kegels in Abb. 135 den Umfang des Grundkreises aufzutragen. In Abb. 135 ist dies geschehen, in dem der 24. Teil des Grundkreises 24mal auf der Abwicklung aufgetragen wurde. Ein kleiner Fehler ist bei einer solchen Näherungskonstruktion unvermeidlich, da dabei in zwei Kreisen von verschiedenem Radius die Sehne an Stelle des Bogens abgemessen und aufgetragen wird. Allein der begangene Fehler kann beliebig verkleinert werden durch Erhöhung der Zahl der Teile, in die man den Grundkreis des Kegels teilt. Größere Genauigkeit ließe sich erzielen, indem man zunächst den Zentriwinkel ω der Abwicklung berechnet. Er ist, in Bogenmaß ausgedrückt,

$$\omega = 2\pi r : s\,,$$

wo r der Radius des Grundkreises des Kegels ist, s die Seitenlinie desselben. Dieser Winkel ω, am besten in Gradmaß verwandelt, läßt sich aufzeichnen, ebenso sein 24. Teil bestimmen, so daß man auch die Abwicklung der 24 Mantellinien des Kegels erhält.

Um nun die Schnittkurve abzuwickeln, hat man die wahre Länge der abgeschnittenen Stücke zu bestimmen, etwa durch Drehung der Mantellinie SP um die Achse a des Kegels, bis sie zu einer zweiten Hauptgeraden wird. Sie fällt dann zusammen mit der äußersten Mantellinie des Kegels, und der sich drehende Punkt P ändert seine Kote bezüglich der Ebene der Leitlinie nicht, so daß sich sein Aufriß in einer Parallelen zur Ebene des Leitkreises bewegt nach der Stelle (P). Dann ist die Strecke $S(P)$ die wahre Länge des abgeschnittenen Stückes SP und kann in Abb. 135 angetragen werden. Gemäß der Numerierung, die in Abb. 134 eingeführt wurde, fällt das längste der abgeschnittenen Stücke in die Mantellinie 12, das kürzeste in die Mantellinie 0, so daß der Punkt XII der abgewickelten Schnittkurve ein tiefster, der Punkt 0 ein höchster Punkt der Kurve wird, beides beurteilt von der Abwicklung des Grundkreises aus.

Tangenten der abgewickelten Kurve bestimmt man nach einem Verfahren, das bei der Abwicklung einer Kurve, die auf einem geraden

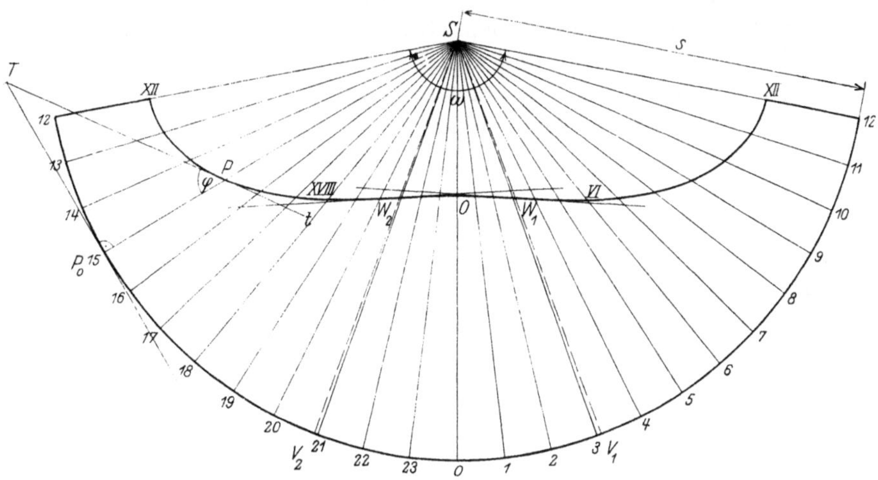

Abb. 135. Abwicklung des Kegelmantels.

Kreiskegel verläuft, immer durchgeführt werden kann. Erhalten bleibt bei der Abwicklung der Winkel, den die Kurve mit der Mantellinie des Kegels bildet. Soll also die Tangente t bestimmt werden, welche die abgewickelte Kurve im Punkte P berührt, so hat man den Winkel φ zu ermitteln, den die Kurve, also ihre Tangente mit der Mantellinie des Kegels, in Wirklichkeit, im Raum, bildet. Das könnte auf verschiedenen Wegen gelingen. Am zweckmäßigsten ist es, den Winkel φ einzuspannen in das rechtwinklige Dreieck PP_0T, von dem in Abb. 134 der Grundriß erscheint. Denkt man sich, die Abwicklung des Kegels sei in die Tangentialebene erfolgt, die längs der Mantellinie SP_0 berührt, so wird das erwähnte rechtwinklige Dreieck auch in der Abwicklung erscheinen, denn es liegt in der Tangentialebene des Kegels, und die Tangente im Punkte P_0 an den Grundkreis geht über in die Tangente im entsprechenden Punkt an dessen Abwicklung. Nun erscheint aber die

Kathete P_0P des Dreiecks PP_0T in Abb. 135 in wahrer Länge und die andere Kathete P_0T in Abb. 134, so daß das Dreieck in der Abwicklung in wahrer Größe erscheint, der Winkel φ mithin auch, so daß die Gerade PT in Abb. 135 die Kurventangente t darstellt.

Die abgewickelte Kurve kann zwei Wendepunkte haben. Ein solcher wird entstehen, wenn am Kegel Tangentialebenen vorkommen, die zur Ebene der Schnittkurve rechtwinklig stehen. Um zu prüfen, ob es in Abb. 134 solche Tangentialebenen gibt, werde aus der Kegelspitze S die Normale auf die Schnittebene gefällt; der Punkt F sei ihr Fußpunkt in ihr, der Punkt N der Schnittpunkt mit der Leitkreisebene. Liegt ersterer Punkt außerhalb der Schnittfigur oder, was ebensoviel heißen wird, liegt letzterer Schnittpunkt außerhalb des Leitkreises, so lassen sich durch die Gerade SF zwei Tangentialebenen legen, die zur Schnittebene rechtwinklig stehen. Ihre Spuren mit der Leitkreisebene sind die Tangenten NV_1 und NV_2 des Leitkreises. Die zugehörigen Berührungsmantellinien bestimmen die Punkte W_1 und W_2 der Schnittkurve, die übergehen in Wendepunkte der Abwicklung. Die entsprechenden Wendetangenten können ebenso bestimmt werden wie die Tangenten in beliebigen Punkten der Abwicklung.

63. Die Gattungen der Kegelschnitte. Die Schnittebene ist in Abb. 134 so angeordnet, daß alle Mantellinien des Kegels von ihr geschnitten werden. Die Schnittkurve ist daher eine geschlossene Kurve zweiten Grades, eine Ellipse.

In Abb. 136 sind nun die verschiedenen möglichen Lagen der Schnittebene dargestellt. Durch eine Gerade, die zur Aufrißebene rechtwinklig angeordnet ist, geht ein ganzes Büschel von Schnittebenen.

Die Ebenen A, B und Γ treffen alle Mantellinien des Kegels, geben also geschlossene Schnittkurven, Ellipsen a, b und c. Punkte P dieser und der anderen Schnittkurven erhält man durch Hilfsebenen normal zur Kegelachse. Die Ebene B insbesondere ist rechtwinklig zur Kegelachse und bestimmt daher einen Kreis. Die Ebene Δ ist zu einer Tangentialebene des Kegels parallel, so daß auch eine Berührungsmantellinie SU zur Schnittebene parallel wird, sie erst in unendlicher Ferne trifft. Die Schnittkurve d ist erst in unendlicher Ferne geschlossen, sie ist eine Parabel. Die Schnittebene E endlich ist zu zwei Mantellinien, u und v des Kegels parallel, gelegen in der Parallelebene E^*, die man durch die Spitze S zur Schnittebene E legen kann. Diese beiden Mantellinien u und v werden daher erst in unendlicher Ferne getroffen; sie geben die Richtungen der Asymptoten der Hyperbel an. Die Asymptoten selber sind die Hyperbeltangenten in den unendlichfernen Schnittpunkten U und V der erwähnten Mantellinien, also (55) die Schnittgeraden, der längs der Mantellinien u und v berührenden

Tangentialebenen des Kegels mit der Schnittebene E. Die Hyperbel besteht aus zwei Ästen, von denen in Abb. 136 nur der eine gezeichnet ist. Der andere ist der Schnitt der Ebene E mit dem in der Spitze des Kegels ansetzenden zweiten Mantel des Vollkegels.

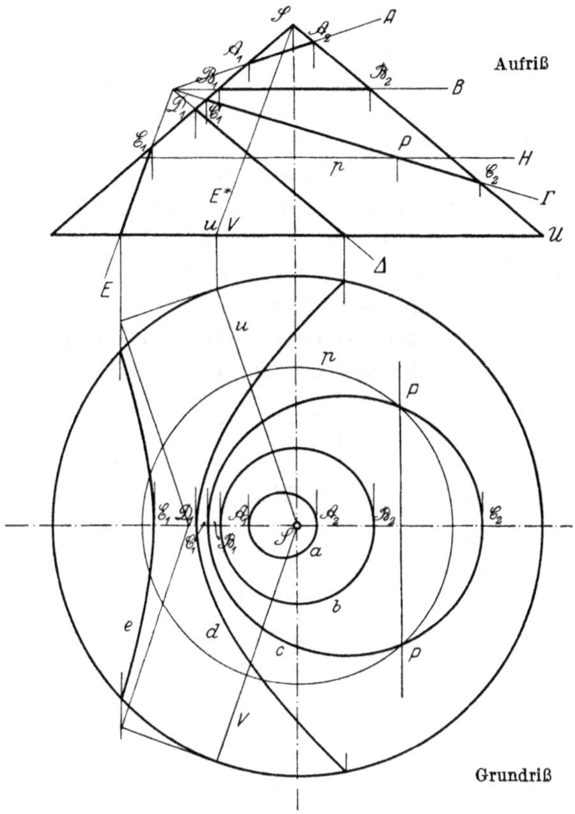

Abb. 136. Gattungen der Kegelschnitte.

64. Durchdringungen an einem Kondensator. Abb. 137 zeigt einen zylindrischen Kondensator mit der Achse a mit beiderseitigem Abschluß durch eine Kugelschale. Die Zuleitung des Dampfes erfolgt durch das zylindrische Rohr mit der Achse b, die Ableitung des Kondensproduktes durch das Rohr mit der Achse e, das Kühlwasser tritt durch das Rohr mit der Achse c ein und durch dasjenige mit der Achse d aus.

a) Durchdringung der beiden äußeren Zylinder mit den Achsen a und b. Da der Zylinder mit der Achse a rechtwinklig gestellt ist zur Kreuzrißebene, gelingt es leicht, Mantellinien des anderen Zylinders mit ihm zu schneiden. Es handelt sich nur darum, solche Mantellinien in den beiden Projektionen, dem Auf- und Kreuzriß, einander zuzuordnen. Es gelingt dies durch Umlegung eines Normalschnittes des Zylinders b. In beiden Umlegungen muß dann der Abstand y der Mantellinie von der Symmetrieebene in die Erscheinung treten. Im Kreuzriß kann dann der Punkt P angegeben werden, wo die Mantellinie m des Zylinders b in den Zylinder a dringt. Aus dem Kreuzriß des Punktes P ergibt sich der Aufriß. Die Tangente t an die Durchdringungskurve im Punkte P ist die Schnittgerade der beiden Tangentialebenen an die zwei sich durchdringenden Zylinder. In Abb. 137 ist sie aber mit Hilfe der Flächennormalen (55) der sich durchdringenden Flächen konstruiert. Da nämlich die Flächennormale in einem Punkt einer Fläche die Normale ist zur Tangentialebene dieses Punktes, so steht die Schnittgerade der beiden Tangentialebenen rechtwinklig zur Ebene der beiden Flächennormalen. Und da die Flächennormale einer krummen Fläche sich in vielen Fällen leichter angeben läßt als die Tangentialebene an die Fläche, so empfiehlt sich in solchen Fällen die Bestimmung der Ebene beider Flächennormalen und die Anwendung des eben bewiesenen Satzes:

Die Tangente an der Durchdringungskurve zweier Flächen in einem ihrer Punkte ist rechtwinklig zur Ebene der beiden Flächennormalen dieses Punktes.

Die Flächennormalen des Punktes P bez. der beiden Zylinder a und b der Abb. 137 lassen sich aber sofort angeben und durch je einen zweiten Punkt bestimmen. Die Flächennormale n_1 des Punktes P für

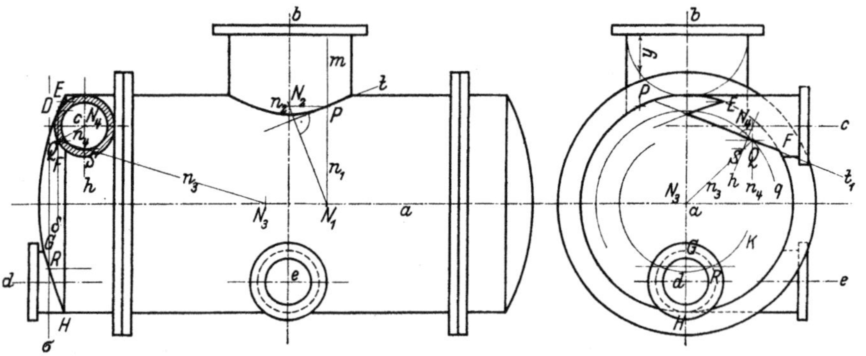

Abb. 137. Durchdringungen an einem Kondensator.

den Zylinder a stellt sich im Aufriß dar als die Normale aus P zur Achse a. Der Fußpunkt N_1 dieser Normalen auf der Achse a ist ein zweiter Punkt zur Bestimmung der Flächennormalen n_1. Ebenso stellt sich im Aufriß die Flächennormale n_2 des anderen Zylinders dar als die Normale aus dem Punkt P auf die Zylinderachse b. Der Fußpunkt N_2 dieser Normalen bestimmt mit dem Punkte P zusammen die Gerade n_2. Da nun die gesuchte Tangente an die Durchdringungskurve im Punkte P rechtwinklig steht zur Ebene der beiden Normalen n_1 und n_2, so hat man, um ihren Aufriß zu bestimmen, eine zweite Hauptlinie dieser Ebene zu bestimmen. Eine solche ist die Verbindungsgerade der beiden Fußpunkte N_1 und N_2, denn sie liegt in der Ebene der beiden Achsen a und b. Somit ist der Aufriß der Tangente t rechtwinklig zur Geraden $N_1 N_2$. Da die Durchdringungskurve im Kreuzriß als Kreisbogen erscheint, erübrigt es sich, in dieser Projektion die Tangente an die Durchdringungskurve anzugeben.

Der Aufriß der Durchdringungskurve der beiden Zylinder mit den Achsen a und b ist eine Doppelprojektion. Denn es gibt zur Mantellinie m des Zylinders b, deren Abstand von der Ebene beider Achsen a und b die Länge y hat, eine symmetrische bez. der Ebene ab. Diese Ebene beider Achsen ist eben eine Symmetrieebene beider Flächen, mithin auch ihrer Durchdringung, und der im Aufriß der Abb. 137 gezeichnete Kurvenzug hat doppelte Bedeutung; er stellt die vordere und die hintere Hälfte der Durchdringungskurve dar.

Da nun die beiden sich durchdringenden Zylinder von der zweiten Ordnung sind (61), wird ihre Durchdringungskurve eine Raumkurve vierter Ordnung sein (59). Sie besteht aus zwei gewundenen Ovalen, einem oberen und einem gleichen unteren, wobei aber diese Austrittskurve hier am Kondensator ohne Bedeutung ist. Eine Raumkurve vierter Ordnung wird aber in Doppelprojektion von zweiter Ordnung, als Kegelschnitt erscheinen, und zwar erkennt man hier die beiden Äste einer Hyperbel, entsprechend der Eintritts- und der Austrittskurve des Zylinders b. Denn denkt man sich durch die Figur eine zweite projizierende Ebene gelegt, so wird sie die Durchdringungskurve in vier Punkten schneiden (die freilich imaginär werden können), und da eine solche Schnittebene normal steht zur Symmetrieebene, so werden die vier Schnittpunkte paarweise im Aufriß zusammenfallen, so daß die Spur der Ebene den Aufriß der Kurve nur an zwei Stellen schneiden kann.

b) Eindringung des Rohres mit der Achse c. Wie aus dem Aufriß in Abb. 137 ersichtlich ist, dringt dieses Rohr so in den Kondensator ein, daß sowohl das Ende des Zylinders mit der Achse a, als auch die Kugelschale (Kugelmittelpunkt N_3) durchdrungen werden. Die Kurve, in der der (äußere) Zylinder c eindringt, besteht daher aus zwei Stücken, von denen das eine auf dem Zylinder a, das andere auf der Kugel liegt. Diese beiden Stücke hängen zusammen in den zwei Punkten E und F, in denen der Abschlußkreis des Zylinders a den Zylinder c trifft. Die beiden Punkte können im Aufriß angegeben werden, sind also auch im Kreuzriß bekannt.

Das eine Stück der Durchdringungskurve, die Durchdringung der beiden Zylinder a und c, erscheint in beiden Projektionen als Kreisbogen, da beide Zylinder projizierend sind.

Ferner zeigt der Aufriß, daß der Zylinder c die Kugel in einem Punkte D berührt. Nun gilt aber der Satz:

Wenn sich zwei einander durchdringende Flächen an einer Stelle berühren, so ist der Berührungspunkt ein Doppelpunkt ihrer Durchdringungskurve.

Denn da die beiden Flächen an der Berührungsstelle die nämliche Tangentialebene haben, wird die Tangente an die Durchdringungskurve in diesem Punkte unbestimmt, der Punkt kann kein gewöhnlicher Punkt sein, dessen Tangente wohlbestimmt wäre. Im allgemeinen wird die Durchdringungskurve an der Berührungsstelle einen Doppelpunkt und keine höhere Besonderheit aufweisen.

Um nun einen beliebigen Punkt Q der Durchdringungskurve zu bestimmen, lege man eine Hilfsebene $\mathfrak{d}$ rechtwinklig zur Achse a. Eine solche schneidet den Zylinder c in zwei Mantellinien, die Kugelkappe in einem Kreise q, dessen Radius man dem Aufriß entnehmen kann und dessen Projektion man im Kreuzriß in wahrer Größe und Gestalt zeichnen kann. Aus dem Kreuzriß eines Punktes der Durchdringungskurve findet man so den Aufriß.

Die Tangente in einem Punkte Q an die Durchdringungskurve ermittelt man wieder am besten nach der Methode der Flächennormalen. Denn da die eine Fläche eine Kugel ist, fällt ihre Flächennormale n_3 in den Kugeldurchmesser QN_3. Die Zylinderflächennormale n_4 ergibt sich auch sofort in beiden Projektionen. Hier handelt es sich nun darum, die dritte Projektion der Kurventangente t zu bestimmen. Man wird also im Aufriß eine dritte Hauptlinie h in der Ebene beider Flächennormalen wählen und ihren Kreuzriß bestimmen, zu dem dann der Kreuzriß der Tangente t_1 normal steht.

c) Eindringung des Kühlwasserrohres mit der Achse d in die Abschlußkugelkappe. Hier wird man Ebenen σ rechtwinklig zur Achse des Zylinders legen, die aus der Kugel Kleinkreise k schneiden, deren Radius man dem Aufriß entnimmt und deren Kreuzriß man in wahrer Gestalt man zeichnen kann. R sei im Kreuzriß ein Punkt, wo ein solcher Kreis k in den Zylinder d dringt; dann liegt R im Aufriß auf der Hilfsebene σ.

65. Muffenstück mit Muffenabzweig. Abb. 138 gibt die Durchdringung zweier gerader Kreiszylinder, deren Achsen a und b sich in einem Punkte 0 schneiden. Da beide Rohre, somit auch ihre Durchdringung, symmetrisch sind bez. der Ebene beider Achsen, kann eine Normalprojektion auf diese Symmetrieebene hinreichen, um das Gebilde darzustellen und konstruktiv zu beherrschen.

Zur Bestimmung von Punkten der Durchdringungskurve verwendet man am besten Hilfskugeln mit dem Schnittpunkt der Achsen als gemeinsamen Mittelpunkt. Eine solche Hilfskugel schneidet nämlich beide Zylinder in Kreisen (k_1 und k_z in Abb. 138), die sich in Normalprojektion auf die Achsenebene als gerade Strecken darstellen. Die zwei Schnittpunkte dieser auf der Hilfskugel liegenden Kreise sind gemeinsame Punkte beider Zylinder. Da die beiden Schnittpunkte symmetrisch zur Ebene beider Achsen liegen, haben sie zusammenfallende Normalprojektionen auf die Ebene beider Achsen, so daß der Punkt P der Abb. 138 zwei symmetrische Punkte der Durchdringungskurve darstellt, diese also in Doppelprojektion erscheint. (Der gezeichnete Teil der Kurve ist ein Bogen $U_1 U_2$ des einen Astes einer Hyperbel.) Tangenten der Durchdringungskurve ergeben sich wieder am einfachsten mit Benutzung der beiden Flächennormalen n_1 und n_2, wo dann $N_1 N_2$ die Schnittgerade ihrer Verbindungsebene mit der Ebene beider Achsen ist, so daß die Normalprojektion der Tangente t rechtwinklig ist zu dieser Spur. Dieses Verfahren mit Benutzung der Flächennormalen bleibt auch noch durchführbar für die Punkte U_1 und U_2 der Durchdringungskurve, das ist die Schnittpunkte der äußersten Mantellinien beider Zylinder. Da die Zylindertangentialebenen für diese

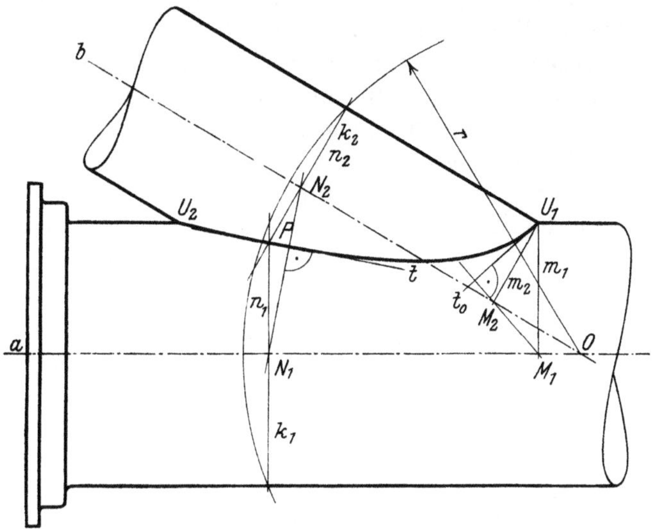

Abb. 138. Muffenstück.

Punkte projizierend sind, ist es auch ihre Schnittgerade, die Kurventangente der Punkte U_1 bzw. U_2, wie ja auch aus der Symmetrieeigenschaft der Kurve hervorgeht. Die Punkte U_1 und U_2 sind also eigentlich Spitzen der Projektion der Kurve (53), nur daß dieser Umstand nicht in die Erscheinung tritt, weil die Projektion der Kurve eine doppelte ist. Wenn also das Flächennormalenverfahren für die Punkte U_1 und U_2 durchführbar bleibt, so heißt dies, daß das Resultat, die Tangente t_0 in U_1 an die Projektion der Kurve die Spur der Schmiegungsebene der räumlichen Durchdringungskurve für den Punkt U_1 ist (53).

66. Durchdringungskurven im Maschinenbau. Da die Maschinenelemente und die Maschinen zweckentsprechend aus krummen und ebenen Flächen verschiedenster Art zusammengesetzt sind, werden dort, wo diese Flächen zusammenstoßen, Durchdringungskurven entstehen. Um sich die geometrischen Formen, die im Maschinenbau auftreten, vertraut und geläufig zu machen, gibt es kein besseres Mittel, als diese Kurven durchzukonstruieren, um sich zu zwingen, sie sich richtig vorzustellen. Abgesehen von dieser erzieherischen Bedeutung im Unterricht spielen Durchdringungskurven im Maschinenbau eine sehr verschiedenartige Rolle, je nach der Herstellungsweise des Gegenstandes, an dem sie auftreten. Entsteht die Kurve auf der Drehbank oder beim Fräsen, so ist es nicht nötig, sie in der Zeichnung vorher genau zu konstruieren. Es genügt, wenn der Konstrukteur eine genügende Kenntnis ihres Verlaufes hat, um sie in der Zeichnung anzudeuten und um Überraschungen bei der Herstellung zu vermeiden. Das gleiche gilt bei Durchdringungskurven, die beim Gießen entstehen; dort ist es die Aufgabe des Arbeiters, der die Gußform herstellt, Durchdringungskurven einzelner Flächen, die am Gußstück auftreten, zu modellieren. In Fällen dagegen, wo das räumliche Gebilde durch Schablonenbildung aus der Entwicklung hergestellt wird, wie im Kessel- und Behälterbau, müssen auftretende Durchdringungskurven vorher konstruiert werden, um sie in der Abwicklung angeben zu können, da von ihrem Verlauf die Form des abgewickelten Stückes abhängt.

67. Durchdringungen und Abwicklungen an einem zylindrischen Kessel. Die Abb. 139 stellt einen kombinierten Cornwallkessel dar, an

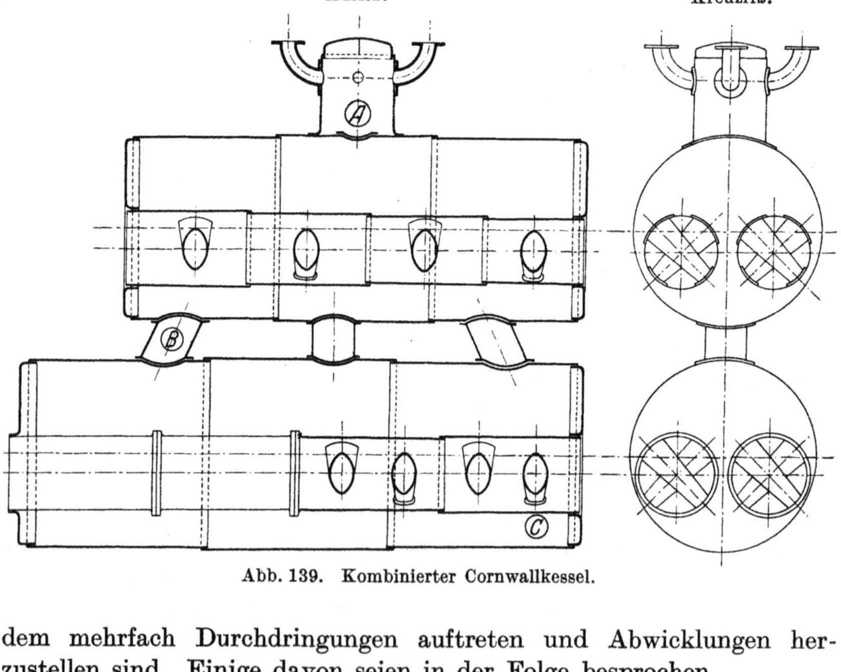

Abb. 139. Kombinierter Cornwallkessel.

dem mehrfach Durchdringungen auftreten und Abwicklungen herzustellen sind. Einige davon seien in der Folge besprochen.

a) Mannloch mit Verstärkungsring. In der Abb. 139 ist die Stelle, die herausgegriffen wird, mit „*A*“ bezeichnet. Abb. 140 gibt die

Verhältnisse vergrößert wieder. Man konstruiert zuerst die Durchdringungskurve k (das „Mannloch"), wie in (64). Hierauf denkt man

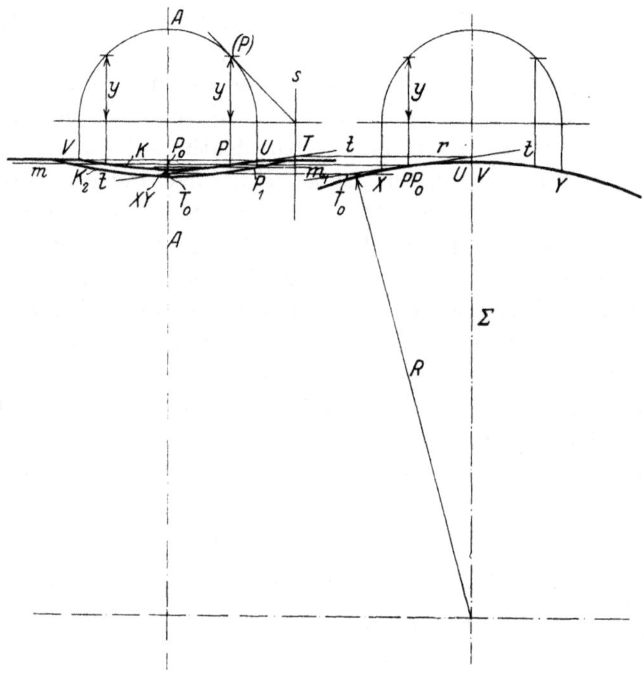

Abb. 140. Mannloch.

sich den Kessel abgewickelt, ausgehend etwa vom Normalschnitt A—A, der sich in eine Gerade ausbreitet. In der Abb. 141 zeichnet man die Abwicklungen der Mantellinien, wobei man die wahren Längen der Bogen des Normalschnittes dem Kreuzriß der Abb. 140 entnimmt. Auf diesen Mantellinien trägt man die dem Aufriß der Abb. 140 entnommenen Längen derselben ab. Bei derartigen Abwicklungen empfiehlt sich die Tangentenkonstruktion besonders, da sie nicht nur gestattet, die Abwicklung des Mannloches richtig zu zeichnen, sondern auch nützlich sein wird, um in der Abwicklung die Breite des Verstärkungsringes einzuhalten. Man hat zunächst in Abb. 140 die Tangente in einem Punkte P der Durchdringungskurve k zu konstruieren;

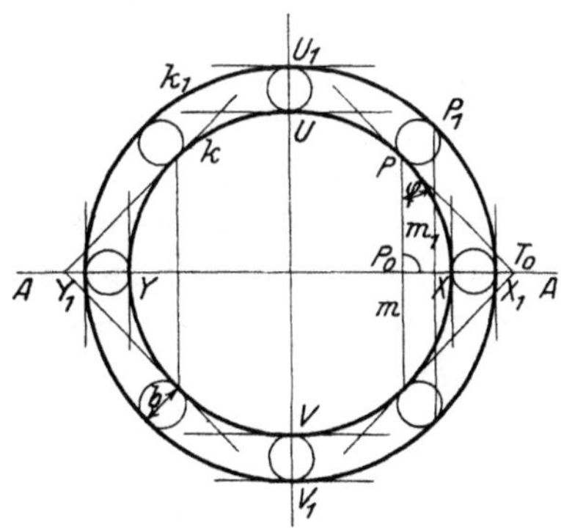

Abb. 141. Abwicklung des Mannlochs mit dem Oberkessel.

es geschieht dies als Schnitt der Tangentialebenen der beiden sich durchdringenden Zylinder, deren Spuren r und s den Spurpunkt T der gesuchten Tangente t ergeben. Dann verwendet man das rechtwinklige Dreieck $P P_0 T_0$, dessen Ecken der Kurvenpunkt P, seine Projektion P_0 auf den Normalschnitt A—A und der Spurpunkt T_0 der Tangente t mit dieser Normalschnittebene sind. Dieses rechtwinklige Dreieck enthält bei der Ecke P den Winkel φ, den die Kurve k mit der Mantellinie m des einen Zylinders bildet. Die Kathete $P P_0$ erscheint in der Abwicklung unmittelbar, die Länge $P_0 T_0$ der anderen Kathete entnimmt man dem Kreuzriß. Die Kurve k, die Abwicklung des Mannlochs, ist damit in Abb. 141 durch Punkte und Tangenten bestimmt.

Der Verstärkungsring, der um das Mannloch angebracht wird, soll nun aus Festigkeitsgründen unveränderliche Breite b erhalten. Um dieser Forderung gerecht zu werden, kann man die Randkurve, bis zu welcher auf dem Kessel der Verstärkungsring reicht, nicht etwa als Durchdringungskurve des Kessels mit einem, dem Dampfdom koaxialen Zylinder erhalten; diese Kurve würde keinen Ring unveränderlicher Breite mit dem Mannloch einschließen. Man muß, um einen Ring konstanter Breite zu erhalten, von der Abwicklung ausgehen. Man zeichnet die Abwicklung der Randkurve k_1 als Umhüllung der Kreise mit dem Radius $\frac{b}{2}$, deren Mittelpunkte auf den Normalen des abgewickelten Mannlochs k liegen. Die Kurve k_1 ist also eine Parallelkurve zur Kurve k im Abstand b. Sie kann daher durch Punkte und Tangenten in ihrem Verlaufe gezeichnet werden, wenn man Punkte und Tangenten der Kurve k kennt.

Nun gilt es, die Randkurve wieder auf den Kessel aufzuwickeln. Man verwendet dazu die Mantellinien m_1 des Zylinders mit der Achse a, auf denen Punkte P_1 der Kurve k_1 liegen, indem man im Kreuzriß die Stelle sucht, die dieser Mantellinie m_1 entspricht und im Aufriß die Entfernung des Punktes P_1 vom Normalschnitt A—A abträgt.

b) Verbindungsstutzen. In Abb. 142 wird der Verbindungsstutzen zwischen den beiden Kesseln dargestellt (Stelle „B" in Abb. 139). Er hat die Form eines geraden Kreiszylinders, dessen Achse b schief steht zu den Achsen der beiden liegenden Kessel, aber in ihrer Ebene liegt. Denkt man sich von jedem der beiden sich durchdringenden Zylinder einen Normalschnitt in die Symmetrie- (Aufriß-) Ebene gelegt, so kann man für beide Mantellinien angeben, welche den nämlichen Abstand y von der Symmetrieebene haben, sich also in einem Punkte P der Durchdringungskurve schneiden. Die Tangente t an die Durchdringungskurve in ihrem Punkte P ist als Schnittgerade der Tangentialebenen an beide Zylinder gefunden worden. Die Spuren s und u dieser Ebenen mit der Symmetrieebene bestimmen sich mit Hilfe der umgelegten Normalschnitte der beiden Zylinder. Die Spuren *s* und *u* treffen sich im Spurpunkt *T* der Tangente *t*.

Die Konstruktion läßt erkennen, daß der in Abb. 142 gezeichnete Aufriß der Durchdringungskurve eine Doppelprojektion ist, also nach einem Kegelschnitt gekrümmt ist (das Oval der Raumkurve 4. Ordnung projiziert sich in den Bogen *U V* des einen Astes einer Hyperbel, deren anderer Ast die Austrittskurve des (verlängert gedachten) Stutzens mit dem oberen Teil des Oberkessels darstellen würde).

Aus der Konstruktion geht weiter hervor, daß die Projektion der Achse *b* eine Achse schiefer Symmetrie für den Aufriß Durchdringungskurve wird; Symmetrierichtung ist die Richtung, in der der Oberkessel verläuft. Es fällt also ein Durchmesser des Kegelschnittes in die Gerade *b*.

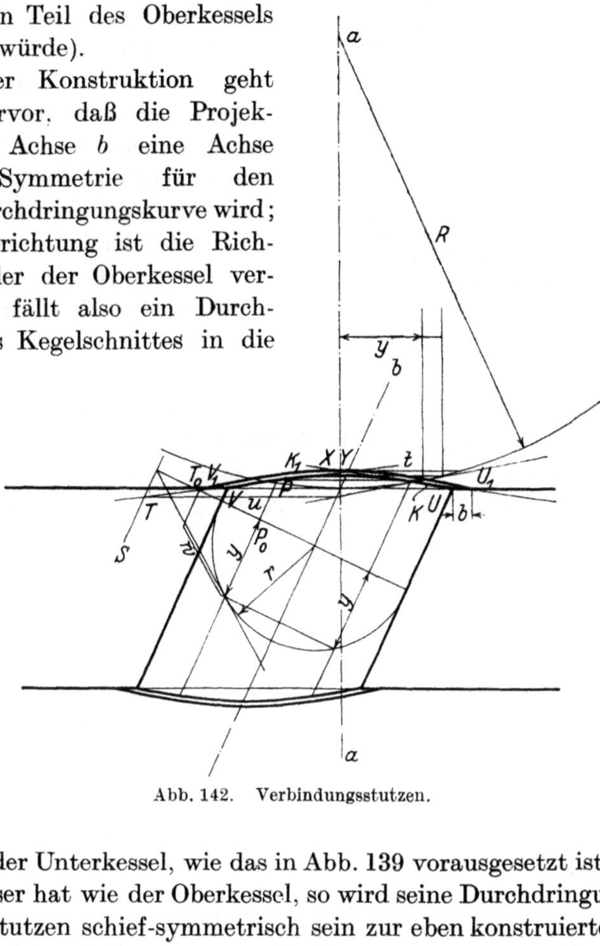

Abb. 142. Verbindungsstutzen.

Wenn der Unterkessel, wie das in Abb. 139 vorausgesetzt ist, gleichen Durchmesser hat wie der Oberkessel, so wird seine Durchdringungskurve mit dem Stutzen schief-symmetrisch sein zur eben konstruierten Kurve, wobei die Achse *b* des Stutzens die Symmetrierichtung gibt.

Die Durchdringung des Stutzens mit dem Ober- oder Unterkessel veranlaßt nun zwei Abwicklungen. Einmal ist die Abwicklung des Ober- bzw. Unterkessels zu bestimmen, um auf dem Blech, aus dem dieser Kessel gekrümmt wird, die Durchdringungskurve aufzeichnen zu können; dann ist der Stutzen selber mit den beiden Durchdringungskurven mit dem Ober- und Unterkessel abzuwickeln.

Die Abwicklung des Oberkessels mit der Durchdringungskurve k ist in Abb. 143 so konstruiert worden wie in Abb. 141. Der Flansch zur Befestigung des Stutzens auf dem Oberkessel ist dann die Parallelkurve k_1 zur Kurve k im Abstand b, wenn b die Flanschbreite ist. Aber in Abb. 143 wurden nur Punkte der abgewickelten Durchdringungskurve bestimmt, die Tangenten dagegen aus Abb. 142 nicht mit übernommen. Dann verzichtet man darauf, Punkte der Parallelkurve zu bekommen (mit Ausnahme der ausgezeichneten Punkte U_1, V_1, X_1, Y_1), kann aber die Parallelkurve k_1 konstruieren als Umhüllungskurve der Kreise, deren Mittelpunkte die Punkte der Kurve k sind und deren Halbmesser die Flanschbreite b ist.

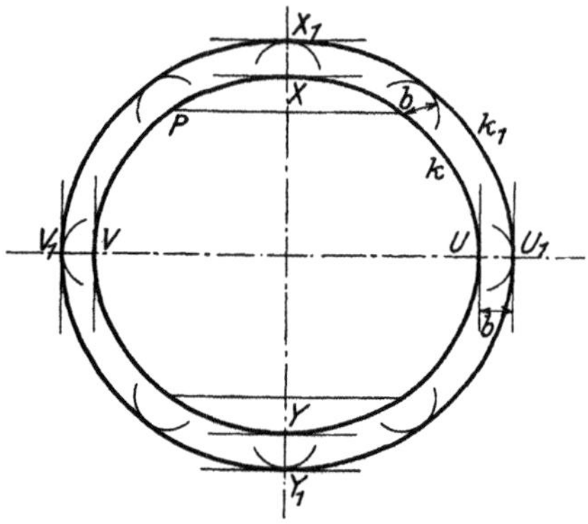

Abb. 143. Abwicklung.

Die Abwicklung des Verbindungsstutzens ist in Abb. 144 ermittelt. Man zeichnet die Abwicklung des in Abb. 142 gelegten Normalschnittes des Stutzens und trägt auf den abgewickelten Mantellinien die der Abb. 142 entnommenen Stücke PP_0 ab. Die Tangenten der abgewickelten

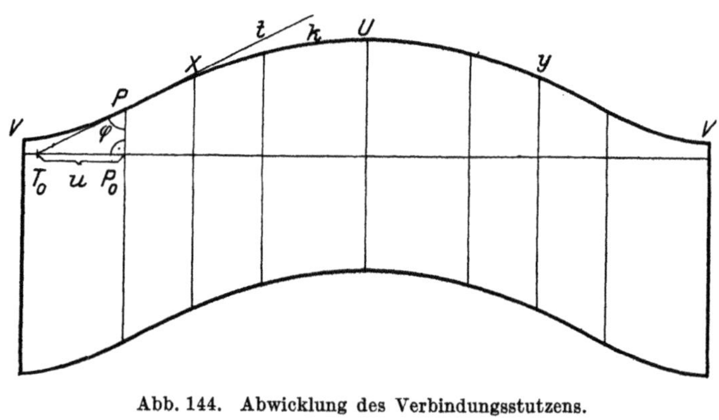

Abb. 144. Abwicklung des Verbindungsstutzens.

Kurve k ergeben sich wieder aus dem rechtwinkligen Dreieck PP_0T_0, dessen Kathete P_0T_0 der Abb. 142 entnommen werden kann.

c) Gallowayrohr. An Flammrohrkesseln werden konische Quersieder oder Gallowayrohre vorgesehen, um die Heizoberfläche zu vergrößern (Stelle „C" in Abb. 139 zeigt einen solchen Quersieder). In Abb. 145 sind die Verhältnisse in größerem Maßstab dargestellt.

Der Aufriß in der Abbildung kann unmittelbar gezeichnet werden, wenn man die Schiefe der Kegelachse b der Abb. 139 entnimmt. Da die Spitze M des Kegels nicht mehr in der Zeichnung liegen wird, hat man für die Konstruktion der Umrißmantellinien des geraden Kreiskegels im Kreuzriß zwei dem Kegel eingeschriebene Hilfskugeln mit den Mittelpunkten M_1 und M_2 zu verwenden (s. auch Abb. 147). Die zur Kreuzrißebene parallelen Großkreise k_1 und k_2 dieser Kugeln K_1 bzw. K_2 werden den Kegelumriß in der dritten Projektion berühren, denn sie sind die Kugelumrisse in dieser Projektion. Gemeinsame Tangenten der

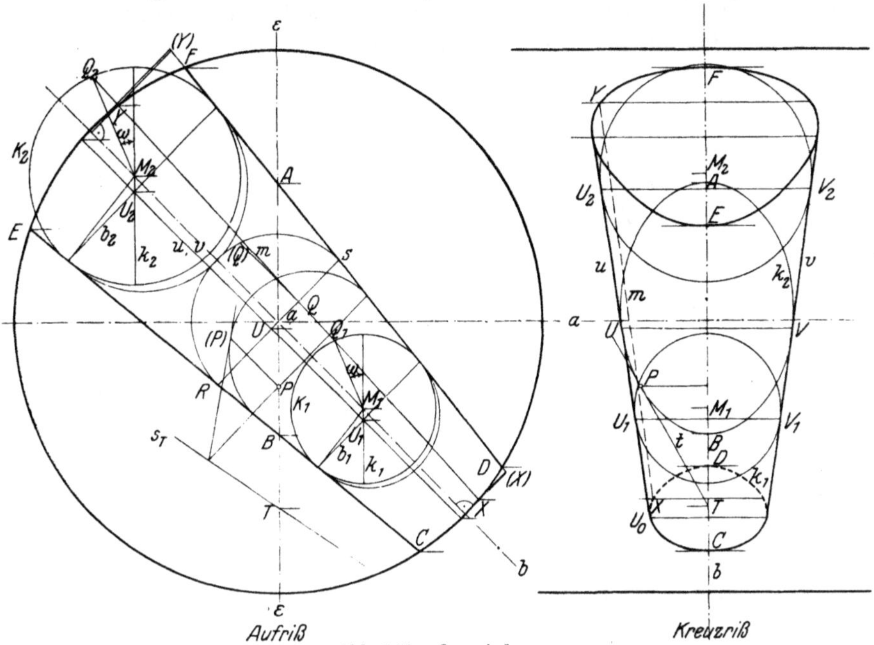

Abb. 145. Quersieder.

beiden Kugelumrisse k_1 und k_2 sind also die Umrißmantellinien u und v des Kegels in dritter Projektion.

Eingetragen ist in Abb. 145 ein zur Kreuzrißebene paralleler Schnitt des Kegels, die Ellipse, deren große Achse AB ist. Punkte P derselben stellt man dar, indem man sie im Aufriß annimmt und durch Umlegung eines Normalschnittes des Kegels die Kote $P(P)$ über der Symmetrieebene ermittelt. Die Ellipsentangente im Punkte P ist die Schnittgerade der Schnittebene mit der Tangentialebene des Kegels in P. Deren Spur s_T mit der Symmetrieebene kann mit Hilfe der Umlegung des den Punkt P enthaltenden Normalschnittes gefunden werden, sofern die Kegelspitze zugänglich ist.

Der Kegel wird nun zwei Durchdringungsovale mit dem Zylinder ergeben, die miteinander die gesamte Durchdringungskurve 4. Ordnung ausmachen. Bei der Anordnung der Abb. 145, wo der Zylinder zur Aufrißebene rechtwinklig steht, handelt es sich einzig darum, Mantellinien des Kegels in beiden Rissen darzustellen. Im Aufriß werden die Mantellinien als Geraden durch die Kegelspitze sich projizieren als Strahlen, welche entsprechende Punkte der beiden ähnlich liegenden Kreise K_1 und K_2, deren Ähnlichkeitszentrum die Kegelspitze ist. Sind also Q_1 und Q_2 zwei solche ähnlich liegende Punkte der Kreise K_1 und K_2 (d. h. Endpunkte von Radien, die unter dem nämlichen Winkel ω verlaufen), so stellt ihre Verbindungsgerade m eine Mantellinie des Kegels dar. Um sie auch im Kreuzriß zu bestimmen, wurde sie zum Schnitt gebracht mit den beiden Kreisen, in denen die zwei Hilfs-

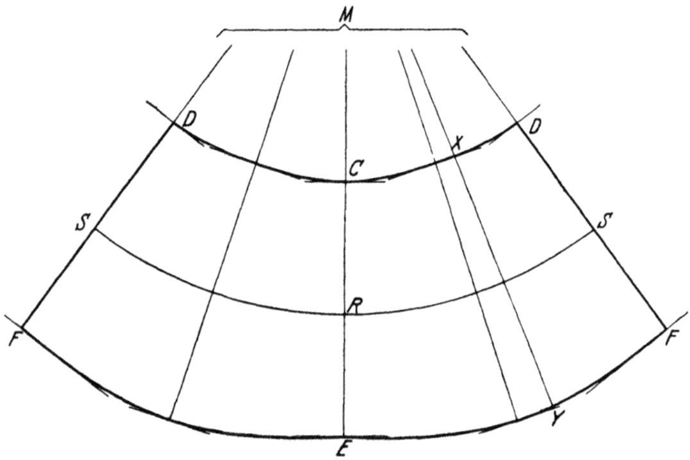

Abb. 146. Abwicklung des Quersieders.

kugeln den Kegel berühren. Von diesen Schnittpunkten kann man durch Umlegung jener Kreise die Koten über der Symmetrieebene bestimmen und damit die Kreuzrisse der Punkte angeben. Die Mantellinie m schneidet nun den Zylinder in zwei Punkten X und Y, deren Aufrisse man unmittelbar angeben kann und deren Kreuzrisse man damit auch kennt. Die Tangenten der Durchdringungskurve ließen sich hier, wo die Kegelspitze unzugänglich ist, mit den Flächennormalen besonders zweckmäßig ermitteln (in Abb. 145 nicht durchgeführt). Die Umrißpunkte der auf dem Kegel verlaufenden Schnitt- und Durchdringungskurven liegen jeweilen auf seinen Umrißmantellinien u und v.

d) Abwicklung des Mantels des Gallowayrohres. Die Abwicklung des Zylinders, auf dem die Durchdringungskurven mit dem Kegel liegen, bietet keine neuen Gesichtspunkte und möge daher hier nicht durchgeführt werden. Dagegen gibt Abb. 146 die Abwicklung des Gallowayrohres. Man zeichnet zuerst die Abwicklung eines Normalschnittkreises des Kegels, etwa desjenigen mit dem Durchmesser RS (s. Abb. 145). Dann können unmittelbar die Punkte C, D, E und F der beiden Durchdringungskurven an den Enden des Gallowayrohres angegeben werden, da die äußersten Mantellinien CE und DF des Kegels in Abb. 145 in wahrer Länge im Aufriß erscheinen. Ist aber m eine beliebige Mantellinie und trifft sie den betrachteten Normalschnitt RS im Punkte Q, so hat man die wahren Längen der Strecken QX und QY erst zu bestimmen, wo X und Y die Schnittpunkte mit dem Zylinder sind, um sie in der Abwicklung antragen zu können. Diese Bestimmung geschieht durch Drehung der Mantellinie m um die Kegelachse in die Symmetrieebene (Aufrißebene).

68. Umrißmantellinien eines geraden Kreiskegels. Die Bestimmung der Umrißmantellinien eines geraden Kreiskegels hängt ab von der Stellung seiner Achse zur Projektionsebene.

Ist die Achse zur Projektionsebene parallel (Aufriß in Abb. 147), so hat man an die Projektion a der Achse nur den halben Öffnungs-

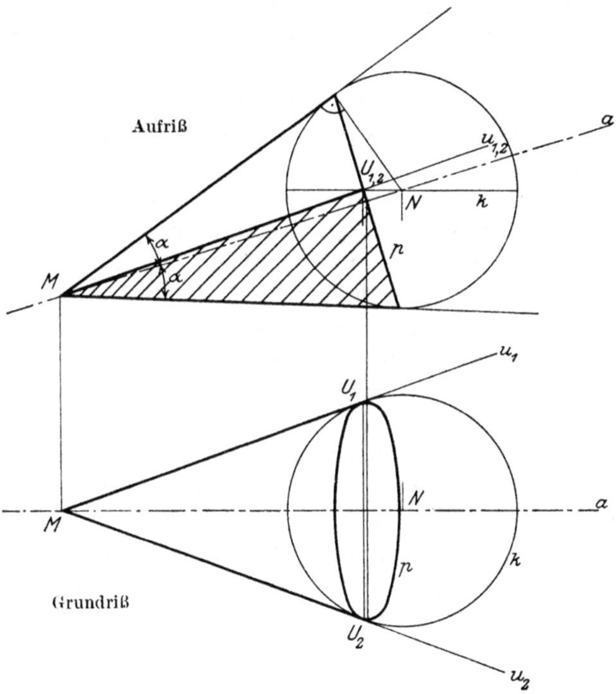

Abb. 147. Umriß eines geraden Kreiskegels mit schiefgestellter Achse.

winkel α des Kegels anzutragen, um die beiden Umrißmantellinien zu finden.

Ist dagegen die Achse geneigt gegen die Projektionsebene (Grundriß in Abb. 147), so sind die Umrißmantellinien zu konstruieren. Es geschieht dies am raschesten und genauesten durch Verwendung einer dem Kegel eingeschriebenen Kugel, die ihn längs eines Parallelkreises berührt. Sei p dieser Normalschnitt des Kegels in Abb. 147. Dann kann man mit Hilfe der Flächennormalen in seinem äußersten Punkte den Mittelpunkt N der Hilfskugel angeben, und zwar, da er auf der Achse a liegt, in beiden Projektionen. Da sich Kegel und Kugel längs eines Normalschnittes berühren, haben sie in dessen sämtlichen Punkten die nämliche Tangentialebene. Statt also diejenigen Punkte dieses Kreises zu ermitteln, die im Kegel eine projizierende Tangentialebene haben, kann man auch die Kugelpunkte mit dieser Eigenschaft bestimmen. Nun liegen aber alle Kugelpunkte, die eine projizierende Tangentialebene haben, auf einem Großkreis k, den man in beiden Projektionen angeben kann. Es ist der zur Projektions- (hier: Grundriß-) Ebene parallele Großkreis. Schneidet dieser Großkreis k den Parallelkreis p in Punkten U_1 und U_2, so hat man damit die Umrißpunkte dieses Parallelkreises gefunden, die Punkte also, deren Tangentialebene projizierend ist. Dann geben die Mantellinien $M U_1$ und $M U_2$ dieser Punkte für den Grundriß die scheinbaren Umrißmantellinien u_1 und u_2.

Nach dieser Methode der Verwendung von Berührungskugeln sind in Abb. 145 die Umrißmantellinien u und v des Kegels im Kreuzriß bestimmt worden.

69. Feuertürrahmen an einem stehenden Kessel mit konischer Feuerkiste. In Abb. 148 sind zwei Projektionen des Kessels gegeben, und sind vorerst die Durchdringungen zu bestimmen, die auf der zylindrischen Umrahmung der Türe liegen. Es geschieht dies am besten, indem man in beiden Projektionen zugeordnete Projektionen von Mantellinien m dieses Zylinders ermittelt durch zweimalige Umlegung eines Normalschnittes des Zylinders. Ist im Grundriß y die Entfernung einer Mantellinie m von der Symmetrieebene, so läßt sich mit Benutzung dieser Ordinate der Aufriß der nämlichen Mantellinie bestimmen. Man erhält damit unmittelbar Punkte Q der Durchdringungskurve der beiden Zylinder. Um auch Punkte der Durchdringung des Zylinders mit dem Kegel zu finden, schneidet man die Mantellinie m mit dem in gleicher Höhe liegenden Parallelkreis p des Kegels. Die Konstruktion läßt die Symmetrieeigenschaften der zwei Durchdringungskurven erkennen: die Symmetrieebene der ganzen räumlichen Anordnung ist auch Symmetrieebene beider Durchdringungskurven. Die Aufrisse geben daher Doppelprojektionen, Kegelschnitte, da sie Raumkurven 4. Ordnung sind. Die erste Spur aber der Symmetrieebene wird zur Symmetrieachse des Grundrisses. Tangenten der Durchdringungskurven ergeben sich wieder als Schnittgeraden der Tangentialebenen beider Flächen oder als rechtwinklig zur Ebene beider Flächennormalen.

Aufriß

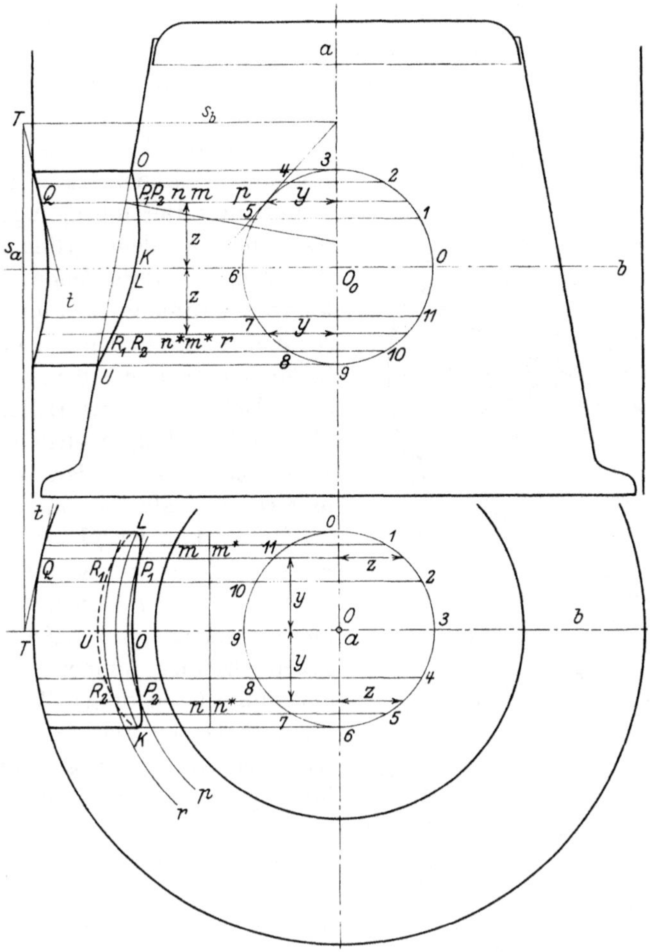

Grundriß

Abb. 148. Feuertürrahmen.

Abb. 149 gibt die Abwicklung des zylindrischen Feuertürrahmens.

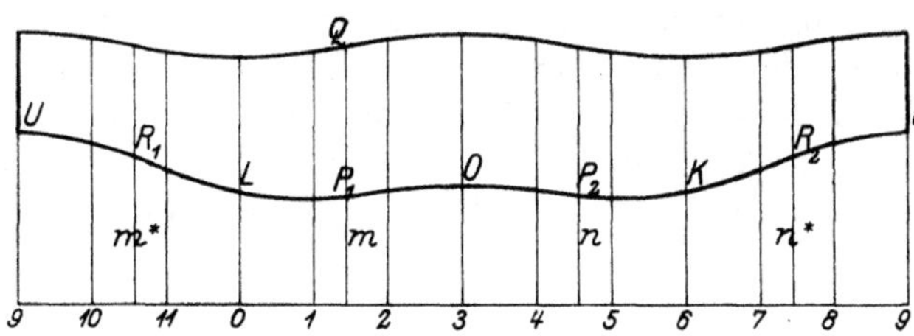

Abb. 149. Abwicklung zum Feuertürrahmen.

70. Durchdringung eines geraden Kreiszylinders mit einer ihn berührenden Kugel. Wie schon in (64) auseinandergesetzt, wird der Berührungspunkt zweier Flächen zum Doppelpunkt ihrer Durchdringungskurve, da deren Tangente an dieser Stelle unbestimmt wird.

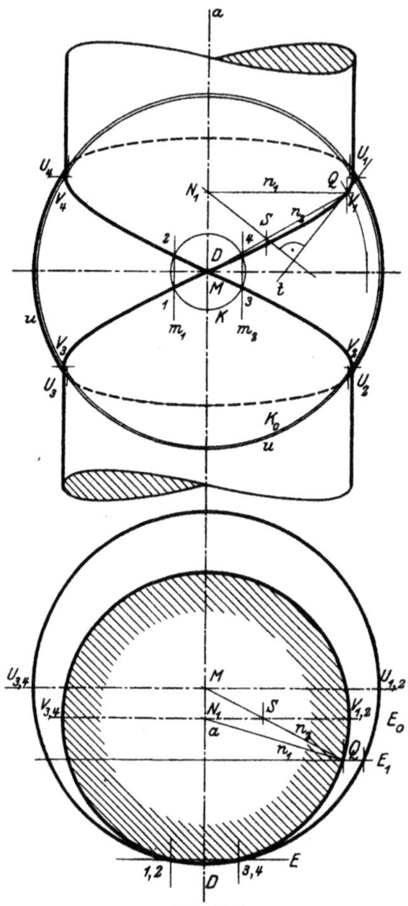

Abb. 150.
Doppelpunkt einer Durchdringungskurve.

In Abb. 150 wird also der Berührungspunkt D der Kugel mit dem Zylinder zum Doppelpunkt ihrer Durchdringungskurve, die eine auf dem Zylinder (und der Kugel) verlaufende Raumkurve 4. Ordnung ist. Punkte dieser Kurve lassen sich auf mannigfache Weise bestimmen. In der Abb. 150 wurden als Hilfsebenen E zweite Hauptebenen gelegt. Eine solche möge den Zylinder in zwei Mantellinien m_1 und m_2 treffen, die Kugel in einem Kreise k, deren Schnittpunkte 1—4 Punkte der Durchdringungskurve sind und im Aufriß angegeben werden können. Wurde der Punkt Q in dieser Weise mit Hilfe einer anderen Hauptebene E_1 erhalten, so zeigt die Abbildung auch die Konstruktion seiner Tangente mit Hilfe der beiden Flächennormalen n_1 und n_2. Dabei ist die Kugelnormale des Punktes Q einfach sein Durchmesser QM. Die Hauptebene E_0 durch die Zylinderachse a gibt eine zweite Hauptlinie N_1S der Ebene beider Normalen; rechtwinklig zu ihr ist der Aufriß der Tangente t.

Von Bedeutung für das richtige Einzeichnen der Kurve sind ihre Umrißpunkte auf dem Umriß von Kugel und Zylinder, je vier an Zahl. Erstere, U_1—U_4, liegen auf dem Kugelumriß, das ist dem Großkreis u der Kugel, der zur Aufrißebene parallel ist. Letztere, V_1—V_4, liegen auf den Umrißmantellinien des Zylinders, werden also durch deren Verbindungsebene E_0 erhalten.

VII. Graphische Flächen.

71. Gestaltliche Eigenart krummer Flächen und ihre Darstellung. In Kap. V wurden die krummen Flächen durch eine Kurvenschar, deren geometrischen Ort sie bilden, erzeugt. Dementsprechend kann man die Ausbreitung einer Fläche, ihre gestaltliche Eigenart, am besten zur Veranschaulichung bringen durch eine Abbildung (durch Projektion), wenn man Kurven, die der Fläche aufgeschrieben sind, darstellt. Und zwar empfiehlt es sich, die einzelnen Kurven der dargestellten Kurvenschar regelmäßig aufeinanderfolgen zu lassen, da dann die Eigenart der Fläche sich dem Beschauer einprägt. So ist in Abb. 151 eine Halbkugel in

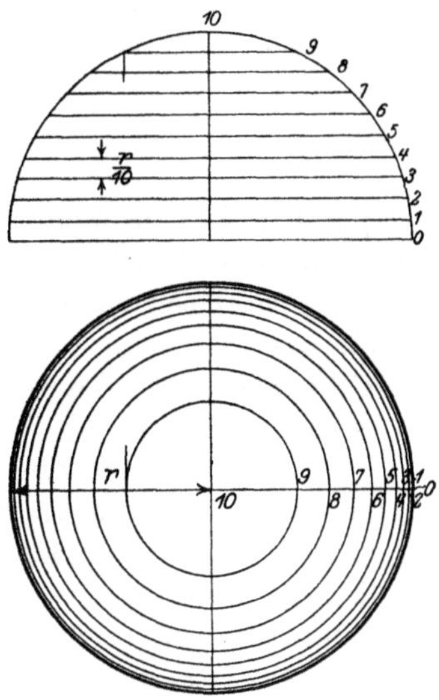

Abb. 151. Kugel mit Parallelkreisen.

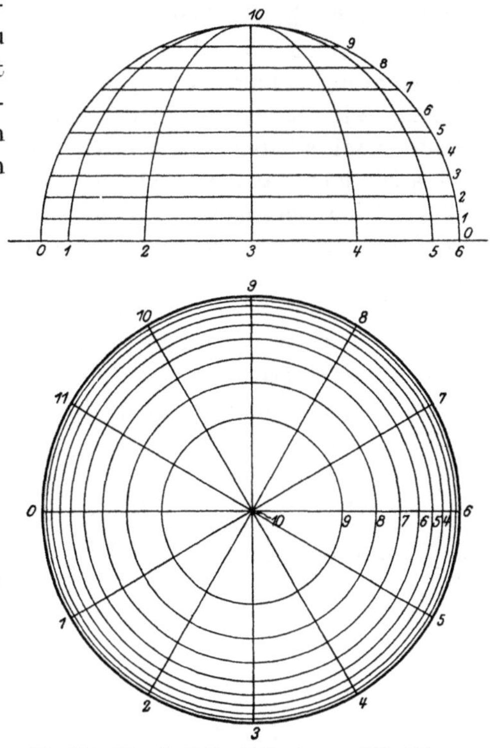

Abb. 152. Kugel mit Parallelkreisen und Meridianen.

zwei zugeordneten Normalprojektionen gegeben. Abgebildet sind die ebenen Kugelschnitte, die in (ersten) Hauptebenen liegen, und zwar folgen sich diese Schnittebenen in unveränderlichen Abständen $\left(\frac{r}{10}\right)$. Noch besser kommt die Form der Fläche zur Darstellung, wenn man sie in der Abbildung mit zwei Kurvenscharen überdeckt. In Abb. 152 ist zu den Schnitten der Kugel mit einer Schar paralleler Ebenen hinzugefügt worden eine Schar von Schnitten mit Ebenen, welche durch den vertikalen Kugeldurchmesser gehen, vertikal, wenn die Schnittebenen von vorhin horizontal sind.

Auch hier wurden diese ebenen Schnitte in unveränderlichem Winkelabstand (30⁰) gelegt, um die Gesetzmäßigkeit des Formenwandels des Aufrisses der Schnittkurven hervortreten zu lassen. Die Bezifferung der Einzelkurven der beiden Kurvenscharen gibt wieder Veranlassung an die krummlinigen Koordinaten der Flächenpunkte zu erinnern (54).

Liegt eine gesetzmäßige Fläche vor, wie dies in Abb. 152 der Fall ist, so sind die Kurvenbilder ebenfalls gesetzmäßige Kurven, da sie durch die Verbindung gesetzmäßiger Gebilde erhalten worden sind (in Abb. 152 handelt es sich um ebene Schnitte der Kugel).

72. Graphische Flächen. Die darstellende Geometrie ist aber vielfach anzuwenden auf nicht gesetzmäßig gestaltete Flächen, deren Form der Erfahrung entspringt und keine einfachen geometrischen Gesetze erkennen läßt. Auch diese Flächen bestimmt man, stellt man dar, durch ein oder zwei Scharen von Kurven, die ihnen aufgeschrieben sind und wird auch hier danach trachten, die Einzelkurven der Schar regelmäßig aufeinanderfolgen zu lassen. Die einzelnen Kurven selbst werden durch die Zeichnung, graphisch, gegeben sein. Einige Fälle, die im Maschinenbau eine große Rolle spielen, mögen zeigen, wie solche graphische Flächen gegeben werden und wie die Methoden der darstellenden Geometrie auf sie angewandt werden.

73. Schiffskörper. Die Abb. 153 gibt den Spantenriß eines Schiffskörpers. Spanten nennt man die Schnittkurven des Schiffskörpers mit parallelen Ebenen, die querschiffs verlaufen. Gibt man die Spanten, etwa um die Gestalt des Schiffsrumpfes stetig hervortreten zu lassen, in konstanten (unveränderlichen) Abständen der Schnittebenen voneinander, so tritt die Fläche in ihrer gestaltlichen Eigenart hervor, und es können nicht nur etwa nötig werdende Darstellungen und geometrische Konstruktionen an der Fläche ausgeführt werden, sondern auch mechanische Fragen, wie Verdrängung, Gleichgewicht usw., lassen sich erledigen, kurz alle Fragen, die sich auf die Seetüchtigkeit des Fahrzeuges beziehen. Die Form der Spanten ist Erfahrungssache,

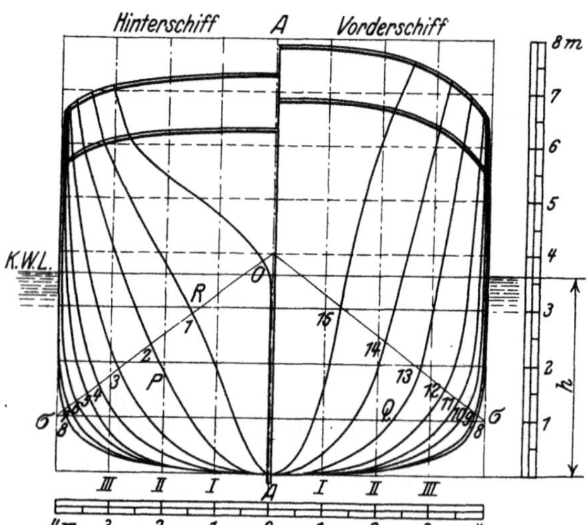

Abb. 153. Spantenriß.

hängt auch ab von der Art des Schiffes (Frachtdampfer, Personen-Schnelldampfer, Kriegsschiff, Jacht usw.). In Abb. 153 wurde vorausgesetzt, daß die Spanten in Abständen von 3,5 : 3,5 m aufeinanderfolgen. Bei der Herstellung des Schiffsrumpfes werden zuerst die Spanten verwirklicht und in ihrer gegenseitigen Lage festgelegt, dann wird die „Schiffshaut“ an ihnen befestigt.

Da der Schiffskörper zur längsschiff verlaufenden Mittelebene (A—A) symmetrisch ist, genügt es, jeweilen die eine Hälfte der Spanten anzugeben, so daß beiderseitig der Symmetrieebene „Vorderschiff“ und „Hinterschiff“ getrennt gegeben werden. Um aus den Spanten in der Zeichnung zur Herstellung der Spanten in der Werkstatt übergehen zu können, wird der Spantenriß überdeckt von einem Liniennetz, das in neuerer Zeit nicht mehr durch Unterteilung des „Konstruktionstiefganges“ (h in Abb. 153) erhalten wird, sondern Metereinteilung hat. Die Schnittlinien des Schiffskörpers mit horizontalen Ebenen heißen „Wasserlinien“. In der Tat spielen sie bei veränderlicher Belastung des Schiffes diese Rolle, wenigstens die mittleren unter ihnen. „Konstruktionswasserlinie“ (KWL. in Abb. 153) heißt die Wasserlinie, die einer normalen Schiffslast entsprechen soll.

Auf Grund des Spantenrisses können nun weitere Darstellungen des Schiffskörpers gefunden werden, denn er ist durch diese Darstellung völlig bestimmt.

Der „Längsriß“ des Schiffes (Abb. 154) ist ein Aufriß, dessen Projektionsebene die Stellung der Symmetrieebene des Schiffskörpers hat. Der Längsriß enthält die „Längsschnitte“ des Schiffskörpers, erhalten durch Ebenen, die längsschiffs verlaufen. Diese Schnittebenen I, II, III sind auch in Abb. 153 angegeben. Im Längsriß werden dann zunächst die Spantenebenen 0, 1, 2, ..., 15, 16 angegeben und dann der Abb. 153 die Schnittpunkte P der Spanten mit den betreffenden Schnittebenen I, II, III entnommen und in die Abb. 154 übertragen, die freilich in kleinerem Maßstab gezeichnet ist. Die gesamte Länge des Schiffes „zwischen den Perpendikeln“, dem vorderen Perpendikel (VP. in Abb. 154) und dem hinteren Perpendikel (HP.) ist durch die Spantenebenen untergeteilt.

Abb. 154 enthält als weitere Projektion den „Wasserlinienriß“, den Grundriß auf eine horziontale Projektionsebene. Die Wasserlinien, die in Abb. 153 in Abständen von je 1 m aufeinanderfolgen, geben mit den Spanten Schnittpunkte Q, die man wieder aus der ersten in die zweite Abbildung übertragen kann und die in ihrer Gesamtheit die Wasserlinien bilden. In Abb. 154 wurden der Deutlichkeit halber nur die Wasserlinien WL. 1, WL. 3 und WL. 5 eingetragen. Auch im Wasserlinienriß genügt es, die eine der beiden symmetrischen Schiffshälften darzustellen.

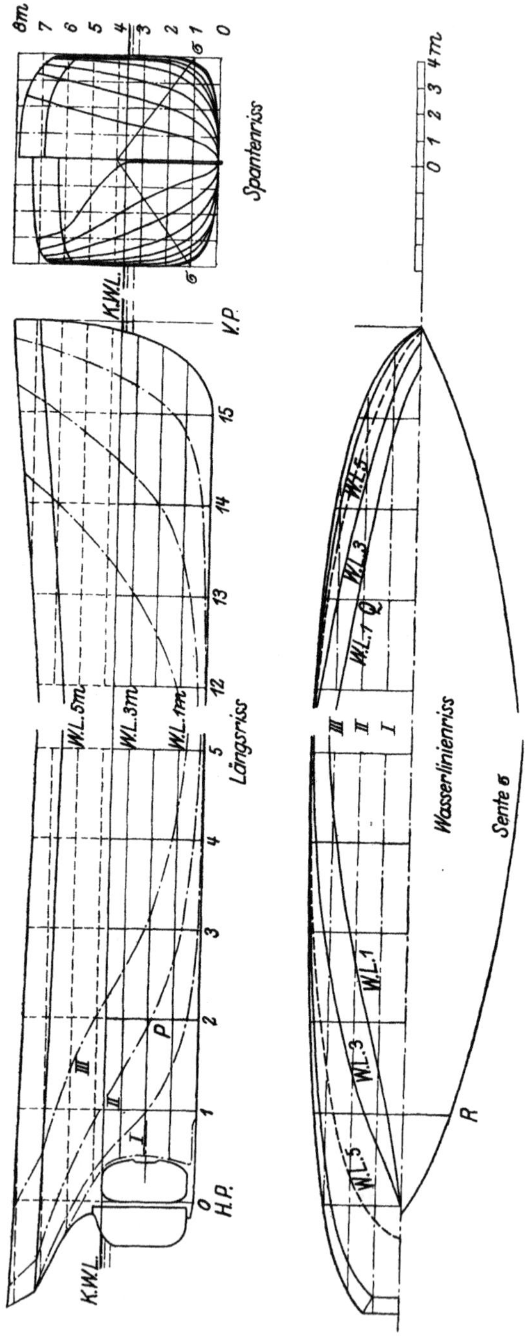

Abb. 154. Risse eines Schiffskörpers.

Die andere Hälfte des Grundrisses wird als „Sentenriß" ausgestaltet. „Senten" sind Wasserlinien bei schiefer Lage des Schiffes. Die Kenntnis ihrer Form ist wichtig bei Stabilitätsuntersuchungen. In Abb. 153 ist eine Sentenebene σ angegeben (es kommen nur Ebenen in Betracht, die zu den Spantenebenen rechtwinklig stehen). Im Spantenriß ist also die Spur der Sentenebene, von vorn und von hinten gesehen, angegeben. Die Schnittpunkte R der Sentenebene mit den Spanten können nun wieder aus dem Spantenriß in den Sentenriß übertragen werden und bilden in ihrer Gesamtheit die Sente σ.

74. Peltonbecher. Eine krumme Fläche von interessanter Form wird von der Innenseite der Becher gebildet, die am Umfang der Tangentialräder der Peltonturbinen angebracht werden (Abb. 155). Sie werden von dem aus der Düse kommenden Wasserstrahl getroffen, der dadurch seine lebendige Energie an das Rad abgibt.

Abb. 156 stellt zwei zugeordnete Projektionen (einen Aufriß und einen Kreuzriß) eines solchen Bechers dar. Die Fläche ist graphisch gegeben durch eine Anzahl paralleler Schnitte 0, 1, 2, ..., 6 von unveränderlichem gegenseitigen Abstand h. Es mögen nun die Schnittkurven der Fläche (es kommt naturgemäß nur die Innenfläche des Bechers in Betracht) mit einer Schar paralleler (dritter) Hauptebenen bestimmt werden. Es sind die Ebene I, II, III, ..., VII der Abbildung. Punkte P der Schnittkurven ermittelt man, indem man die Niveaulinien, welche die Fläche geben, mit den Schnittebenen schneidet. —

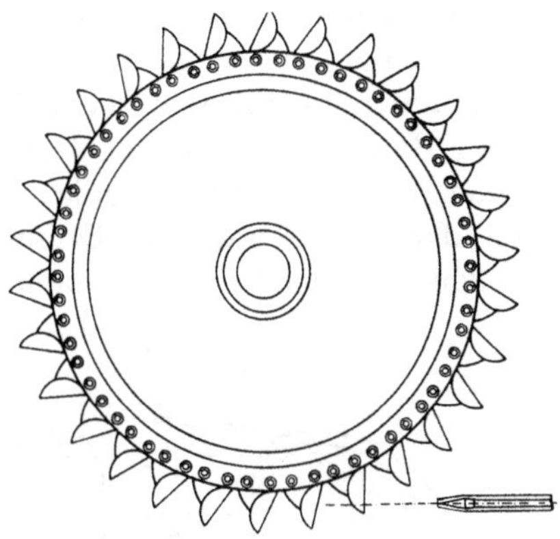

Abb. 155. Peltonrad.

Abb. 157 enthält die Lösung einer anderen Konstruktionsaufgabe an der nämlichen Fläche, die wieder durch Auf- und Kreuzriß gegeben, aber anders gestellt ist. Ein aus der Düse kommender zylindrischer Wasserstrahl mit der Achse a und dem Radius s treffe unter dem Winkel α auf den Becher. Dieser Winkel ändert sich mit der Stellung des Rades. Es

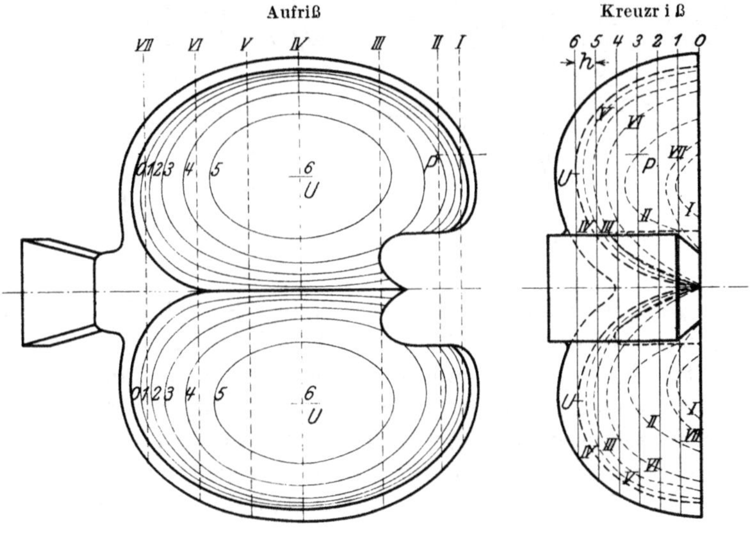

Abb. 156. Peltonbecher.

soll nun für diese „Beaufschlagung" des Bechers die Durchdringungskurve des Wasserstrahles mit der ihn auffangenden Fläche bestimmt werden, eine Kurve, welche die Ausgangsstellen der auf dem Becher verlaufenden Wasserfäden umschließen wird.

Eine graphisch gegebene Fläche wird nun mit einer anderen gegebenen Fläche durchdrungen, indem Kurven, die auf der graphischen Fläche verlaufen, mit der anderen Fläche zum Schnitt gebracht werden. Es wäre unzweckmäßig, die Niveaulinien des Bechers in Abb. 157 mit dem Zylinder zu schneiden, da die (horizontalen) Niveauebenen den Zylinder in Ellipsen schneiden. In Abb. 157 wurden vielmehr (dritte) Hauptebenen H eingelegt. Eine solche schneidet den Becher in einer Kurve h, deren Punkte N man findet, indem man Niveaulinien der Fläche mit der Schnittebene schneidet. Die Hilfsebene wird den Zylinder in zwei Mantellinien treffen, wenn ihr Abstand von

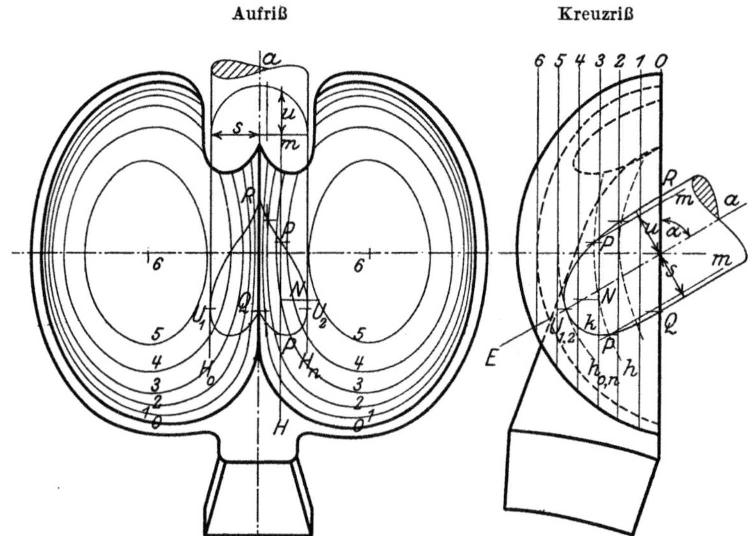

Abb. 157. Peltonbecher und Wasserstrahl.

der Zylinderachse a kleiner ist als des Radius des Zylinders. Zur Darstellung einer solchen Mantellinie m sind (in beiden Projektionen) Normalschnitte des Zylinders umgelegt worden. Dann kann man dem Aufriß den Abstand u der in der Hilfsebene H gelegenen Mantellinie m von der dritten projizierenden Ebene E der Achse a entnehmen und im Kreuzriß benutzen, um die Projektion der gleichen Mantellinie anzugeben. Die Punkte P, in denen diese Mantellinien die Hilfskurve h treffen, gehören der Durchdringungskurve k des Bechers mit dem Wasserstrahl an. Äußerste Punkte U_1 und U_2 erhält man für die Durchdringungskurve k, indem man die äußersten, noch benutzbaren Hilfsebenen H_0 und H_n legt.

VIII. Topographische Flächen.[1])

75. Darstellung der Erdoberfläche. Eine Fläche ganz anderer Art als die im letzten Kapitel behandelten graphischen Flächen aus dem Maschinenbau ist die Erdoberfläche, wie sie hervorgegangen ist durch das Zusammenwirken geologischer, meteorologischer und kulturgeschichtlicher Einflüsse. Sieht man ab von kleineren Unstetigkeiten und hält man sich an die großen Züge ihres Verlaufes, so wird man, abgesehen von Ausnahmefällen, z. B. in schroffen Gebirgspartien, ein Gebilde vor sich haben, das darstellend-geometrischer Behandlung als „Fläche" zugänglich ist. Gilt es nun, etwa im Hinblick auf eine zu entwerfende Erdbaute (z. B. eine Straßen- oder Eisenbahnanlage, ein Wasserkraftwerk od. ähnl.) einen Überblick zu gewinnen über das Gelände (Terrain) der betreffenden Gegend, so wird das Ziel sein, eine topographische Karte herzustellen. Dabei kann man sich in den Kulturländern stützen auf die Ergebnisse der Landesvermessung. Diese überdeckt das Land mit einem Dreiecksnetz, dessen Ecken ausgezeichnete Landespunkte sind (z. B. Bergspitzen), und bestimmt die Winkel und Seiten der Dreiecke. Diese Triangulation 1. Ordnung, deren Dreieckseiten Längen von vielen Kilometern haben, muß Rücksicht nehmen auf die Krümmung der Erdoberfläche. Sie wird ergänzt und verfeinert durch Triangulationen 2., 3. und 4. Ordnung, Dreiecksnetze liefernd, welche die Netze höherer Ordnung immer dichter ausfüllen. Das Ergebnis dieser Landesvermessung ist die Kenntnis der gegenseitigen Lage einer großen Zahl von Landespunkten. Von diesen wird nun eine gewisse Anzahl in das Gebiet fallen, das topographisch aufzunehmen ist. Da die topographische Karte, die man nun herzustellen hat, nur ein kleineres Gebiet umfassen wird, kann man von der Erdkrümmung absehen und die Geländepunkte projizieren auf eine horizontale Ebene und jeweilen ihre Kote hinzufügen, so daß die Geländepunkte durch ihre kotierte Normalprojektion (Kap. I) gegeben sind. Diese von der Landesvermessung gelieferten Dreieckspunkte bilden das Knochengerüst, an das sich die topographischen Arbeiten anschließen, deren Ziel die genauere Aufnahme der Geländefläche im betrachteten Gebiete ist. Mit einem Nivellierinstrument können horizontale Sichten festgelegt werden und kann die Kote einzelner Punkte des Geländes bestimmt werden (Abb. 158). So überdeckt sich das Gebiet mit einem immer dichter werdenden Netz von Geländepunkten, von denen man die Normal-

[1]) Da die darstellende Geometrie eine der wenigen Gelegenheiten zu sein pflegt, die den werdenden Maschineningenieur einführen in die vermessungstechnischen Grundsätze, sei dies Kap. aufgenommen.

projektion auf eine horizontale Ebene und die zugehörige Kote kennt (Abb. 159).

Allein man kann die so in ihrem Verlauf annähernd festgelegte Geländefläche der Anschauung näherbringen und für Konstruktionen aus dem Erdbau geeigneter machen durch das Einzeichnen von Höhenkurven (auch Schichtenlinien, Horizontallinien, Niveaulinien oder Isohypsen genannt). Darunter versteht man die Kurven, welche Punkte gleicher Kote miteinander verbinden. Es sind also die Schnittkurven der Geländefläche mit Horizontalebenen, Linien, welche z. B. die Gestaltung des Ufers einer Insel bei veränderlicher Wasserhöhe bedeuten würden. Es empfiehlt sich wieder, um in die Aufeinanderfolge der Höhenkurven Regelmäßigkeit zu bringen, den Abstand aufeinanderfolgender Schichtebenen unveränderlich zu wählen. Ob dieser Höhenunterschied (Äquidistanz) 1 m oder 5 m oder 10 m oder mehr beträgt, hängt vom Maßstab und dem Zweck der Karte, auch von der Gestaltung

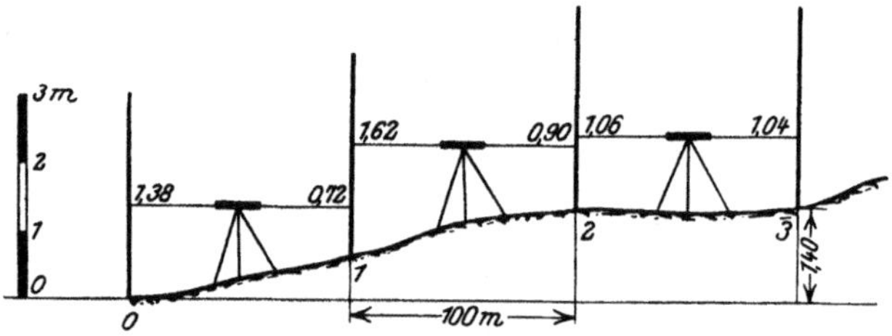

Abb. 158. Nivellement.

der Geländefläche ab. In Gebieten, in denen das Gelände stark ansteigt, braucht man offenbar mehr Höhenkurven als im Flachland.

Es gilt nun, in einem topographischen Plan, wie ihn Abb. 159 gibt und der das Ergebnis des Flächennivellements ist, Punkte mit gleichen, am besten mit ganzzahligen Koten miteinander zu verbinden. Die Schichtenhöhe oder Äquidistanz sei 10 m. In der Regel wird die Karte keine genügende Zahl von Punkten mit ganzzahligen Koten aufweisen. Es gilt, solche Punkte einzuschalten (zu interpolieren). Man denkt sich zu dem Ende Schnittebenen rechtwinklig zur Projektionsebene, sog. Profilebenen, eingelegt, und zwar zwischen festgelegten Punkten des Geländes. In Abb. 159 geschah dies z. B. zwischen den Punkten 541,4 und 612,0. Liegen nun die Punkte, durch welche die Profilebene gelegt wurden, nicht zu weit auseinander, so wird man, ohne einen zu großen Fehler zu begehen, annehmen dürfen, das Gelände sei zwischen ihnen eben, das Profil also geradlinig. Man kann daher in Abb. 160 (im Maßstab der Abb. 159 oder größer, insbesondere in den Koten überhöht) ein rechtwinkliges Dreieck zeichnen, dessen eine Kathete die der topographischen Karte entnommene Entfernung

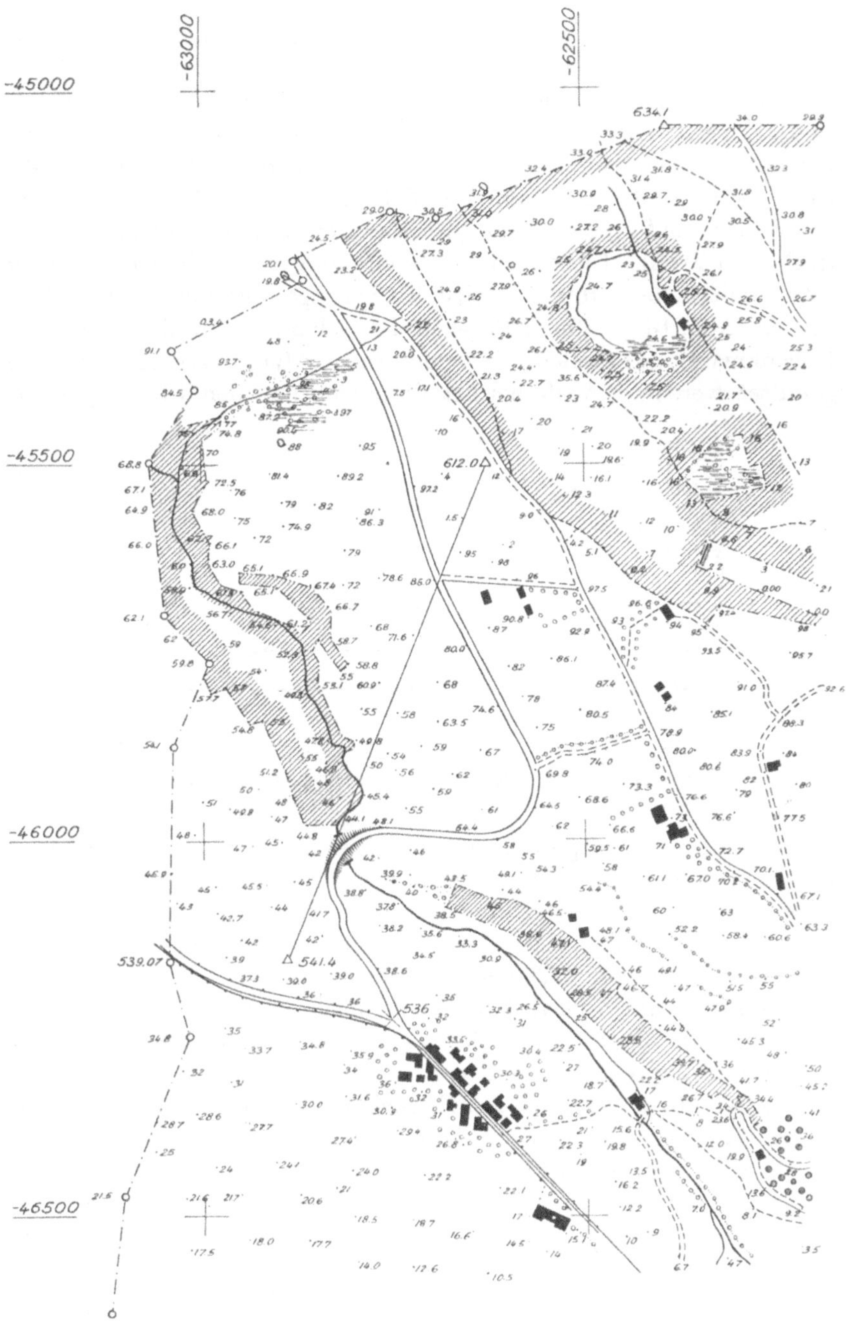

Abb. 159. Terrainfläche mit kotierten Punkten.

(natürlich in der Projektion gemessen) ist und dessen andere Kathete der Kotenunterschied der Punkte ist. Dieser beträgt im erwähnten Fall 70,6 m. Im Maßstab 1 : 10000 der Abb. bedeutet dies 7,06 mm, so daß es sich empfiehlt, die Koten in zehnfacher Überhöhung zu zeichnen. Die Hypotenuse dieses Dreiecks stellt dann das (angenäherte) Geländeprofil zwischen den beiden Punkten dar. Man kann dann in der Abb. 160 die Schichtenhöhen 610, 600, . . ., 550 einzeichnen und erhält so die gleichbezifferten Geländepunkte im betrachteten Profil. Diese überträgt man dann in den Plan 159. Sie ergeben, miteinander durch stetige Kurvenzüge verbunden, die Höhenkurven (Abb. 161). Durch Begehen des Geländes kann der Verlauf der Höhenkurven an Stellen, die eine Nachprüfung verlangen, sicherer gestaltet werden. Auch belehrt die Erfahrung den topographischen

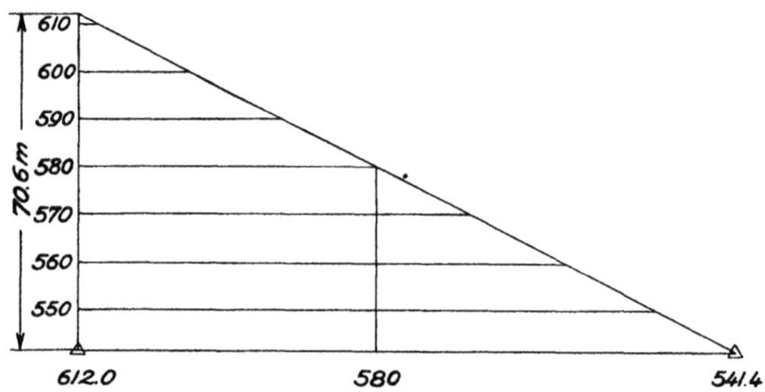

Abb. 160. Interpolation von Punkten mit ganzzahligen Koten.

Zeichner über die möglichen und häufigen Formen der Höhenkurven. So durchschneiden sich zwei Höhenkurven nie, da das Gelände im allgemeinen nicht überhängend sein wird. Dagegen kann es eintreten, daß eine Höhenkurve einen Doppelpunkt (52) aufweist. In Abb. 162 hat die Höhenkurve 47,3 einen Doppelpunkt D. Es bedeutet dies, daß die Horizontalebene 47,3 die Geländefläche im Punkte D berührt (55). Alle Höhenkurven, die höher liegen als diese Tangentialebene, bestehen aus zwei Teilen entsprechend den beiden Flanken der Berge, welche die Paßstelle D beherrschen. Höhenkurven dagegen, die tiefer liegen als die Paßhöhe D, bestehen auch aus zwei Zügen, die aber in den beiden Tälern dies- und jenseits des Passes liegen. —

Liegt ein Punkt (A in Abb. 163) nicht gerade im höchsten Punkt einer Hügelkuppe oder an der tiefsten Stelle einer Mulde, so geht durch ihn eine und nur eine Kurve stärksten Gefälles auf dem Gelände. Man konstruiert sie näherungsweise in einem Plan mit eingezeichneten Horizontalkurven, indem man von dem Punkte A auf der Kurve 269 im Beispiel den nächsten Punkt B auf der Höhenlinie 268 bestimmt,

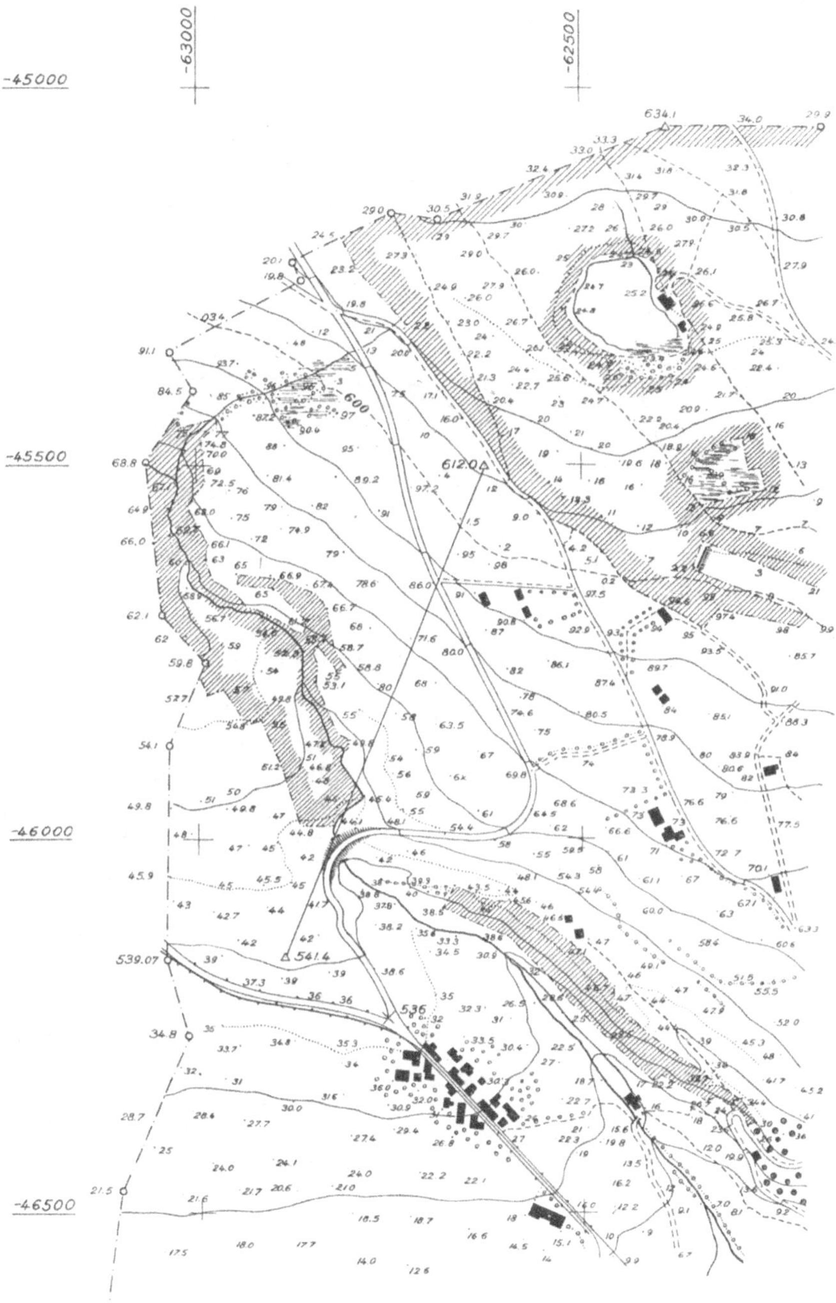

Abb. 161. Terrainfläche mit Höhenkurven.

dann vom Punkte B aus den folgenden Punkt C auf der Kurve 267 usw. Denn je kleiner im Grundriß die Strecken AB, BC, CD, ... sind,

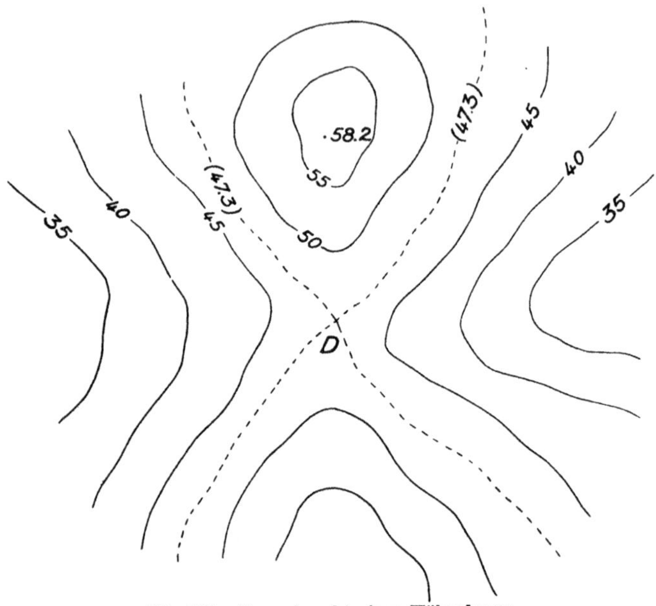

Abb. 162. Doppelpunkt einer Höhenkurve.

um so größer wird das Gefälle der Strecken AB, BC, CD, ... auf dem Gelände. Ist doch die Projektion AB das Intervall (7) der im Raum liegenden Strecke AB. In Abb. 163 hat es die ungefähre Länge von 1 m; daraus berechnet sich ohne weiteres, daß die Neigung der Strecke AB auf dem Gelände etwa 1 : 1 ist. Die Linie f des stärksten Gefälles stellt den Weg dar, den eine in A losgelassene Kugel auf der Geländefläche einschlagen würde, wobei man freilich absehen muß vom Einfluß der Wucht, welche eine schwere Kugel im Verlaufe des Hinabrollens bekäme.

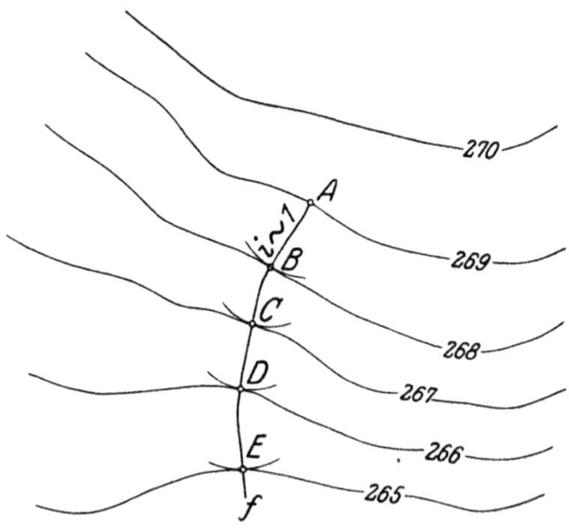

Abb. 163. Linie stärksten Gefälles.

In Abb. 164 stellt die Linie $ABCDE$, die in Kehren den durch die Höhenlinien gegebenen Hügel hinansteigt, eine Linie unveränderlichen Gefälles dar. Da das unveränderliche Intervall 5 m ist, wird die unveränderliche Steigung 1 : 5 sein.

76. Erdbauten und ihre Abböschung. Wird eine Erdbaute ausgeführt, wird also die Gestaltung der Erdoberfläche geändert, so sind Erdmassen zu bewegen, teils abzutragen, teils aufzutragen. Die Kosten der Bauten hängen wesentlich von der Größe dieser Erdmassen ab, sowie vom Massenausgleich zwischen Abtrag und Auftrag. Die abgetragenen und aufgetragenen Erdkörper werden gegeneinander und gegen das Gelände abgeböscht. Diese Abböschungen von Straßen und Eisenbahnlinien, von wagrechten oder geneigten Flächen hängen in ihrer Form und Lage einmal ab von der geometrischen Begrenzung der abzuböschenden Fläche, dann aber auch von der „natürlichen Böschung" des Materials (Sand, Humus, Lehm usw.), die mit oder ohne künstliche Festigung verwendet werden.

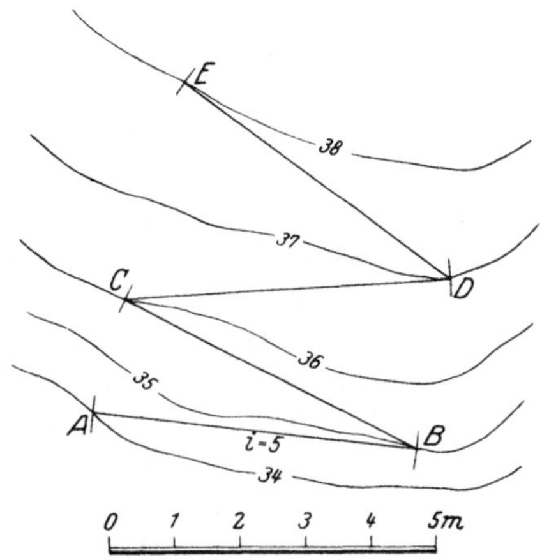

Abb. 164. Linie unveränderten Gefälles.

Geometrisch hängen die Böschungsflächen lediglich ab von der geometrischen Eigenart der Begrenzungslinien, auf die sie sich zu stützen haben. Ihre Bestimmung und ihre „Verschneidungen" unter sich und mit dem Gelände lassen die geplante Erdbaute im Plan erstehen und lassen erkennen, wieweit die Baute ausgreifen wird, ein Umstand, der auch wegen der Eigentumsverhältnisse des Grund und Bodens, auf den die Baute zu stehen kommt, wichtig ist.

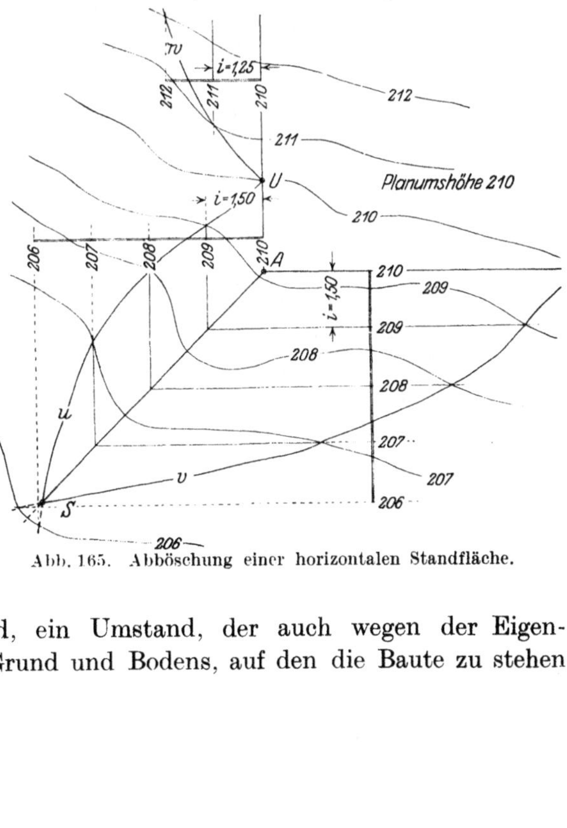

Abb. 165. Abböschung einer horizontalen Standfläche.

a) Am einfachsten ist die Abböschung einer ebenen, wagrechten, geradlinig begrenzten Fläche, z. B. des „Planums" einer wagrecht verlaufenden Straße oder der wagrechten Standfläche einer Hochbaute. In Abb. 165 sei in einen topographischen Plan eine Ecke eines solchen Planums abgeböscht. Durch die beiden in der Ecke A zusammenstoßenden horizontalen Kanten, welche die ebene (in der Kote 210 verlaufende) Fläche begrenzen, legt man die Böschungsebenen, etwa mit der Böschung 1 : 1,5. Das heißt, daß der Neigungswinkel dieser Ebenen gegen die horizontale Projektionsebene die trigonometrische Tangente 1 : 1,5 hat. Das Intervall i der Fallgeraden der Ebene (11), die zu den Niveaulinien rechtwinklig steht, ist also 1,5 m. Abb. 166 läßt die Größe des zugehörigen Neigungswinkels α erkennen. Die Hauptlinien 209, 208, 207, ... der Böschungsebenen gehen durch die gleich bezifferten Punkte der Fallgeraden dieser Ebenen. Ihre Schnittpunkte sind Punkte der Schnittgeraden beider Ebenen. Da die beiden Böschungsebenen der in der Ecke A zusammenstoßenden Kanten hier gleiche Böschung (1 : 1,5) haben, wird die Projektion ihrer Schnittgeraden in die Winkelhalbierende des hier rechten Kantenwinkels fallen.

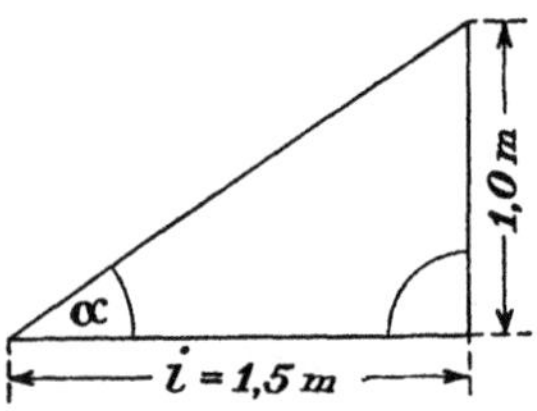

Abb. 166. Neigungswinkel und Intervall für eine Gerade.

Diese Böschungsebenen werden nun Verschneidungen mit dem Gelände ergeben. Punkte dieser Schnittkurven erhält man, indem man in gleicher Kote liegende Niveaulinien beider Flächen miteinander zum Schnitt bringt. Die beiden Kurven u und v, die man so in Abb. 165 erhält, treffen sich in einem Punkte S, der auf der Schnittgeraden beider Böschungsebenen liegen muß, da er in allen drei Flächen liegt (der Geländefläche und den beiden Böschungsebenen).

Überhaupt hat man sich bei der Darstellung der Verschneidungen der Böschungsflächen unter sich und mit dem Gelände leiten zu lassen von der Erkenntnis, daß, wenn zwei Verschneidungslinien in einem Punkt zusammentreffen, noch eine dritte durch ihn gehen muß, weil dann eben durch den Punkt drei Flächen gehen und somit auch deren drei Schnittlinien zu je zweien.

Ist U der Punkt, wo die Böschungsschnittkurve u die Kote 210 erreicht, so wird von dieser Stelle an die Auftragsböschung abgelöst werden durch eine Abtragsböschung. Diese habe die Böschung 1 : 1,25, so daß ihr Intervall $i = 1{,}25$ ist. Man hat es auf einer zur horizontalen Stützkante rechtwinkligen Fallgeraden abzutragen, um die Punkte 211, 212, ... der Fallgeraden zu erhalten, durch welche die gleich bezifferten Höhenlinien der Böschungsebene gehen. Mit ihrer Hilfe ermittelt man Punkte der Schnittkurve w der Böschungsebene mit dem Gelände. —

In Abb. 167 sind die Böschungsschnittkurven für eine horizontale gerade Straße eingetragen. In den Punkten A und B findet der Wechsel von Damm und Einschnitt statt. Es sind das die Punkte, wo die eine und die andere Kronenkante des Planums der Straße in das Gelände eindringt. Liegt also Veranlassung vor, diese Punkte genauer zu bestimmen, so wird man eine Profilebene (74) durch die betreffende Kronenkante legen. Kennt man dann (Abb. 168) das Profil, dessen Punkte

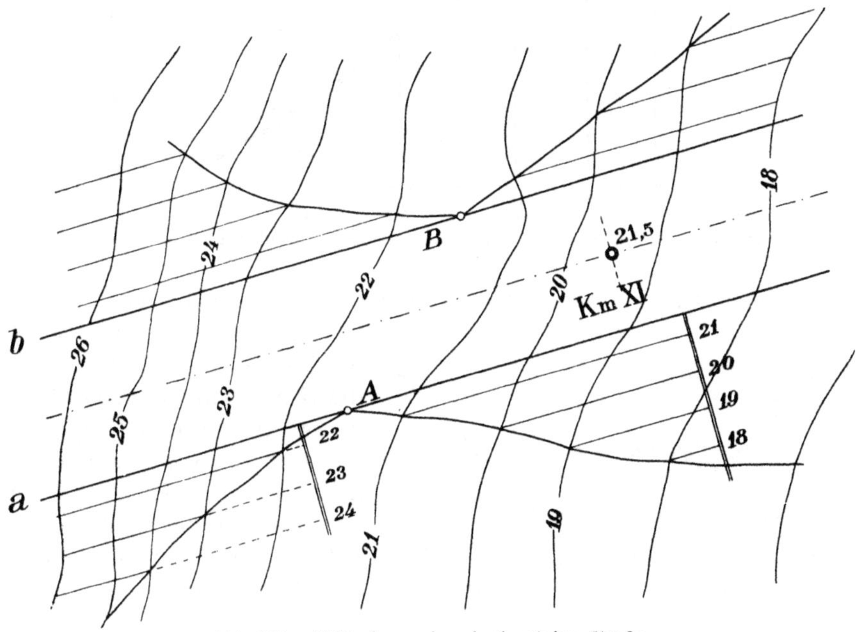

Abb. 167. Abböschung einer horizontalen Straße.

man aus ihren Koten und ihren der Abb. 167 entnommenen Projektionen findet, so erkennt man den Punkt A und kann ihn aus der Abb. 168 in die Abb. 167 übertragen.

Allein, wo ein Planum im Abtrag abgeböscht wird, sind auch Wassergräben vorgesehen, etwa entsprechend dem Querprofil der Straße in Abb. 169. A sei in Abb. 170 der Punkt, wo die Kronenkante a der Straße in das Gelände tritt, also der Schnittpunkt der Kante a mit der Niveaulinie 51 des Geländes, da angenommen sei, das Straßenplanum liege in der Kote 51. Die beiden Begrenzungskanten s und t der 50 cm tiefer liegenden Sohle des Grabens können dann auch in den topographischen Plan eingetragen werden unter Berücksichtigung der Böschungsmaßstäbe, welche das Querprofil erkennen läßt. Sind nicht alle diese Böschungen einander gleich, wie in Abb. 169 angenommen, so tritt eine leicht angebbare Änderung im Kurvenverlauf ein. Die Böschungsschnittkurve u möge nun die Sohlenkante s in einem Punkte B

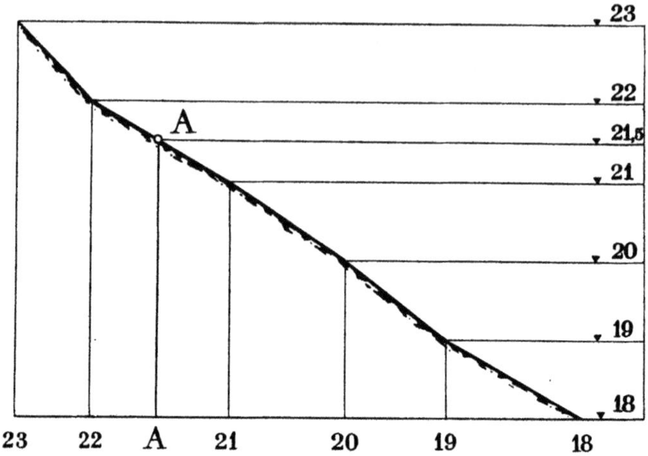

Abb. 168. Bestimmung des Eintrittspunktes der Kronenkante in das Gelände.

schneiden. Durch diesen Punkt B geht dann das kurze Kurvenstück BC, in welchem die Grabensohle in das Gelände eintritt. Da die Grabensohle horizontal (zumeist aber schwach geneigt) ist, wird das Kurvenstück BC die ungefähre Richtung der Niveaulinien des Geländes in jener Gegend einhalten. Durch den Punkt C geht dann die Schnittkurve v der Einschnittsböschungsebene mit dem Gelände.

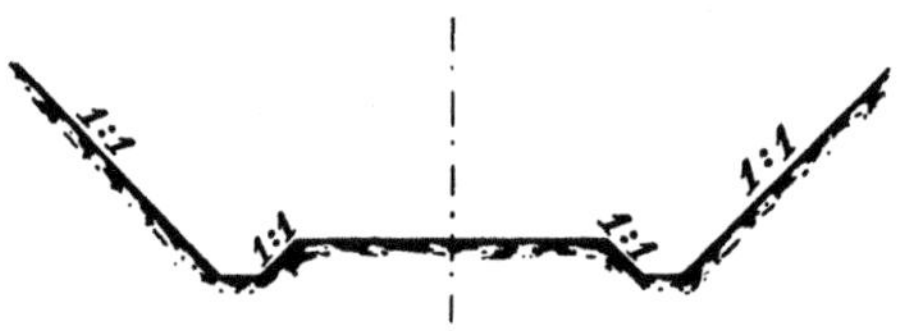

Abb. 169. Querprofil für eine Straße im Einschnitt.

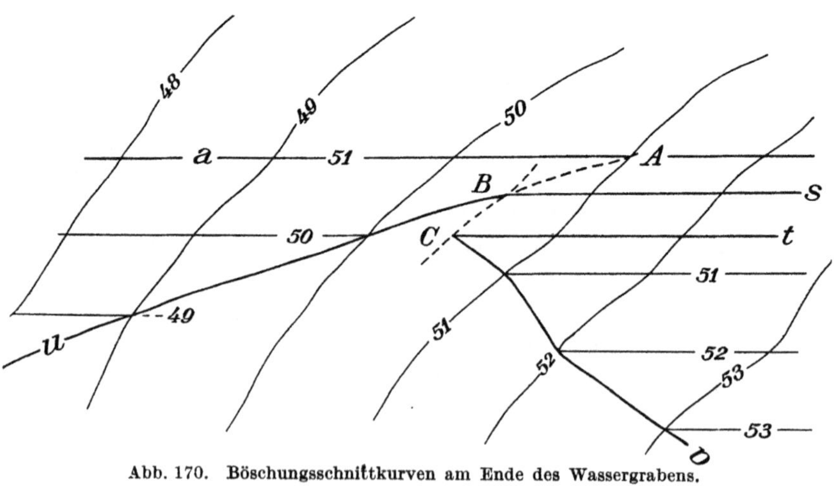

Abb. 170. Böschungsschnittkurven am Ende des Wassergrabens.

b) Ist dagegen eine geneigte ebene, geradlinig begrenzte Fläche abzuböschen, etwa das Planum der ansteigenden Straße in Abb. 171, so ist die Fallgerade der Böschungsebene nicht unmittelbar gegeben wie in den eben betrachteten Fällen, sondern muß konstruiert werden. Um die geometrischen Beziehungen gut hervortreten zu lassen, werde angenommen, der Weg steige mit 20 vH an, so daß eine Steigung von 1 m einem horizontalen Fortschreiten von 5 m entspricht. Zwei Punkte der Kronenkante k, deren Koten um eine Einheit voneinander abweichen, werden somit den (horizontalen) Abstand 5 m haben, gleich dem Intervall i der Kante k. In Abb. 171 seien etwa die Punkte mit den Koten 82 und 83 hervorgehoben.

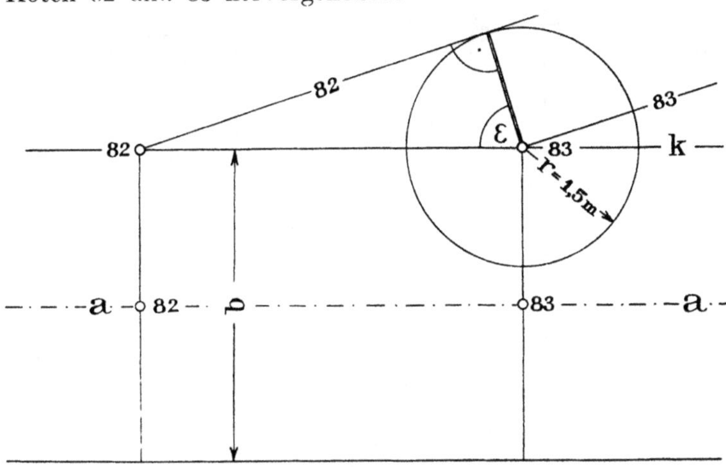

Abb. 171. Abböschung einer geradlinigen ansteigenden Straße.

Die Konstruktion der Böschungsebene durch die Kronenkante k erfolgt nun mit Verwendung des sog. Böschungskegels. Alle Ebenen nämlich, die durch einen Punkt des Raumes mit unveränderlicher Böschung gelegt werden, umhüllen einen geraden Kreiskegel mit vertikaler Achse und dessen Mantellinien, die nämliche Böschung zeigen wie seine Tangentialebenen, die Böschungsebenen. Wählt man die Spitze des Böschungskegels auf der Kronenkante, durch die man die Böschungsebene legen will, so muß sie sich vorfinden unter seinen Tangentialebenen. Wählt man z. B. die Spitze des Böschungskegels im Punkte 83 der Kronenkante, seine Höhe gleich 1 m, seinen Leitkreis somit in der Niveauebene 82, so wird der Leitkreis den Radius 1,5 m haben müssen, wenn 1 : 1,5 die Böschung der gesuchten Böschungsebene sein soll. Die durch die Kronenkante k gehenden Böschungsebenen werden mit der Niveauebene 82 Spuren haben, die durch den Punkt 82 gehen und Tangenten des Leitkreises des Böschungskegels sind. Die beiden in Abb. 171 möglichen Lösungen entsprechen den zwei

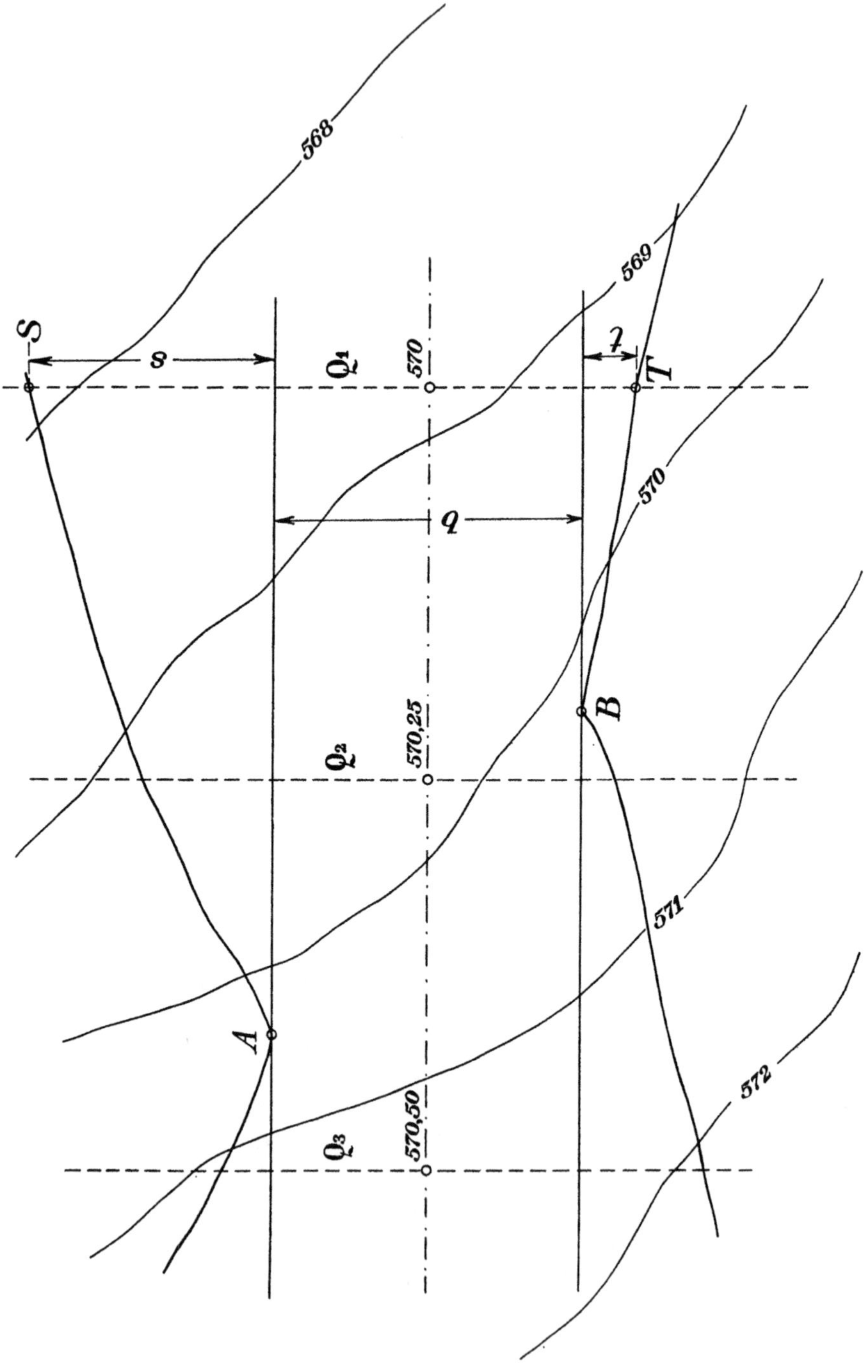

Abb. 172. Böschungsschnittkurven konstruiert mit Querprofilen.

denkbaren Fällen der Abtrags- und der Auftragsböschung. Die Mantellinie, in der sich Böschungskegel und Böschungsebene berühren, ist eine Fallgerade der Böschungsebene. —

Abb. 172 zeigt für eine mit 5 vH ansteigende Straße die Ermittlung der Böschungsschnittkurven mit Verwendung von Querprofilen der Straße. Bei den im Straßen- und Eisenbahnbau gebräuchlichen Steigungen und Böschungsmaßstäben unterscheidet sich nämlich der

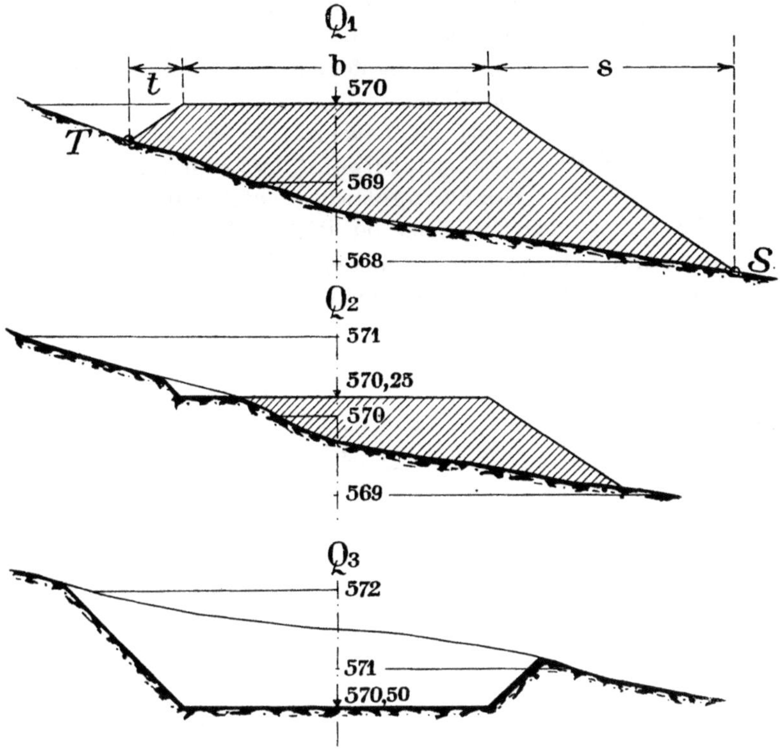

Abb. 173. Querprofile.

Winkel ε, unter dem im Plan (vgl. Abb. 171) die Fallgerade der Böschungsebene gegen die Kronenkante des Planums schief ist, nur wenig von einem rechten Winkel. Man begeht daher keinen großen Fehler, wenn man auf die genaue Konstruktion nach Abb. 171 verzichtet und Querprofile der Straße einlegt. Solche Querprofile Q_1, Q_2, Q_3 sind in Abb. 172 gelegt durch die Punkte der Straßenachse mit den Koten 570, 570,25, 570,5, deren (horizontaler) Abstand je 5 m ist. Der Abb. 172 entnimmt man Punkte des Querprofils des Geländes, um es in Abb. 173 zeichnen zu können. Hier ergeben sich dann die Schnittpunkte S und T des Querprofils der Straße mit dem Querprofil des Geländes, die nun in Abb. 172 übertragen werden. Es sind Punkte der Böschungsschnittkurven. Die drei Querprofile Q_1, Q_2, Q_3 betreffen Stellen, wo die Straße bzw. auf einem Damm, im Anschnitt und im Einschnitt verläuft.

c) Soll sich die Böschungsfläche an einen horizontalen Kreisbogen anlehnen, etwa an die kreisbogenförmige Eckenbildung des horizontalen Planums in Abb. 174, so wird sie zum Böschungskegel, dessen kreisförmige Höhenkurven die Abbildung zeigt. Das gleiche wird eintreten bei der Abböschung einer im Kreisbogen verlaufenden horizontalen Straße oder Bahnlinie.

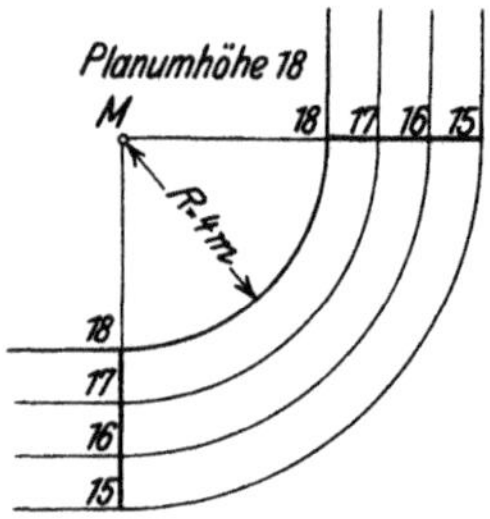

Abb. 174. Böschungskegel.

d) Ist dagegen die Straße gekrümmt und ansteigend, so wird eine allgemeinere Böschungsfläche entstehen.

In Abb. 175 ist der Fall einer im Radius $R = 10$ m gekrümmten Straße dargestellt, die mit 20 vH ansteigt. Dabei sind diese extremen Zahlen gewählt, um die geometrischen Verhältnisse deutlich werden

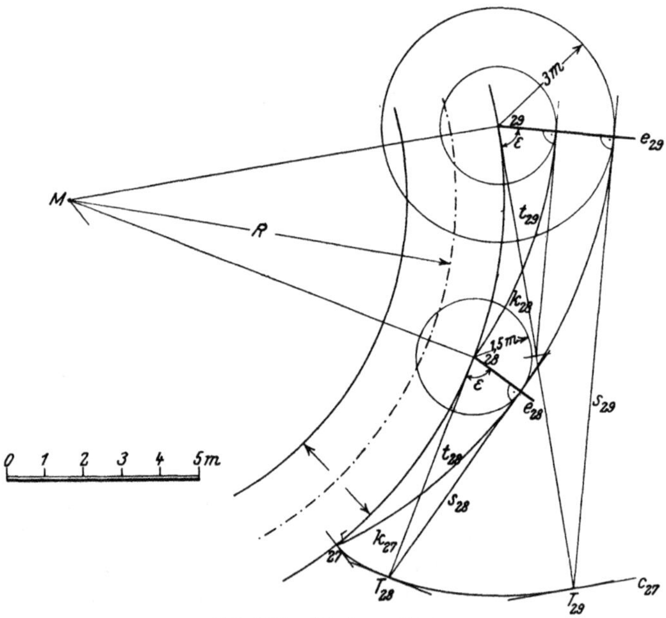

Abb. 175. Böschungsfläche.

zu lassen, während in der Folge die Vereinfachungen angegeben werden, die im Straßen- und Eisenbahnbau eintreten können.

Wir denken uns die gleichmäßig ansteigende Kronenkante der Straße, deren Grundriß ein Kreis mit dem Krümmungsmittelpunkt M ist, abgeböscht. Die Abböschung der anderen Kronenkante erfolgt nach den nämlichen Grundsätzen. Im Raum ist die Kronenkante eine Schraubenlinie (Kap. XV). Die Böschungsfläche umhüllt die Böschungskegel, die man in den einzelnen Punkten der Kronenkante legen kann. In Abb. 175 soll 1 : 1,5 die Böschung sein. Es sind in den Punkten 28 und 29 der Kronenkante die entsprechenden Böschungskegel gelegt und mit der Horizontalebene 27 zum Schnitt gebracht. Die entstehenden Grundkreise der Kegel haben dann die Radien 1,5 m bzw. 3 m. Da nun die Kronenkante der Straße auf der zu bestimmenden Böschungsfläche liegen muß, so werden ihre Tangenten in den betreffenden Tangentialebenen dieser Fläche liegen. Bestimmt man also die Grundrisse dieser Tangenten t_{28}, t_{29}, ... als die Tangenten an den kreisförmigen Grundriß der Kronenkante, so kann man beachten, daß auch diese Tangenten eine Steigung von 20 vH haben, man also ihre Spurpunkte T_{28}, T_{29}, ... mit der Horizontalebene 27 erhält, indem man die Kreisbogenstücke zwischen den Punkten 28, 29, ... und dem Punkt 27 abwickelt. Die Spurpunkte T_{28}, T_{29}, ... der Tangenten der Kronenkante mit der Horizontalebene 27 bilden also die vom Punkte 27 ausgehende Evolvente c_{27} des im Grundriß erscheinenden Kreises.

Die Spurpunkte T_{28}, T_{29}, ... sind also Punkte der Spuren s_{28}, s_{29}, ... der in den Punkten 28, 29, ... berührenden Tangentialebenen der Böschungsfläche. Und da diese Fläche entsteht als Umhüllung der Böschungskegel, so daß zwischen der Böschungsfläche und dem Böschungskegel jeweilen Berührung längs einer Mantellinie des letzteren stattfindet, so ergibt sich diese Mantellinie, indem man aus den Punkten T_{28}, T_{29}, ... die Tangentialebenen an die Böschungskegel 28 bzw. 29, ... legt. Man kann nun die Böschungsfläche auch umhüllt gedacht denken durch diese Tangentialebenen und wird inne, daß es sich bei dieser Böschungsfläche um eine abwickelbare Fläche handelt [1]) (56), die durch das Abrollen einer Ebene erzeugt wird. Erzeugende der Fläche sind die Berührungsmantellinien der Böschungskegel, längs deren diese Kegel von den Böschungsebenen durch die Tangenten der Kronenkante und von der Böschungsfläche berührt werden. Der geometrische Ort der Spurpunkte dieser Erzeugenden e_{28}, e_{29}, ... mit der Horizontalebene 27 bildet somit die Spurkurve k_{27} der Böschungsfläche mit dieser Ebene. Als Parallelkurve zu ihr verlaufen die Spurkurven k_{28}, k_{29}, ... der Fläche mit den Horizontalebenen 28 bzw. 29. . . . .

Diese Höhenkurven der Böschungsfläche können herangezogen werden, wenn es sich um die Konstruktion der Verschneidungen der

[1]) Auch im allgemeinen Fall, wo es gilt, durch eine beliebige Raumkurve eine Fläche unveränderlichen Gefälls (eine Böschungsfläche) zu legen, ist diese eine abwickelbare Fläche im Sinne von (56).

Fläche mit dem Gelände oder mit anderen, durch ihre Höhenkurven festgelegten Flächen handelt. —

77. Abböschung aus Querprofilen. Der Winkel ε, unter dem die Erzeugende der Böschungsfläche im Plan (im Grundriß) gegen die Kronenkante geneigt ist, wird in seiner Größe abhängig sein einmal von der Krümmung der abzuböschenden Straße, dann vom Böschungsmaßstab. Bei den im Straßen- und Eisenbahnbau üblichen oder gegebenen Werten dieser Größen wird sich der Winkel ε nur wenig von einem rechten Winkel unterscheiden. Man begeht keinen großen Fehler, wenn man die Böschungsfläche etwas anders verwirklicht, indem man den Querprofilen der Straße unveränderliche Böschung gibt. Abwickelbar ist freilich eine solche Fläche nicht, unveränderliche Böschung hat sie auch nicht mehr[1]), denn nicht ihre Linien stärksten

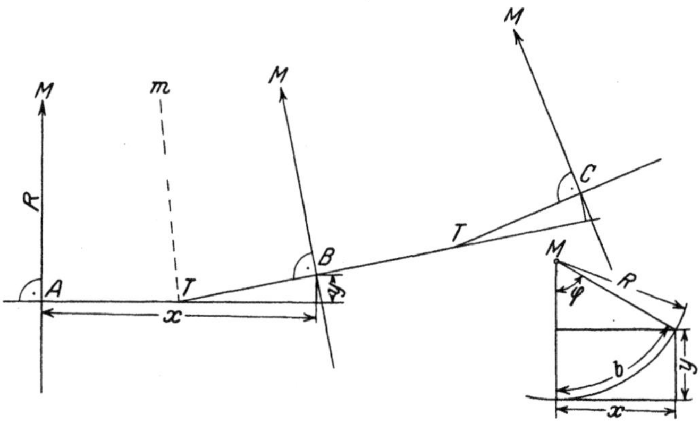

Abb. 176. Straße im Kreisbogen.

Gefälles haben die vorgeschriebene Böschung, sondern ihre Querprofile. Das Abböschungsmaterial würde bei einem Winkel ε, der merklich von einem rechten Winkel verschieden ist, sich nach der Form der natürlichen Böschungsfläche Abb. 175 setzen.

In Abb. 176 sei eine (ansteigende oder horizontale) Straße im Maßstab 1 : 200 dargestellt. Der Krümmungsradius sei $R = 500$ m. Dann wird man den Kreisbogen, nach dem die Straße gekrümmt ist, auch bei starker Verkleinerung nicht mit dem Zirkel zeichnen können, sondern muß einzelne Punkte der Straßenachse in ihrer Lage berechnen, um sie auf dem Felde und im Plan abstecken zu können. Es seien die Punkte A, B, C, ... ausgewählt, deren jeweiliger Abstand 10 m betrage. Es gilt, die Koordinaten x und y des Punktes B bezogen auf die Tangente an den Kreis in A zu berechnen. Nun ergibt sich aus der Hilfsfigur in Abb. 176 für einen Kreis vom Radius R und einen Bogen

[1]) Die hier verwendete Fläche ist dann eine scharfgängige Schraubenfläche (109), also eine windschiefe Regelfläche (95).

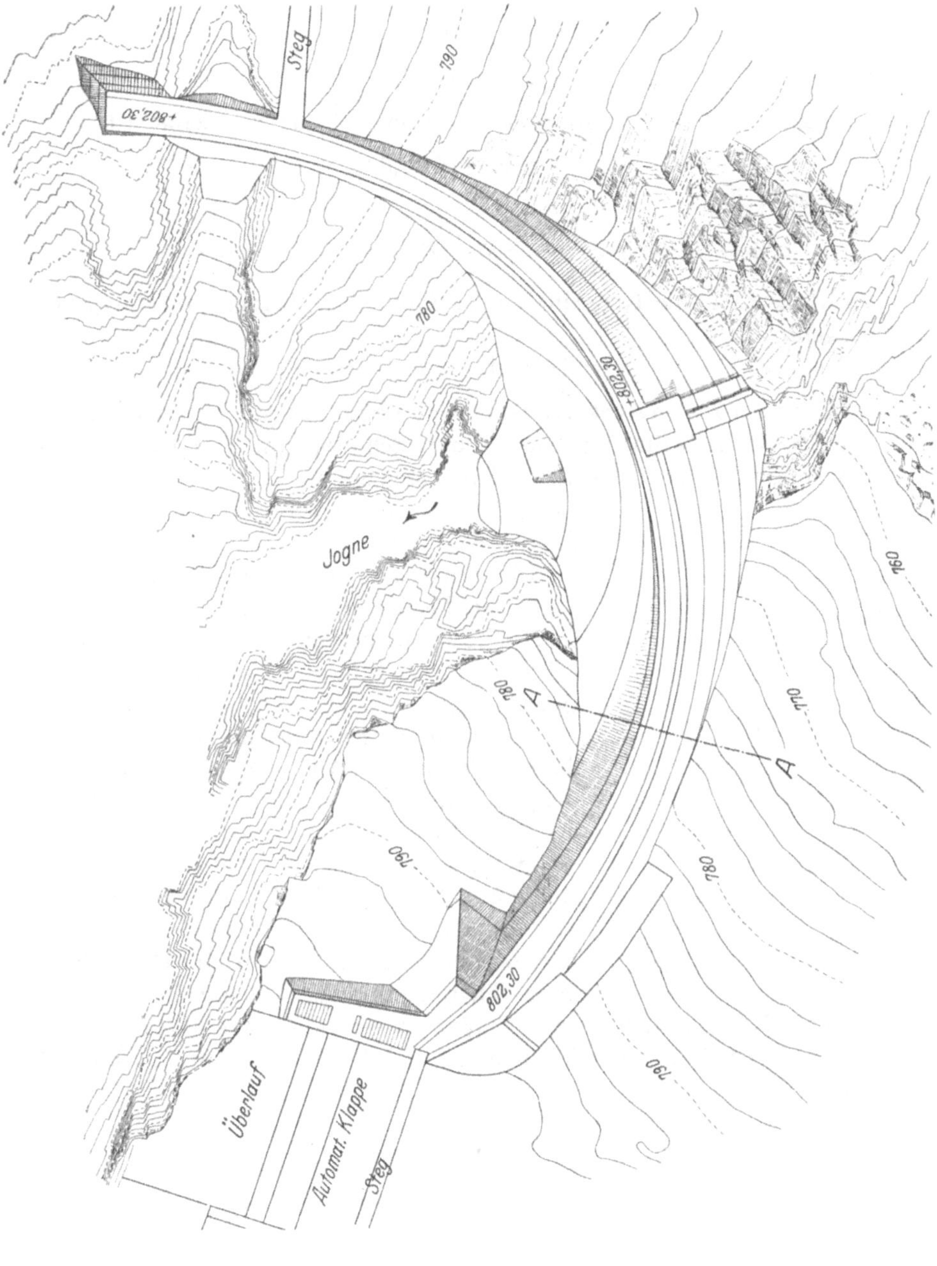

Abb. 177. Talsperre.

$AB = b$, daß der zugehörige Zentriwinkel φ das Bogenmaß $\frac{b}{R}$ hat, also das Gradmaß

$$\varphi' = \frac{b}{R} \cdot \varrho'.$$

Für $b = 10$ m und $R = 500$ m ergibt sich, da $\varrho' = 3438'$ ist,

$$\varphi^0 = 1^0 08' 46''.$$

Ferner ist

$$x = R \cdot \sin\varphi; \quad y = R - R \cdot \cos\varphi = 2R \cdot \sin^2\frac{\varphi}{2}.$$

Es werden also die Koordinaten des Punktes B, bezogen auf die Kreistangente in A,

$$x = 9 \cdot 99\ m, \quad y = 0{,}071\ m.$$

Hat man B abgesteckt, so läßt sich im Plan auch die Mittelnormale m der Strecke AB finden. Durch ihren Schnittpunkt T mit der Kreistangente in A geht auch die Kreistangente in B, und rechtwinklig zu dieser geht das Querprofil Q_B der Straße durch den Punkt B.

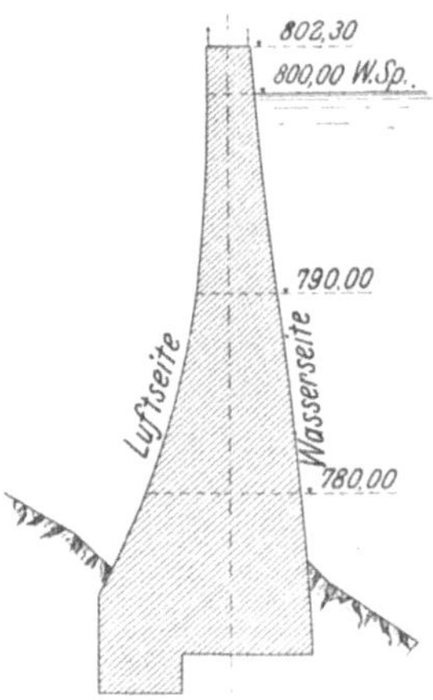

Abb. 178. Querprofil.

Die erhaltenen Resultate gestatten nun auch die Festlegung der folgenden Punkte $C, D, E, \ldots$ der kreisbogenförmigen Straßenachse und das Einlegen weiterer Querprofile $Q_C, Q_D, Q_E, \ldots$.

Mit Hilfe dieser Querprofile kann man dann, wie in der Abb. 173, die Verschneidung der (näherungsweisen) Böschungsfläche mit dem Gelände bestimmen.

78. Situationspläne. Die entwickelten Darstellungsmethoden erlauben die Herstellung von Situationsplänen von Bauentwürfen oder bestehenden Bauwerken und die Darstellung ihres Eingreifens in die Umgebung.

Abb. 177 gibt den Situationsplan einer Talsperre wieder, deren Krone parabelförmig geschwungen ist und deren Querprofil in Abb. 178 gegeben ist[1]).

IX. Allgemeine Kegelflächen.

79. Darstellung der allgemeinen Kegelfläche. Bewegt sich eine Gerade so, daß einer ihrer Punkte festbleibt, so beschreibt sie eine Kegelfläche. Die Bewegung der Erzeugenden kann durch eine Leit-

[1]) Talsperre der Jogne im Kanton Freiburg (Schweiz).

kurve geleitet werden, die zusammen mit dem festbleibenden Punkt, der Spitze, die Kegelfläche bestimmt.

In Abb. 179 sei der Punkt S die Spitze, die Kurve l_0 die Leitkurve der Kegelfläche. Dann können Punkte A der Fläche in den beiden zugeordneten Normalprojektionen dargestellt werden unter Verwendung der Erzeugenden oder Mantellinien der Fläche. Gibt man etwa den Grundriß eines Punktes A der Fläche, so ist seine Verbindungsgerade mit dem Grundriß der Spitze S der Grundriß der Mantellinie m des Punktes. Man wird daher den Grundriß ihres Schnittpunktes A_0 mit der Leitkurve l_0 angeben können und kann damit auch den Aufriß des Punktes A_0, der Mantellinie m und des Flächenpunktes A angeben.

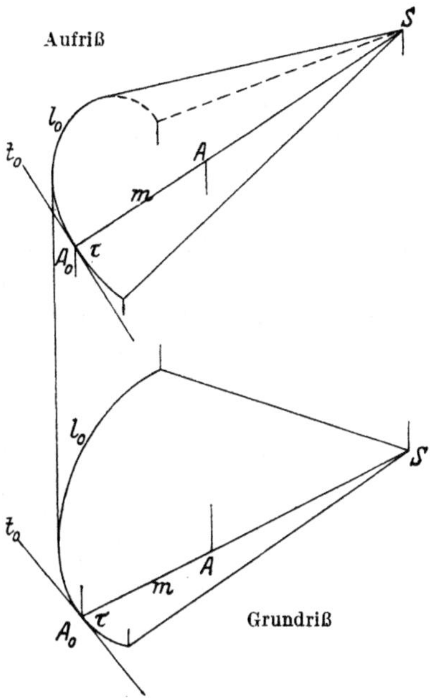

Abb. 179. Allgemeine Kegelfläche.

Um die Tangentialebene τ zu bestimmen, welche die Kegelfläche im Punkte A berührt, wird man zunächst beachten, daß sie die Mantellinie m des Punktes enthält. Denn diese ist eine auf der Kegelfläche verlaufende Linie, die mit ihrer Tangente zusammenfällt. Es ist nun aber nicht nötig, eine zweite durch den Punkt A gehende Kurve der Fläche aufzuschreiben, um die Tangentialebene im Punkte A zu bestimmen. Denn da die Kegelflächen Sonderfälle der abwickelbaren Flächen sind (56), gilt für sie, daß in allen Punkten einer Erzeugenden die nämliche Tangentialebene die Fläche berührt oder, anders ausgedrückt, daß eine Tangentialebene die Kegelfläche längs einer Erzeugenden berührt. Statt

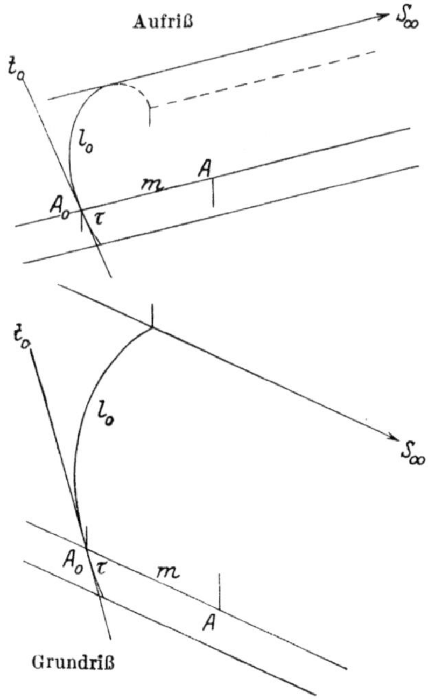

Abb. 180. Allgemeine Zylinderfläche.

also die Tangentialebene im beliebigen Flächenpunkt A zu bestimmen, genügt es, sie zu ermitteln für den Punkt A_0, in dem die Mantellinie m des Punktes die Leitkurve trifft. Für diesen Punkt muß die Tangentialebene aber die Tangente t_0 an die Leitkurve enthalten und ist mithin bestimmt.

Wird die Spitze der Kegelfläche unendlich-fern angenommen, so werden alle ihre Mantellinien parallel zueinander und die Fläche wird zur Zylinderfläche (Abb. 180).

80. Kegelflächen bestimmt durch ebene Leitkurven. Die gewundene Leitkurve einer Kegelfläche kann stets ersetzt werden durch eine ebene Leitkurve, durch Schnitt der scheinbar allgemeineren Kegelfläche mit einer Ebene.

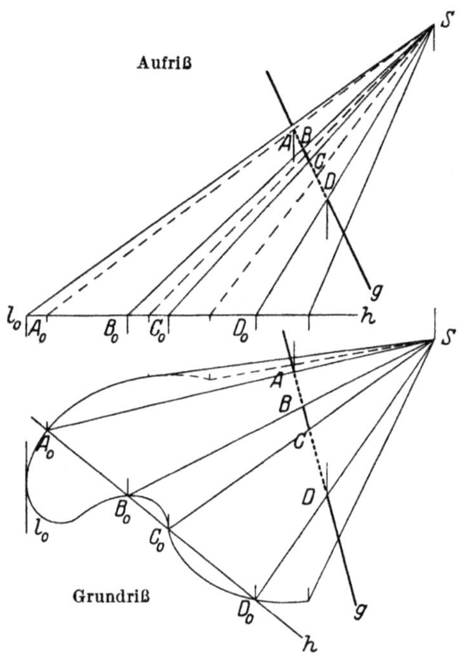

Abb. 181.
Schnitt einer Geraden mit einer Kegelfläche.

Konstruktive Aufgaben, Kegelflächen betreffend, können nämlich zumeist einfacher durchgeführt werden, wenn man eine ebene, nicht aber eine doppelt gekrümmte Leitkurve voraussetzt.

So ist in Abb. 181 die ebene Leitkurve l_0 einer Kegelfläche in einer (ersten) Hauptebene vorausgesetzt. Zu bestimmen sind die Schnittpunkte der Fläche mit einer gegebenen Geraden g.

Um diese Punkte zu erhalten, legt man die Verbindungsebene der Geraden mit der Kegelspitze und bestimmt ihre Spur h mit der Leitkurvenebene. Trifft dann diese Spur h die Leitkurve in Punkten A_0, B_0, C_0, ..., so werden die Mantellinien dieser Punkte die Gerade g in Punkten A, B, C, ... treffen, sind also Schnittpunkte der Geraden g mit der Kegelfläche.

81. Ebene Schnitte von Kegelflächen. Zwischen zwei ebenen Schnitten einer Kegelfläche bestehen leicht angebbare geometrische Beziehungen, die man mit Vorteil verwendet, um aus den Punkten und Tangenten des einen (etwa der Leitkurve) die Punkte und Tangenten des anderen abzuleiten.

In Abb. 182 sei S die Kegelspitze, l_0 die ebene Leitkurve. Wir beschränken uns auf das Zeichnen einer Projektion.

Um die gesuchten Zusammenhänge möglichst durchsichtig in der Abbildung erscheinen zu lassen, sei die Schnittebene gegeben durch ihre Spur s mit der Leitkurvenebene und durch den Punkt A, in dem sie die Erzeugende A_0S des Kegels schneidet.

Dann kann man aufs einfachste den Punkt B angeben, in welchem eine andere Mantellinie B_0S des Kegels von der Schnittebene getroffen wird. Man beachte nämlich den Schnittpunkt M folgender drei Ebenen: Leitkurvenebene, Schnittebene und Verbindungsebene der beiden Mantellinien SA_0 und SB_0. Durch diesen Punkt, der im Schnittpunkt der Spur s mit der Sehne A_0B_0 der Leitkurve liegt, geht auch die dritte der drei Schnittgeraden der genannten drei Ebenen. Verbindet man also diesen Schnittpunkt M mit dem Punkte A, so schneidet diese Gerade die Mantellinie B_0S im gesuchten Schnittpunkt B. Diese der Raumgeometrie angehörige Überlegung kann in jeder Projektion durchgeführt werden und ergibt die zugeordneten Projektionen des Punktes B mit Probe.

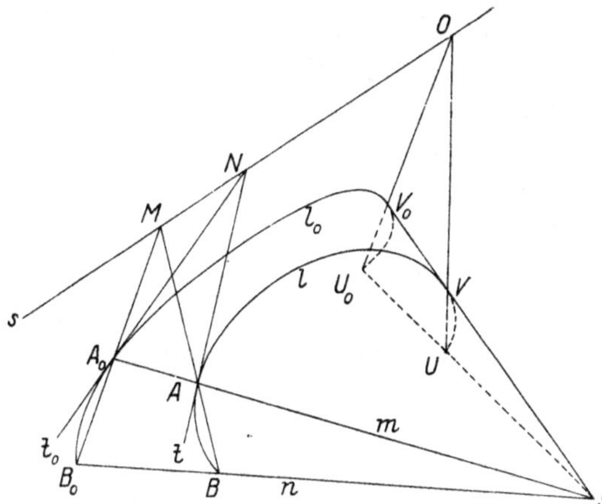

Abb. 182. Zwei ebene Schnitte einer Kegelfläche.

Wird in dieser Überlegung und in der Konstruktion, die aus ihr fließt, die Sehne A_0B_0 der Leitkurve l_0 zu einer ihrer Tangenten t_0, so wird die Verbindungsebene der beiden Mantellinien zur Tangentialebene an die Kegelfläche. Aus der Tangente t_0 in A_0 an die Leitkurve ergibt sich die Tangente t im Punkte A an die Schnittkurve.

Zwischen zwei ebenen Schnitten einer Kegelfläche besteht also folgender geometrische Zusammenhang:

Die Punkte und Tangenten zweier ebenen Schnitte einer Kegelfläche entsprechen sich beziehungsweise. Entsprechende Punkte liegen auf Mantellinien des Kegels, entsprechende Geraden (Sehnen oder Tangenten der beiden Schnittkurven) treffen sich in Punkten der Schnittgeraden beider Schnittebenen.

Zwei derartig aufeinander bezogene ebene Kurven heißen perspektiv, da sie durch Perspektivität (Zentralprojektion) von der Kegelspitze aus auseinander hervorgehen.

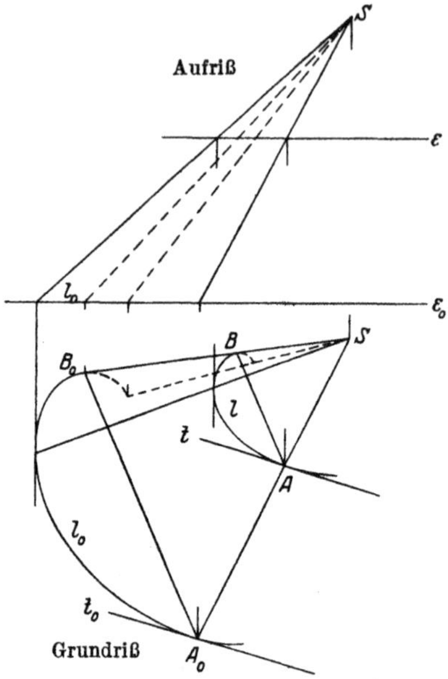

Abb. 183.
Parallele ebene Schnitte einer Kegelfläche.

Die Perspektivität der beiden Schnitte kann dann in allen Projektionen herangezogen werden, um die eine der Kurven, den Schnitt, aus der anderen, der Leitkurve, abzuleiten. —

Sind die beiden Schnittebenen parallel gelagert, so werden die Schnittkurven geometrisch ähnlich, denn die Schnittgerade der beiden Ebenen wird dann unendlich-fern, entsprechende Sehnen und Tangenten werden somit parallel (Abb. 183).

82. Abwicklung allgemeiner Kegelflächen. Will man den Mantel einer allgemeinen Kegelfläche in eine Ebene ausbreiten, so bedient man sich mit Vorteil einer Hilfskugel, deren Mittelpunkt die Kegelspitze ist. Die Durchdringungskurve derselben mit dem Kegel breitet sich nämlich aus in einen Kreis vom Radius der Kugel. In Abb. 184 sind die Durchstoßpunkte *A* bzw. *B* zweier Mantellinien *m* und *n* des Kegels mit der Kugel ermittelt, durch Drehung in eine durch die Kegelspitze *S* gehende Parallelebene zur Aufrißebene. Die gedrehten Mantellinien (*m*) und (*n*) treffen dann den Kugelumriß in den gedrehten Schnittpunkten (*A*) und (*B*), aus denen sich im Aufriß und im Grundriß die Projektionen dieser Punkte finden lassen.

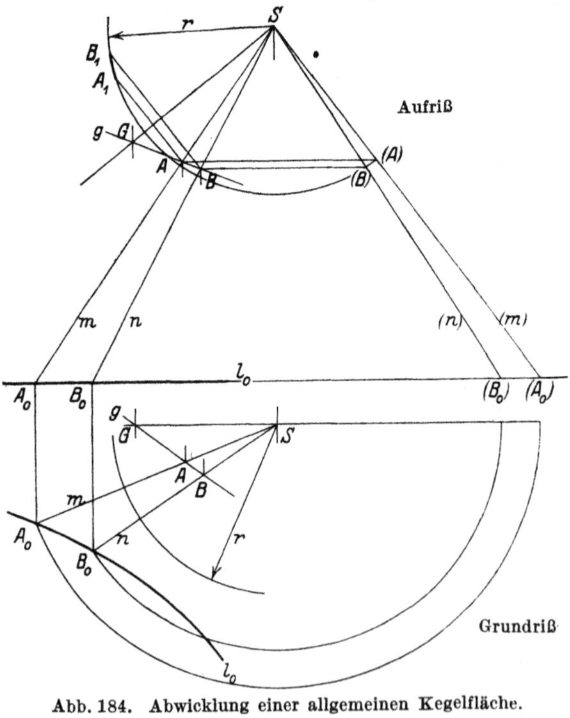

Abb. 184. Abwicklung einer allgemeinen Kegelfläche.

Nun handelt es sich darum, den Abstand dieser Punkte A und B auf der Kugel zu finden, da er ebenso groß als Bogen AB in der Abwicklung erscheinen wird. Da die sphärische Entfernung der beiden Punkte auf dem sie verbindenden Großkreis gemessen wird, gilt es, dessen Ebene zu bestimmen. Die Verbindungsgerade g der beiden Punkte A und B liegt in ihr. Ist also G der Spurpunkt der Geraden g mit der Ebene des zweiten Kugelumrisses, so ist s oder die Gerade SG die gesuchte Spur der Großkreisebene. Um diese Spur sei der Großkreis durch die Punkte A und B umgeklappt, bis er in den Kugelumriß fällt; die Punkte A und B kommen dann nach A_1 und B_1 zu liegen, und der Bogen $A_1 B_1$ kann in der Abwicklung (Abb. 185) unmittelbar verwendet werden. Die Gesamtlänge SA_0 und SB_0 der Mantellinien kann der Drehung in Abb. 184 entnommen werden.

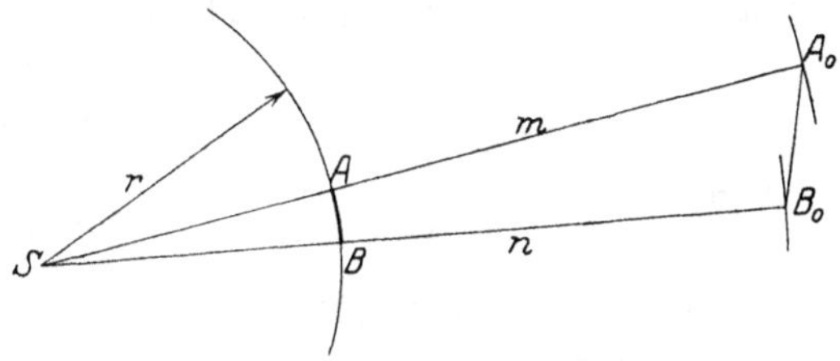

Abb. 185. Zur Abwicklung.

Diese Konstruktionsmethode ist nicht anwendbar im Falle einer Zylinderfläche oder, besser gesagt, sie geht dann über in die Verwendung eines Normalschnittes der Zylinderfläche.

X. Rotationsflächen.

83. Einfachste Darstellung. Soll eine Rotationsfläche in Normalprojektion dargestellt werden, so ist es am zweckmäßigsten, ihre Rotationsachse rechtwinklig zur Projektionsebene anzuordnen. Die Achse ist dann parallel zur anderen Projektionsebene, die mit der ersten zusammen ein Zweitafelsystem bildet. In Abb. 186 wurde angenommen, die Achse a sei rechtwinklig zur Grundrißebene; sie ist dann parallel zur Aufrißebene. Die Rotationsfläche ist dann durch Angabe ihres Meridians bestimmt, der ebenen Kurve also, deren Ebene durch die Achse geht und deren Drehung um die Achse die Fläche erzeugt. Am aufschlußreichsten ist es, den Nullmeridian m_0 der Fläche, dessen Ebene parallel ist zur Aufrißebene, zu geben, da sein Aufriß die wahre Größe und Gestalt des Meridians der Fläche erkennen läßt.

Kennt man nun die eine der beiden zugeordneten Projektionen eines Flächenpunktes, etwa den Aufriß P, so läßt sich die andere bestimmen. Bei der Rotation beschreibt nämlich der Punkt P einen Parallelkreis p, dessen Ebene rechtwinklig steht zur Achse a, also, wenn diese vertikal gedacht ist, horizontal ist. Somit erscheint dieser Parallelkreis p im

Aufriß als gerade Strecke rechtwinklig zur Achse und läßt seinen Durchmesser erkennen. Der Grundriß des Parallelkreises ist ein Kreis mit diesem Durchmesser. Im allgemeinen entsprechen also jedem Flächenpunkt P im Aufriß zwei zugehörige Grundrisse, einer vor, der andere symmetrisch dazu hinter der Ebene des Nullmeridians. Der Nullmeridian, überhaupt jeder Meridian, teilt die Fläche in zwei symmetrische Hälften.

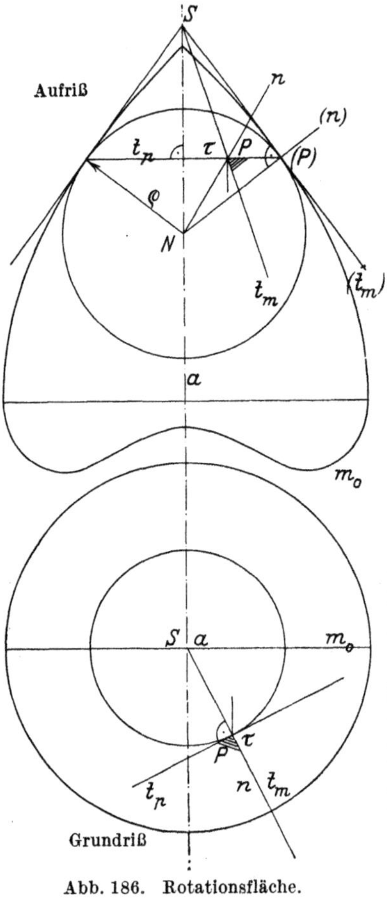

Abb. 186. Rotationsfläche.

Um in einem Flächenpunkte die Tangentialebene zu bestimmen, hat man sich durch den Punkt, auf der Fläche, zwei Kurven gezogen zu denken. Als solche empfehlen sich bei einer Rotationsfläche ohne weiteres Parallelkreis und Meridian. Die Tangente t_p an den Parallelkreis p des Punktes P kennt man in beiden Projektionen. Die Tangente t_m an den Meridian m des Punktes findet man durch Drehung. Dreht man den Meridian m um die Achse a, bis er zusammenfällt mit dem Nullmeridian, so wird der Punkt P in den Punkt (P) des Nullmeridians fallen, die Meridiantangente aber in die Nullmeridiantangente dieses Punktes. Dreht man sie zurück, so wird ihr Schnittpunkt S mit der Drehachse a festbleiben, so daß die Meridiantangente t_m bestimmt ist durch die Punkte P und S. Die Tangentialebene des Punktes P ist dann die Verbindungsebene der beiden Flächentangenten t_p und t_m.

Abb. 186 zeigt, daß die Parallelkreistangente t_p auf der Meridianebene, also auch auf der Meridiantangente, rechtwinklig steht. Es gilt also der Satz:

In jedem Punkt einer Rotationsfläche schneiden sich Parallelkreis und Meridian unter rechtem Winkel.

Alle Tangentialebenen der Rotationsfläche, deren Berührungspunkte einen Parallelkreis erfüllen, umhüllen einen geraden Kreiskegel, den Parallelkreisberührungskegel. Es ist der Kegel, dessen Mantellinien die Meridiantangenten in den Punkten eines Parallelkreises sind.

Die Spitze des Kegels ist der Schnittpunkt dieser Meridiantangenten mit der Achse.

Alle Tangentialebenen, deren Berührungspunkte einen Meridian erfüllen, umhüllen einen (allgemeinen) Zylinder (Kap. IX), den Meridianberührungszylinder. Alle diese Zylinder sind gleich; sie haben einen Meridian als Leitkurve und ihre Mantellinien sind rechtwinklig zu seiner Ebene.

Der Nullmeridianberührungszylinder steht rechtwinklig zur Aufrißebene, so daß der Nullmeridian im Aufriß die Umrißkurve ist (57). Umriß in erster Projektion sind Parallelkreise, für die der Berührungskegel zum Zylinder wird. (Es sind größte bzw. kleinste Parallelkreise; in Abb. 186 kommt nur ein größter Parallelkreis in Frage.)

Soll die Flächennormale eines Punktes der Rotationsfläche dargestellt werden (55), so hat man in ihm die Normale zur Tangentialebene zu errichten. Sie läßt sich in Abb. 186 unmittelbar finden: der rechte Winkel der Flächennormalen n und der Meridiantangente t_m erscheint nach der Drehung, die den Punkt P an die Stelle (P) in den Nullmeridian führt, in wahrer Größe, und die gedrehte Normale (n) liefert auf der Achse a den Punkt N, der bei der Drehung festbleibt, der also auch auf der Normalen n des Punktes P liegt. Bei der Drehung bestimmen alle Normalen einen geraden Kreiskegel, den Normalenkegel, der zum betreffenden Parallelkreis gehört. Dieser Punkt N ist auch der Mittelpunkt der Parallelkreisberührungskugel, welche die Rotationsfläche längs des Parallelkreises berührt. Ihr Radius ϱ ist gleich der Seitenlinie des Normalenkegels.

84. Darstellung einer Rotationsfläche bei schiefer Achsenlage. Wenn also die Achse einer Rotationsfläche parallel ist zur Projektionsebene (Aufriß in Abb. 186), so ist der Umriß ein Meridian. Ist dagegen die Achse zur Projektionsebene geneigt (Grundriß in Abb. 187), so ist für diese Projektion der Umriß kein Meridian, sondern punktweise zu konstruieren. Man geht so vor, daß man die Punkte U der Umrißkurve sucht, die auf einem ausgewählten Parallelkreis p liegen. Da sich die Rotationsfläche und die Parallelkreisberührungskugel (83) längs des ganzen Parallelkreises berühren, haben sie in allen Punkten desselben die nämliche Tangentialebene. Die im Umrißpunkt U projizierende Tangentialebene der Rotationsfläche muß sich also auch vorfinden unter den projizierenden Tangentialebenen der Kugel. Daher muß ihr Berührungspunkt in der Ebene liegen, die durch den Kugelmittelpunkt N parallel zur Grundrißebene gelegt werden kann. Diese Ebene schneidet die Ebene des Parallelkreies p in seiner Geraden s, deren Schnittpunkte mit dem ersten Kugelumriß die beiden Umrißpunkte U_1 und U_2 des Parallelkreises p sind.

Ist S die Spitze des Berührungskegels für den Parallelkreis p, so sind die Geraden SU_1 und SU_2 dessen Umrißmantellinien. In den Punkten U_1 und U_2 berühren sich die Umrisse von Rotationsfläche, Kugel und Kegel, da sich diese drei Flächen längs des Parallelkreises p berühren.

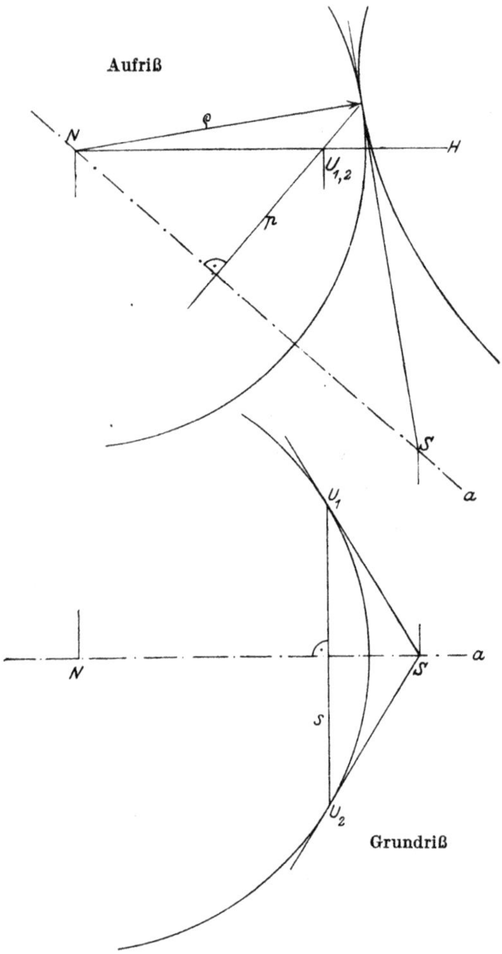

Abb. 187. Darstellung einer Rotationsfläche bei schiefer Achsenlage.

85. Bestimmung des Meridians einer Rotationsfläche. Im allgemeinen wird die Form einer Rotationsfläche bestimmt durch die Angabe ihrer Achse und ihres Meridians. Ist aber die Fläche gegeben durch die Achse und eine nicht mit ihr in einer Ebene liegende Kurve (eben oder gewunden), so gilt es, den Meridian der Rotationsfläche zu bestimmen, welche durch die Rotation dieser Kurve um die gegebene Achse entsteht.

In Abb. 188 sei eine allgemeine Globoidfläche gegeben. Sie entsteht, wenn sich ein Kreis um eine Achse dreht, die im allgemeinen nicht in seiner Ebene liegen wird. Liegt im besonderen die Drehachse in der Ebene des erzeugenden Kreises, so wird die Rotationsfläche zur Kreisringfläche (86) oder zur Kugel, wenn die Drehachse ein Durchmesser des erzeugenden Kreises ist.

Will man den allgemeinen Fall darstellen, so hat man die Achse a zu geben, sowie zwei zugeordnete Projektionen des erzeugenden Kreises k. Die Achse a stehe in Abb. 188 rechtwinklig zur Grundrißebene. Da es im Verlaufe der Rotation (zweimal) vorkommen wird, daß die Ebene des erzeugenden Kreises k zur Aufrißebene rechtwinklig steht, so kann man die eine dieser ausgezeichneten Lagen zur Bestimmung des erzeugenden Kreises k benutzen. Der Aufriß ist dann eine gerade Strecke, ein Durchmesser AB des Kreises k. Mit Hilfe einer Umlegung $[k]$ des Kreises k läßt sich sein Grundriß nach Punkten und Tangenten ermitteln.

Um nun den Meridian m der Fläche zu bestimmen, beachten wir, daß der Nullmeridian m_0 in der Ebene liegt, die man durch die Achse a parallel zur Aufrißebene legen kann.

Zur Ermittlung von Punkten P_0 des Nullmeridians hat man also beliebige Punkte P des erzeugenden Kreises k zu verfolgen, bis sie

Aufriß

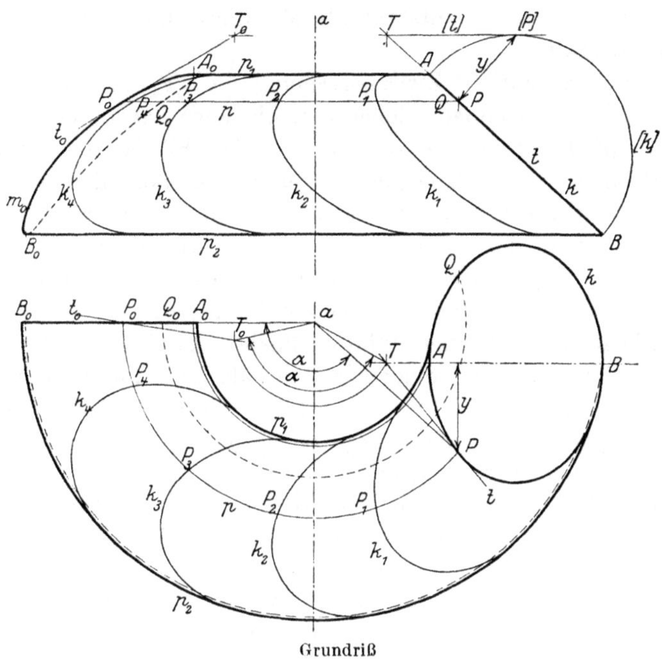

Grundriß

Abb. 188. Globoidfläche.

in die Nullmeridianebene fallen, was im Grundriß erkennbar wird. Bei der Rotation beschreibt der Punkt P einen Parallelkreis p, der im Aufriß geradlinig, im Grundriß in wahrer Größe und Gestalt erscheint.

Zur Bestimmung von Tangenten t_0 des Nullmeridians beachte man, daß dieser für den Aufriß den Umriß der Fläche abgibt, daß also alle seine Punkte eine Tangentialebene haben, die zur Aufrißebene rechtwinklig steht. Es genügt also, eine Flächentangente des Punktes P_0 darzustellen, um in ihr die Spur dieser projizierenden Tangentialebene des Punktes zu erhalten, mithin auch die Tangente des Nullmeridians. T sei der Punkt, in dem die Tangente t des Punktes P an k den Durchmesser AB trifft. Um die Endlage t_0 der Tangente t zu finden, hat man sie so lange um die Achse a zu drehen, bis der Berührungspunkt P in die Endlage P_0 fällt. Ist α der Winkel dieser Drehung, so ist der Punkt T um den gleichen Winkel zu drehen. Dann ist die Verbindungsgerade $P_0 T_0 \equiv t_0$ die Endlage der Tangente, und ihr Aufriß fällt in die zweite Spur der projizierenden Tangentialebene, ist also zusammenfallend mit der Tangente des Nullmeridians im Punkte P_0. —

Der Parallelkreis p ergibt einen zweiten Punkt Q_0 des Nullmeridians, hervorgegangen aus dem zweiten Punkt Q, in dem der Parallelkreis p den erzeugenden Kreis k trifft.

Wenn die Drehachse, wie in Abb. 188, das Innere des erzeugenden Kreises nicht trifft, so entsteht als Meridian eine Kurve von nierenförmiger Gestalt.

Die Abb. 188 enthält Zwischenlagen k_1, k_2, k_3, ... des rotierenden Kreises. Das Einzeichnen solcher verschiedener Lagen der erzeugenden Kurve empfiehlt sich, um die Gestalt der Fläche der Anschauung näherzubringen, die Fläche gewissermaßen zu modellieren.

Der scheinbare Umriß der Fläche wird im Grundriß gebildet von den Grundrissen des kleinsten Parallelkreises p_1 und des größten Parallelkreises p_2, welche den Grundriß des erzeugenden Kreises k eben noch von innen bzw. von außen berühren.

86. Ebener Schnitt einer Rotationsfläche. Punkte der Schnittkurve einer Rotationsfläche mit einer Ebene erhält man, indem man die Parallelkreise oder die Meridiane der Fläche mit der Ebene schneidet. Einige Beispiele mögen das Vorgehen zeigen.

a) Schnitt einer Ringfläche mit einer ihrer Tangentialebenen. In Abb. 189 sei eine Kreisringfläche gegeben durch den Kreis m_0, der mit der Drehachse a in einer Ebene liegt. Die Fläche besteht aus zwei Teilen: der Wulstfläche und der Kehlfläche, erstere beschrieben durch den Halbkreis des Meridians, welcher der Achse seine konkave Seite zuwendet, letztere durch den anderen Halbkreis.

Auf der Kehlfläche sei nun ein Flächenpunkt P gewählt und seine Tangentialebene bestimmt, einmal durch die Parallelkreistangente t und dann durch die Meridiantangente s. Letztere erhält man durch Drehung des Flächenpunktes P um die Achse a bis in den Nullmeridian nach (P), wobei zu beachten ist, daß der Schnittpunkt S der Meridiantangente s mit der Achse a festbleibt. Da der Punkt P der Kehlfläche hyperbolischer Natur (55) ist, wird seine Tangentialebene die Fläche in einer Kurve schneiden, die im Berührungspunkt P einen Knoten besitzt (55).

Um nun Punkte der Schnittkurve der Tangentialebene mit der Ringfläche zu erhalten, hat man Parallelkreise der letzteren zu schneiden mit der ersteren. Ist p_1 ein beliebiger Parallelkreis, gelegen in einer zur Achse a rechtwinkligen Ebene, so hat man die Schnittgerade h

der Schnittebene mit dieser Hilfsebene zu bestimmen und mit dem Parallelkreis p_1 zu schneiden. Ist S_1 der Punkt, in dem die Gerade s die Hilfsebene trifft, so geht die gesuchte Schnittgerade h durch den Punkt S_1 und ist rechtwinklig zur Geraden s. Die Schnittpunkte 1 und 2 der Geraden h mit dem Parallelkreis p_1 sind Punkte der Schnittkurve, die man darstellen will.

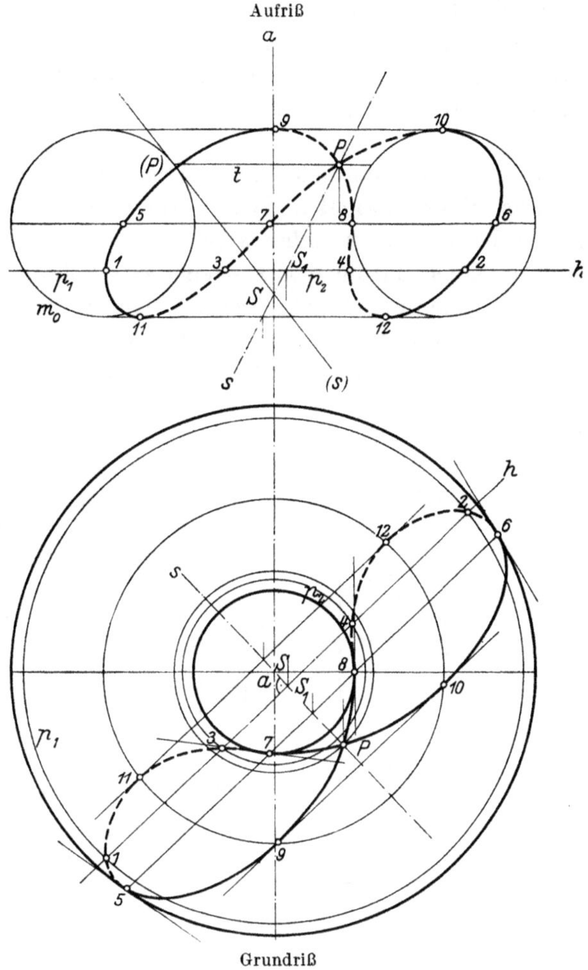

Abb. 189. Ebener Schnitt einer Ringfläche.

Die Hilfsebene enthält noch einen zweiten Parallelkreis p_2, der wiederum zwei Punkte 3 und 4 der Schnittkurve liefert.

Ausgezeichnete Punkte der Schnittkurve erhält man, wenn man einmal die Hilfsebene so legt, daß sie den größten und den kleinsten Parallelkreis der Fläche enthält. Denn da diese im Grundriß den Umriß bilden, werden die Punkte 5—8, die man so erhält, Umrißpunkte der ersten Projektion sein, wo die Kurve vom sichtbaren oberen Teil der Fläche zum unsichtbaren unteren übergeht.

Sodann wird man die höchste und die tiefste Lage der Hilfsebene heranziehen, um die obersten Punkte 9 und 10 und die untersten 11 und 12 der Schnittkurve zu finden.

In diesen acht ausgezeichneten Punkten sind die Kurventangenten als die Schnittgeraden der Schnittebene mit den betreffenden Tangentialebenen unmittelbar bekannt: sie sind rechtwinklig zur Geraden s in den extremalen Punkten 9—12, fallen dagegen zusammen mit den Tangenten des Umrisses in den Umrißpunkten 5—8.

Die Tangente an die Schnittkurve in einem beliebigen ihrer Punkte bestimmt sich ebenfalls nach dem Satz in (55).

Das Konstruktionsverfahren ergibt den allgemein für Rotationsflächen gültigen Satz:

Die Schnittkurve einer Rotationsfläche mit einer Ebene ist normal-symmetrisch zur Schnittgeraden der Schnittebene mit der zu ihr rechtwinklig stehenden Meridianebene.

Diese Achse normaler Symmetrie ist in Abb. 189 die Gerade s. Aus dieser normalen Symmetrie wird in der zweiten Projektion eine schiefe, deren Achse s ist.

Die Konstruktion der Tangente der Schnittkurve versagt für den Berührungspunkt P, entsprechend dem Umstande, daß dieser Punkt ein außergewöhnlicher Kurvenpunkt (eben ein Doppelpunkt) ist. Nur durch eine Konstruktionsmethode, die imstande ist, auch die Krümmung der Fläche zu umfassen, gelingt es, die beiden Haupttangenten des Doppelpunktes zu ermitteln.

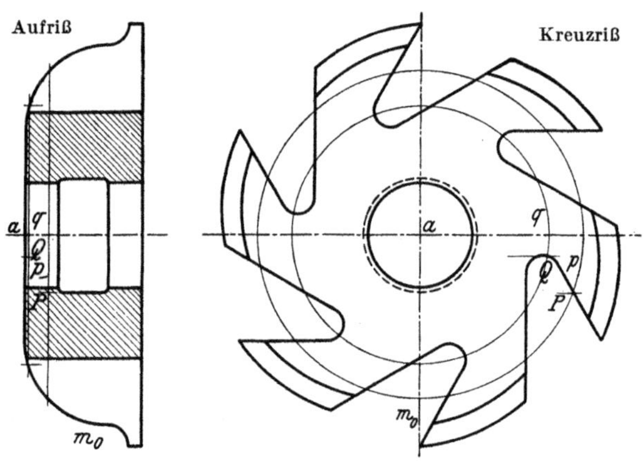

Abb. 190. Holzfräser.

b) Schnitte an einem Holzfräser. Abb. 190 gibt einen Schnitt (Aufriß) und den Kreuzriß eines Holzfräsers, der ein Rotationskörper ist, dessen Meridian m_0 das Profil der herauszuarbeitenden Hohlkehle einhält. Die Zahnränder sind die Durchdringungskurven projizierender Zylinder, deren Normalschnitt im Kreuzriß in den Zahnlücken erscheint. Jeder dieser sechs gleichen Zylinder besteht aus zwei vertikalen Ebenen, die durch den Teil eines geraden Kreiszylinders verbunden werden.

Punkte der Zahnränder findet man, indem man Parallelkreise der Rotationsfläche einlegt.

Der Parallelkreis p trifft im Kreuzriß den ebenflächigen Zahnrand im Punkte P, dessen Aufriß auf dem Aufriß des Parallelkreises p liegt. Ebenso liefert der Parallelkreis q einen Punkt Q, welcher der Durchdringungskurve des zylindrischen Teiles des Überganges von einem Zahn zum anderen entspricht.

c) Ebene Schnitte an einem Gehäuse. In Abb. **191** sei ein Gehäuse dargestellt, dessen Form einer Rotationsfläche entspricht, deren Achse die Gerade a und deren Meridiane die Kurve m_0 ist. Acht Lüftungslöcher, angebracht an den Enden von vier Durchmessern, die einen Richtungsunterschied von je 45° haben, sind als ebene Schnitte zu konstruieren.

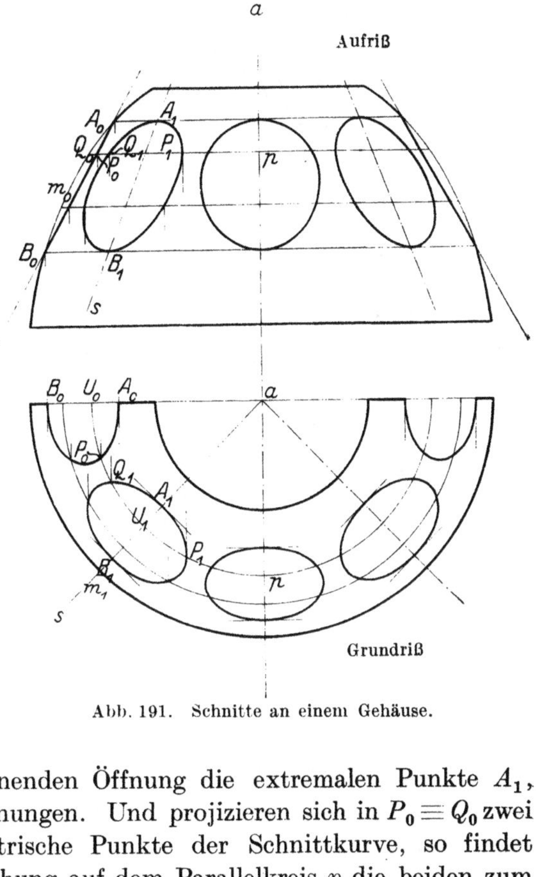

Abb. 191. Schnitte an einem Gehäuse.

Zwei von den acht Löchern erscheinen im Aufriß projizierend, geradlinig. Man kann sie verwenden, um rasch und genau die Kurven zu ermitteln, welche die Ränder der übrigen sind.

Unmittelbar ergeben sich durch Drehung um die Rotationsachse aus dem obersten Punkt A_0 und dem untersten Punkt B_0 der geradlinig erscheinenden Öffnung die extremalen Punkte A_1, B_1 usw. der übrigen Öffnungen. Und projizieren sich in $P_0 \equiv Q_0$ zwei zum Meridian m_0 symmetrische Punkte der Schnittkurve, so findet man aus ihnen durch Drehung auf dem Parallelkreis p die beiden zum Meridian m_1 symmetrischen Punkte der nächsten und ebenso der weiteren Öffnungen. Man hat nur zu beachten, daß die Bogen U_0P_0 und U_1P_1 dieses Parallelkreises gleich lang sind und daß auch der Bogen U_1Q_1 diese Länge hat. —

Auch das eben angewandte Konstruktionsverfahren ist nichts anderes als eine der besonderen Anordnung der Schnittebenen angepaßte Durchführung der Parallelkreismethode für die Ermittlung des ebenen Schnittes einer Rotationsfläche. —

Weniger geeignet pflegt im allgemeinen die Meridianmethode zu sein, die darin besteht, Punkte der Schnittkurve einer Ebene mit einer Rotationsfläche auf ausgewählten Meridianen zu konstruieren. Abb. 192 zeigt ihre Durchführung und berücksichtigt auch die ausgezeichneten Meridiane (Nullmeridian, Symmetriemeridian), auf die man diese Methode mit besonderem Vorteil anwenden wird.

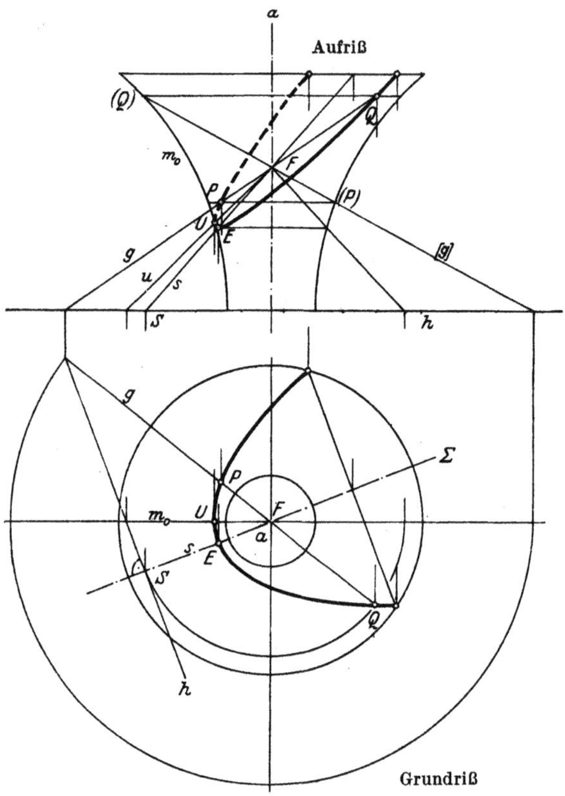

Abb. 192. Meridianmethode.

Die Schnittebene der Rotationsfläche mit der Achse a und dem Nullmeridian m_0 sei in Abb. 192 gegeben durch die erste Fallgerade s des Schnittpunktes F der Ebene mit der Achse a. Sollen nun die Punkte bestimmt werden, welche der Schnittkurve angehören und auf einem beliebigen Meridian m liegen, so ist zunächst die Ebene dieses Meridians zu schneiden mit der Ebene des Schnittes. Dazu wurde in Abb. 192 der Punkt bestimmt, in welchem die Meridianebene eine Hauptgerade h der Schnittebene trifft. Die gesuchte Schnittgerade verbindet dann diesen Punkt mit dem Schnittpunkt F der Schnittebene mit der Achse a. Um nun Schnittpunkte dieser Geraden g mit dem Meridian m zu finden, dreht man sie mit diesem Meridian um die Achse a, bis beide in die zur Aufrißebene parallele Nullmeridianebene fallen. Erstere fällt dann in die Gerade (g), letzterer deckt sich mit dem Nullmeridian. (P) und (Q) seien die Schnittpunkte beider, P und Q die zurückgedrehten Lagen dieser Punkte.

Man wird diese Meridianmethode insbesondere anwenden

1. zur Bestimmung der Umrißpunkte U der zweiten Projektion, indem man die Schnittgerade u der Nullmeridianebene mit der Schnittebene bestimmt;

2. zur Ermittlung extremaler (höchster bzw. tiefster) Punkte E der Schnittkurve. —

87. Durchdringungen von Rotationsflächen miteinander. Die bequeme Herstellungsmöglichkeit und die kompendiöse Form der Rotationskörper bedingt die Häufigkeit ihrer Verwendung und bringt es auch mit sich, daß sich an den technischen Raumgebilden zwei derartige Flächen oft durchdringen. Zumeist wird die Durchdringungskurve beim Herstellungsvorgang (dem Gießen, Drehen, Fräsen) mit erhalten werden und bedarf keiner eingehenderen konstruktiven Vorbereitung. Aber im Hinblick auf den Zweck dieses Buches — die Schulung einer disziplinierten und einsichtigen technischen Raumanschauung — mögen die verschiedenen Fälle, die bei der Durchdringung zweier Rotationsflächen auftreten können, kurz besprochen werden.

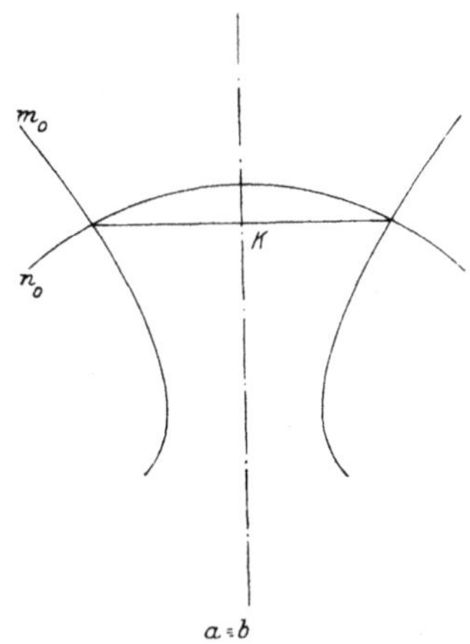

Abb. 193. Gemeinsamer Parallelkreis zweier Rotationsflächen.

Maßgebend für die Konstruktionsmethode bei der Darstellung einer solchen Durchdringungskurve ist vor allem die gegenseitige Lage der Achsen der beiden Rotationskörper. Folgende Fälle sind möglich:

a) Die beiden Achsen fallen zusammen. Dann wird die Durchdringung der beiden Flächen aus einem (oder mehreren) gemeinsamen Parallelkreisen beider Flächen bestehen, hervorgegangen aus einem (bzw. mehreren) gemeinsamen Punkten der beiden Nullmeridiane (Abb. 193).

b) Die beiden Achsen sind parallel. In diesem Falle kann man als Hilfsflächen zur Bestimmung von Punkten der Durchdringungskurve Ebenen legen, die zu beiden Achsen rechtwinklig stehen, also aus beiden Flächen Parallelkreise schneiden, deren Schnittpunkte beiden Flächen angehören.

In Abb. 194 wird eine kugelförmige Schale durchdrungen von einem kegelförmigen Auge. Dieser Fall kann nach der eben erläuterten Methode durchkonstruiert werden. Denn man kann die beiden Flächen als Rotationsflächen mit parallelen Achsen a und b betrachten, die zur Grundrißebene rechtwinklig angeordnet sind. M sei der Mittelpunkt der Kugel vom Radius R, von der der Kreis k einen Abschnitt begrenzt.

Ist H eine zu den beiden Achsen rechtwinklige (also zur Grundrißebene parallele) Hilfsebene, so schneidet sie den Kegelstumpf in einem Kreise k_b, dessen Radius man dem Aufriß entnehmen kann. Die Kugel wird in einem Kreise k_a geschnitten, dessen Radius ebenfalls im Aufriß abgemessen werden kann. Die gemeinsamen Punkte P und Q dieser beiden Kreise gehören der Durchdringungskurve an.

Aus diesem Vorgehen ergibt sich, daß die Durchdringungskurve die Verbindungsebene beider Achsen a und b zur Symmetrieebene

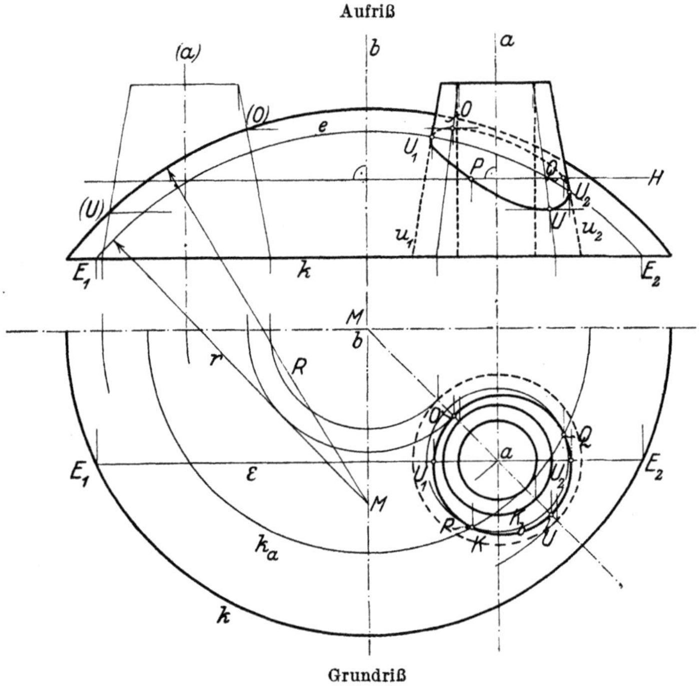

Abb. 194. Zwei Rotationsflächen mit parallelen Achsen.

hat. Man wird also den obersten Punkt O der Durchdringungskurve, sowie ihren untersten Punkt U in dieser Symmetrieebene zu suchen haben. Um diese Punkte zu bestimmen, denke man sich die Ebene (a, b) mit den beiden Flächen geschnitten und drehe diese Schnittfigur um die Kugelachse b, bis sie zur Aufrißebene parallel wird. Aus den gedrehten Lagen (O) und (U) der beiden gesuchten Punkte schließt man auf ihre ursprüngliche Lage in der Ebene (a, b).

Auch die Umrißpunkte U_1 und U_2 für den Aufriß ergeben sich leicht. Sie liegen auf den Umrißmantellinien u_1 und u_2 des Kegels, also in deren Verbindungsebene ϵ. Diese Ebene ϵ schneidet aus der Kugel einen Kleinkreis e, von dem man die Punkte E_1 und E_2 auf dem Abschlußkreis k des Kugelabschnittes kennt. Damit kann dem Aufriß der Radius $r = ME_1$ des Kreises entnommen werden, und wo der Kreis e die Umrißmantellinien des Kegels trifft, da sind die Umrißpunkte U_1 bzw. U_2 der Durchdringungskurve.

(Der in Abb. 194 dargestellte Teil der Durchdringungskurve ist nicht etwa ein Kreis oder eine Ellipse, sondern die Projektion des einen Ovals einer Raumkurve 4. Ordnung, deren anderer Teil dort liegt, wo der nach unten verlängerte Kegel wieder aus der Kugel heraustritt.)

c) Die beiden Achsen schneiden sich. Kann man in diesem Falle die Ebene der beiden Achsen zu einer der Projektionsebenen

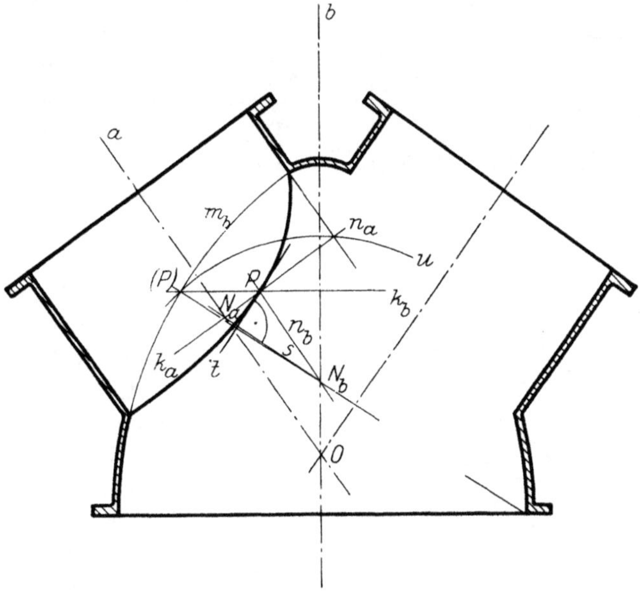

Abb. 195. Zwei Rotationsflächen mit sich schneidenden Achsen.

parallel legen, dann empfiehlt es sich, Hilfskugeln zu verwenden, deren gemeinsamer Mittelpunkt der Schnittpunkt beider Achsen ist. Ja, wegen der rotations-symmetrischen Eigenart der beiden sich durchdringenden Flächen kommt man dann mit einer Projektion aus.

Abb. 195 soll diesen Fall veranschaulichen. Der Punkt O sei der Schnittpunkt der beiden Achsen a und b. Der Umriß einer Hilfskugel sei u; sie schneidet aus den beiden Flächen zwei Kreise k_a und k_b heraus, die in der gewählten Normalprojektion auf die Ebene beider Achsen als gerade Strecken erscheinen. Sie ergeben zwei Schnittpunkte, deren Projektionen zusammenfallen in einen Punkt P, so daß eine Doppelprojektion der Durchdringungskurve entsteht, entsprechend dem Umstande, daß die Ebene beider Achsen eine Symmetrieebene der ganzen räumlichen Anordnung ist. Die Tangente an die Durchdringungskurve könnte als der Schnitt der beiden Tangentialebenen der Fläche gefunden werden, ergibt sich aber einfacher nach der Normalenmethode (64). Durch Drehung des Punktes P in den Nullmeridian m_b der Fläche mit der Achse b findet man die Spitze N_b des Normalenkegels dieser Fläche für den Parallelkreis k_b, während N_a diese Spitze für den Zylinder mit der Achse a und den Parallelkreis k_a ist. Die Verbindungsgerade s dieser beiden Kegelspitzen N_a und N_b ist dann die Spur der Verbindungsebene der beiden Flächennormalen n_a und n_b mit der Ebene beider Achsen. Rechtwinklig zu dieser Spur steht die Projektion der Tangente t an die Durchdringungskurve im Punkte P. —

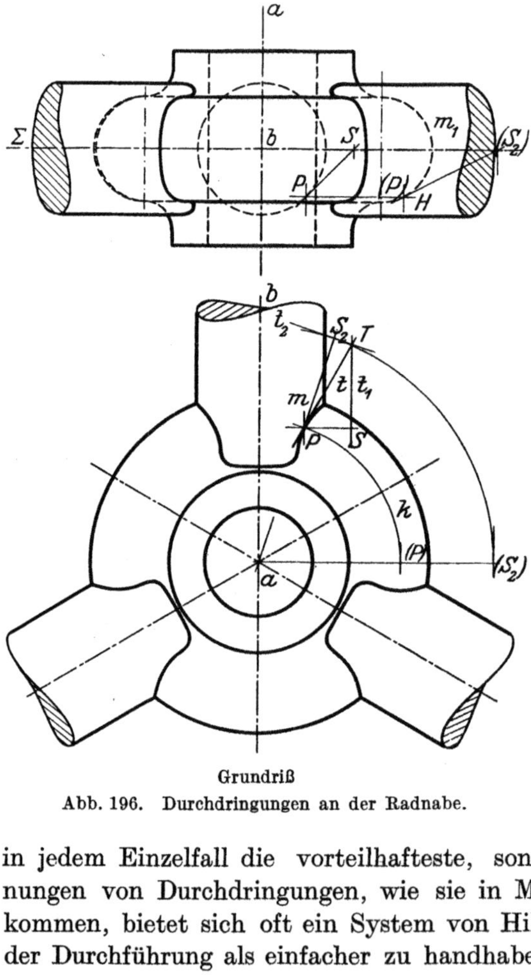

Abb. 196. Durchdringungen an der Radnabe.

Ist die Anordnung der beiden sich durchdringenden Rotationsflächen derart, daß sich zwar ihre Achsen schneiden, daß aber die Ebene beider Achsen zu keiner der Projektionsebenen parallel ist, so empfiehlt es sich, entweder umzuprojizieren (42) oder, noch besser, Umschau nach geeigneteren Hilfsflächen zu halten. Überhaupt ist die durch die Theorie nahegelegte allgemeine Methode nicht in jedem Einzelfall die vorteilhafteste, sondern gerade bei Anordnungen von Durchdringungen, wie sie in Maschinenzeichnungen vorkommen, bietet sich oft ein System von Hilfsflächen dar, das sich in der Durchführung als einfacher zu handhaben erweist.

Abb. 196 zeigt einen solchen Fall. Die Durchdringungskurven der Radnabe mit den Felgen gehören zwar zwei Rotationsflächen mit sich schneidenden Achsen an, werden aber besser konstruiert durch Verwendung von Hilfsebenen, die parallel sind zu den Achsen sämtlicher zylindrischer Felgen. Ist H eine solche Hilfsebene, so sei k der Parallelkreis, den sie aus der Nabe schneidet, m eine in der Ebene H liegende Mantellinie auf einem der Zylinder, P der Schnittpunkt beider, welcher der Durchdringungskurve als Punkt angehört.

Die Tangente im Punkte P an die Kurve wurde als Schnittgerade beider Tangentialebenen ermittelt, indem deren Spuren mit der Symmetrieebene Σ des ganzen Objektes bestimmt wurden. Die Tangentialebene an den Zylinder längs der Mantellinie m stellt sich im Aufriß dar als Tangente PS des Grundkreises des projizierenden Zylinders. Damit findet man die Spur t_1 dieser Tangentialebene mit der Symmetrieebene Σ und kann sie im Grundriß darstellen. Zur Bestimmung der Tangentialebene des anderen Rotationskörpers bestimmt man durch Drehung des Punktes P um die Achse a in den Nullmeridian nach (P) die Spur S_2 der Meridiantangente dieses Punktes. Dann geht die Spur t_2 der Tangentialebene mit der Symmetrieebene Σ durch diesen Punkt S_2 und ist rechtwinklig zum Grundriß der Meridiantangente. Die beiden Spuren t_1 und t_2 der Tangentialebenen ergeben den Spurpunkt T der Tangente t mit der Symmetrieebene Σ.

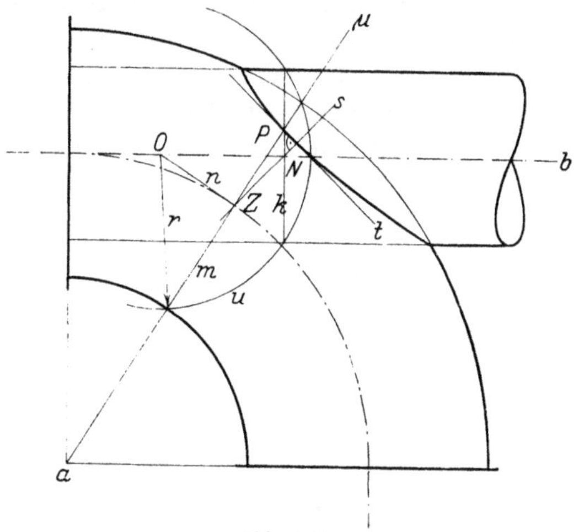

Abb. 197.
Zwei Rotationsflächen mit windschiefen Achsen.

d) Die beiden Achsen sind windschief zueinander. In diesem allgemeinsten Falle drängt sich keine allgemeine Methode zur Konstruktion von Punkten der Durchdringungskurve der beiden Flächen auf, denn es gibt keine Folge von Hilfsflächen, die gleichzeitig aus beiden Flächen einfache Kurven schneiden würden.

Doch kommt es häufig vor, daß die besondere Eigenart und Anordnung der sich durchdringenden Flächen die Angabe geeigneter Hilfsflächen erlaubt.

In Abb. 197 wird eine Kreisringfläche durchdrungen von einem geraden Kreiszylinder, dessen Achse b in der Symmetrieebene Σ des Ringes liegt, eine Anordnung, die bei Wasserkraftmaschinen häufig ist. Es liegt nun nahe, eine Folge von Hilfskugeln anzugeben, die aus beiden Flächen Kreise schneiden.

Ist nämlich μ die Ebene eines die Durchdringungskurve schneidenden Meridians m, so wird jede durch den Kreis m gehende Kugel ihren

Mittelpunkt auf der Normalen n haben müssen, die man im Mittelpunkt Z des Kreises m auf seiner Ebene errichten kann. Diese Normale liegt in der Symmetrieebene Σ des Ringes und trifft die Achse b des Zylinders in einem Punkte O. Dieser Punkt O ist der Mittelpunkt einer Kugel vom angegebenen Radius r, welche beide Flächen in Kreisen m und k schneidet. Der Umriß der Kugel ist der Kreis u. Beide Kreise, m und k, erscheinen in der Normalprojektion auf die Symmetrieebene als gerade Strecken, ergeben also in ihrem Schnittpunkt P die Doppelprojektion von zwei Punkten der Durchdringungskurve.

Sehr einfach ergibt sich die Tangente des ermittelten Punktes, und zwar nach der Normalenmethode (64). Die Ringnormale trifft nämlich die Symmetrieebene Σ im Mittelpunkt Z des Meridiankreises m. Die Zylindernormale trifft sie im Mittelpunkt N des Normalschnittes k des Zylinders. Die Verbindungsgerade s dieser beiden Spurpunkte ist also die Spur der Ebene beider Flächennormalen mit der Symmetrieebene Σ. Rechtwinklig zu dieser Spur steht dann die Normalprojektion der Tangente t auf die Ebene Σ.

XI. Das Rotationshyperboloid.

88. Drehung einer Geraden um eine zu ihr windschiefe Achse. Wird eine Gerade um eine zu ihr windschiefe Achse rotiert, so beschreibt sie die einfachste aller Regelflächen, deren Eigenschaften grundlegend sind für das Verständnis allgemeiner Flächen dieser Art.

In Abb. 198 sei die Gerade a die Rotationsachse, die Gerade g die Erzeugende der Fläche. Eine neue Lage g_1 der sich drehenden Geraden erhält man, wenn man zwei Punkte der Erzeugenden während der Drehung verfolgt. Sei K derjenige ihrer Punkte, welcher der Achse a am nächsten liegt. Er wird bei der Rotation den kleinsten aller Parallelkreise der Fläche, den Kehlkreis k, beschreiben, dessen Grundriß in Abb. 198 in wahrer Größe, dessen Aufriß als gerade Strecke erscheint. Ferner sei P ein beliebiger weiterer Punkt der Erzeugenden g, p der Parallelkreis, den er beschreibt. Kommt nun der Kehlkreispunkt K der Erzeugenden g an die Stelle K_1, so wird der Grundriß der Erzeugenden g aus der Tangente in K an den Kehlkreis zur Tangente in K_1 an diesen übergegangen sein, und damit kann auf dem Parallelkreis p auch der Punkt P_1 angegeben werden, in den der Punkt P bei der Drehung übergegangen ist. Die Aufrisse der Punkte K_1 und P_1 bestimmen dann den Aufriß der neuen Lage g_1 der Erzeugenden.

Richtet man neben dem Punkte P der Erzeugenden das Augenmerk auf ihren Punkt Q, der vom Kehlkreispunkt K nach der anderen Seite ebenso weit weg liegt als der Punkt P, so haben diese beiden Punkte P und Q gleiche Entfernungen von der Achse, beschreiben also zwei Parallelkreise p bzw. q mit gleichen Radien, deren Grundrisse sich daher decken, während die Aufrisse symmetrisch liegen zum Aufriß des Kehlkreises. Solcherweise kann zu jedem Parallelkreis p der Fläche ein symmetrischer q bez. der Ebene Σ des Kehlkreises angegeben werden.

Die Ebene des Kehlkreises ist eine Symmetrieebene des Rotationshyperboloids.

Da die erzeugte Regelfläche zur Ebene Σ symmetrisch ist, kann man zu jedem Punkt P der Fläche einen bez. der Ebene Σ symmetrischen Punkt R angeben, der auch auf der Fläche liegt. Durchläuft der Punkt P eine Erzeugende g der Fläche, so wird sein Spiegelbild R auch eine auf der Fläche liegende Gerade l durchlaufen, die aber nicht durch Rotation aus der Erzeugenden g hervorgeht, aber ihrerseits, um die Achse a rotiert, eine neue geradlinige Schar von Erzeugenden der Fläche erzeugt, die das nämliche Rotationshyperboloid ergibt. Die Fläche erweist sich solchergestalt überdeckt von zwei Systemen von Erzeugenden, der Regelschar g und der Regelschar l. Zwei Erzeugende der nämlichen Schar gehen durch Rotation um die Achse auseinander hervor, sind also windschief zueinander, während man einsehen kann, daß sich irgend zwei Erzeugende verschiedener Scharen stets schneiden. Betrachten wir zu dem Ende in Abb. 198 die beiden Erzeugenden g_1 und l, welche die Kehlkreispunkte K_1 bzw. K besitzen und den Parallelkreis p in den Punkten P_1 bzw. S treffen. Aus planimetrischen Gründen sind die Verbindungsgeraden $K K_1$ und $S P_1$ parallel zueinander, so daß die vier Punkte K, K_1, S und P_1 in einer Ebene liegen, mithin auch die Geraden g_1 und l. Die

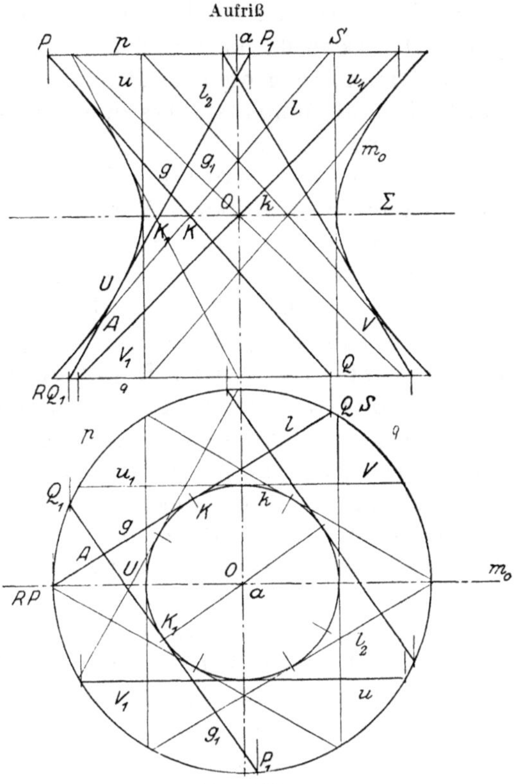

Abb. 198. Rotationshyperboloid.

Abbildung muß also die Probe aushalten, daß die beiden Projektionen des Schnittpunktes A dieser zwei Erzeugenden in einer Ordnungslinie liegen.

Ist anderseits A ein beliebiger Punkt der Fläche, gegeben durch seinen Grundriß (also auf alle Fälle außerhalb des Kehlkreises k, der in erster Projektion den scheinbaren Umriß der Fläche darstellt), so kann man vom Grundriß des Punktes A stets zwei Tangenten an den Grundriß des Kehlkreises ziehen, und dies sind die Grundrisse der beiden durch den Punkt A gehenden Erzeugenden g_1 und l der Fläche; ihre Verbindungsebene ist die Tangentialebene der Fläche zum Berührungspunkt A. Denn da die Geraden g_1 und l ganz auf der Fläche liegen und mit ihren Tangenten im Punkte A zusammenfallen, ist die Tangentialebene durch sie bestimmt. Zusammenfassend kann man somit sagen:

Das (einfache) Rotationshyperboloid ist überdeckt von zwei Regelscharen; zwei Erzeugende der nämlichen Schar sind windschief zueinander, zwei Erzeugende verschiedener Scharen schneiden sich. Durch jeden Flächenpunkt gehen zwei Erzeugende, von jeder Regelschar eine, deren Verbindungsebene die Tangentialebene des Flächenpunktes ist. Die beiden Regelscharen gehen durch Spiegelung an der Kehlkreisebene auseinander hervor.

Für einen Kehlkreispunkt K verbindet die Tangentialebene zwei zueinander symmetrische Erzeugende g und l, eben dem Umstand entsprechend, daß der Kehlkreis der Umriß der Fläche für die erste Projektion ist. Da die Fläche eine Rotationsfläche ist, deren Achse a zur Aufrißebene parallel ist, so wird der Nullmeridian m_0 der Umriß für die zweite Projektion sein. Die Aufrisse aller Erzeugenden werden Tangenten an seinem Aufriß (57). Will man somit Punkte U dieses scheinbaren Umrisses konstruieren, so hat man nur Erzeugende der Fläche, z. B. die Gerade g_1 der Abbildung, mit der Ebene des Nullmeridians zu schneiden, was sich im Grundriß sofort ausführen läßt. Der Aufriß des Umrißpunktes U ist dann der Berührungspunkt des Aufrisses der Erzeugenden g_1 mit dem Aufriß des Nullmeridians. Ein solcher Umrißpunkt U hat eine zweitprojizierende Tangentialebene, wie auch der Grundriß erkennen läßt, da vom Grundriß jedes Nullmeridianpunktes zwei zur Ebene des Nullmeridians symmetrische Erzeugende der Fläche ausgehen, deren Aufrisse also zusammenfallen.

Es steht zu erwarten, daß der Meridian eine algebraische Kurve sei. Um deren Ordnung zu bestimmen, denke man sich die Anzahl der Punkte bestimmt, welche eine in einer Meridianebene beliebig gewählte Gerade k mit der Meridiankurve des Rotationshyperboloids gemein hat. Diese Anzahl ist gleich der Anzahl der Schnittpunkte der Erzeugenden g

der Fläche mit dem geraden Kreiskegel, den die Gerade k bei der Rotation um die Achse a erzeugen würde, also gleich 2, weil dieser Kegel von der 2. Ordnung ist (61). Die Symmetrieverhältnisse des Meridians ergeben, daß er eine Hyperbel ist, deren Nebenachse die Drehachse ist und deren Hauptachse in die Kehlkreisebene fällt.

Die Fläche kann also auch erhalten werden durch die Rotation einer Hyperbel um ihre Nebenachse. Dabei erzeugen die beiden Hyperbeläste das nämliche Gebilde, woher der Name „einfaches" oder „einschaliges" Rotationshyperboloid rührt, im Gegensatz zum „zweifachen" oder „zweischaligen" Rotationshyperboloid, das durch Rotation einer Hyperbel um ihre Hauptachse entsteht. Diese andere Fläche enthält keine geradlinigen Erzeugenden, und es kommt ihr aus diesem Grunde geringere Bedeutung zu als jener Regelfläche.

Zu jeder Erzeugenden der einen Regelschar des einfachen Rotationshyperboloids, z. B. zur Geraden g, gibt es eine parallele Erzeugende l_2 der anderen Schar. Im Grundriß projizieren sich diese beiden Erzeugenden als parallele Tangenten des Kehlkreises. Ihr Schnittpunkt liegt unendlich-fern und ist der Berührungspunkt ihrer Verbindungsebene, die, wie man aus dem Grundriß ersieht, durch den Mittelpunkt O des Kehlkreises — den Mittelpunkt der Fläche — geht. Da die Erzeugenden der Fläche durch Rotation bzw. durch Spiegelung auseinander hervorgehen, so haben sie sämtlich gleiche Neigung gegen die Kehlkreisebene, so daß die Verbindungsebenen je zweier paralleler Erzeugenden der beiden Regelscharen einen geraden Kreiskegel mit der Achse a umhüllen, den sog. Asymptotenkegel des Rotationshyperboloids, so genannt, weil die ihn umhüllenden Tangentialebenen der Fläche diese in unendlicher Ferne berühren. Der Asymptotenkegel ist der Tangentenkegel der Fläche von ihrem Mittelpunkt aus. Zwei dieser Tangentialebenen, die Verbindungsebenen der parallelen Erzeugendenpaare u, v bzw. u_1, v_1 sind zweitprojizierende Ebenen, bestimmen also im Aufriß die Umrißmantellinien des Asymptotenkegels. Die Geraden $u \equiv v_1$ und $u_1 \equiv v$ sind demnach die Asymptoten der Umrißhyperbel.

Läßt man einen Punkt des Rotationshyperboloids auf einer Erzeugenden wandern und beachtet man, daß an jeder Stelle die Tangentialebene die dort hindurchgehenden zwei Erzeugenden verbindet, so zeigt sich, daß mit der Bewegung des Flächenpunktes längs einer Erzeugenden, sich seine Tangentialebene um diese Erzeugende dreht. Keine zwei Punkte der Erzeugenden haben die nämliche Tangentialebene. Während also bei den abwickelbaren Regelflächen (56) alle Punkte längs einer Erzeugenden die nämliche Tangentialebene haben, ändert sich diese bei den windschiefen Regelflächen von Stelle zu Stelle. Das Rotationshyperboloid ist die einfachste der windschiefen Regelflächen (Kap. XIII). —

Abb. 199 zeigt das Lichtbild eines sog. Schrägschaufelgebläses oder Hyperboloidventilators, wie solche von der Maschinenfabrik G. Schiele & Co. in Eschborn a. T. hergestellt werden.

Abb. 199. Hyperboloidventilator.

89. Hyperboloidräder. Rotationshyperboloide können verwendet werden, um Drehungen um eine Achse zu übertragen auf eine andere, zur ersten windschiefe Achse.

In Abb. 200 seien a und b die beiden zueinander windschiefen Achsen. Das Projektionssystem nehme eine möglichst einfache Lage gegen dieses Achsenpaar ein; es sei die Achse a zur ersten Projektionsebene rechtwinklig, die Achse b zur zweiten Projektionsebene parallel. Dann erscheint der kürzeste Abstand d der Achsen im Grundriß, der Schränkungswinkel γ im Aufriß.

Nun gilt es, eine Gerade e zu finden, die beiden Flächen als Erzeugende so dienen kann, daß die durch Rotation dieser Geraden um die Achsen entstehenden Flächen einander in allen Punkten der ausgewählten Erzeugenden berühren. Wohlverstanden kann die Berührung nicht stattfinden, wie z. B. bei Kegelfriktionsrädern; denn beim Rotationshyperboloid ändert sich ja die Tangentialebene von Stelle zu Stelle. Dagegen kann erreicht werden, daß die beiden Hyperboloide in jedem Punkte der „Berührungserzeugenden" die (wechselnde) Tangentialebene gemeinsam haben.

Dazu wird einmal nötig sein, daß die gesuchte Gerade e den kürzesten Abstand der Achsen a und b unter rechtem Winkel schneide. Dieser Schnittpunkt S wird der Punkt werden, den die Kehlkreise der beiden Flächen gemeinsam haben.

Im Aufriß wird also die Projektion der Geraden e durch den Punkt S gehen müssen, der in den Schnittpunkt der Aufrisse der Achsen a und b fällt.

Der Aufriß der Geraden e wird den Schränkungswinkel γ in zwei Teile α und β zerlegen, deren Größe abhängig ist vom Übersetzungsverhältnis der beiden Räder. Kinematische Betrachtungen, die aber den Rahmen der darstellenden Geometrie überschreiten, zeigen, daß die Sinus der beiden Teilwinkel im Verhältnis der Übersetzung stehen. Ist also das Übersetzungsverhältnis $p:q$, so gilt

$$\sin\alpha : \sin\beta = p : q\,.$$

Dementsprechend wurde der Punkt E des Aufrisses der gesuchten Geraden e in Abb. 200 ermittelt.

Ist der Aufriß der Geraden e bekannt, so ergibt sich ihr Grundriß aus der Forderung, daß sich die beiden Hyperboloide in allen Punkten der gemeinsamen Erzeugenden e berühren müssen. Ist also P ein beliebiger derartiger Punkt, so haben die beiden Hyperboloide in ihm die Tangentialebene und somit auch die Flächennormale gemein. Und da die Gerade e, weil rechtwinklig zum kürzesten Abstand der beiden Achsen, zur Aufrißebene parallel sein muß, wird sich der rechte Winkel der Geraden e und der gemeinsamen Flächennormalen n im Aufriß in wahrer Größe zeigen. Sind Q und R die Schnittpunkte der Normalen n mit den Achsen a bzw. b, so kann man aus den Aufrissen die Grundrisse dieser Punkte angeben und damit den Grundriß der Normalen n. Auf ihm liegt der Grundriß des Punktes P, und durch diesen geht, rechtwinklig zum kürzesten Abstand beider Achsen, der Grundriß der Berührungserzeugenden e beider Hyperboloide.

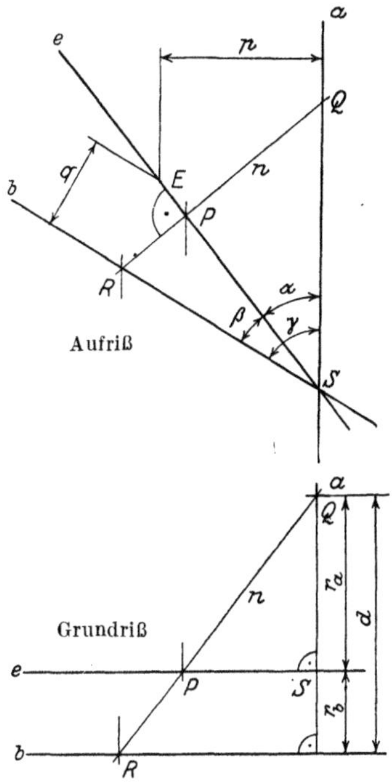

Abb. 200. Konstruktion der Berührungserzeugenden von zwei Hyperboloidrädern.

Der Fußpunkt S der Berührungserzeugenden teilt den kürzesten Abstand in zwei Strecken r_a und r_b, welche die Kehlkreisradien der sich berührenden Hyperboloide sind. Ihr Verhältnis ist nicht etwa gleich dem Übersetzungsverhältnis, sondern ergibt sich aus der Abb. 200 folgendermaßen:

Es ist

$$\mathrm{tg}\,\alpha : \mathrm{tg}\,\beta = PQ : PR = r_a : r_b\,.$$

In Abb. 201 wurden die Räder für das Übersetzungsverhältnis

$$p : q = 2 : 3$$

konstruiert. Zur Darstellung des Rotationshyperboloides mit der schiefstehenden Achse b wurde ein Seitenriß parallel zu seiner Kehlkreisebene eingeführt. Das gewählte Übersetzungsverhältnis bringt es mit sich, daß das Rad a zwei volle Umdrehungen macht, während in der gleichen Zeit das Rad b deren drei ausführt. Um dies in der Darstellung sinnfällig zum Ausdruck zu bringen, wurden auf der ersten Fläche zwölf,

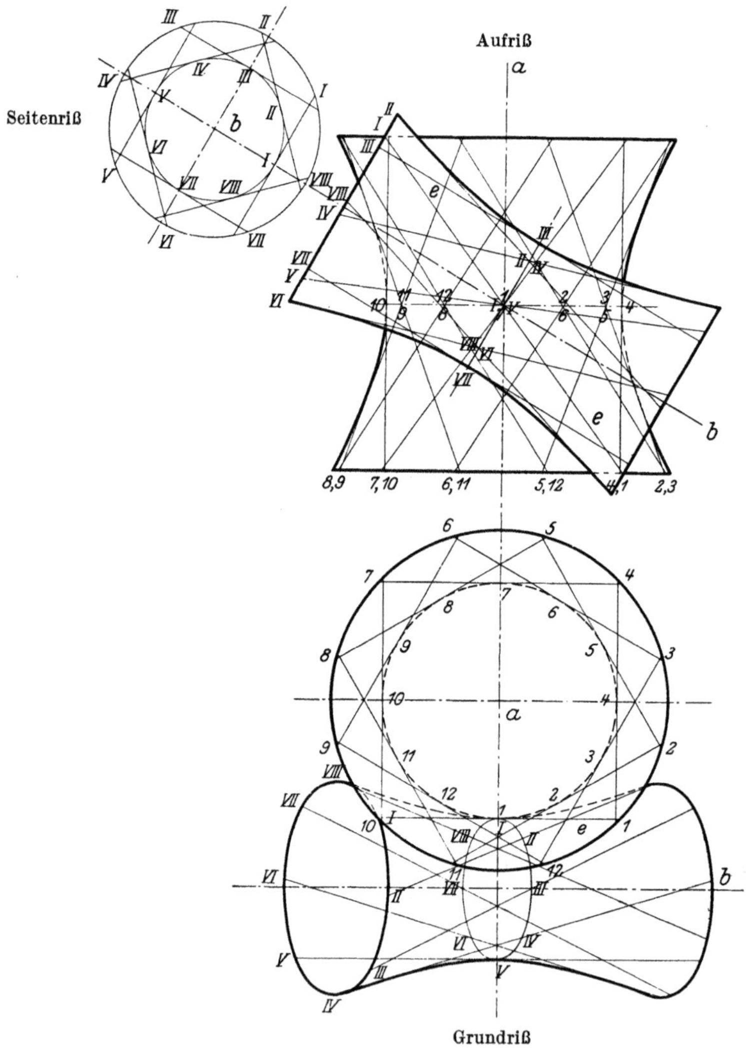

Abb. 201. Hyperboloid-Räder.

auf der zweiten acht Erzeugende gleichmäßig verteilt, und zwar beide Male von der Berührungserzeugenden ausgehend. Damit sind auf den beiden Flächen Erzeugende herausgehoben, die im Verlaufe der Bewegung zur Deckung kommen.

XII. Regelflächen zweiten Grades.

90. Allgemeines einschaliges Hyperboloid. Es gilt nun, das Rotationshyperboloid, die einfachste aller Regelflächen, zu verallgemeinern. Nun sind die sämtlichen Geraden der einen Regelschar gemeinsame Transversale aller Geraden der anderen, die ihrerseits durch Rotation um die Achse der Fläche auseinander hervorgehen. Die Geraden der einen Regelschar sind schon bestimmt als Transversalen von drei Geraden der anderen Schar, und die Verallgemeinerung der Fläche besteht nun darin, daß die drei Leitgeraden, die von allen Erzeugenden der Regelfläche geschnitten werden sollen, drei beliebige, aber zueinander windschiefe Gerade sein sollen, während sie beim Rotationshyperboloid durch Rotation um eine Achse auseinander hervorgehen. Diese durch drei zueinander windschiefe Leitgerade bestimmte Regelfläche heißt das allgemeine einfache oder einschalige Hyperboloid.

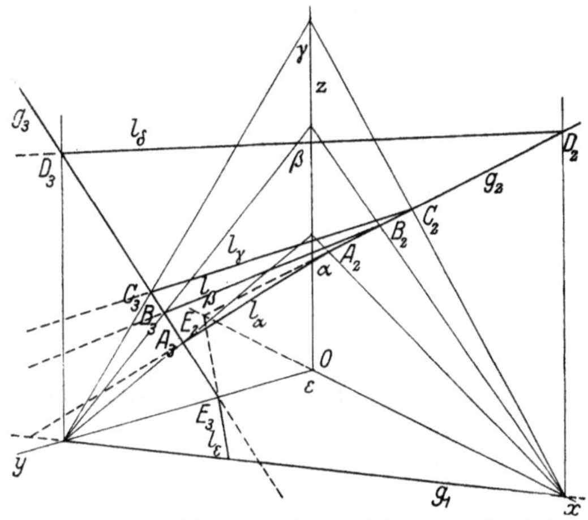

Abb. 202. Erste Methode der Konstruktion einer Regelschar.

Leicht lassen sich aus den drei gegebenen Leitgeraden g_1, g_2 und g_3 Erzeugende l der Fläche ermitteln, und zwar nach zwei Methoden:

Erste Methode: Durch eine der drei Leitgeraden, z. B. durch g_1, denkt man sich Ebenen α, β, γ, ... gelegt und mit den beiden anderen Leitgeraden g_2 und g_3 in Punkten A_2, B_2, C_2, ... bzw. A_3, B_3, C_3, ... geschnitten. Dann sind die Verbindungsgeraden der Punkte A_2 und A_3, B_2 und B_3, C_2 und C_3, ... gemeinsame Transversale der drei Leitgeraden, also Erzeugende der Regelfläche.

Zur Veranschaulichung dieses Konstruktionsvorganges sind in Abb. 202 durch die drei Leitgeraden g_1, g_2, g_3 drei Ebenen beziehungsweise gelegt worden, die sich in einem Punkte O schneiden, während x, y, z ihre Schnittgeraden zu je zweien seien. Dann kann die Abbildung als eine Projektion der räumlichen Verhältnisse aufgefaßt werden, ja man kann die Darstellung als Axonometrie (Kap. IV) auffassen, auch wenn man in der Folge nirgends wird voraussetzen müssen, daß die drei durch die Leitgeraden gelegten Ebenen zueinander rechtwinklig stehen. Dann kann man die zweiten und dritten Spuren von Ebenen

$\alpha, \beta, \gamma \ldots$ durch die Leitgerade g_1 eintragen; sie haben sich auf der z-Achse zu schneiden. Das gibt die Erzeugenden

$$l_\alpha \equiv A_2 A_3, \quad l_\beta \equiv B_2 B_3, \quad l_\gamma \equiv C_2 C_3, \ldots$$

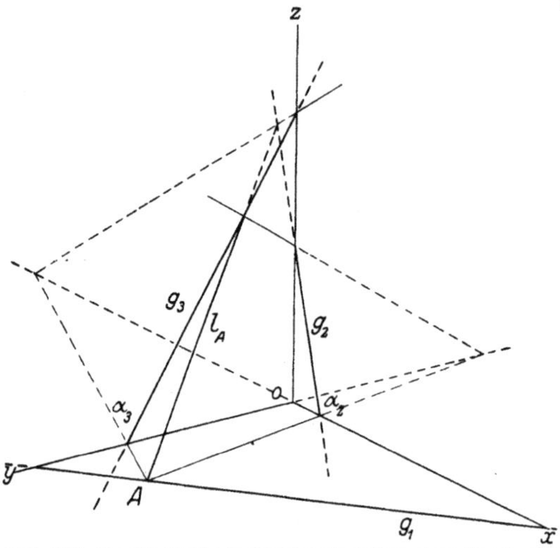

Abb. 203. Zweite Methode der Konstruktion einer Regelschar.

δ sei die Ebene durch g_1 parallel zur z-Achse; sie liefert die Erzeugende $l_\delta \equiv D_2 D_3$. Ferner sei ε die Ebene xy; sie ergibt die Erzeugende $l_\varepsilon \equiv E_2 E_3$.

Zweite Methode: Auf einer der drei Leitgeraden, z. B. auf g_1, denkt man sich Punkte A, B, C, ... gewählt und diese mit den beiden anderen Leitgeraden durch Ebenen $\alpha_2, \beta_2, \gamma_2, \ldots$ bzw. $\alpha_3, \beta_3, \gamma_3, \ldots$ verbunden. Dann sind die Schnittgeraden $l_A \equiv \alpha_2, \alpha_3$; $l_B \equiv \beta_2, \beta_3$; $l_C \equiv \gamma_2, \gamma_3, \ldots$ gemeinsame Transversale der drei Leitgeraden, also Erzeugende der Fläche.

Dieser Konstruktionsvorgang ist in Abb. 203 einmal durchgeführt. Gewählt wurde der Punkt A auf der Leitgeraden g_1. Die Erzeugende l_A ist das Resultat der Konstruktion.

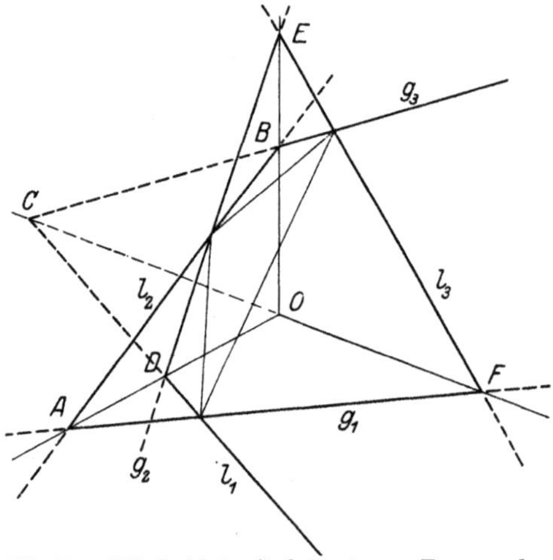

Abb. 204. Windschiefes Sechskant vom Erzeugenden des Hyperboloides.

91. Windschiefes Sechskant von Erzeugenden des Hyperboloides. In Abb. 204 seien wieder die drei Leitgeraden g_1, g_2, g_3 in drei beliebigen Ebenen, die sich in einem Punkt O schneiden, vorausgesetzt. Wenn man dann die Punkte angibt, in denen die drei Leitgeraden die drei Achsen x, y und z treffen, so kann man unmittelbar die drei Erzeugenden l_1, l_2, l_3 eintragen, die in den drei erwähnten Ebenen liegen.

Die sechs so ermittelten Geraden, die ganz auf der Fläche liegen, bilden ein Sechskant $g_1\, l_2\, g_3\, l_1\, g_2\, l_3$. Es ist windschief, denn es bilden zwar je zwei aufeinanderfolgende Kanten eine Ebene, aber die nächste Kante tritt aus dieser heraus. Die aufeinanderfolgenden Kanten schneiden sich in den Ecken A, B, C, D, E und F der räumlichen Figur, die dergestalt auch ein windschiefes Sechseck bildet. Leicht ergibt sich an Hand der einfachen Darstellung eine für die folgenden Entwicklungen grundlegender einfacher Zusammenhang.

Die sechs Ecken des windschiefen Sechsecks gruppieren sich in drei Paare von Gegenecken. Solche sind

A und D,
B .. E, sowie
C .. F.

Ihre Verbindungsgeraden x, y bzw. z gehen durch einen Punkt O. Man hat also bewiesen:

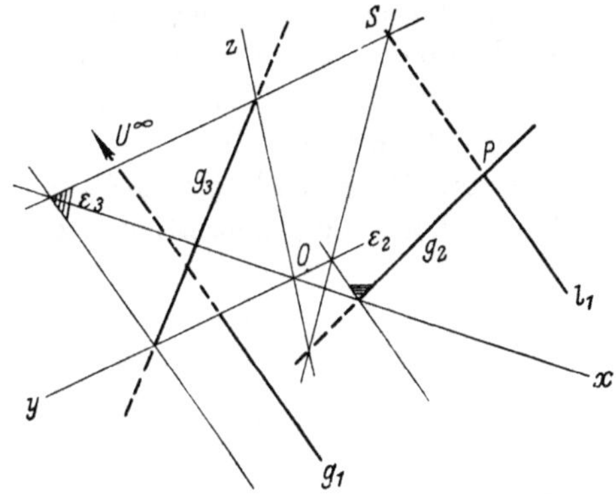

Abb. 205. Parallele Erzeugende des Hyperboloides.

Die drei Leitgeraden eines einfachen Hyperboloides bilden mit drei Erzeugenden ein windschiefes Sechseck, für welches die Verbindungsgeraden der drei Gegeneckenpaare durch einen Punkt gehen.

Dieser Satz kann besonders deutlich veranschaulicht werden, wenn man das windschiefe Sechskant aus den drei Leitgeraden g_1, g_2 und g_3 und aus den zu ihnen parallelen Erzeugenden l_1, l_2, l_3 aufbaut. Wendet man nämlich die zweite Methode von (90) an, indem man auf der Geraden g_1 den unendlich-fernen Punkt U wählt und verbindet man ihn durch Ebenen ε_2 und ε_3 mit den beiden anderen Leitgeraden g_2 bzw. g_3, so ist deren Schnittgerade l_1 die zur Leitgeraden g_1 parallele Erzeugende (s. Abb. 205). Bestimmt man so auch die zu den beiden anderen Leitgeraden parallelen Erzeugenden, so entsteht ein windschiefes Sechskant dessen Kanten einem Parallelopiped angehören (Abb. 206). Die Verbindungsgeraden der Gegenecken sind die Körperdiagonalen und schneiden sich im Mittelpunkt des Parallelopipeds.

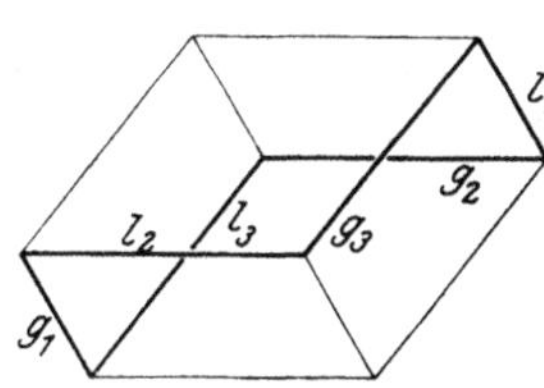

Abb. 206.
Parallelopiped von Erzeugenden.

92. Zwei verbundene Regelscharen. Geht man aus von drei zueinander windschiefen Leitgeraden g_1, g_2, g_3, so bestimmen sie eine Regelschar als ihre gemeinsamen Transversalen. Greift man unter diesen Geraden drei l_1, l_2, l_3 heraus, so bestimmen sie ihrerseits eine Regelschar, gebildet aus ihren sämtlichen Transversalen. Die drei Geraden g_1, g_2 und g_3 gehören jedenfalls dieser Regelschar an, denn es sind ja gemeinsame Transversale der drei Geraden l. Es soll nun die gegenseitige Lage zweier beliebigen Geraden g und l der beiden Regelscharen untersucht werden.

Wir denken uns in Abb. 207 die beiden Regelscharen durch ein windschiefes Sechskant $g_1 l_2 g_3 l_1 g_2 l_3$ bestimmt, so daß diese Kanten einem Parallelopiped angehören. Eine beliebige Ebene δ durch g_1 sei bestimmt durch ihre (parallelen) Spuren s_δ durch die Ecken A und F des Parallelopipeds und gelegen in den Seitenflächen, die in den Punkten A und F von der Kante g_1 getroffen werden. Diese Hilfsebene δ bestimmt eine Erzeugende $l \equiv L_2 L_3$ der einen Regelschar. Eine Ebene ε durch die Kante l_1 mit den Spuren s_ε durch die Ecken C und D bestimmt ebenso eine Erzeugende $g \equiv G_2 G_3$ der anderen Regelschar. Es gilt zu prüfen, welches die gegenseitige Lage der zwei Geraden g und l ist?

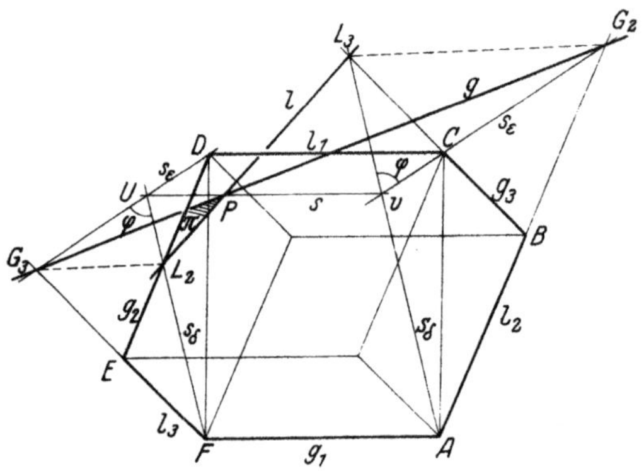

Abb. 207. Zwei verbundene Regelscharen.

Man kann nun zeigen, daß sich die Geraden g und l in einem Punkte P schneiden müssen, der auf der Schnittgeraden $s \equiv UV // AF$ und CD liegen muß. Dazu hat man nur zu zeigen, daß die Geraden $G_3 L_2$ und $L_3 G_2$ parallel zueinander sind, so daß die vier Punkte G_2, L_3, G_3, L_2 in einer Ebene liegen. Damit dies eintritt, müssen die Dreiecke UG_3L_2 und VG_2L_3 ähnlich sein. Da die den Winkel φ bei den Ecken U und V einschließenden Seiten parallel sind, genügt es, die Proportionalität dieser Seiten zu erweisen. Nun ist aber

$$\triangle G_3UF \sim \triangle CVL_3 , \qquad (1)$$

also

$$G_3U : UF = CV : VL_3 \quad \text{oder} \quad G_3U \cdot VL_3 = UF \cdot CV . \qquad (I)$$

Ferner ist

$$\triangle L_2UD \sim \triangle AVG_2 , \qquad (2)$$

also

$$L_2U : UD = AV : VG_2 \quad \text{oder} \quad L_2U \cdot VG_2 = UD \cdot AV . \qquad (II)$$

Die rechten Seiten der Gleichungen (I) und (II) sind aber einander gleich

$$UF \cdot CV = UD \cdot AV ,$$

weil die Proportion

$$UF : UD = VA : VC$$

aus der Kongruenz der Dreiecke DUF und CVA folgt. Somit sind auch die linken Seiten der Gleichungen (I) und (II) gleich:

$$G_3U \cdot VL_3 = L_2U \cdot VG_2 ,$$

woraus

$$G_3U : L_2U = G_2V : L_3V .$$

Dreht man die Ebene δ um die Leitgerade g_1, so wird ihr Schnittpunkt P mit der Geraden l diese ganze Gerade durchlaufen, so daß jeder Punkt jeder Geraden l auch ein Punkt einer Geraden g ist. Die beiden Regelscharen heißen verbunden; jede besteht aus den gemeinsamen Transversalen der anderen. Beide erfüllen die nämliche Regelfläche, ein einschaliges Hyperboloid, das so von zwei Regelscharen überdeckt erscheint. Durch jeden Punkt P gehen zwei Erzeugende g und l, von jeder Schar eine; ihre Verbindungsebene π ist die Tangentialebene an die Fläche im Punkt P. Irgend drei Geraden der einen Schar können als Leitgeraden zur Bestimmung der anderen Schar ausgewählt werden. Der in (91) bewiesene Satz über das windschiefe Sechskant von Erzeugenden gilt also für irgend zwei Tripel von Erzeugenden beider Scharen.

93. Ordnung, Klasse und Grad des einfachen Hyperboloides. Aus dem Vorhergehenden folgt, daß jede Ebene durch eine Erzeugende des Hyperboloides noch eine Erzeugende der anderen Regelschar enthält, außer den auf diesen beiden Erzeugenden liegenden Punkten aber keine weiteren Flächenpunkte. Damit kann man nun auch die Zahl der Punkte bestimmen, welche eine die Fläche schneidende Gerade mit ihr gemein hat. Es sei (Abb. 208) S_1 ein Schnittpunkt der beliebigen Geraden k mit dem Hyperboloid. Durch ihn gehen zwei Erzeugende, g_1 und l_1, von jeder Regelschar eine. Dann sind zwei Fälle möglich: 1. die beiden Erzeugenden g_1 und l_1 liegen mit der das Hyperboloid schneidenden Geraden k in einer Ebene, der Tangentialebene (g_1, l_1) der Fläche im Punkt S_1. Die Gerade k berührt dann die Fläche in S_1, hat also (54) an der Stelle S_1 zwei unendlich-benachbarte Punkte mit ihr gemein. 2. Die Verbindungsebenen der Geraden k mit den beiden Erzeugenden g_1 und l_1 fallen nicht zusammen. Die Verbindungsebene der Geraden k und g_1 enthält noch eine Gerade l_2 des Hyperboloides, welche die Gerade k im Punkte S_2 treffen möge, durch den noch eine Erzeugende g_2 geht, die ihrerseits l_1 schneidet. Ist also k eine Gerade, die nicht Erzeugende des Hyperboloides ist und die Fläche schneidet, so geschieht dies in zwei Punkten S_1 und S_2. Es gilt also der Satz:

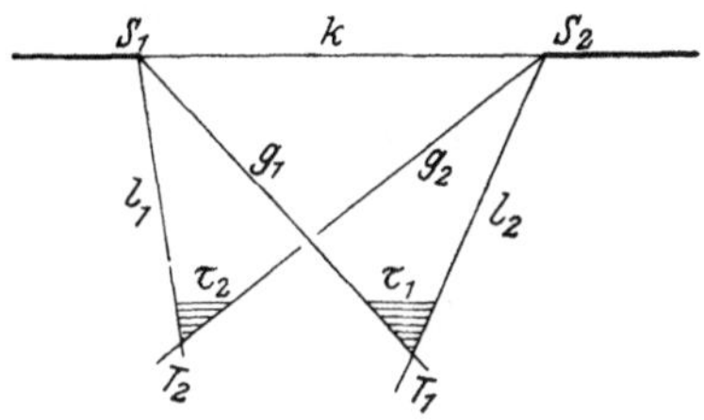

Abb. 208.
Grad des einfachen Hyperboloides.

Das einfache Hyperboloid ist eine Regelfläche zweiter Ordnung.

Die Schnittpunkte T_1 und T_2 der vorhin in Abb. 208 eingeführten Geraden $g_1\,l_2$ bzw. $g_2\,l_1$ sind die Berührungspunkte ihrer Verbindungsebenen τ_1 bzw. τ_2 mit dem Hyperboloid. Also gehen durch die Gerade k, welche die Fläche (reell) schneidet, zwei Tangentialebenen an sie:

Das einfache Hyperboloid ist eine Regelfläche zweiter Klasse.

Da Ordnung und Klasse des einfachen Hyperboloides gleich zwei sind, kann man sagen, sein Grad sei gleich zwei.

94. Das hyperbolische Paraboloid. Ein bemerkenswerter Sonderfall des einfachen Hyperboloides ist in Abb. 209 dargestellt. Er ist dadurch

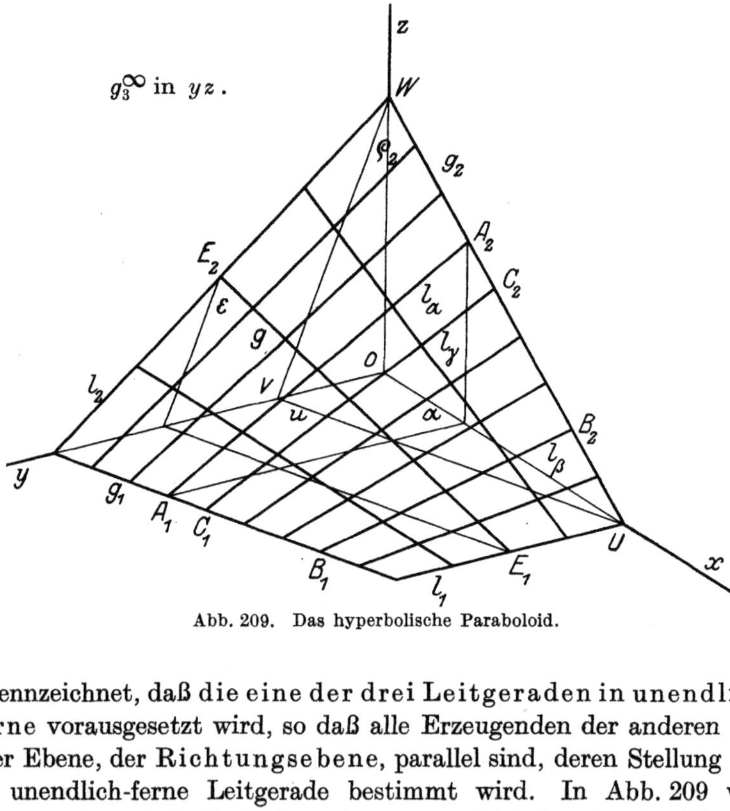

Abb. 209. Das hyperbolische Paraboloid.

gekennzeichnet, daß die eine der drei Leitgeraden in unendlicher Ferne vorausgesetzt wird, so daß alle Erzeugenden der anderen Schar einer Ebene, der Richtungsebene, parallel sind, deren Stellung durch die unendlich-ferne Leitgerade bestimmt wird. In Abb. 209 wurde vorausgesetzt, daß die Leitgerade g_3 unendlich-fern in der Ebene yz liegen möge, so daß die Ebene yz zur Richtungsebene ϱ_1 der Fläche wird Die beiden anderen Leitgeraden g_1 und g_2 mögen in den Ebenen xy bzw. xz angenommen werden.

Will man dann die erste Methode von (90) anwenden, um Erzeugende l zu bestimmen, so hat man etwa Ebenen α durch die unendlich-ferne Leitgerade g_3 zu legen, Ebenen also, die zur yz-Ebene parallel sind. Trifft eine solche Ebene α die Leitgeraden g_1 und g_2 in den Punkten A_1 bzw. A_2, so ist ihre Verbindungsgerade eine Erzeugende l_α der Fläche. Sind l_β und l_γ weitere Erzeugende der nämlichen Schar, welche die Punkte B_1 und B_2 bzw. C_1 und C_2 der Leitgeraden verbinden, so erkennt man ohne weiteres, daß

$$A_1C_1 : B_1C_1 = A_2C_2 : B_2C_2$$

ist. Man hat also eingesehen, daß der Satz gilt:

Die Erzeugenden der einen Regelschar des hyperbolischen Paraboloides schneiden auf zwei Erzeugenden der anderen Regelschar ähnliche Punktreihen heraus.

Würde man also die Strecke A_1C_1 halbieren und ebenso die Strecke A_2C_2, so wäre die Verbindungsgerade dieser zwei Mittelpunkte eine weitere Erzeugende der Schar l.

Da die unendlich-ferne Ebene eine Gerade g_3 der ersten Regelschar enthält, muß sie auch eine Gerade der anderen Regelschar, sie sei mit l_3 bezeichnet, enthalten. Es werden also auch alle Gerade g von einer unendlich-fernen Geraden l_3 geschnitten, so daß auch alle Erzeugenden g eine Richtungsebene ϱ_2 haben. Zur Bestimmung ihrer Stellung hat man nur durch einen Punkt die Parallelen zu zwei Geraden g zu ziehen. In Abb. 209 wurde dazu der Punkt U gewählt, in welchem die Erzeugende g_2 die Gerade x trifft. u sei die Parallele zur Erzeugenden g_1. Die Stellung der zweiten Richtungsebene ϱ_2 wird dann durch die Verbindungsebene der Geraden g_2 und u eingehalten. Trifft diese Ebene die Geraden y und z in den Punkten V bzw. W, so weist die Gerade VW nach dem unendlich-fernen Punkt, in dem die unendlich-ferne Ebene die Fläche berührt, denn in dieser Richtung liegt der Schnittpunkt der beiden unendlich-fernen Geraden g_3 und l_3 der Fläche. Das hyperbolische Paraboloid ist demnach ein einfaches Hyperboloid, das die unendlich-ferne Ebene berührt.

Die Kenntnis der Stellung der zweiten Richtungsebene ϱ_2 gestattet, in einfacher Weise Erzeugende der Schar g zu bestimmen. Man lege eine Ebene ε in Stellung der Richtungsebene ϱ_2. Trifft sie zwei Erzeugende l_1 und l_2 in Punkten E_1 bzw. E_2, so ist deren Verbindungsgerade eine Erzeugende g des Paraboloides.

Das hyperbolische Paraboloid verdient wegen seiner Form auch den Namen Sattelfläche.

XIII. Windschiefe Regelflächen.

95. Bestimmung der Regelflächen durch drei Leitkurven. Wie man ein einfaches Hyperboloid durch drei zueinander windschiefe Leitgerade bestimmen kann, so kann eine allgemeine windschiefe Regelfläche durch drei Leitkurven bestimmt werden. Alle Geraden, die gemeinsame Transversalen dieser drei Leitkurven sind, gehören als Erzeugende der Fläche an. Oder man kann auch sagen, eine sich bewegende Gerade beschreibe die Regelfläche, wenn sie während der Bewegung stets die drei Leitkurven schneidet. Häufig ist eine Regelfläche dadurch bestimmt, daß das Bewegungsgesetz, nach dem ihre Erzeugenden auseinander hervorgehen, gegeben ist. Für die Darstellung und die geometrische Behandlung einer Regelfläche ist es aber zweckmäßiger, auch in diesen Fällen Ausschau zu halten nach Leitkurven der Fläche.

Kennt man die drei Leitkurven, so lassen sich Erzeugende der Regelfläche konstruieren. Man wählt — in Verallgemeinerung der Methode, die in (90) für das Hyperboloid auseinandergesetzt ist — auf der einen der drei Leitkurven einen Punkt und sucht die Erzeugenden zu bestimmen, die durch ihn gehen. Da diese auch die beiden anderen Leitkurven schneiden müssen, werden sie vorkommen unter den Geraden, die vom gewählten Punkte ausgehend die eine und die andere Leitkurve treffen. Sie müssen also vorkommen unter den Mantellinien der Kegelflächen (Kap. VI), die den ausgewählten Punkt zur gemeinsamen Spitze haben und deren Leitkurven die beiden Leitkurven der Regelfläche sind. Die gemeinsamen Mantellinien dieser beiden Kegelflächen sind gemeinsame Transversale aller drei Leitkurven, gehören also als Erzeugende der Regelfläche an. Diese Konstruktionsmethode kann auch folgendermaßen veranschaulicht werden. Denkt man sich das Auge in dem herausgegriffenen Punkt der ersten Leitkurve, so sieht man von dort aus ein Bild jeder der beiden anderen Leitkurven. Diese zwei Bilder scheinen sich zu schneiden, und nach jedem der scheinbaren Schnittpunkte geht vom Auge aus ein Sehstrahl, der eine gemeinsame Transversale aller drei Leitkurven ist.

Die Eigenart einer Regelfläche hängt ab von der Eigenart ihrer Leitkurven. Können für eine Regelfläche keine gesetzmäßigen Leitkurven angegeben werden, so wird sie selbst ungesetzmäßig sein (so in ihren Schnitten mit Geraden und Ebenen). Können für eine Regelfläche drei algebraische Leitkurven angegeben werden, so wird sie selbst algebraisch sein (59). Kommen unter den Leitkurven transzendente vor, die sich nicht durch algebraische ersetzen lassen, so wird die Fläche ihrerseits transzendent sein (59).

Es seien c_1, c_2 und c_3 die drei Leitkurven einer Regelfläche, und zwar seien es algebraische (ebene oder doppelt-gekrümmte) Kurven von den Ordnungen m_1, m_2 bzw. m_3. Dann ist es zur Beurteilung der geometrischen Eigenschaften der Regelfläche von Belang, ihre Ordnung, die eine Funktion der Ordnungen ihrer Leitkurven sein wird, angeben zu können. Diese Aufgabe läßt sich zurückführen auf die Bestimmung der Ordnung des einschaligen Hyperboloids, durchgeführt in (93).

Denkt man sich nämlich drei ganz willkürliche, zueinander windschiefe Gerade g_1, g_2 und g_3, so bestimmen sie ein einfaches Hyperboloid, also eine Regelfläche zweiter Ordnung. Diese wird von der Leitkurve c_1 der in ihrer Ordnung zu bestimmenden Regelfläche in $2 \cdot m_1$ Punkten geschnitten, wenn m_1 die Ordnung dieser Kurve ist. Die Anzahl dieser Schnittpunkte folgt aus algebraischen Gründen und geht zurück auf den algebraischen Satz, daß eine algebraische Gleichung m^{ten} Grades und eine ebensolche n^{ten} Grades $m \cdot n$ Wurzelpaare gemein haben. Eine Gerade g_1 trifft also die Regelfläche, die bestimmt ist durch die Leitgeraden g_2 und g_3 und die Leitkurve c_1 in $2m_1$ Punkten, so daß die Ordnung dieser Regelfläche $2m_1$ ist. Sie wird von der Leitkurve c_2, deren Ordnung m_2 sei, in $2m_1 \cdot m_2$ Punkten geschnitten, wieder aus den nämlichen algebraischen Gründen. Somit wird die Regelfläche bestimmt aus der Leitgeraden g_3 und den Leitkurven c_1 und c_2 von einer beliebigen Geraden g_2 des Raumes in $2m_1m_2$ Punkten geschnitten oder also die Ordnung einer solchen Regelfläche ist $2m_1m_2$. Diese wird von der dritten gegebenen Leitkurve c_3 in $2m_1m_2 \cdot m_3$ Punkten geschnitten, wenn m_3 die Ordnung dieser Leitkurve ist. Eine beliebige Gerade g_3 des Raumes trifft also die durch die drei Leitkurven c_1, c_2 und c_3 bestimmte Regelfläche in $2m_1m_2m_3$ Punkten. Man hat somit bewiesen:

Eine algebraische Regelfläche, bestimmt durch drei algebraische Leitkurven von den Ordnungen m_1, m_2, m_3 hat ihrerseits die Ordnung $2m_1m_2m_3$.

Für $m_1 = m_2 = m_3 = 1$ ergibt sich eine Bestätigung der Ordnung des Hyperboloides.

Das Beweisverfahren setzt voraus, daß sich die Leitkurven der Regelfläche nicht schneiden. Liegt dieser Fall vor, so tritt eine Reduktion der Ordnung der entstehenden Regelfläche ein [s. das Beispiel in (98)].

96. Das Verhalten der Tangentialebene: windschiefe und abwickelbare Regelflächen. Will man in einem Punkte einer Regelfläche die zugehörige Tangentialebene bestimmen, so hat man durch ihn, auf der Fläche, zwei Kurven zu ziehen und deren Tangenten zu bestimmen (55). Die durch den Punkt gehende Erzeugende bietet sich sofort als die eine dieser Kurven an. Somit gilt:

Die Tangentialebene an eine Regelfläche enthält die Erzeugende des Berührungspunktes.

Nun gibt es aber zwei Arten von Regelflächen. Die abwickelbaren Regelflächen (56) bilden die eine Art, das einfache Hyperboloid ist ein Beispiel für die andere Art, die windschiefen Regelflächen. Der Unterschied beider Arten besteht in der gegenseitigen

Lage je zweier unendlich-benachbarter Erzeugenden und äußert sich im Verhalten der Tangentialebenen.

Denkt man sich nämlich irgend zwei Erzeugende herausgegriffen, so werden es im allgemeinen, im einen wie im anderen Fall, zwei zueinander windschiefe Gerade sein. Läßt man aber die eine der beiden Erzeugenden auf der Fläche sich der anderen festgehaltenen immer mehr nähern, bis die beiden Erzeugenden unendlich-nahe aneinander kommen, so können zwei Fälle eintreten:

1. Die beiden unendlich-nahe aneinanderliegenden Erzeugenden sind nach wie vor windschief. Zwischen ihnen liegt ein unendlich-schmales windschiefes Flächenelement.

2. Die zwei unendlich-nahe aneinanderliegenden Erzeugenden schneiden sich, zwischen ihnen liegt ein unendlich-kleines ebenes Flächenelement. Diese Regelflächen sind abwickelbar. Die Abwicklung erfolgt, indem die aufeinanderfolgenden ebenen Flächenelemente ineinander umgedreht werden (56).

Während nun bei den abwickelbaren Regelflächen die Tangentialebene längs aller Punkte einer Erzeugenden berührt (56), sich also nicht ändert, wenn der Berührungspunkt sich auf der Erzeugenden verlegt, ändert sich die Tangentialebene der windschiefen Regelflächen mit dem Berührungspunkt und dreht sich um die Erzeugende, wenn sich der Punkt auf der Erzeugenden bewegt, wie dies beim Rotationshyperboloid (Kap. XI) erkannt wurde.

Ein für die Darstellung der Regelflächen wichtiger Unterschied zeigt sich für beide Arten bei der Bestimmung des scheinbaren Umrisses (57). Werden die Erzeugenden einer Regelfläche projiziert, so kann zweierlei eintreten:

1. Die Projektionen der Erzeugenden umhüllen im Falle der windschiefen Regelflächen eine Kurve, die der scheinbare Umriß der Fläche ist (s. Abb. 114).

2. Die Projektionen der Erzeugenden umhüllen im Falle der abwickelbaren Fläche eine Kurve, welche die Projektion der Rückkehrkurve der Fläche (56) ist. Der scheinbare Umriß dagegen besteht aus Geraden, nämlich aus den Projektionen jener Erzeugenden, die eine projizierende Tangentialebene haben (man denke an den Umriß einer Kegelfläche und betrachte die scheinbaren Umrisse der abwickelbaren Flächen in Kap. XVIII).

97. Grad einer Regelfläche. Die folgenden Betrachtungen haben nur für algebraische Regelflächen Sinn. Man kann nämlich den Satz erweisen:

Für eine algebraische Regelfläche sind Ordnung und Klasse einander gleich (Grad der Regelfläche).

Liegt nämlich eine Regelfläche m^{ter} Ordnung vor, so wird eine beliebige Gerade des Raumes die Fläche (algebraisch gesprochen) in

m Punkten schneiden. Durch jeden dieser Punkte geht eine Erzeugende der Fläche, und ihre Verbindungsebene mit der schneidenden Geraden ist eine Tangentialebene der Fläche (96). Somit kann man durch eine willkürliche Gerade m Tangentialebenen an die Fläche legen, ihre Klasse ist m (59).

98. Durchdringungen von Regelflächen mit ebenen und krummen Flächen. Soll eine Regelfläche mit einer anderen Fläche durchdrungen werden, so wird man ihre Erzeugenden mit dieser Fläche schneiden.

In Abb. 210 soll ein sog. Zylindroid mit einer Ebene geschnitten werden. Diese Regelfläche, die in der theoretischen Mechanik starrer Systeme eine Rolle spielt, hat Erzeugende, die folgenden drei Bedingungen genügen:

1. Sie haben eine (in Abb. 210 vertikal gestellte) Leitgerade l_1 zu treffen;

2. eine zweite Leitlinie ist eine Ellipse mit den Halbachsen r und $r \cdot \sqrt{2}$, deren Ebene gegen beide Projektionsebenen unter 45^0 geneigt ist und welche die Leitgerade l_1 in einem Punkte T schneidet; beide Projektionen dieser Leitellipse sind also kreisförmig;

3. sie haben eine horizontale Richtungsebene (94).

Diesen Bedingungen gemäß kann man Erzeugende der Fläche wie folgt ermitteln: man legt Ebenen in Stellung der Richtungsebene. Eine solche Ebene ε wird die Ellipse l_2 in zwei Punkten E_1 und E_2 schneiden, deren Verbindungslinien e_1 bzw. e_2 mit ihrem Schnittpunkte E auf der Achse l_1 allen drei Bedingungen genügen, also Erzeugende der Fläche sind.

Als ausgezeichnete Lagen solcher horizontaler Hilfsebenen wird man insbesondere verwerten: die oberste und die unterste Lage, welche die Ellipse gerade noch berühren und die oberste Erzeugende o bzw. die unterste u ergeben und die durch den Mittelpunkt der Ellipse (und durch den Schnittpunkt T beider Leitlinien) gehende Horizontalebene, welche die beiden Erzeugenden a und b liefert. Man erkennt: die Fläche besteht aus zwei Teilen, die sich in der Achse l_1 durchdringen. Die mittleren Erzeugenden a und b bilden einen rechten Winkel, und der Winkel der beiden in einer Horizontalebene liegenden Erzeugenden verkleinert sich nach oben und nach unten, und in der obersten bzw. untersten Erzeugenden hängen die beiden Teile der Fläche zusammen[1]).

Diese Regelfläche soll nun mit einer Ebene geschnitten werden, die folgendermaßen bestimmt sei: man gibt ihren Schnittpunkt S mit der Leitgeraden l_1 und die erste Fallgerade f dieses Punktes.

[1]) Als „Rückenlinie" einer windschiefen Regelfläche bezeichnet man eine ihrer Erzeugenden, wenn sich in deren Punkten die Tangentialebenen — ausnahmsweise — verhalten, wie bei einer abwickelbaren Regelfläche (96). o und u sind Rückenlinien des Zylindroids.

Sollen dann die vorhin ermittelten Erzeugenden e_1 und e_2 der Fläche mit der Schnittebene geschnitten werden, so hat man den Schnittpunkt F der Fallgeraden f mit der Verbindungsebene ε beider Erzeugenden zu bestimmen, durch den (rechtwinklig zur Fallgeraden f) die Schnittgerade h beider Ebenen geht und die Erzeugenden e_1 und e_2 in den gesuchten Schnittpunkten P_1 und P_2 trifft. Nach dieser Konstruktionsmethode bestimmt man insbesondere auch die Punkte A und B der Schnittkurve auf den mittleren Erzeugenden a bzw. b und den obersten Punkt O, sowie den untersten Punkt U.

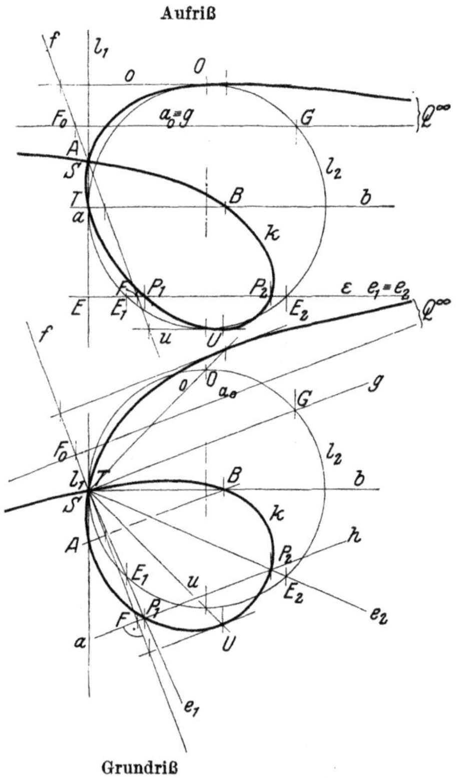

Abb. 210. Zylindroid.

Es läßt sich eine Erzeugende, sie heiße g, angeben, die zur Schnittebene parallel ist. Ihr Grundriß geht natürlich durch den Punkt l_1 und hat die Richtung der ersten Hauptlinie h der Schnittebene. Schneidet sie die Ellipse l_2 im Punkte G, so erlaubt dessen Aufriß die Angabe des (horizontalen) Aufrisses der Erzeugenden g. Diese ergibt somit den unendlich-fernen Punkt Q der Schnittkurve.

Entsprechend den beiden Flächenteilen, die in der Leitgeraden l_1 zusammenstoßen, wird der Schnittpunkt S der Schnittebene mit der Leitgeraden l_1 ein Doppelpunkt der Schnittkurve sein.

Es lohnt sich nicht, in allgemein liegenden Punkten der Schnittkurve Tangenten an diese zu konstruieren. Man hätte zu diesem Ende für die betreffenden Punkte der Regelfläche die Tangentialebene an sie zu ermitteln.

Allein in einzelnen ausgezeichneten Punkten erkennt man die Tangente der Schnittkurve sofort.

Die Kurventangente in ihrem unendlich-fernen Punkte Q wird zur Asymptote. Nun kann man die Existenz einer Richtungsebene für die Regelfläche auch dahin deuten, daß alle Erzeugenden die unendlichferne Gerade l_3 der Horizontalebenen schneiden müssen. Man kann also im unendlich-fernen Punkte Q auf der Regelfläche zwei Gerade gezogen denken: die Erzeugende g und die Leitgerade l_3; ihre Verbindungsebene, das ist die Horizontalebene durch die Erzeugende g, ist die Tangentialebene an die Regelfläche im Punkte Q; ihre Schnittgerade a_0 mit der Schnittebene ist die Asymptote.

Weil ferner die oberste Erzeugende o und die unterste u Rückenlinien der Regelfläche sind, alle ihre Punkte die nämliche (horizontale) Tangentialebene haben, die Fläche sich also längs dieser Erzeugenden verhält, wie die abwickelbaren Regelflächen, so sind die (spurparallelen) Schnittgeraden dieser Tangentialebenen mit der Schnittebene die Tangenten in den beiden Punkten O und U.

Um die Natur der Regelfläche und damit auch ihrer ebenen Schnittkurve bestimmen zu können, hat man einen Überblick zu nehmen über die Leitkurven der Regelfläche. Leitkurven des Zylindroids sind: die Leitgerade l_1, die Leitellipse l_2 und die unendlich-ferne Gerade l_3 der Richtungsebene. Man hat also eine algebraische Fläche vor sich, da alle drei Leitkurven algebraisch sind, und zwar ist in der Formel von (95) für $m_1 = 1$, $m_2 = 2$ und $m_3 = 1$ zu setzen, und man bekäme 4 als den Grad der Fläche. Allein man hat zu beachten, daß sich die Leitgerade l_1 und die Leitellipse l_2 in einem Punkte schneiden, so daß die Geraden, die von diesem Punkte ausgehen und nach der dritten Leitlinie gehen, also ein Strahlbüschel bilden, dessen Träger eine Ebene ist in Stellung der Richtungebene, nicht als eigentliche Transversale der drei Leitlinien zu den Erzeugenden der Regelfläche gehören. Es spaltet sich daher eine Regelfläche ersten Grades — ein ebener Strahlbüschel — ab. Die verbleibenden Erzeugenden bilden mithin eine Regelfläche dritten Grades.

Der in Abb. 210 gezeichnete ebene Schnitt der Fläche ist somit eine Kurve dritter Ordnung, und zwar eine solche mit Doppelpunkt, der im Schnittpunkt S der Schnittebene mit der Doppelgeraden l_1 der Fläche liegt.

XIV. Propeller.

Regelflächen werden vielfach zur Formgebung der Flügelflächen von Propellern verwendet.

99. Ein Luftpropeller. Es sei a die Drehachse eines Propellers, l eine sie in einem Punkte O rechtwinklig schneidende Gerade, die „Mittellinie" des Flügels. Die Erzeugenden e der Regelfläche, nach der der Propellerflügel gekrümmt sei, mögen die Mittelgerade rechtwinklig schneiden und mit der Drehebene des Propellers Winkel bilden, die abhängig sind von der kürzesten Entfernung der Erzeugenden von der

Drehachse. Ist r die radiale Entfernung einer Erzeugenden e von der Achse, so sei für den Neigungswinkel α der Erzeugenden mit der Drehebene

$$\operatorname{tg}\alpha = \frac{h}{2\pi r},$$

wo h eine konstante Länge (die „Ganghöhe“ der „Luftschraube“) sei. Es kommt in diesem Neigungsgesetz die Wirkung der einzelnen Abschnitte des Flügels zum Ausdruck. Je kleiner der Radialabstand der Erzeugenden ist, um so größer muß ihre Neigung sein, entsprechend der kleiner gewordenen Umfangsgeschwindigkeit bei der Drehung. Für $r = o$ wird $\operatorname{tg}\alpha = \infty$, $\alpha = 90^0$.

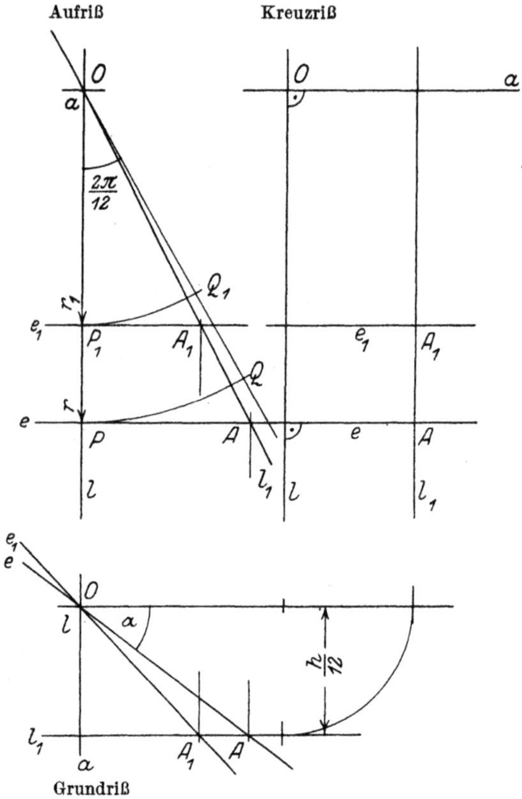

Abb. 211. Erzeugende des Propellerflügels.

Diese Regelfläche werde nun ihrer Natur nach untersucht in Abb. 211.

Die Drehachse a wurde zur Aufrißebene, die Mittelgerade l zur Grundrißebene rechtwinklig vorausgesetzt. Der „Zentralpunkt“ O sei der Schnittpunkt beider. Soll nun eine Erzeugende e dargestellt werden, so wähle man auf der Mittelgeraden l einen beliebigen Punkt P. Dann kann man Auf- und Kreuzriß dieser Erzeugenden unmittelbar rechtwinklig zur Mittelgeraden zeichnen. Der Grundriß der Erzeugenden geht durch den Zentralpunkt $O \equiv l$ und ist gemäß dem Radialabstand $OP = r$ der darzustellenden Erzeugenden zu konstruieren, wobei die Ganghöhe h als gegeben vorauszusetzen ist. Um nicht mit dem ganzen Kreisumfang $2\pi r$ konstruieren zu müssen, sei ein Bruchteil davon, etwa der zwölfte Teil, gezeichnet als der Bogen PQ im Aufriß. Ausgestreckt sei PA die Länge dieses Bogens. Der Grundriß des Punktes A der Erzeugenden e liegt dann mit dem Kotenunterschied $\frac{h}{12}$ gegenüber dem Zentralpunkt O, und der Neigungswinkel α erscheint im Grundriß, dem Radialabstand r entsprechend.

Hat man diese Konstruktion für eine Erzeugende e durchgeführt, so ergeben sich weitere Erzeugende einfach wie folgt. Sei P_1 ein anderer Punkt der Mittellinie l, gelegen im Radialabstand $OP_1 = r_1$. Dann sind die Bogen $2\pi r$ und $2\pi r_1$ oder PQ und P_1Q_1 den Radien r und r_1 proportional, und das nämliche gilt von den ausgestreckten Stücken PA und P_1A_1. Man findet also den Punkt A_1, ohne nochmals rektifizieren zu müssen, indem man den Strahl OA mit der Geraden e_1 schneidet. Dann hat man von der Erzeugenden e_1 den Punkt A_1 ermittelt, der die Kote $\frac{h}{12}$ im Grundriß (von O aus gerechnet) hat. P_1A_1 ist dann eine neue Erzeugende e_1 der Fläche.

Aus dieser Konstruktion kann nun aber leicht auf die Art der Regelfläche, mit der man es hier zu tun hat, geschlossen werden. Man hat, um die Eigenart einer Regelfläche zu überblicken, Ausschau zu halten nach Leitlinien der Erzeugenden. Solche sind: 1. die Mittelgerade l; 2. die unendlich-ferne Gerade der Richtungsebene, die ihrerseits rechtwinklig steht zur Mittelgeraden; 3. die Gerade l_1 oder AA_1, die ja konstruktionsgemäß von allen Erzeugenden der Regelfläche geschnitten wird. Die Regelfläche hat demnach drei zueinander windschiefe Leitgeraden, von denen eine unendlich-fern ist. Sie ist somit ein hyperbolisches Paraboloid (eine Sattelfläche) (94).

Da aber die Konstruktion von Erzeugenden e, die soeben entwickelt wurde, für jeden Bruchteil der „Ganghöhe“ h, nicht nur für $\frac{h}{12}$ durchführbar ist, ergeben sich unendlich viele weitere, auf der Fläche liegende Gerade, wie l_1 deren eine ist. Sie bilden die zweite der beiden verbundenen Regelscharen (92); die Drehebene des Propellers ist ihre Richtungsebene. —

Diesen geometrischen Einsichten entsprechend ist der Propellerflügel in Abb. 212 dargestellt. Gegeben sind die Drehachse a, die sie in einem Punkte O rechtwinklig schneidende Mittellinie l und — statt der Ganghöhe h — eine Erzeugende l_1, welche die Drehachse a unter rechtem Winkel schneidet. Dann sind zunächst einige, in regelmäßigen Abständen die Mittellinie schneidende Erzeugende e dargestellt. Wegen der Eigenschaft des hyperbolischen Paraboloides, daß die Erzeugenden der einen Regelschar auf den Erzeugenden der anderen ähnliche Punktreihen ausschneiden (94), lassen sich die Grundrisse dieser Erzeugenden e leicht bestimmen: sie bilden ein Strahlbüschel mit dem Scheitel im Punkte $O \quad l$, da sie sämtlich Transversale der Mittellinie l sind und diese als erst-projizierende Gerade vorausgesetzt ist. Ist dann Q der Schnittpunkt einer Erzeugenden e mit der Erzeugenden l_1, so geht der Grundriß von e durch den Grundriß dieses Punktes Q, und die gleichmäßig verteilten Erzeugenden e bestimmen auf der Geraden l_1 eine regelmäßige Punktreihe.

Um nun die Randkurve k des Flügels festzulegen, werde deren Aufriß angenommen. Er besteht in Abb. 212 aus zwei durch den Punkt O gehenden Geraden, den Aufrissen zweier Erzeugenden l_1 und l_2 und einem zwischen ihnen vermittelnden Kreisbogen mit dem Mittelpunkt M und dem Radius r. Punkte P der Randkurve k bestimmt man dann in den drei Projektionen, indem man sie auf den Erzeugenden e sucht, auf denen sie im Aufriß liegen. Die Kurve k entsteht als Durchdringungskurve eines zur Aufrißebene rechtwinkligen Zylinders mit dem hyperbolischen Paraboloid.

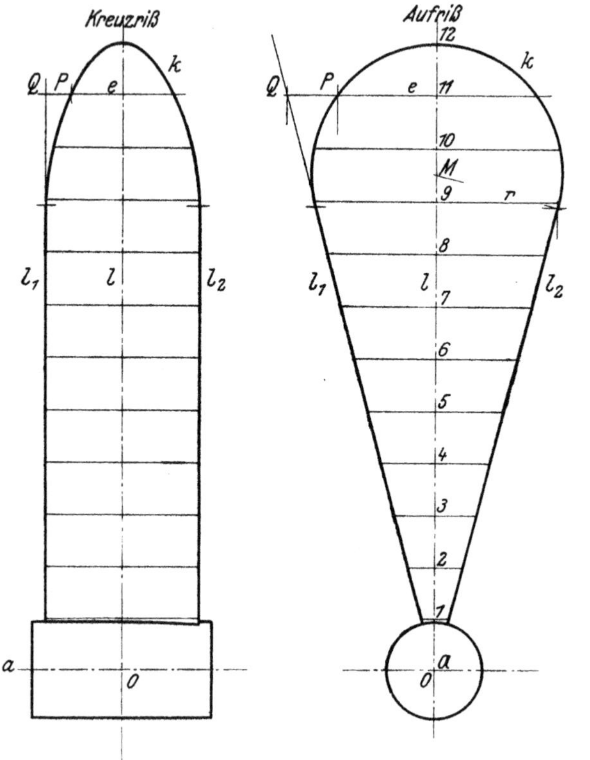

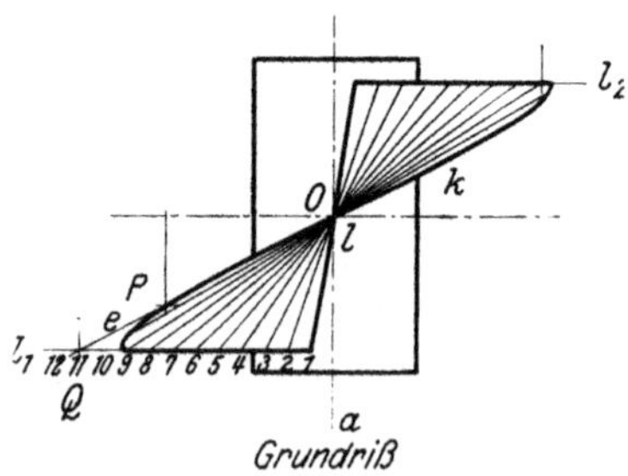

Abb. 212. Propellerflügel.

Die Fläche des Flügels ergibt mit dem Zylinder der Nabe eine Durchdringungskurve, die in Abb. 212 wenig ausgeprägt erscheint. In Abb. 213 sind die beiden Flächen, das hyperbolische Paraboloid und der gerade Kreiszylinder, in größerem Maßstab herausgezeichnet und ist ihre Durchdringungskurve dargestellt in drei Projektionen. Gegeben ist die Drehachse a, die Mittellinie l und eine Erzeugende l_0 des Paraboloides, die mittelbar die „Ganghöhe“ h gibt. Die Durchdringungskurve beider Flächen wird nun bestimmt, indem man Erzeugende e des Paraboloides mit dem Zylinder in Punkten P schneidet. Man geht aus vom Aufriß in Abb. 213. Die Erzeugenden e projizieren sich in dieser Projektion als Normalen zur Mittellinie l. P und Q seien die Schnittpunkte mit dem Zylinder. Trifft die Erzeugende e die Erzeugende l_0 des anderen Systems im Punkte R, so ergeben sich in den anderen beiden Projektionen die Bilder der Erzeugenden e, wobei im Kreuzriß alle Erzeugenden e durch den Punkt $O \equiv l$ gehen, während im Grundriß der rechte Winkel der Erzeugenden e mit der Mittellinie in wahrer Größe erscheint. Auf der Erzeugenden e liegen die Durchdringungspunkte P und Q, wobei die Koten y beider Punkte, etwa als ihre Entfernungen

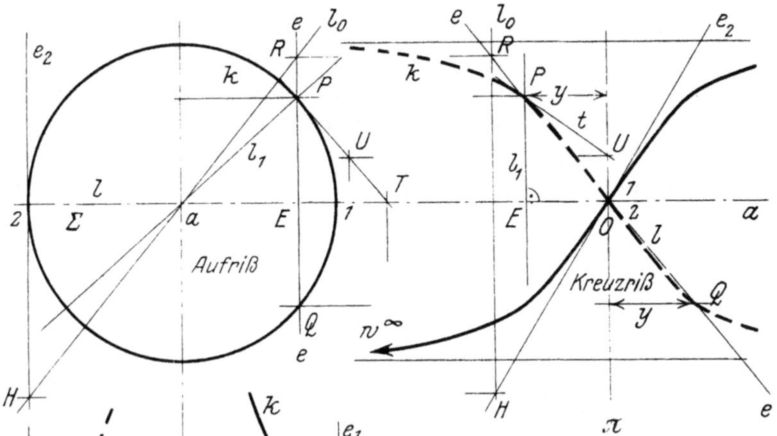

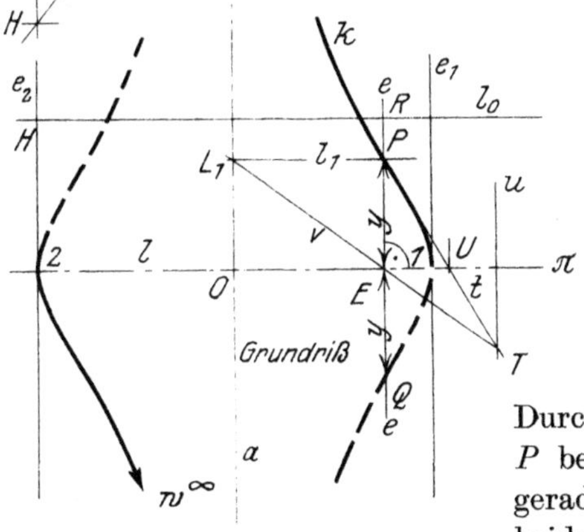

Abb. 213.
Durchdringung des Flügels mit der Nabe.

von der Mittelebene π, der Normalschnittebene des Zylinders, durch den Punkt O, dem Kreuzriß entnommen, im Grundriß verwertet werden können.

Die Tangente t an die Durchdringungskurve k im Punkte P bestimmt sich als die Schnittgerade der Tangentialebenen der beiden sich durchdringenden Flächen. Die Spur u der Tangentialebene an den Zylinder mit der durch die Achse a gehenden Horizontalebene π konstruiert sich sofort. Die Tangentialebene an das Paraboloid im Punkte P ist bestimmt als Verbindungsebene der beiden Erzeugenden e und l_1 dieses Punktes. Die erstere trifft im Punkte E die Mittellinie l, die letztere im Punkte L_1 die Drehachse a. Die Verbindungsgerade dieser beiden Punkte ist die Spur v der Paraboloid-Tangentialebene mit der Horizontalebene Σ. Die beiden Spuren u und v schneiden sich im Spurpunkt T der Tangente t. Zur Ermittlung des Kreuzrisses der

Tangente t wurde ihr Spurpunkt U mit der zweiten Hauptebene π bestimmt.

Die Drehachse a, die mit der Zylinderachse identisch ist, gehört auch zu den Erzeugenden e des Paraboloides. Sie trifft den Mantel des Zylinders im unendlich-fernen Punkte W der Durchdringungskurve. Die Bestimmung der Tangente in diesem unendlich-fernen Punkte W wird zur Bestimmung der Asymptote der Kurve und läßt sich leicht durchführen.

Sind 1 und 2 die beiden Punkte, in denen die Mittellinie l den Zylinder trifft, so werden die durch diese Punkte gehenden Erzeugenden den Zylinder gerade noch berühren, ergeben also die Tangenten an die Durchdringungskurve in den genannten Punkten.

100. Ein Schiffspropeller. Saug- und Druckfläche einer massiven Schiffsschraube mögen nach Flächen gekrümmt sein, die folgendermaßen bestimmt sind. Beide Flächen sind Regelflächen. Die Drehachse a des Propellers ist Leitgerade für beide. Die Erzeugenden f der Druckfläche haben Kreuzrisse, welche die Achse a unter einem unveränderlichen Winkel ψ schneiden, die Kreuzrisse der Erzeugenden e der Saugfläche tun es unter einem unveränderlichen Winkel φ. Gegeben ist ferner ein Profil, wie es Abb. 214 veranschaulicht. Es besteht aus einem Parabelbogen ST und der zugehörigen Parabelsehne. Es ist, in Abb. 215, aufgewickelt zu denken auf den Zylinder mit der Achse a und dem Radius r, so zwar, daß seine äußerste Mantellinie m durch die Punkte $U_0 V_0$ geht. Diese Aufwicklungen von Parabelbogen und Parabelsehne dienen für die Saug- bzw. Druckfläche als dritte Leitkurven.

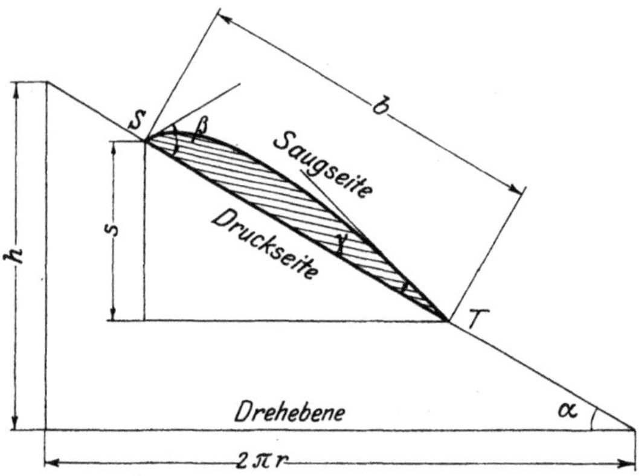

Abb. 214. Abwicklung des zylindrischen Querprofils einer Schiffsschraube.

Der Winkel α, den die Parabelsehne mit der Drehebene einschließt, gibt in seiner trigonometrischen Tangente die Steigung der Schiffsschraube. Es ist

$$\operatorname{tg}\alpha = \frac{h}{2\pi r},$$

wo h die gegebene Ganghöhe dieser Schraube ist. b in Abb. 214 ist die Breite des Flügels, s die Steighöhe. Der Parabelbogen ist bestimmt, wenn man außer den Punkten S und T die Winkel β und γ

angibt, welche die Parabeltangenten in diesen Punkten mit der Parabelsehne bilden.

Die Darstellung des Flügels in Abb. 215 erfordert nun die Kon-

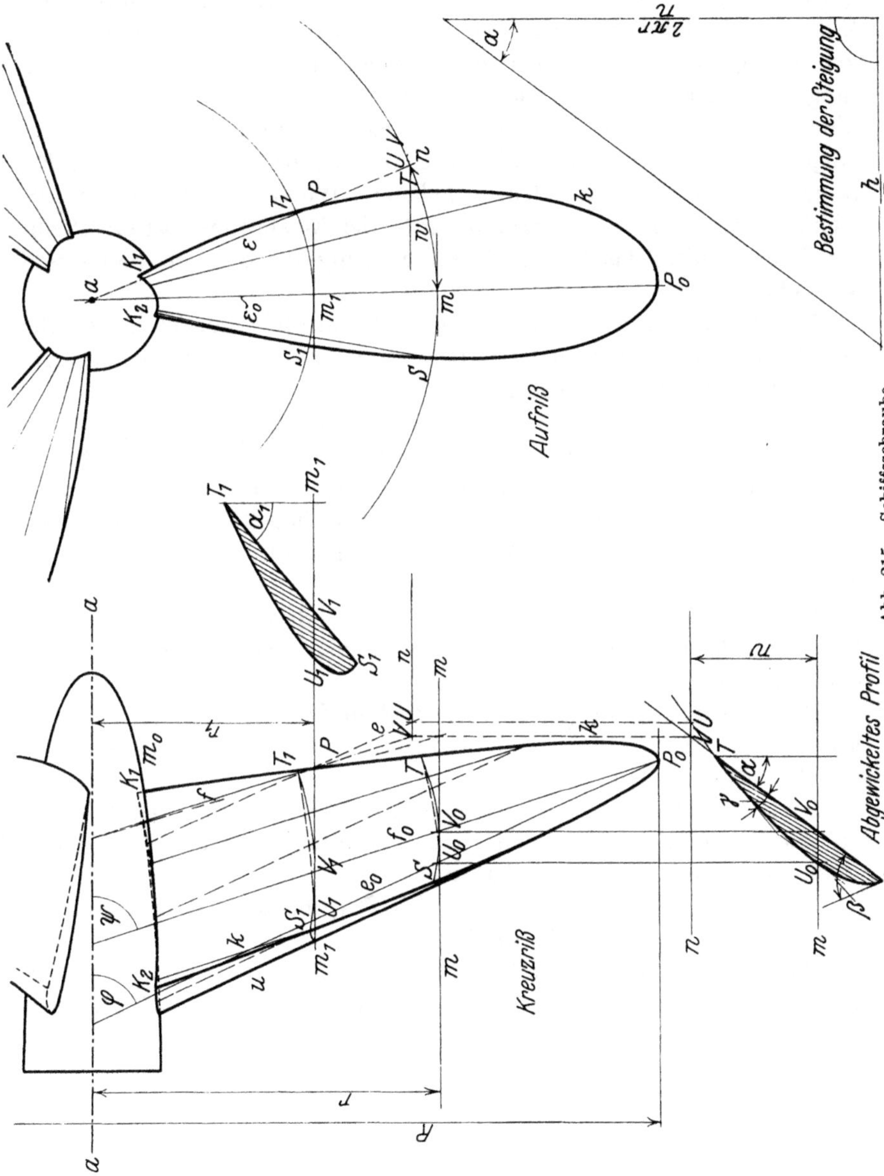

Abb. 215. Schiffsschraube.

struktion der Durchdringungskurve k von Saug- und Druckfläche, also des Flügelrandes. Dazu müssen Erzeugende beider Flächen dargestellt werden. Man wählt im Aufriß eine (projizierende)

Ebene ε durch die Achse a, in der zwei sich schneidende Erzeugende e und f der beiden Flächen liegen. Es sei n die Schnittlinie dieser Ebene ε mit dem Zylinder, auf den das Profil des Flügels aufgewickelt gedacht ist. Diese Mantellinie wickelt man mit dem Zylinder ab, indem man den Bogen w des Zylindernormalschnittes bis zur Mantellinie m im Aufriß mißt. Schneidet dann in der Abwicklung die Mantellinie n das Profil (oder seine Fortsetzung über T hinaus) in den Punkten U und V, so hat man diese Punkte zu übertragen in den Kreuzriß und kann die Kreuzrisse der beiden Erzeugenden e und f unter dem gegebenen Winkel φ bzw. ψ gegen die Achse a ziehen. Der Schnittpunkt P beider Erzeugenden ist ein Punkt des Flügelrandes, das ist der Durchdringungskurve k von Saug- und Druckfläche.

Man sieht, daß es für diese Konstruktion nicht notwendig ist, die Aufwicklung des gegebenen Profils auf den Zylinder zu zeichnen (sie ist in Abb. 215 fein eingetragen).

Die Nabe sei eine Rotationsfläche mit dem Meridian m_0. Da die Erzeugenden beider Flügelflächen die Achse a dieser Rotationsfläche schneiden, ist es leicht (durch Drehung in den Nullmeridian), die Punkte zu bestimmen, in denen die Erzeugenden der Flügelflächen in die Nabe eindringen und die in ihrer Gesamtheit die Durchdringungskurven der Flügelflächen mit der Nabe bilden.

Die Abb. 215 enthält auch noch die Abwicklung eines weiteren Profiles des Flügels, herausgeschnitten von einem koaxialen Zylinder mit dem Radius r_1.

Ferner sieht man im Kreuzriß in der Abb. 215 ein Stück der Umrißkurve u der Saugfläche, die als Umhüllung der Linien entsteht, die auf der Fläche liegen. —

Beide Regelflächen haben zweit-projizierende Richtungsebenen; auf die Existenz solcher kommt die Forderung heraus, daß alle Erzeugenden parallele Aufrisse haben. —

101. Ein zweiter Schiffspropeller. Abb. 216 gibt eine Schiffsschraube[1]), deren Flügelform untersucht werden soll.

Man kann erkennen, daß die gesetzmäßig gestaltete der beiden Flügelflächen eine Regelfläche ist. Die andere entsteht aus ihr, indem die Wandstärke des Flügels gemäß Zeichnung (Aufriß) berücksichtigt wird.

In Abb. 217 ist die Drehachse des Propellers mit a bezeichnet worden und rechtwinklig zur Aufrißebene gestellt. Die beiden Leitgeraden der Regelfläche, die sich in Abb. 216 erkennen lassen, sind in

[1]) Das Beispiel ist eine der Schiffsschrauben, die im Buche von Ing. C. Dreihardt: Der Schraubenpropeller, 2. A., Berlin, M. Krayn, 1921, betrachtet werden.

Abb. 217 mit e und f bezeichnet. Es sind zwei die Achse a in den Punkten E bzw. F schneidende Geraden, die durch Schraubung (104) um die Achse a auseinander hervorgehen. Während die Verbindungsebene der Geraden e mit der Achse a einen rechten Winkel beschreibt, gelangt der Schnittpunkt E der Geraden e und a an die Stelle F, so daß die Strecke EF gleich dem vierten Teil der Ganghöhe h (102) der Schraubung ist. Die beiden Leitgeraden e und f bilden also mit der Achse a den nämlichen Winkel α. Auf den beiden Leitgeraden e und f sind, von den Achspunkten E bzw. F ausgehend, gleiche Punktreihen mit den

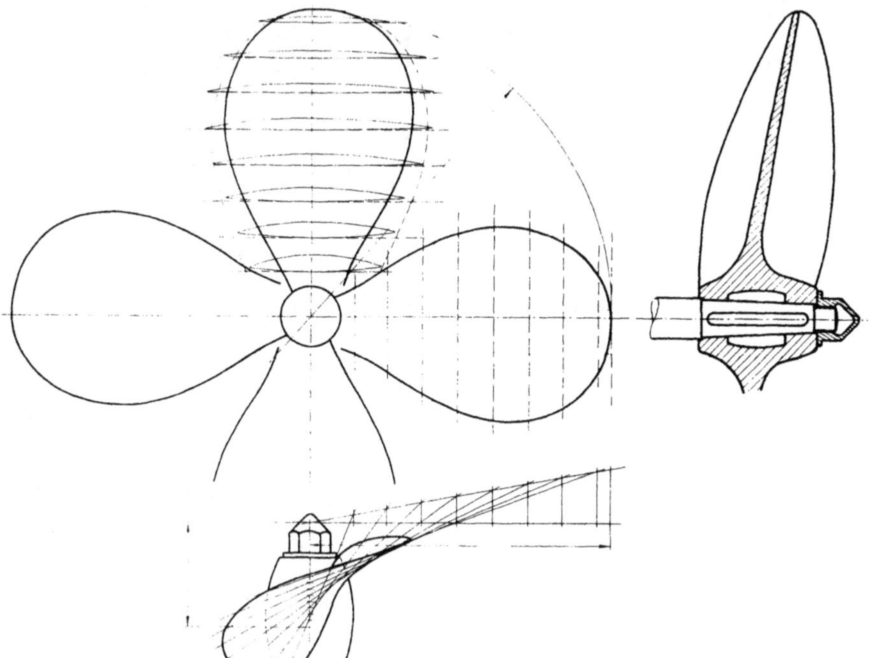

Abb. 216. Schiffsschraube.

Teilpunkten 1, 2, 3, ... bzw. I, II, III, ... gewählt, und die Erzeugenden l der Fläche verbinden gleichbezifferte Punkte und mögen die nämliche Zahl als Index erhalten; so verbindet z. B. die Erzeugende l_4 die beiden Punkte 4 und IV.

Aus dieser Konstruktion für die Erzeugenden l folgt, daß die Regelfläche außer den beiden Leitgeraden e und f noch eine Richtungsebene hat, also ein hyperbolisches Paraboloid ist (94). Es ist diese Richtungsebene eine zweite projizierende Ebene parallel zu den Erzeugenden l.

Die Achse a gehört auch zur Schar der Erzeugenden l, da sie die Nullpunkte — E und F — der beiden gleichen Punktreihen auf den

Leitgeraden e bzw. f verbindet. Sie wird von allen Erzeugenden der Regelschar g geschnitten, und, da sie im Aufriß als Punkt erscheint, müssen die Aufrisse aller Erzeugenden g durch diesen Punkt a gehen. Wählt man einen solchen Aufriß g, so findet man die übrigen Projektionen dieser Erzeugenden, indem man sie schneidet mit zweien der Erzeugenden l, z. B. mit den Geraden l_1 und l_8. Diese beiden Punkte G_1 und G_8 lassen sich in den anderen Projektionen angeben.

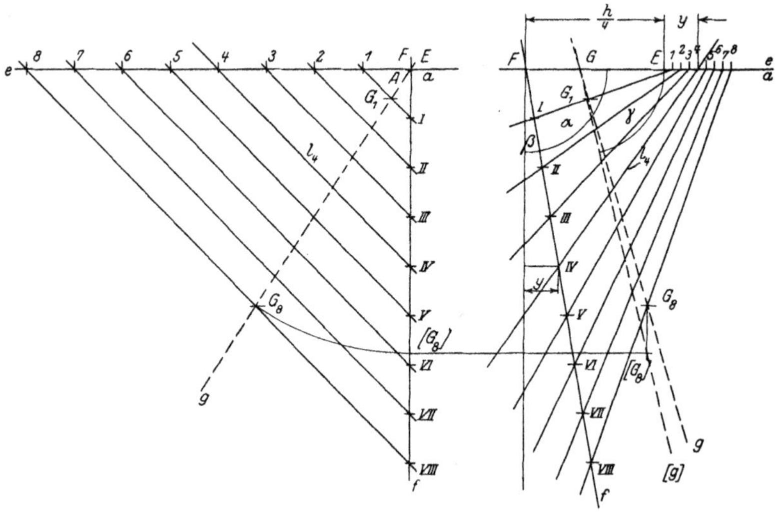

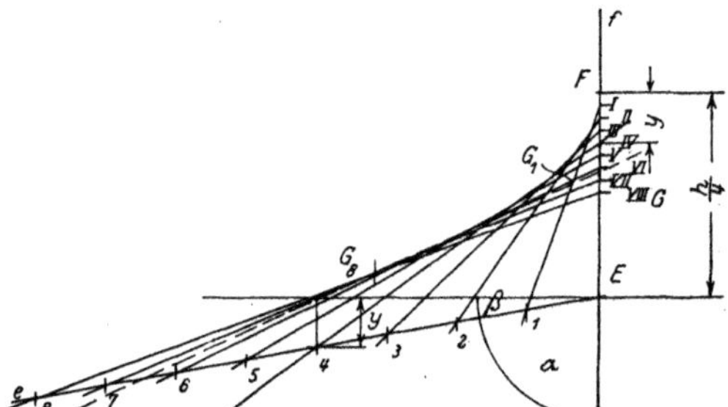

Abb. 217. Regelfläche des Flügels.

Um sich davon zu überzeugen, daß die Erzeugenden g **nicht durch Schraubung** auseinander und aus den Geraden e und f hervorgehen, hat man nur den Winkel γ zu bestimmen, den die Gerade g mit der sie schneidenden Achse a einschließt. In Abb. 217 ist die Bestimmung dieses Winkels durch Drehung der ihn enthaltenden zweiten projizierenden Ebene der Geraden g bis zum Parallelismus mit der Kreuzrißebene bestimmt worden. —

Abb. 218 enthält nun die Darstellung eines Propellerflügels, der nach einem solchen hyperbolischen Paraboloid gekrümmt ist. Drehachse a und die beiden Leitgeraden e und f sind wieder angeordnet wie in Abb. 217. Die Erzeugenden l sind bestimmt wie in jener Darstellung.

Bei der Begrenzung des Flügels durch eine **Randkurve** t kommen nun die Größenverhältnisse des Schiffes in Betracht, für welches die

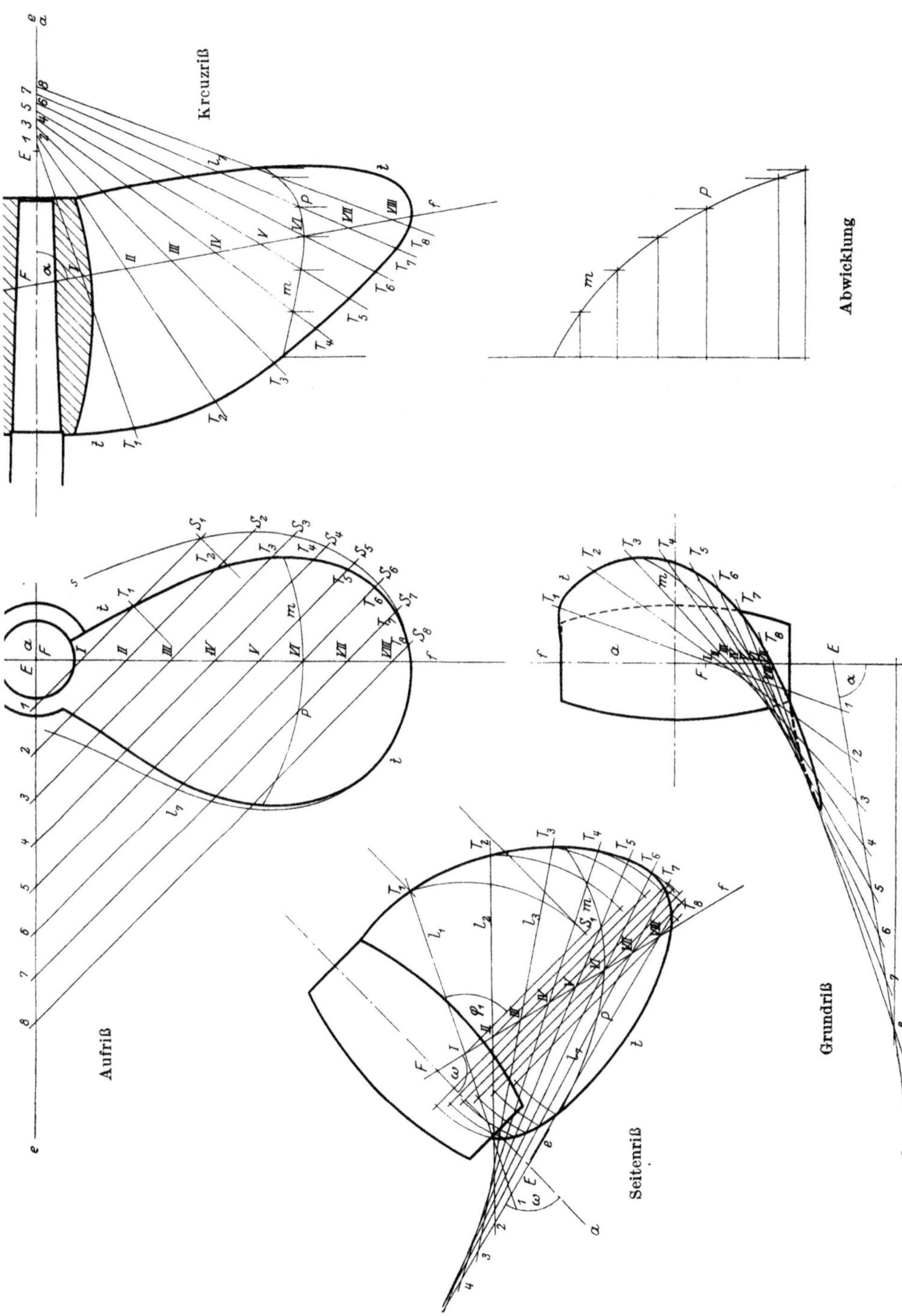

Abb. 218. Darstellung einer Schiffsschraube.

Schiffsschraube bestimmt ist. Man gibt den Flügeln Flächeninhalte, die im Verhältnis stehen zum Hauptspant, dem mittleren Spant. Im Spantenriß der Abb. 153 ist dies der Spant Nr. 8. Nun sei im Aufriß der Abb. 218 s eine Kurve, welche die so durch die Hauptabmessung des Schiffes bestimmte Fläche umspannt. Dann ist der Flügelfläche ein ebenso großer Flächeninhalt zu geben. Das im Schiffbau gebräuchliche Konstruktionsverfahren entbehrt einer einleuchtenden geometrischen Begründung, wenn es auch ein näherungsweise richtiges Ergebnis gibt. Es kann ersetzt werden durch eine Konstruktionsmethode, welche sich leiten läßt von Grundvorstellungen der Integralrechnung bei der Oberflächenbestimmung. Zur bequemen Durchführung werde ein Seitenriß des Flügels auf eine Projektionsebene parallel der Richtungsebene der Erzeugenden l gezeichnet. Dann denkt man sich das hyperbolische Paraboloid und den Flächeninhalt, den die Kurve s umspannt, durch sehr viele, sehr nahe aneinanderliegende Hilfsebenen parallel zur Richtungsebene der Erzeugenden l zerlegt. Die Zerlegung geschieht für die gegebene Fläche in sehr schmale Parallelstreifen, für das Paraboloid in sehr schmale windschiefe Flächenelemente, die zwischen benachbarten Erzeugenden l liegen. Erstere Streifen sind nun gleich groß zu halten wie die letzteren, damit auch die ganze Flügelfläche gleich groß werde wie die von der Kurve s umrissene Fläche. Um die so definierte Umrandungskurve t des Flügels zu finden, denkt man sich die einzelnen Erzeugenden l_1, l_2, l_3, ... mit der „Mittellinie" f des Flügels in den Punkten I, II, III, ... geschnitten und in ihrer zweiten projizierenden Ebene gedreht, bis sie zur Aufrißebene parallel werden. Dann gibt man ihnen die nämliche Länge, wie sie die entsprechende Sehne der Kurve s hat, so daß man also im Seitenriß die Längen I S_1, II S_2, III S_3, ... dem Aufriß entnimmt und dann die Punkte S_1, S_2, S_3, ... um die Mittelpunkte I, II, III, ... dreht, bis sie (im Seitenriß) auf die Erzeugenden l_1, l_2, l_3, ... in die Punkte T_1, T_2, T_3, ... fallen, die in ihrer Aufeinanderfolge Punkte der Randkurve t bilden. Der Winkel φ_1 zeigt im Seitenriß der Abb. 218 den Drehwinkel für die erste Erzeugende l_1. Aus dem Seitenriß der Randkurve t ergeben sich ihre anderen Projektionen.

Nicht eingetragen ist in Abb. 218 der Ansatz des Flügels an der Nabe. Diese Kurve wäre zu konstruieren als Durchdringungskurve des hyperbolischen Paraboloides mit der Nabe, die als Rotationsfläche vorausgesetzt ist.

Will man die Flügelfläche in ihrem gestaltlichen Verlauf noch besser hervortreten lassen, so hat man neben den geradlinigen Erzeugenden l ein zweites Kurvensystem der Fläche aufzuschreiben. Besser als die verbundene Regelschar g eignen sich dazu die Schnittkurven m des Flügels mit Zylindern um die gemeinsame Achse a. Man wählt im

Aufriß einen solchen Zylinder, da er dort als kreisförmiger Normalschnitt erscheint. Ist dann P der Schnittpunkt des Zylinders mit einer Erzeugenden e_7 des Paraboloides, so kann man diesen Punkt P aus dem Aufriß in die anderen Projektionen hinübernehmen und erhält so die anderen Projektionen der Kurve m. Die Abb. 218 enthält auch die Abwicklung dieser Kurve m mit dem Kreiszylinder, auf dem sie liegt.

Die im Maschinenbau gebräuchlichen Benennungen „Luftschraube", „Schiffsschraube", „Schraubenpropeller" dürfen meist nicht auf die Form der Flügelflächen bezogen werden, denn diese sind meist keine Schraubenflächen im Sprachgebrauch der Geometrie (Kap. XVI). Zutreffender sind diese Bezeichnungen, wenn an die Wirkungsweise dieser „Schrauben" gedacht wird.

XV. Schraubenlinien.

102. Schraubenlinien als Bahnkurven einer Schraubung. Ein Punkt führt eine Schraubung um eine Achse aus, wenn er sich um diese Gerade dreht und gleichzeitig in ihrer Richtung fortbewegt, so zwar, daß die Geschwindigkeiten dieser zwei Bewegungen in unveränderlichem Verhältnis stehen[1]).

Man nennt die Strecke, um welche sich der geschraubte Punkt längs der Achse fortbewegt, wenn er gleichzeitig eine volle Umdrehung um die Achse ausführt, die Ganghöhe der Schraubung und auch der Schraubenlinie, welche die Bahnkurve des geschraubten Punktes ist. Die Schraubenlinie ist bestimmt, wenn man ihren Radius r, das ist die Entfernung des bewegten Punktes von der Achse und die Ganghöhe h kennt (Abb. 219). Da sich bei der Schraubung die Entfernung des bewegten Punktes von der Achse nicht ändert, bleibt der Punkt während der ganzen Bewegung auf dem geraden Kreiszylinder, dessen Achse die Achse der Schraubung ist und dessen Radius der Radius der Schraubenlinie ist. Somit wird die Normalprojektion der Schraubenlinie in Richtung ihrer Achse a ein Kreis sein (Grundriß in Abb. 219). Da gleichen Drehwinkeln φ gleiche Kotendifferenzen z entsprechen, gemessen in der Fortschreitungsrichtung, so erhält man Punkte der Projektionen der Schraubenlinie, indem man den Umfang des Grundkreises und die Ganghöhe der Schraubenlinie in eine gleich große Zahl gleicher Teile teilt.

[1]) Man bekommt häufig zu hören, eine Bewegung sei eine Schraubung um eine Achse, wenn sie sich zusammensetzt aus einer gleichförmigen Schiebung und einer gleichförmigen Drehung bezüglich dieser Achse. Nun ist die Gleichförmigkeit der Einzelbewegungen, aus denen sich die Schraubung zusammensetzt, durchaus nicht erforderlich; wesentlich ist nur, daß das Verhältnis beider Geschwindigkeiten unveränderlich sei. Man denke sich z. B. eine Kugel ein archimedisches Schlangenrohr (118) hinabrollend: Drehung und Schiebung des Kugelmittelpunktes werden beschleunigt sein, er wird trotzdem eine Schraubung ausführen.

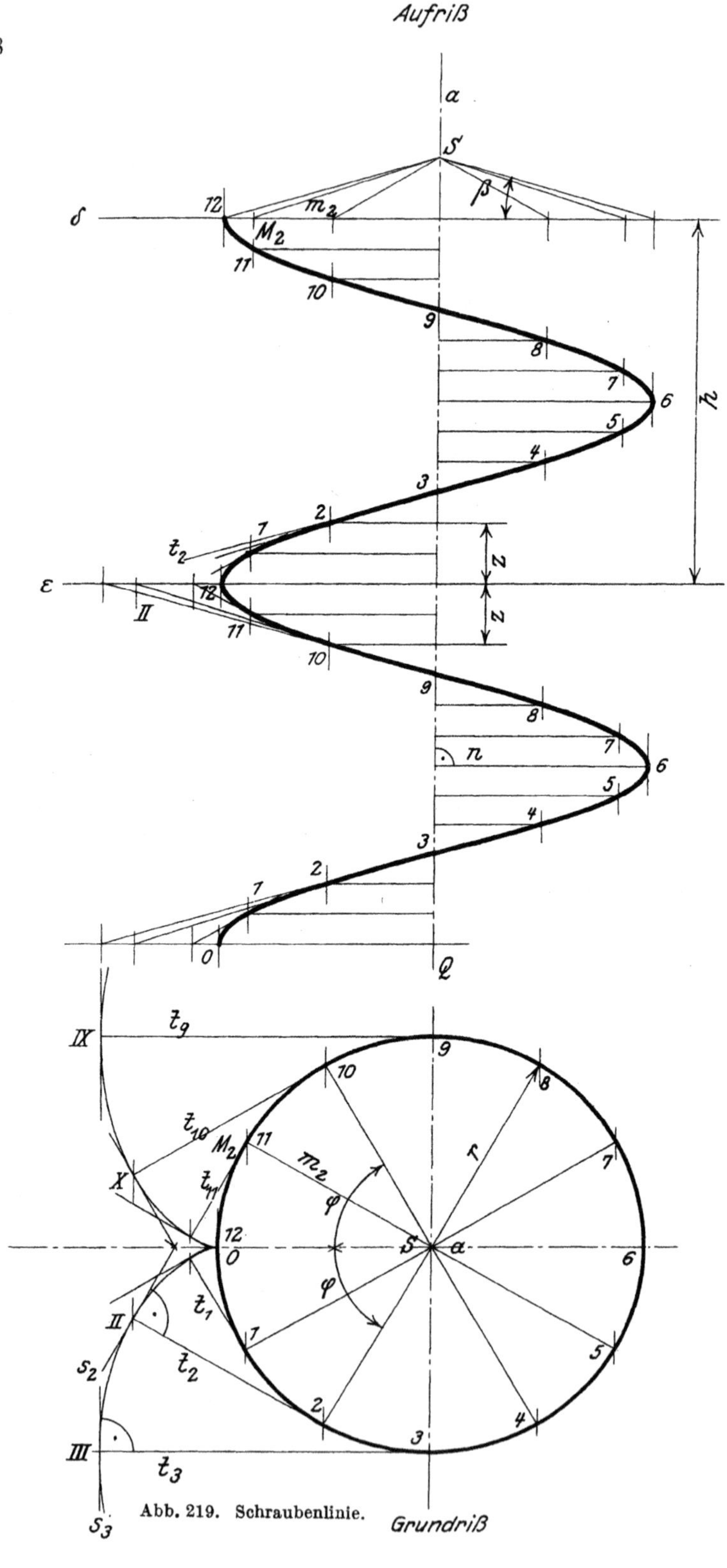

Abb. 219. Schraubenlinie.

In Abb. 219 wurden so zwölf Punkte eines Ganges der Schraubenlinie dargestellt. Der Aufriß der Schraubenlinie auf eine Ebene parallel zu ihrer Achse wird eine transzendente Kurve, eine Sinusoide sein, deren Gleichung leicht aus der Konstruktion folgt. Die Kurve wird in ihrem Verlaufe durch das Eintragen von Tangenten genauer bestimmt. Zwei Konstruktionsmethoden bieten sich an:

a) Mit den Spurpunkten der Tangenten. Es sei ε eine zur Achse normale Ebene. Dann lassen sich die Spurpunkte I, II, III, ... der Tangenten an die Schraubenlinie in ihren Punkten 1, 2, 3, ... leicht bestimmen. Man kennt den Grundriß der Tangente t_2 z. B. des Punktes 2. Er fällt in die Kreistangente, weil sich die Schraubenlinie in den Kreis projiziert. Denkt man sich dann in Abb. 220 die Schraubenlinie mit dem Zylinder, auf dem sie liegt, abgewickelt, so entsteht ein rechtwinkliges Dreieck, dessen eine Kathete die Ganghöhe h ist, dessen andere Kathete gleich dem Umfang $2\pi r$ des Grundkreises und dessen Hypotenuse die Abwicklung der Schraubenlinie ist (in Abb. 220 ist nur die Hälfte eines Ganges abgewickelt).

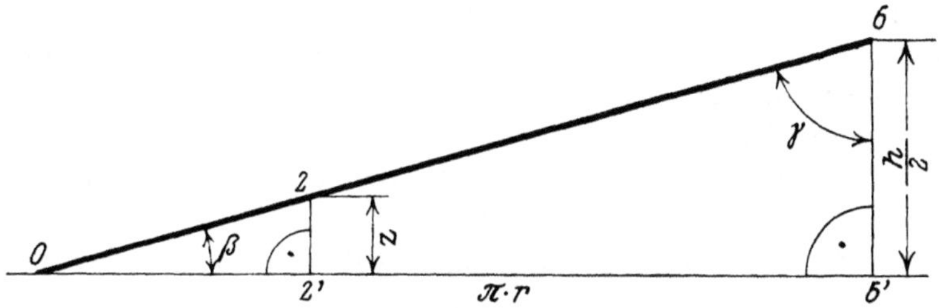

Abb. 220. Abwicklung der Schraubenlinie.

Die Abwicklung der Schraubenlinie mit dem Zylinder, auf dem sie verläuft, ist eine gerade Linie.

Bei dieser Abwicklung wird der Winkel γ, den die Schraubenlinie mit den Mantellinien des Zylinders bildet, in wahrer Größe erscheinen, und da aus der Abwicklung hervorgeht, daß alle diese Winkel gleich groß sind, werden auch die Winkel der Tangenten der Schraubenlinie gegen die achsnormale Ebene gleich groß sein. In Abb. 220 ist dieser Winkel, der Steigungswinkel der Schraubenlinie, mit β bezeichnet. Er ist das Komplement des Winkels γ, den die Schraubenlinie mit den Mantellinien des Zylinders bildet. Seine Größe ergibt sich aus den Abmessungen, welche die Schraubenlinie bestimmen. Aus Abb. 220 folgt, daß

$$\operatorname{tg}\beta = \frac{h}{2\pi r}$$

ist. Diese Zahl stellt die Steigung (6) der Schraubenlinie dar. Aus der Konstruktion ergibt sich, daß das Stück $o\,2'$ der Abwicklung gleich sein muß der Bogenlänge $o\,2$ des Grundrisses und gleich sein muß der

„Subtangente“ 2 II für die Tangente in 2, so daß der Spurpunkt II der Tangente des Punktes 2 gefunden wird, indem man den Kreisbogen $o\,2$ auf der Kreistangente von 2 bis II abwickelt. Der Aufriß des Spurpunktes II gibt dann einen Punkt des Aufrisses der Tangente t_2.

Die Spurpunkte I, II, III, ... der Tangenten in den aufeinanderfolgenden Kurvenpunkten 1, 2, 3, ... bilden die vom Kreispunkte o ausgehende Kreisevolvente. Diese ist somit die Spurkurve der Tangentenfläche (53) der Schraubenlinie mit der achsnormalen Ebene ε. Die zwei Mäntel der Tangentenfläche (53) zeigen sich in den zwei Zweigen der Evolvente und der schneidenartige Charakter der Rückkehrkurve der Tangentenfläche (Schraubenlinie) zeigt sich im Rückkehrpunkt (52) der Spurkurve.

b) Mit dem Richtungskegel. Zieht man durch einen beliebigen Punkt des Raumes die Parallelen zu den Tangenten einer Kurve, so werden sie eine Ebene erfüllen, wenn die Kurve eben, dagegen eine Kegelfläche (Kap. VI), wenn die Kurve doppelt gekrümmt ist. Dieser Kegel ist der Richtungskegel der Raumkurve; er umfaßt alle Richtungen, die von Tangenten der Raumkurve eingehalten werden können. Ist die Kurve eine Schraubenlinie, so ist zu beachten, daß man bewiesen hat:

Alle Tangenten einer Schraubenlinie sind gegen die achsnormale Ebene gleich geneigt.

Diese unveränderliche Neigung ist gleich der Steigung der Schraubenlinie. Somit sind auch die Winkel $\gamma = 90^0 - \beta$, unter dem die Tangenten der Schraubenlinie gegen ihre Achse geschränkt sind, unveränderlich. Daraus folgt:

Der Richtungskegel einer Schraubenlinie ist ein gerader Kreiskegel, dessen Achse die Richtung der Schraubenachse hat.

In Abb. 219 ist (im Aufriß) dieser Richtungskegel gezeichnet. Seine Spitze S soll auf der Achse a liegen, und sein Grundkreis soll den Radius r haben. Zieht man daher durch den Punkt 12 der Schraubenlinie die Gerade unter dem Winkel β gegen die achsnormale Ebene, so ist sie die äußerste Mantellinie des Richtungskegels und bestimmt auf der Achse dessen Spitze.

Soll nun mit Hilfe des Richtungskegels in einem Punkte der Schraubenlinie, z. B. in 2, die Tangente bestimmt werden, so geht man davon aus, daß man ihren Grundriß als Tangente an den Grundkreis ja kennt. Dann kann man im Grundriß durch die Spitze S des Richtungskegels die Mantellinie m_2 parallel zu dieser Tangente ziehen und aus dem Grundriß M_2 ihres Spurpunktes mit der Grundkreisebene δ des Kegels den zugehörigen Aufriß bestimmen. Verbindet man diesen mit der

Kegelspitze S, so gibt diese Mantellinie des Richtungskegels die Richtung der Tangente t_2 der Schraubenlinie.

103. Geodätische Linien. Weil die Abwicklung der Schraubenlinie mit dem Zylinder, auf dem sie liegt, eine gerade Linie ist und bei der Abwicklung die Bogenlänge derselben keine Änderung erfährt, ist die Schraubenlinie zwischen je zweien ihrer Punkte die kürzeste Verbindungslinie. Man nennt nun die Kurve, die auf einer krummen Fläche den kürzesten Weg zwischen zwei Punkten darstellt, eine geodätische Linie.

Die Schraubenlinie ist die geodätische Linie des geraden Kreiszylinders.

Da der Begriff der geodätischen Linie der analytischen Flächentheorie angehört, entziehen sich ihre Eigenschaften der rein-geometrischen Behandlung. Allein eine Überlegung, die der Mechanik angehört, möge hier eine Eigenschaft der geodätischen Linie anschaulich machen und dann an der Schraubenlinie nachgeprüft werden.

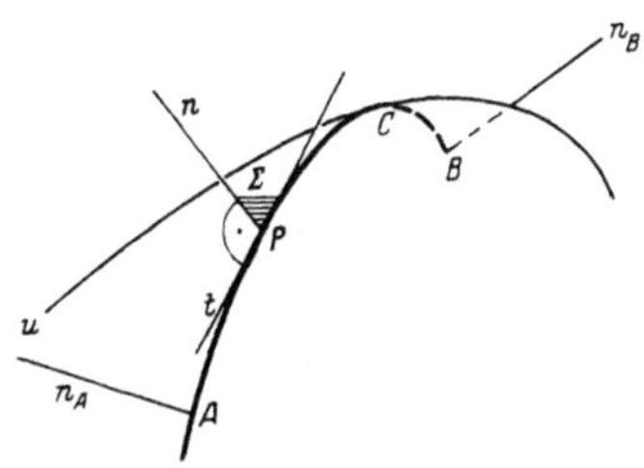

Abb. 221. Geodätische Linie auf einer krummen Fläche.

Abb. 221 gebe das Bild einer krummen Fläche. A und B seien zwei ihrer Punkte. Um eine Vorstellung vom Verlauf der geodätischen Linie zwischen diesen beiden Punkten zu erhalten, denke man sich zwischen ihnen, der Fläche aufliegend, einen Faden gespannt und immer besser angezogen, wobei man sich ja die Oberfläche glatt poliert vorstellen kann. Der Faden wird die geodätische Linie zwischen den beiden Punkten veranschaulichen, wenn eine Verschiebung auf der Fläche zwecks Verkürzung nicht mehr möglich ist. Ist dann P ein Punkt des Fadens, so wird die Spannung des angezogenen Fadens diesen an die Oberfläche anpressen müssen. Es heißt dies, daß die Resultierende der beiden Fadenspannungen, die diesen zu zerreißen trachten, in die Flächennormale n des Punktes P fallen muß. Anderseits aber liegt diese Resultierende (wegen dem Kräfteparallelogramm) in der Ebene zweier unendlich-benachbarter Bogenstücke der Kurve, das ist in ihrer Schmiegungsebene (53).

Die Schmiegungsebene der geodätischen Linie einer krummen Fläche enthält die Flächennormale des Kurvenpunktes.

Überprüfen wir diesen Satz bei der Schraubenlinie, der geodätischen Linie des geraden Kreiszylinders.

Um die Schmiegungsebene eines Punktes der Schraubenlinie, z. B. des Punktes 6, zu bestimmen (Abb. 219), denke man sich durch die drei benachbarten Punkte 5, 6 und 7 die Ebene gelegt. Sie enthält, wegen der gegenseitigen Lage dieser drei Punkte, die Normale n, die man vom Punkte 6 auf die Zylinderachse a fällen kann. Nun denke man sich den Grenzprozeß, der die beweglichen Punkte 5 und 7 dem festen Punkte 6 immer näher bringt, so zwar, daß die beiden sich nähernden Punkte vom festen Punkt immer gleich weit entfernt sind. Dann wird sich die Verbindungsebene der drei Punkte drehen um die Normale n und wird diese Gerade auch noch enthalten, wenn alle drei Punkte zusammenfallen, wenn die Ebene also zur Schmiegungsebene geworden ist, welche auch die Tangente an die Schraubenlinie im festen Punkt enthält.

Die Schmiegungsebene der Schraubenlinie verbindet in jedem Punkte der Kurventangente mit der Flächennormalen des Zylinders.

Beachtung verdienen die Punkte (wie 3 oder 9 in Abb. 219), deren Aufriß in den Aufriß der Achse fällt. Für sie ist nach obigem Satz die Schmiegungsebene eine zweite projizierende Ebene. Also (53) sind die Aufrisse der Punkte Wendepunkte für den Aufriß der Schraubenlinie. Auch zeigt sich für diese Punkte der Neigungswinkel β der Tangente der Schraubenlinie mit der achsnormalen Ebene in seiner wahren Größe.

Die Schmiegungsebenen umhüllen in ihrer Gesamtheit die abwickelbare Tangentenfläche der Schraubenlinie. Die Spuren $s_1, s_2, s_3, \ldots$ der Schmiegungsebenen der Punkte $1, 2, 3, \ldots$ mit der achsnormalen Ebene ε gehen bzw. durch die Spurpunkte I, II, III, ... der Tangenten $t_1, t_2, t_3 \ldots$, und sind, wegen des obigen Satzes, rechtwinklig zu ihnen. —

Die in Abb. 219 dargestellte Schraubenlinie ist rechtsgängig, erscheint sie doch, von außerhalb des Zylinders betrachtet, als nach rechts ansteigend. —

104. Schraubung um eine Achse. Ist eine Schraubung um eine Achse gegeben, so wird jeder Punkt des Raumes als Bahnkurve eine Schraubenlinie beschreiben. Abb. 222 gibt die zugeordneten Normalprojektionen solcher Bahnkurven, wenn die Achse a der Schraubung zu einer der Projektionsebenen rechtwinklig vorausgesetzt wird. Alle diese Schraubenlinien haben die nämliche Ganghöhe h; ihre Steigungswinkel β_1, β_2, $\beta_3, \ldots$ ergeben sich aus den rechtwinkligen Dreiecken der Abb. 223. Die Steigung dieser Schraubenlinien von unveränderlicher Ganghöhe wird um so größer, je kleiner der Radius ist, weil die Beziehung besteht

$$h = 2\pi \cdot r \cdot \operatorname{tg} \beta \, .$$

Vorteilhafter als die Ganghöhe der Schraubung erweist sich die Einführung und Benutzung der reduzierten Ganghöhe oder des

Parameters p der Schraubung. Darunter versteht man jene Strecke, um welche sich der Punkt in Richtung der Achse fortbewegt, wenn gleichzeitig eine Drehung um den Winkel erfolgt ist, dessen Bogenmaß 1 ist. Es ist dies der Winkel, für den der Bogen gleich dem Radius ist: seine Größe ist

$$\varrho^0 = 57^0\,17'\,45''\,.$$

Abb. 224 zeigt die Bestimmung dieses Parameters p für die Schraubung, deren Ganghöhe h ist und die in Abb. 222 durch ihre Bahnkurven veranschaulicht ist. Aus der Abbildung folgt, daß

$$\operatorname{tg}\beta = \frac{h}{2\pi r} = \frac{p}{r}$$

ist. Es ist also

$$p = \frac{h}{2\pi}\,.$$

Kennt man den Parameter p einer Schraubung, so kann man unmittelbar zu jedem Radius r_1 die Steigung β_1 der zugehörigen Bahnschraubenlinie angeben; Abb. 224 enthält die rechtwinkligen Dreiecke, durch die das geschieht. Man erkennt den Vorteil gegenüber der Konstruktionsmethode, die in Abb. 223 durchgeführt ist: man

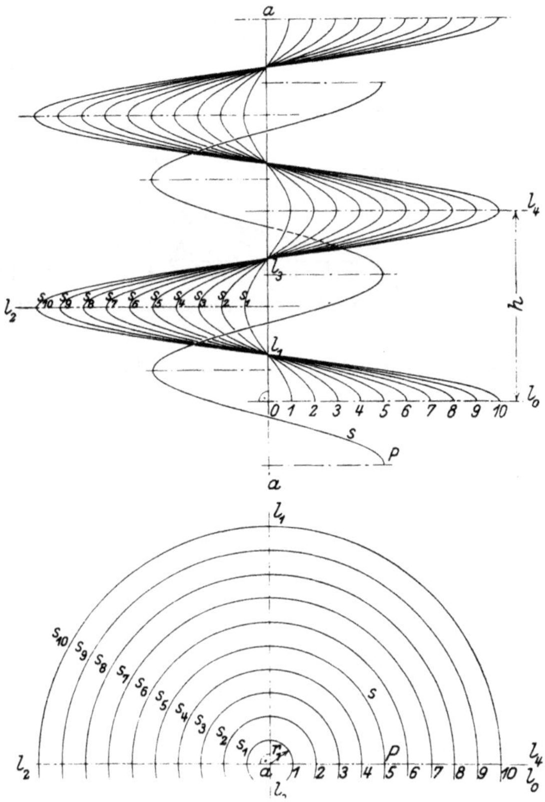
Abb. 222. Schraubung mit Bahnkurven.

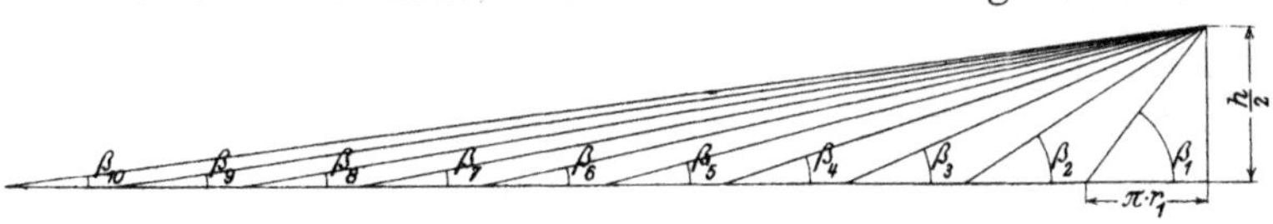
Abb. 223. Abwicklung von Bahnkurven.

verwendet die Radien r der Schraubenlinien, nicht aber die Abwicklungen ihrer Grundkreise. Es folgt:

Der Parameter p einer Schraubenlinie ist auch die Höhe ihres Richtungskegels, wenn dessen Grundkreis derjenige der Schraubenlinie ist.

Ein weiterer Vorzug der Einführung des Parameters einer Schraubung ist es, daß man zu jedem Drehungswinkel φ sofort die entsprechende Fortschreitungsstrecke z in Achsenrichtung angeben kann. Sie ist

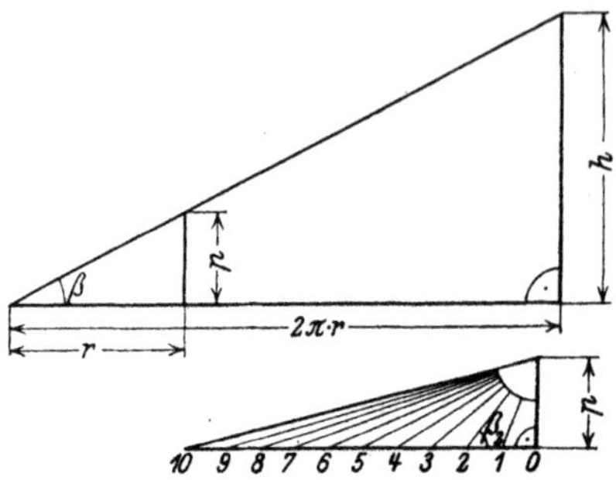

Abb. 224. Parameter einer Schraubung.

$$z = p \cdot \operatorname{arc} \varphi\,.$$

Will man daher eine Schraubung geben, so genügt es, ihre Achse a und ihren Parameter p zu geben. Ob die Schraubung rechts- oder linksgängig erfolgen soll, wird sich durch das Vorzeichen des Parameters festlegen lassen. —

In Abb. 225 ist dargestellt, wie die verschiedenen geometrischen Elemente (Punkt, Gerade, Ebene) einer derartig gegebenen Schraubung unterworfen werden.

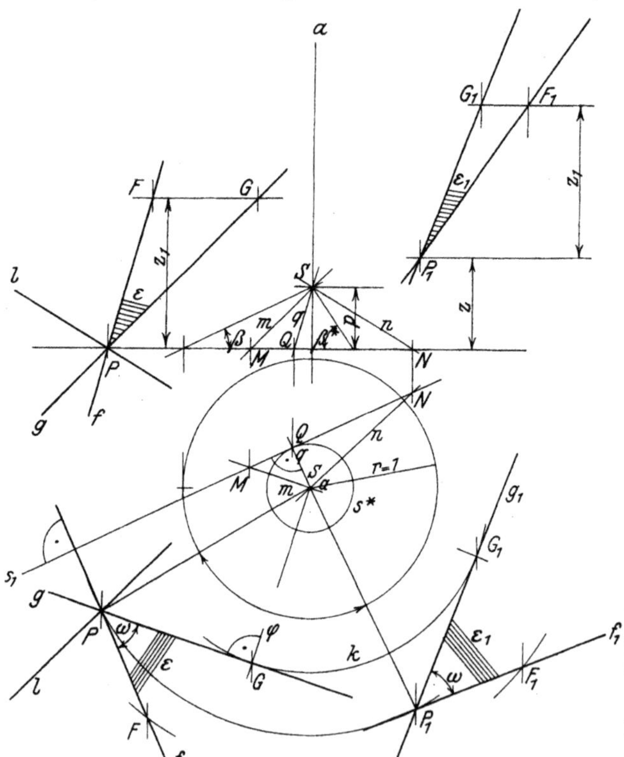
Abb. 225. Schraubung eines Punktes, einer Geraden und einer Ebene.

Die Schraubung eines Punktes P um einen gegebenen Winkel φ kann im Grundriß unmittelbar ausgeführt werden; P_1 sei die Endlage des Punktes. Es handelt sich nun darum, die Strecke z zu bestimmen, die dieser Drehung entspricht. Dazu ist in Abb. 226 die Abwicklung einer Schraubenlinie vom Radius $r = 1$ dargestellt, die als Bahnkurve zur gegebenen Schraubung gehört. Es ist also ein rechtwinkliges Dreieck gezeichnet, dessen eine Kathete gleich 1, dessen andere gleich p ist. Dann kann man die gesuchte Kotendifferenz z zwischen Anfangslage P und Endlage P_1 des geschraubten Punktes ermitteln:

Ist der **Drehungswinkel** φ in **Bogenmaß** gegeben, so hat man dieses mit der gegebenen Maßeinheit abzutragen auf dem einen Schenkel des Steigungswinkels β der „Einheitsschraubenlinie". Die zugehörige Ordinate z der Abwicklung ist die gesuchte Strecke.

Ist dagegen der **Drehungswinkel** in **Gradmaß** gegeben (etwa mit dem Transporteur in einer Zeichnung gemessen), so benutzt man eine Skala auf einer durch den Scheitel des Steigungswinkels β gehenden Hilfsgeraden. Auf dieser Skala der Abb. 226 ist (in beliebigem Maßstab) das Gradmaß der Drehwinkel abgeteilt. Die Verbindungsgerade des Punktes 180° dieser Skala mit dem Punkte π der andern Skala, die sich auf einem Schenkel des Winkels β befindet, gibt die Richtung der Hilfsgeraden für die graphische Verwandlung von Gradmaß in Bogenmaß. —

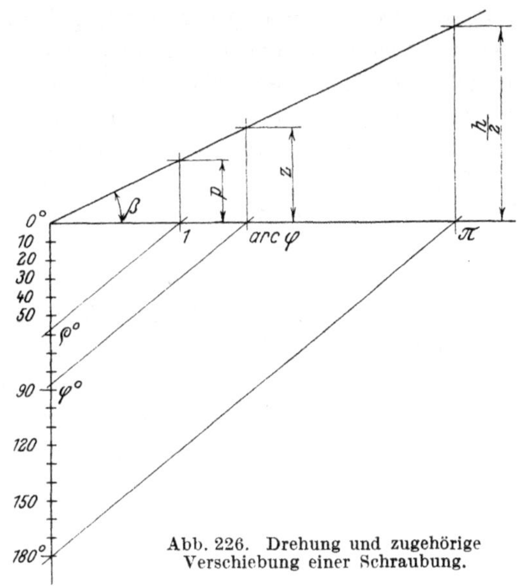

Abb. 226. Drehung und zugehörige Verschiebung einer Schraubung.

Die **Schraubung einer Geraden** erfordert die Schraubung zweier ihrer Punkte. Kommt (Abb. 225) der Punkt P nach der Stelle P_1, so wird man beachten, daß die verschiedenen Lagen des Grundrisses der geschraubten Geraden Tangenten an einen Kreis mit dem Mittelpunkt a sind, da sich der Abstand der Geraden von der Achse a bei der Schraubung nicht ändert. Ist also k dieser Kreis, der die Gerade g im Grundriß berühren muß, so muß auch der Grundriß der Endlage g_1 der geschraubten Geraden ihn berühren. Dabei kann benutzt werden, daß die Tangentenlänge P_1G_1 mit der anderen PG übereinstimmt.

Der Aufriß der Endlage g_1 der Geraden wird gefunden, indem man beachtet:

Der Kotenunterschied zweier Punkte (gemessen in Richtung der Schraubenachse) ist vor und nach der Schraubung der nämliche.

Anfangs- und Endlage des Punktes G haben also den vorhin ermittelten Kotenunterschied z. —

Soll die **Schraubung einer Ebene** ε durchgeführt werden, so sei sie in Abb. 225 gegeben durch die beiden sich im Punkte P schneidenden

Geraden g und l. Die Ebene wird bei der Schraubung eine abwickelbare Schraubenfläche umhüllen. Es soll die Schraubenlinie s^* bestimmt werden, welche Rückkehrkurve dieser Schraubenfläche ist. Die sich bewegende Ebene durchläuft dann die Schmiegungsebene der Schraubenlinie. Nun wird der Steigungswinkel β^* der gesuchten Schraubenlinie dem Winkel gleich sein, den die geschraubte Ebene mit der achsnormalen Ebene bildet. Legt man also durch die Spitze S des Richtungskegels die beiden Geraden m und n bzw. parallel zu den gegebenen Geraden g und l, so ist ihre Verbindungsebene eine Tangentialebene des Richtungskegels der zu bestimmenden Schraubenlinie s^*. Die Normale q von der Kegelspitze S auf die erste Spur MN dieser Tangentialebene bestimmt einen Punkt Q des Grundkreises des Kegels und, da dessen Höhe dem Parameter p gleich ist, einen Punkt des Grundrisses der gesuchten Schraubenlinie. Auch ihr Steigungswinkel β^* ergibt sich dann sofort, da diese Bahnkurve den Parameter p hat.

Die Gerade q gibt die Richtung der ersten Fallgeraden der Ebene. Die Schraubung der Ebene ε wird dann am leichtesten vollzogen durch die Schraubung der Fallgeraden f des Punktes P. Denn eine Ebene ist durch eine Fallgerade bestimmt.

105. Krümmung der Schraubenlinie. Da die Schmiegungsebene der Schraubenlinie die Flächennormale des geraden Kreiszylinders enthält (103), auf dem sie als geodätische Linie verläuft, kann ihre erste Krümmung berechnet werden. Denn die Schmiegungsebene, welche ja drei unendlich-benachbarte Kurvenpunkte enthält, schneidet aus dem Zylinder eine Ellipse heraus, welche an der Stelle der Anschmiegung an die Schraubenlinie die nämliche Krümmung besitzt wie die Schraubenlinie selbst; denn die beiden Kurven haben an jener Stelle drei unendlich-benachbarte Punkte gemein, bestimmen somit den nämlichen Krümmungskreis (58). Die Ellipse hat aber im Anschmiegungspunkte den Endpunkt der kleinen Achse. Diese hat die Länge r, wenn r der Radius des Zylinders ist. Die große Achse der Schnittellipse hat die Länge $\frac{r}{\cos\beta}$, wenn β der Steigungswinkle der Schraubenlinie ist, also auch der Winkel, den die Schmiegungsebene mit der achsnormalen Ebene bildet (Abb. 227). Eine Ellipse mit den Halbachsen a und b hat aber im Endpunkte der kleinen Achse den Krümmungsradius

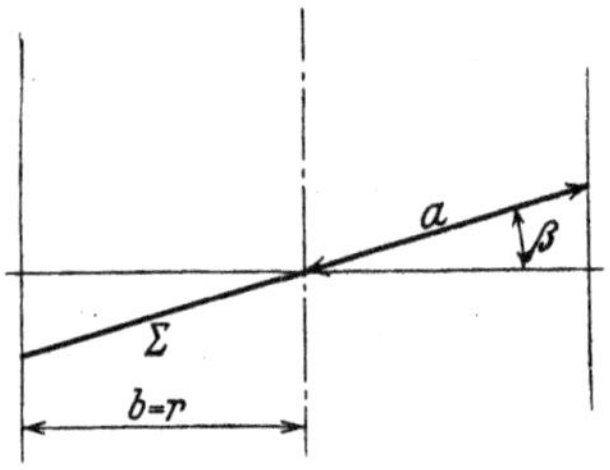

Abb. 227. Querschnitt des Schraubenzylinders mit einer Schmiegungsebene der Schraubenlinie.

$$\varrho = \frac{a^2}{b}.$$

Da im vorliegenden Fall $a = \frac{r}{\cos\beta}$ und $b = r$ ist, wird

$$\varrho = \frac{r}{\cos^2\beta}.$$

Eine Schraubenlinie vom Radius r und der Steigung $\operatorname{tg}\beta$ hat als Radius der ersten Krümmung $\frac{r}{\cos^2\beta}$.

Dieser Krümmungsradius ist also für alle Punkte der Schraubenlinie der nämliche. Abb. 228 zeigt, wie man ihn aus r und β konstruiert.

Da die Schraubenlinie durch die Aufwicklung einer Geraden auf einen geraden Kreiszylinder entsteht, die Gerade aber in sich selbst verschoben werden kann, so folgt:

Die Schraubenlinie läßt sich in sich verschieben.

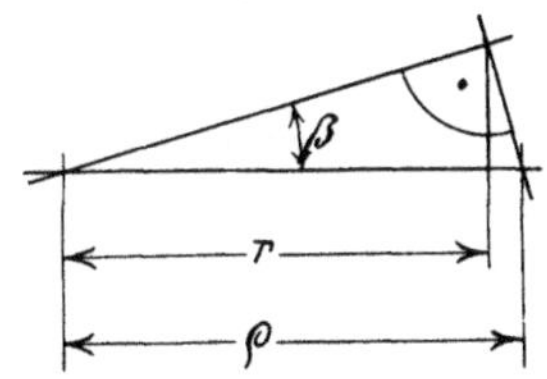

Abb. 228. Flexionsradius einer Schraubenlinie.

Die Schraubenlinie teilt diese Eigenschaft nur mit ihren beiden Sonderfällen, dem Kreis und der Geraden[1]). Auf dieser Eigenschaft der Verschiebbarkeit in sich beruht die vielfache Verwendbarkeit der Schraubenlinie und der durch Schraubung abgeleiteten Flächen (s. Kap. XVI und XVII). Folge dieser Verschiebbarkeit in sich ist, daß neben der Unveränderlichkeit der ersten Krümmung oder Flexion auch die zweite Krümmung oder Torsion unveränderlich ist.

106. Abwicklung der Schraubenlinie mit ihrer Tangentenfläche. Die Kenntnis der ersten Krümmung der Schraubenlinie erlaubt die Bestimmung ihrer Abwicklung mit der Tangentenfläche. Denn da sich bei dieser Abwicklung die gegenseitige Lage je dreier unendlich-benachbarter Punkte der Schraubenlinie nicht ändert (53), so wird die Abwicklung ein Kreis sein.

In Abb. 229 sei also ein Kreis vom Radius $\varrho = \frac{r}{\cos^2\beta}$ als die Abwicklung der Schraubenlinie gegeben, gezeichnet in halber Größe. Dabei seien für r und β die nämlichen Maße gewählt wie in Abb. 219. Auf diesem Kreis sei ein Anfangspunkt 0 gewählt und es werde ein Gang der Schraubenlinie abgewickelt. Hierbei ist aber zu beachten, daß die Abwicklung eines solchen Ganges die Peripherie des Kreises nicht gerade überdecken wird. Denn die Länge eines Ganges der Schraubenlinie ist $\frac{2\pi r}{\cos\beta}$ (Abb. 220). Der Umfang des Kreises mit dem Radius $\varrho = \frac{r}{\cos^2\beta}$ aber ist $\frac{2\pi r}{\cos^2\beta}$, also größer. Um die Abwicklungen von Punkten 1,

[1]) Nur der (geradlinige) Degen und der (kreisbogenförmige) Türkensäbel können in die ebenso gekrümmte Scheide gestoßen werden; noch kriegerischer, aber geometrisch möglich, wäre ein Schraubenliniensäbel mit ebensolcher Scheide.

2, ..., 12 eines Ganges der Schraubenlinie näherungsweise zu bekommen, mißt man in Abb. 220 auf der Hypotenuse die Länge eines Zwölftels des Ganges ab. Die Kreistangenten in den so erhaltenen Punkten 1, 2, ..., 12 der Abwicklung in Abb. 229 sind dann die Abwicklungen t_1, t_2, t_3, ... der so benannten Tangenten der Schraubenlinie. Wie aber die Abb. 219 oder 220 erkennen lassen, hat die Tangente t_1 zwischen dem Berührungspunkt 1 dem Spurpunkt I die Länge $\frac{1}{12} \cdot \frac{2\pi r}{\cos^2\beta}$, ist also gleich dem Bogenstück 0—1 der Abwicklung. Die Abwicklungen der Spurpunkte II, III, ... der Tangenten erfüllen also die vom Punkte 0 ausgehende Evolvente des Kreises mit dem Radius ϱ.

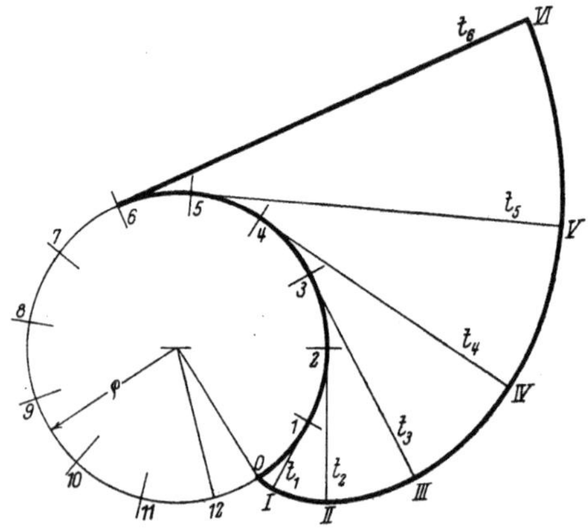

Abb. 229.
Abwicklung der Tangentenfläche der Schraubenlinie.

Diese Abwicklung stellt auch eine Schablone dar für die Tangentenfläche der Schraubenlinie und diese selbst. Denkt man sich diese Schablone aus starkem Papier angefertigt und längs des Kreises, seiner Evolvente und der in Betracht gezogenen letzten Tangente (t_6 in Abb. 229) ausgeschnitten, längs der übrigen Tangenten aber geritzt, so läßt sich ein Stück der Tangentenfläche zusammenbiegen. —

XVI. Schraubenregelflächen.

107. Übersicht über die Schraubenflächen. Wird eine (ebene oder doppelt gekrümmte) Kurve um eine Achse geschraubt, so beschreibt sie eine Schraubenfläche, die überdeckt wird von zwei Kurvenscharen, nämlich einmal den verschiedenen Lagen der erzeugenden Kurve und dann von den Bahnschraubenlinien ihrer einzelnen Punkte. Die Schraubenflächen unterscheiden sich nach der Art der Erzeugenden. Ist diese eine Gerade, so erscheint die Fläche überdeckt von einer Schar von geradlinigen Erzeugenden, die durch Schraubung auseinander hervorgehen, sie wird zur Regelfläche, zur Schraubenregelfläche. Diese zerfallen in offene und geschlossene Schraubenregelflächen, je nach der Lage der erzeugenden Geraden gegen die Achse. Im erstgenannten Falle wird diese nicht getroffen, während im zweiten alle Erzeugenden die Achse schneiden. Eine Schraubenregelfläche heißt gerade oder schief, je nachdem der Richtungsunterschied der Erzeugenden und der Achse ein rechter Winkel ist oder nicht. Eine gerade, geschlossene Schraubenregelfläche wird auch als flachgängig bezeichnet, im Gegensatz zu den scharfgängigen Schraubenregelflächen, die schief und geschlossen sind, bei denen die Erzeugenden mit der Achse einen Anlagewinkel bilden, der von einem rechten Winkel verschieden ist.

108. Die flachgängige, geschlossene Schraubenregelfläche. Wenn eine Erzeugende die Achse unter rechtem Winkel schneidet, so tun dies alle. Abb. 219 enthält auch eine Darstellung dieser Fläche. Die Regelfläche, die durch Schraubung der Geraden l_0 um die Achse a entsteht, ist eine derartige Fläche. Dabei sind s_1, s_2, s_3, ... die Bahnschraubenlinien der Punkte 1, 2, 3, ... der Erzeugenden. Die Tangentialebene in jedem Flächenpunkte ist bestimmt durch die Erzeugende dieses Punktes und durch die Tangente an seine Bahnschraubenlinie. Man kann sich an Hand der Abb. 219 leicht eine Vorstellung verschaffen über die Drehung der Tangentialebene um die Erzeugende, wenn sich der Berührungspunkt auf dieser Erzeugenden bewegt. Beim Punkt 0, der auf der Achse liegt, verbindet die Tangentialebene die Erzeugende mit der Achse, die ja auch eine ganz auf der Fläche verlaufende Linie ist. Entfernt sich der Berührungspunkt von der Achse a und kommt er in die Lagen 1, 2, 3, ..., so wird die Tangentialebene mit der achsnormalen Ebene (Grundrißebene in Abb. 219) einen immer kleiner werdenden Winkel bilden, da ja die Bahnschraubenlinien der Berührungspunkte immer flacher verlaufen.

109. Die scharfgängige, geschlossene Schraubenregelfläche. Wenn die zu schraubende Erzeugende mit der sie schneidenden Achse einen Anlagewinkel α bildet, der von einem rechten Winkel verschieden ist, so beschreibt die Erzeugende eine scharfgängige, geschlossene Schraubenfläche. Zu ihrer Bestimmung müssen gegeben sein die Schraubungsachse a, der Anlagewinkel α, die Schraubung (durch ihren Parameter p), sowie ein Punkt. Dieser Punkt wird eine Bahnkurve der Schraubung beschreiben, welche die Leitschraubenlinie der Fläche heiße. Nimmt man in Abb. 230 den Anfangspunkt A_0 der Leitschraubenlinie in der Parallelebene zur Aufrißebene durch die Achse a an, so wird der Anlagewinkel α im Aufriß in wahrer Größe erscheinen und kann zum Eintragen der Anfangslage e_0 der Erzeugenden herangezogen werden. Es ergeben sich dann weitere Lagen e_1, e_2, e_3, ... der Erzeugenden, indem man weitere Punkte A_1, A_2, A_3, ... der Leitschraubenlinie bestimmt und fernerhin das Grundgesetz der Schraubung (104) beachtet, wonach sich der Kotenunterschied zweier Punkte, gemessen in Richtung der Schraubenachse, während der Schraubung nicht ändert. Sind daher B_0, B_1, B_2, ... die Schnittpunkte der Erzeugenden e_0, e_1, e_2, ... mit der Achse a, so haben die Punkte A_0 und B_0, A_1 und

B_1, A_2 und B_2 den nämlichen Kotenunterschied. Oder aber, was ebensoviel bedeutet, die Punkte B_0 und B haben denselben Kotenunterschied z wie die Punkte A_0 und A (Abb. 230).

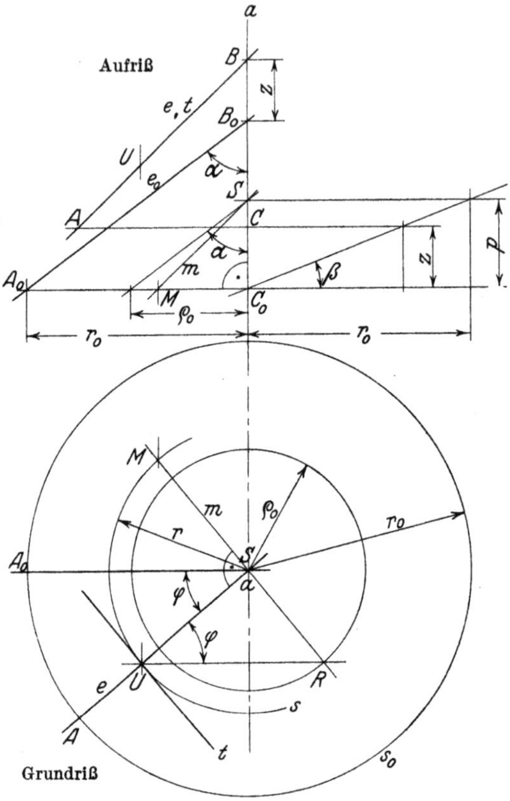

Abb. 230. Umrißpunkte von Erzeugenden der scharfgängigen Schraubenregelfläche.

Durch jeden Punkt der Fläche geht eine Erzeugende und eine Bahnschraubenlinie. Die Tangentialebene des Punktes geht somit durch seine Erzeugende und durch die Tangente an seine Bahnschraubenlinie.

Ist, wie in Abb. 230, die Achse a der Fläche rechtwinklig zur Grundrißebene, so gehen die Grundrisse aller Erzeugenden durch den Punkt a, den Grundriß der Achse.

In der zweiten Projektion aber wird der Umriß der Fläche umhüllt von den Aufrissen der auf ihr verlaufenden Erzeugenden. Man kann aber auch Punkte der Umrißkurve ermitteln. Um in Abb. 230 den Punkt U zu finden, wo die Erzeugende e den Umriß überschreitet, den Punkt also, wo der Aufriß der Erzeugenden den scheinbaren Umriß berührt, lenke man die Aufmerksamkeit auf die Bahnschraubenlinie s dieses Punktes U. Sie wird an der Stelle U übergehen vom sichtbaren Teil der Regelfläche zum unsichtbaren. Im Aufriß werden sich an der Stelle U berühren (Abb. 231): der Umriß u der Regelfläche, der Aufriß e der Erzeugenden und die Projektion der Bahnschraubenlinie s des Umrißpunktes U. Von dieser Kurve kennt man den Parameter p und weiß, daß die Tangente im Punkte U einen Aufriß hat, der zusammenfällt mit demjenigen der Erzeugenden e und daß ihr Grundriß rechtwinklig steht zum Grundriß dieser Erzeugenden. Es läßt sich also durch die Spitze S des Rich-

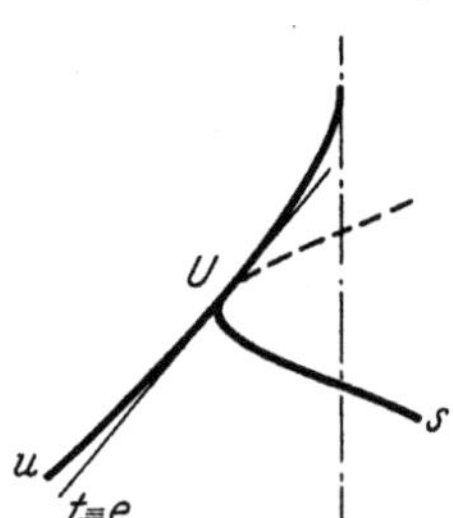

Abb. 231. Umriß, Bahnschraubenlinie und Erzeugende.

tungskegels der Leitschraubenlinie die Parallele m zur Tangente an die Bahnkurve, die durch U geht, ziehen. Es sei M ihr Spurpunkt mit der achsnormalen Ebene durch den Anfangspunkt A_0 der Leitschraubenlinie. Damit ergibt sich im Grundriß der Radius r der Bahnschraubenlinie s des Umrißpunktes, und man kann ihn auf der Erzeugenden e festlegen.

Aus den Abmessungen der Abb. 230 ergibt sich für den nachherigen Gebrauch leicht die Polargleichung des Grundrisses der Umrißkurve. Schneidet die achsnormale Ebene durch den Punkt A die Achse a im Punkte C, und sind r und φ die Polarkoordinaten von U, so ist

$$AC = r_0 \cdot \cos\varphi; \qquad BC = B_0 C_0 = r_0 \cdot \operatorname{ctg}\alpha ,$$

ferner im Aufriß

$$MC_0 : SC_0 = AC : BC ,$$

so daß durch Einsetzen der Werte sich ergibt

$$SC_0 = p = r_0 \cdot \operatorname{ctg}\alpha : MC_0 \cdot r_0 \cdot \cos\varphi .$$

Da aber

$$MC_0 = r \cdot \sin\varphi$$

ist, so wird

$$r = p \cdot \frac{\operatorname{ctg}\varphi}{\operatorname{ctg}\alpha} .$$

Bezeichnet man mit ϱ_0 den Radius des Grundkreises des Richtungskegels der Schraubenfläche (dieser Kreis möge kurz der Richtkreis heißen), so ist

$$\frac{p}{\operatorname{ctg}\alpha} = \varrho_0 .$$

Also wird die gesuchte Polargleichung

$$r = \varrho_0 \cdot \operatorname{ctg}\varphi . \tag{1}$$

Eine andere Konstruktion der Punkte U der Umrißkurve kann nun einfach aus der bisherigen gefunden werden. Verlängert man in Abb. 230 den Radius SM über den Mittelpunkt S hinaus bis zum Schnittpunkt R mit dem Richtkreis, so muß die Parallele durch diesen Punkt zur Geraden A_0S durch den Umrißpunkt U gehen. Denn es gilt die Polargleichung, so daß der Winkel φ im rechtwinkligen Dreieck USR an der Ecke U erscheinen muß.

Abb. 232 enthält nun die Darstellung der scharfgängigen Schraubenregelfläche, und zwar betrifft diese Darstellung einen Gang und den Teil des einen Mantels, der zwischen der Leitschraubenlinie s_0 und der Achse a liegt. Es sind zunächst, mit Hilfe des Parameters p der Leitschraubenlinie, zwölf gleichmäßig verteilte Punkte $A_0, A_1, A_2, \ldots$ eines

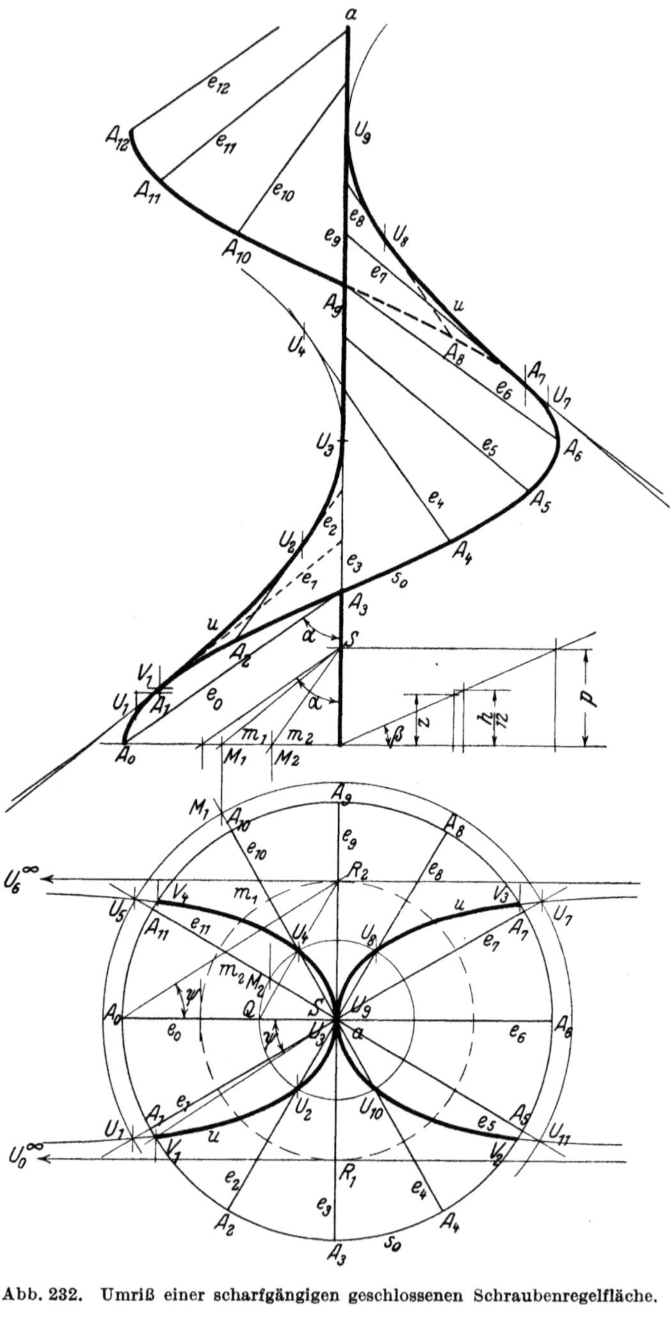

Abb. 232. Umriß einer scharfgängigen geschlossenen Schraubenregelfläche.

Ganges dieser Schraubenlinie dargestellt sowie die zugehörigen Erzeugenden e_0, e_1, e_2, ... der Schraubenregelfläche, deren Anlagewinkel α

sei. Die durch diese regelmäßige Einteilung eines Ganges erzielte Symmetrie vereinfacht und beschleunigt die Darstellung der Umrißkurve. Man hat durch die Spitze S des Richtungskegels nur die Parallelen m_1 und m_2 zu den beiden Erzeugenden e_1 und e_2 zu ziehen; ihre ersten Spurpunkte M_1 und M_2 bestimmen die Kreise, auf den die Umrißpunkte U_1, U_5, U_7, U_{11} bzw. U_2, U_4, U_8, U_{10} liegen. Die Umrißpunkte U_0 und U_6 fallen konstruktionsgemäß in unendliche Ferne, und zwar in Richtung der Erzeugenden e_0 (und e_6). Die zweite nachgewiesene Konstruktion von Umrißpunkten läßt erkennen, daß die zu dieser Richtung parallelen Tangenten des Richtkreises die Asymptoten der Umrißkurve sind.

Leicht ergeben sich auch die Punkte, in denen die Leitschraubenlinie von der Umrißkurve überschritten wird. Denn soll ein Umrißpunkt V auf der Leitschraubenlinie liegen, so muß für ihn $r = r_0$ sein, so daß aus der Polargleichung folgt, daß dieser Punkt aus dem Anfangspunkt A_0 durch eine Schraubung hervorgeht, die einem Winkel ψ entspricht, für den

$$\operatorname{ctg} \psi = \frac{r_0}{\varrho_0}$$

ist. Verbindet man also den Berührungspunkt R_2 der einen Asymptote mit dem Richtkreis mit dem Anfangspunkt A_0 der Leitschraubenlinie, so erscheint dieser Drehwinkel ψ im rechtwinkligen Dreieck A_0SR_2 an der Ecke A_0. Zieht man also durch den Punkt S die Parallele zur Hypotenuse dieses Dreiecks, so erhält man einen Umrißpunkt V_1 der Leitschraubenlinie. Es gibt vier derartiger Umrißpunkte auf der Leitschraubenlinie; sie sind im Grundriß symmetrisch verteilt bezüglich der Symmetrieachsen A_0A_6 und A_3A_9. Im Aufriß berührt die Leitschraubenlinie in den Punkten V den scheinbaren Umriß.

Übrigens kann diese Konstruktion von Umrißpunkten angewandt werden auf die Bestimmung der Umrißpunkte irgendeiner beliebigen Bahnschraubenlinie. Trifft eine solche, herausgegriffen durch ihren kreisförmigen Grundriß, den Radius A_0S im Punkte Q, so hat man nur durch S die Parallele zur Geraden R_2Q zu ziehen, um auf dem Kreise den Umrißpunkt U zu erhalten. Denn es besteht wieder die Polargleichung (1) zu Recht. Die vier Umrißpunkte eines Ganges der Schraubenlinie sind hier U_2, U_4, U_8 und U_{10}. —

110. Schrauben. Zur Befestigung, aber auch zur Erzwingung bestimmter Bewegungen, werden Schrauben hergestellt, die begrenzt sind von Schraubenflächen, welche durch die Schraubung geradliniger, ebener Profile um eine in ihrer Ebene liegende Achse entstehen. Abb. 233 erinnert an die Schrauben, die durch Profile verschiedener Art entstehen. Der Fall a gibt eine flachgängige, der Fall b eine scharfgängige Schraube, während sich an der Schraube des Falles c, einer Trapezschraube, beide Arten der geschlossenen Schraubenregelflächen vorfinden werden.

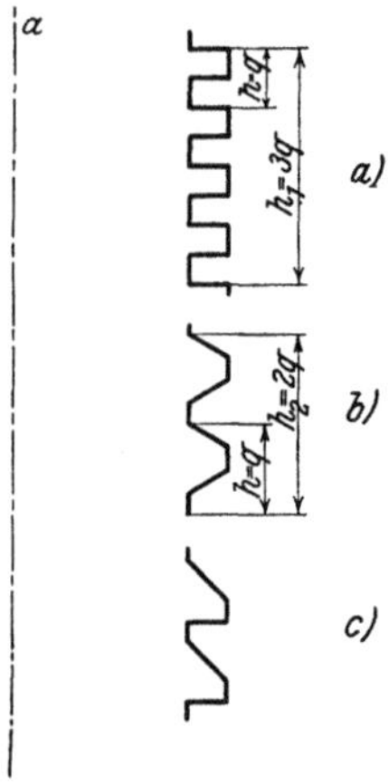

Abb. 233.
Profile von Schrauben.

Wenn die Ganghöhe h der Schraubung der Größe nach übereinstimmt mit der Periode q des geschraubten Profils, so entsteht eine **einfache** Schraube; wenn dagegen die Ganghöhe (h_1 in Abb. 233) ein Vielfaches der Periode q ist, so wird die entstehende Schraube **mehrgängig**. Es beschreiben dann nur die Eckpunkte des Profils, die um eine Ganghöhe h_1 entfernt voneinander liegen, die nämliche Bahnschraubenlinie, nicht aber jene, deren Entfernung gleich der Periodenlänge q ist.

111. Kugelabschluß einer scharfgängigen Schraube. Das Profil $ABCD$ in Abb. 234 ergibt bei der Schraubung um die Achse a eine scharfgängige Schraube; die Strecke d ist der **Bolzendurchmesser**, die Strecke d_k der **Kerndurchmesser**. Die entstehende Schraube werde nun nach einer Kugel abgedreht, deren Mittelpunkt M auf der Achse a liege und die den Radius R habe (Abb. 235).

Um nun Punkte Q der Durchdringungskurve k der Schraubenregelfläche und der Kugel zu bestimmen, denke

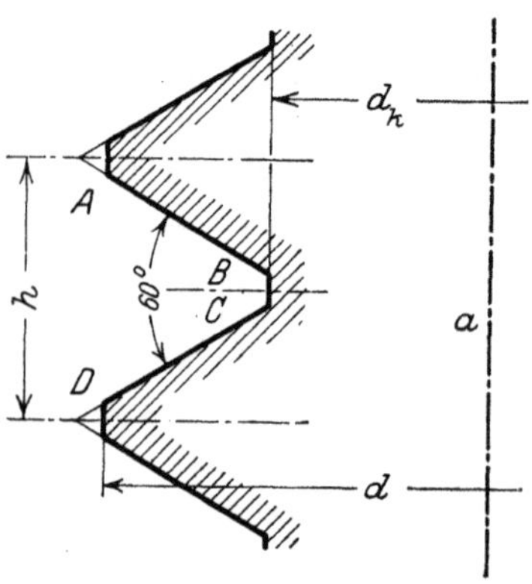

Abb. 234.
Profil einer scharfgängigen Schraube.

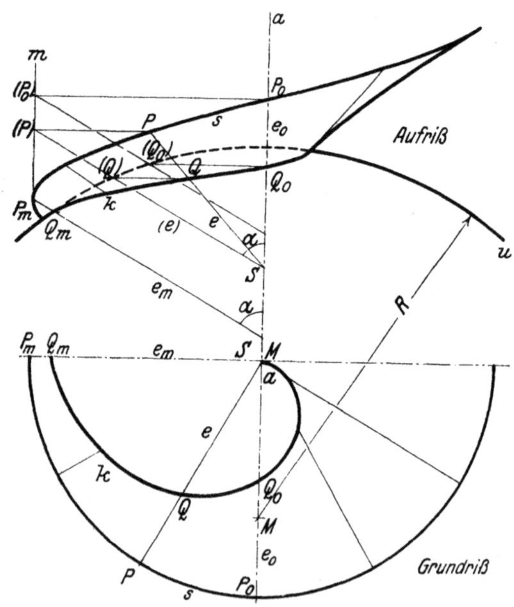

Abb. 235.
Durchdringung von Schraubenfläche und Kugel.

man sich die Erzeugenden e der Regelfläche geschnitten mit der Kugel. Dazu hat man die Erzeugende e zu drehen um die Achse a, wobei der

Schnittpunkt S beider festbleibt und sich der Punkt P der Erzeugenden, der auf der Leitschraubenlinie s liegt, in den Punkt (P) auf der äußersten Mantellinie m des Bolzenzylinders dreht. Die gedrehte Erzeugende (e) bildet dann mit der Achse den wahren Anlagewinkel α der Schraubenfläche. Trifft die gedrehte Erzeugende den Kugelumriß u in einem Punkte (Q), so ergibt dieser, zurückgedreht nach dem Punkte Q auf der Erzeugenden e, einen Punkt der Durchdringungskurve k.

Man wird nicht versäumen, auch die in einer doppelt-projizierenden Ebene gelegene Erzeugende e_0 nach dem nämlichen Verfahren im Punkte Q_0 mit der Kugel zu schneiden, ebenso die mittlere Erzeugende e_m, die zur Aufrißebene parallel ist und durch den äußersten Punkt P_m der Leitschraubenlinie geht.

In Abb. 236 ist dieses Konstruktionsverfahren auf den Kugelabschluß einer Schraube angewandt worden. Allein die Durchdringungskurve setzt sich zusammen aus verschiedenen Stücken, entsprechend dem Eindringen der Kugel in die einzelnen Teile der Schraube. Das Stück k_1, das sich zwischen den Punkten T und W erstreckt, ist die Durchdringung der Kugel mit dem oberen Mantel der Schraubenfläche; die Punkte T und W sind die Schnittpunkte der Kugel mit der äußeren Schraubenlinie d bzw. der inneren Schraubenlinie c. Es liegen diese Schnittpunkte der Kugel mit den an der Schraube vorkommenden Schraubenlinien auf den Schnittkreisen s_1 und s_2 der Kugel mit dem Bolzen- bzw. dem Kernzylinder.

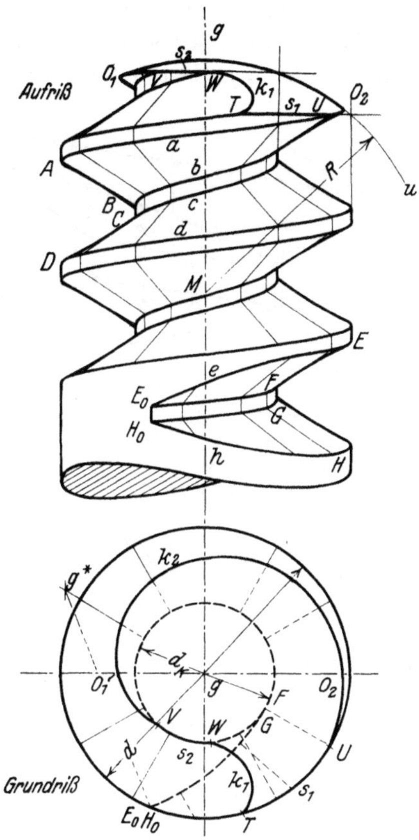

Abb. 236.
Kugelabschluß einer scharfgängigen Schraube.

Im Punkte W geht die Durchdringungskurve über auf den Kernzylinder und verbindet als ein Bogen des Kreises s_2 die Schnittpunkte V und W der Kugel mit den Schraubenlinien b und c. Im Punkte V tritt die Durchdringungskurve auf den unteren Mantel der Schraubenfläche und sei mit k_2 bezeichnet. Dieses Stück geht vom Punkte V bis zum Schnittpunkt U der Kugel mit der äußeren Schraubenlinie a. Den Schluß bildet der Bogen TU des Kreises s_1, in welchem die Kugel den Bolzenzylinder zwischen den Schraubenlinien a und d schneidet.

Zur richtigen Darstellung der Durchdringung gehören noch die Umrißpunkte O_1 und O_2, die auf dem Kugelumriß u liegen und auf diesem vom geschraubten Profil herausgeschnitten werden.

Abb. 236 enthält auch noch den Auslauf des Gewindes. Seine Entstehung und Darstellung ist in Abb. 237 erläutert. Während das Gewinde durch die Schraubung des Profils $ABCD$ um die Achse c entsteht, soll dies nur bis zur Ebene σ gelten, während von da an die Schraubung um die exzentrisch liegende, zu c parallele Achse c^* erfolgen soll, und zwar mit der gleichen Ganghöhe. Hat sich also die Profilebene σ um den Winkel $\frac{2\pi}{n}$ gedreht in die neue Lage σ_1, so hat sich die Mittellinie m des Profils gesenkt um die Strecke $\frac{h}{n}$, wenn h die Ganghöhe der Schraubung ist. Die Eckpunkte FG des Profils beschreiben auf dem Zylinder k^* mit der Achse c^* Schraubenlinien f bzw. g. Legt man das Profil in der Lage σ_1 um seine Mittellinie m_1 um, so können seine Eckpunkte $E_1F_1G_1H_1$ in der neuen Lage angegeben werden, wobei die Punkte E_1 und H_1 stets auf dem Bolzenzylinder liegen und in ihrer Gesamtheit die Durchdringungskurven e und h bilden. Ist n die gemeinsame Mantellinie des Zylinders k^*, dessen Achse c^* ist, und des Bolzenzylinders k_1 mit der Achse c, so fallen für diese letzte Lage σ_0 der Profilebene die Profileckpunkte E und H in die Eckpunkte F bzw. G, und hier läuft das Profil in einer Strecke E_0H_0 aus.

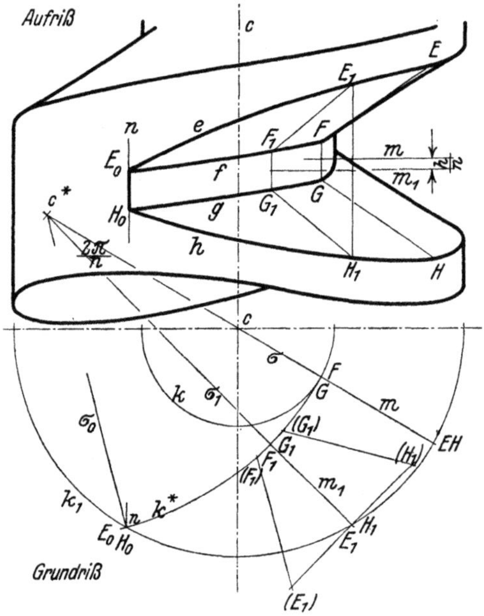

Abb. 237. Auslauf der scharfgängigen Schraube.

112. Offene Schraubenregelflächen. Wenn eine Gerade um eine zu ihr windschiefe Achse geschraubt wird, so beschreibt sie eine offene Schraubenregelfläche. Da sich der kürzeste Abstand der Geraden von der Achse nicht ändert, haben alle Erzeugenden von der Achse die nämliche kürzeste Entfernung. Wird in Abb. 238 vorausgesetzt, die Achse a sei zur Grundrißebene rechtwinklig, so werden die Grundrisse aller Erzeugenden Tangenten an einen Kreis k sein, welcher der Grundriß der Kehlschraubenlinie der Fläche ist, das ist der Bahnschraubenlinie, die der Achse am nächsten kommt. In Abb. 238 sei die Fläche bestimmt durch eine Anfangslage e_0 der Erzeugenden und die Bahnschraubenlinie s_0 eines ihrer Punkte A_0. Diese „Leitschraubenlinie" habe den Parameter p und den Radius r_0.

Ist nun der Grundriß eines Flächenpunktes P gegeben, so kann man seine Erzeugende e und damit auch seinen Aufriß konstruieren. Der Grundriß der Erzeugenden e ist Tangente an den Kreis k, den Grundriß der Kehlschraubenlinie. Die Bahnschraubenlinie s des Punktes P treffe die Erzeugende e_0 im Punkte P_0. Dann sind die Tangentenstücke, die von den Punkten P und P_0 an den Kreis k gehen, gleich lang. $K_0 K$ seien die Punkte der Erzeugenden e_0 und e, die auf der Kehlschraubenlinie liegen. Den Aufriß der Erzeugenden e findet man wieder (104) durch Schraubung zweier ihrer Punkte, etwa P und K [1]).

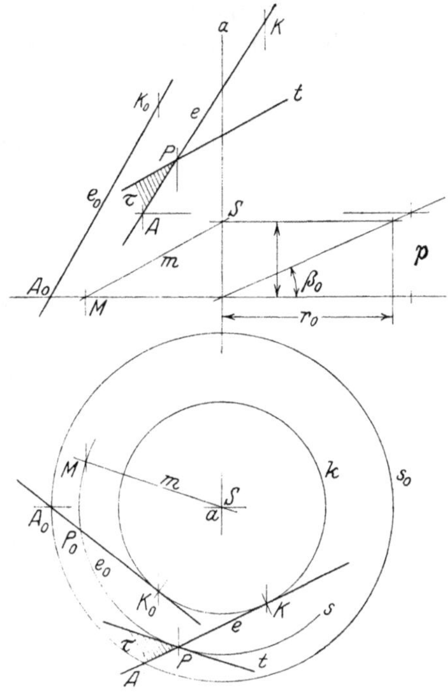

Abb. 238. Offene Schraubenregelfläche.

Die Tangentialebene τ an die Schraubenfläche im Punkte P ist bestimmt durch die Erzeugende e und die Tangente t an die Bahnschraubenlinie des Punktes. Von dieser letzteren kennt man den Grundriß als Tangente an den Kreis s, den Grundriß der Bahnschraubenlinie des Punktes P; der Aufriß ergibt sich mit dem Richtungskegel der Schraubenlinie s; t ist parallel zu m.

Die Grundrisse aller Erzeugenden der Schraubenregelfläche umhüllen den Kreis k, den Grundriß der Kehlschraubenlinie. Dieser Kreis ist also für die erste Projektion der scheinbare Umriß der Fläche. Im Aufriß wird der scheinbare Umriß der Regelfläche um-

[1]) Den zwei möglichen Tangenten vom Grundrißpunkt an den Kehlkreis (dem Grundriß der Kehlschraubenlinie) entsprechen zwei Erzeugende der Fläche für einen Gang, und also gibt es zwei mögliche Lagen des Flächenpunktes P in jedem Gang.

hüllt von den Aufrissen der Erzeugenden. **Punkte der Umrißkurve** kann man konstruieren, indem man die **Umrißpunkte von Erzeugenden oder von Bahnschraubenlinien** ermittelt.

a) Abb. 239 zeigt, wie man den Umrißpunkt U einer beliebigen Erzeugenden e konstruiert. Die Tangentialebene an die Fläche in diesem Umrißpunkte U ist zur Aufrißebene rechtwinklig und hat die zweite Projektion der Erzeugenden zur Spur, läßt also im Aufriß den Winkel β^* erkennen, den sie mit der achsnormalen Grundrißebene bildet. Bei der Schraubung umhüllt diese Ebene eine abwickelbare Schraubenfläche, die mit der gegebenen Schraubenfläche längs der Bahnschraubenlinie des Umrißpunktes U in Berührung ist. Die Rückkehrkurve dieser abwickelbaren Schraubenfläche ist eine Schraubenlinie s^* mit dem Steigungswinkel β^*. Mit Hilfe des Parameters p der Schraubung bestimmt sich sofort der Radius r^* dieser Schraubenlinie. Nun muß der Umrißpunkt U der Erzeugenden e auf dem Umriß der abwickelbaren Tangentenfläche der Schraubenlinie s^* liegen. Dieser Umriß besteht aus den zur Aufrißebene parallelen Tangenten der Schraubenlinie s^*, deren eine, die Gerade u, in Abb. 239 den Umrißpunkt U der Erzeugenden e liefert. Die andere kommt, wie der Aufriß zeigt, nicht in Betracht; denn für den Umrißpunkt U müssen die Aufrisse der Geraden e und u zusammenfallen.

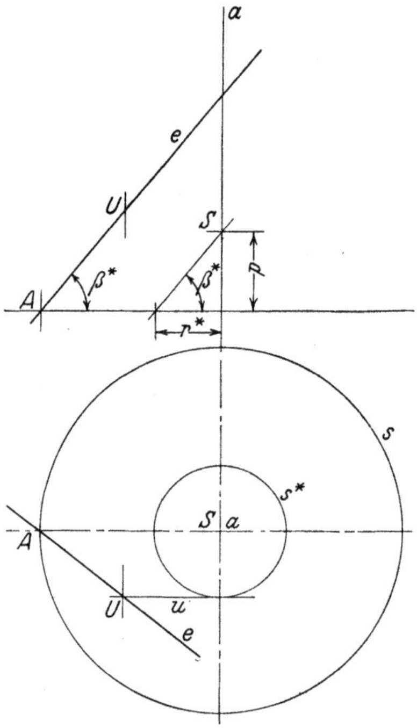

Abb. 239. Umrißpunkt einer Erzeugenden einer Schraubenregelfläche.

b) Abb. 240 bestimmt die Umrißpunkte einer beliebigen Bahnschraubenlinie s. Trifft diese die Anfangslage e_0 der Erzeugenden im Punkte P_0, so ermittle man dessen Tangentialebene τ, bestimmt durch die beiden Geraden e_0 und t_0. Geschraubt, beschreibt sie eine abwickelbare Schraubenfläche, die mit der gegebenen windschiefen Regelfläche in Berührung ist längs der Schraubenlinie s und auf deren Umriß daher auch die Umrißpunkte dieser Schraubenlinie liegen müssen. Den Grundriß s^* der Rückkehrkurve dieser abwickelbaren Fläche findet man, wenn man durch die Spitze S des Richtungskegels der Leitschraubenlinie die Geraden n und m parallel zu den Geraden e_0 und t_0 legt, welche die Parallelebene τ^* zur Tangentialebene τ bilden. Sind N

und M die ersten Spurpunkte dieser Parallelen, so wird der Kreis s^* die Spur MN der Hilfsebene berühren müssen. Dann sind die zur Aufrißebene parallelen Tangenten u und u^* der Schraubenlinie s^*

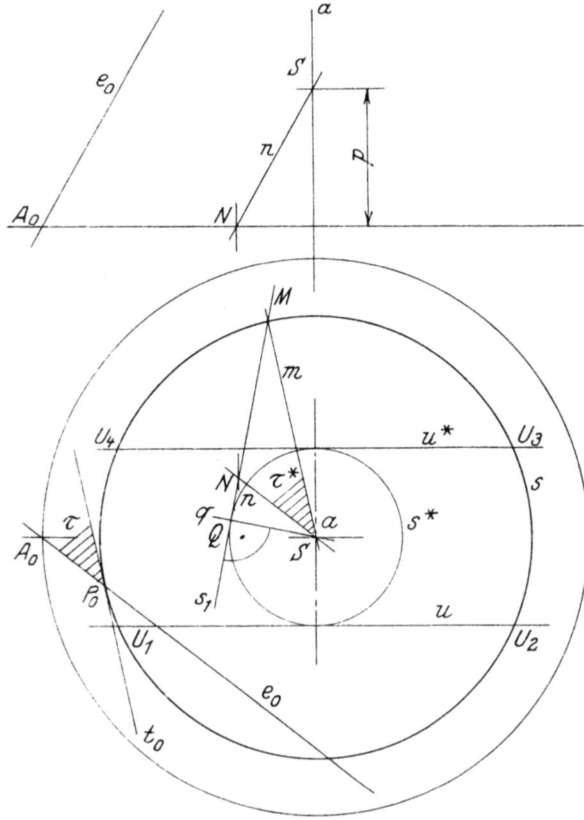

Abb. 240.
Umrißpunkte einer Bahnschraubenlinie einer Schraubenregelfäche.

Umrißerzeugende und erhalten die Umrißpunkte U_1—U_4 der Bahnschraubenlinie s.

113. Leitkurven der Schraubenregelflächen. Als Regelflächen sind auch die Schraubenregelflächen durch drei Leitkurven bestimmbar. Im folgenden sollen diese Leitkurven angegeben werden.

a) Die flachgängige (oder gerade), geschlossene Schraubenregelfläche. Leitkurven sind eine Schraubenlinie und deren Achse; und da alle Erzeugenden die Achse unter rechtem Winkel schneiden müssen, hat die Regelfläche eine achsnormale Richtungsebene. Somit ist die unendlich-ferne Gerade der achsnormalen Ebene eine dritte Leitlinie.

b) Die scharfgängige (oder schiefe), geschlossene Schraubenregelfläche hat eine Schraubenlinie und deren Achse zu Leitlinien, und da ihre Erzeugenden die Achse unter einem unveränderlichen Anlagewinkel treffen, besitzt sie einen geraden Kreiskegel als Richtungskegel für die Erzeugenden. Diese sind somit zu den Mantellinien des Richtungskegels parallel, schneiden seinen Mantel in unendlicher Ferne, haben also den unendlich-fernen (ebenen) Querschnitt des Richtungskegels zur dritten Leitkurve.

c) Die offenen Schraubenregelflächen unterscheiden sich von den geschlossenen dadurch, daß an Stelle der Schraubenachse, die bei jenen Leitgerade ist, eine Leitspindel tritt, ein gerader Kreiszylinder um die Schraubenachse, der von allen Erzeugenden berührt werden muß. —

114. Spindel eines Drillbohrers als offene Schraubenregelfläche. Abb. 241 erinnert an einen solchen Bohrer. Die Spindel sei eine Regelfläche, deren Erzeugende Bisekanten (53) einer gegebenen Leitschraubenlinie seien, die durch Schraubung auseinander hervorgehen. Die Anfangserzeugende sei in Abb. 242 die Gerade e_0, welche die Punkte A_0 und B_0 der Leitschraubenlinie verbindet. Zeichnet man neue Lagen

Abb. 241. Drillbohrer.

A_1B_1, A_2B_2, ... der geschraubten Erzeugenden ein, so umhüllen die Projektionen dieser Geraden die scheinbaren Umrißkurven der Regelfläche.

Im Grundriß der Abb. 242 umhüllen die Erzeugenden einen Kreis; wahrer Umriß ist die Kehlschraubenlinie der Fläche. Die Umrißkurve u für den Aufriß bestimmt sich nach der Methode, die in Abb. 239 auseinandergesetzt worden ist.

Das untere Ende der Spindel gehe über in ein Vierkant, dessen Grundriß das Rechteck $CDEF$ sei. Sichtbar ist die Schnittkurve s der ersten projizierenden Ebene durch CD. Sie enthält die Schnittpunkte S_2, S_3, ... der Erzeugenden e_2, e_3, ... mit dieser Ebene. Die Endpunkte C und D des in Betracht fallenden Kurvenbogens bestimmt man, indem man die Erzeugenden ermittelt, welche durch diese Punkte, deren Grundrisse man kennt, gehen. Über diese Punkte C und D hinaus erstreckt sich die Schnittkurve s beiderseitig ins Unendliche, nach Richtungen, die man bestimmt, indem man die Erzeugenden e und e^* ermittelt, die zur Schnittebene parallel sind. Die Aufrisse dieser Geraden sind die Asymptoten selbst, geben nicht nur ihre Richtung an. Denn legt man in den durch sie bestimmten unendlich-fernen Punkten die Tangentialebene an die Regelfläche, so erkennt man, daß diese beidemal zweite projizierende Ebenen sind, weil sie parallel sein müssen zur entsprechenden Tangentialebene des Richtungskegels der Regelfläche (113).

Die Spindel ist am oberen Ende (die Spindellänge ist verkürzt dargestellt) abgeschnitten durch eine achsnormale Ebene N. Punkte P oder Q der Schnittkurven n_1 bzw. n_2 dieser Ebene mit den beiden Mänteln der Schraubenfläche erhält man, indem man Erzeugende e_5 bzw. e_0 der Regelfläche mit der Ebene schneidet. Daß die beiden Mäntel der Fläche sich längs der Leitschraubenlinie durchdringen, so daß die Durchdringungsschraubenlinie zur Doppelkante der Fläche wird, spiegelt sich im Schnitt, indem der Schnittpunkt L der Ebene N mit der Leitschraubenlinie zu einem Doppelpunkt der Schnittkurve wird. Anderseits zeigt der stetige Übergang der beiden Kurven n_1 und n_2 im Punkte K ineinander, daß die beiden Mäntel längs der Kehlschraubenlinie stetig ineinander übergehen.

Man stellt sich die Form der Fläche auch leicht vor, wenn man beachtet, daß sie auch erhalten werden kann durch Schraubung ihres Normalschnittes. —

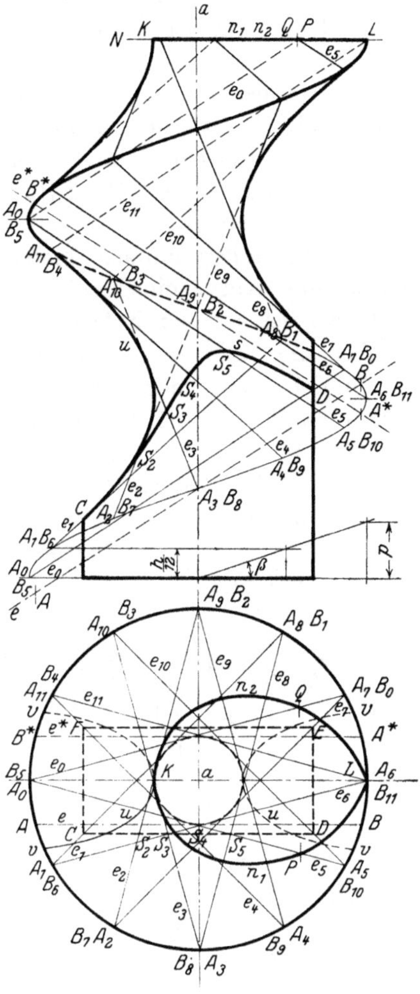

Abb. 242. Schnitte am Drillbohrer.

XVII. Nichtgeradlinige Schraubenflächen.

115. Erzeugung der allgemeinen Schraubenfläche. Wird eine (ebene oder doppelt gekrümmte) Kurve um eine Achse geschraubt, so erzeugt sie eine allgemeine Schraubenfläche. Die Fläche ist bestimmt, wenn die Schraubung durch ihre Achse und ihren Parameter gegeben ist, und wenn man eine Anfangslage der erzeugenden Kurve kennt.

Es können dann Bahnschraubenlinien der einzelnen Kurvenpunkte dargestellt werden, und es lassen sich die Umrißpunkte der Bahnschraubenlinien genau so ermitteln wie in (112).

Legt man eine Ebene durch die Achse der Schraubenfläche, so schneidet sie aus der Fläche eine Kurve, den Meridian der Schraubenfläche.

Eine Ebene aber von achsnormaler Stellung bestimmt einen Normalschnitt der Schraubenfläche.

Die Schraubenfläche kann insbesondere durch die Schraubung ihres Meridians oder ihres Normalschnittes erzeugt werden.

Als besonders einfach bieten sich Schraubenflächen dar, deren erzeugende Kurve ein Kreis ist. Sieht man ab vom allgemeinsten Fall, wo der Kreis zur Achse der Schraubung beliebige Lage hat, so bleiben die Fälle, wo der Kreis zur Achse besondere Lage hat.

In der Folge möge ein Beispiel behandelt werden, in dem eine Schraubenfläche auftritt, deren Normalschnitt ein Kreisbogen ist.

116. Spiralbohrer. Aus einem zylindrischen Bolzen (Abb. 243) wird ein „Spiralbohrer"[1]) herausgearbeitet, indem das Normalprofil $BCDEFGHIK$ geschraubt wird und der Bohrer zugespitzt wird. Das Normalprofil ist aus Kreisbogen und geraden Strecken zusammengesetzt. Die Zuspitzung erfolgt in Abb. 243 durch zwei gerade Kreiskegel, deren Achsen l und r zur Achse a des Bohrers parallel sind, aber exzentrisch und symmetrisch liegen. L und R seien die Spitzen dieser Kegel, welche beide den Öffnungswinkel 120° haben.

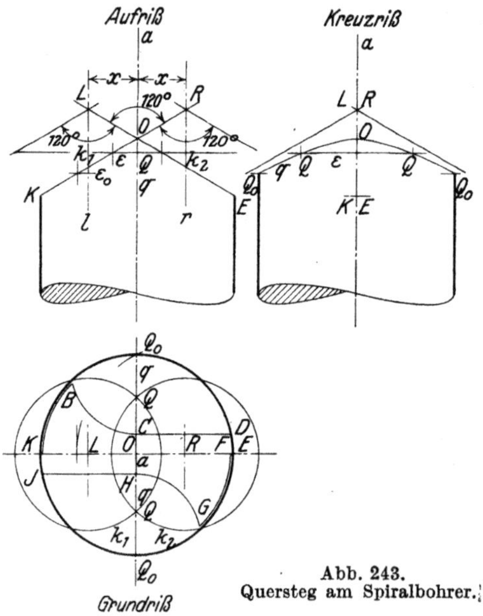

Abb. 243. Quersteg am Spiralbohrer.

a) Der Quersteg. Die zwei Kegel haben als Durchdringungskurve eine Hyperbel gemein, welche in der doppeltprojizierenden Symmetrieebene liegt. Zur Darstellung von Punkten Q dieser Kurve q werden achsnormale Hilfsebenen ε eingelegt, die aus

[1]) Der Name „Spiral"-Bohrer ist geometrisch nicht einwandfrei, da nichts „spiraliges" an ihm vorkommt. Man denke an die logarithmische oder die archimedische Spirale. „Schraubenbohrer" müßte man sagen.

den Kegeln zwei (gleich große) Kreise k_1 und k_2 schneiden. Die im Grundriß ersichtlichen Schnittpunkte Q dieser zwei Hilfskreise werden im Kreuzriß Punkte der Hyperbel q ergeben. Die auf dem Zylinderbolzen liegenden Punkte Q_0 der Hyperbel erhält man, indem man vom Grundriß ausgeht, wo sie bekannt sind; dadurch läßt sich die achsnormale Hilfsebene ε_0 bestimmen, in der sie liegen. Vom Quersteg kommt nur das Stück, das im Grundriß zwischen den Punkten C und H liegt, in Betracht. Der Bohrer dringt bohrend und schabend mit dem Quersteg in das zu bearbeitende Material ein.

b) Die Nuten. Die Profilstücke BCD und GHI erzeugen bei der Schraubung die Nuten, welche dem Ablauf des Spanes dienen, der beim Bohren entsteht. Jede Nut setzt sich aus zwei Teilen zusammen, entsprechend dem Umstand, daß jedes der erzeugenden Normalprofile aus zwei Teilen besteht, z. B. das erste aus dem geradlinigen Stück CD und dem Kreisbogen BC. Die gerade Strecke erzeugt bei der Schraubung eine offene, gerade Schraubenregelfläche; der Kreisbogen BC aber eine allgemeinere Schraubenfläche, deren Normalprofil

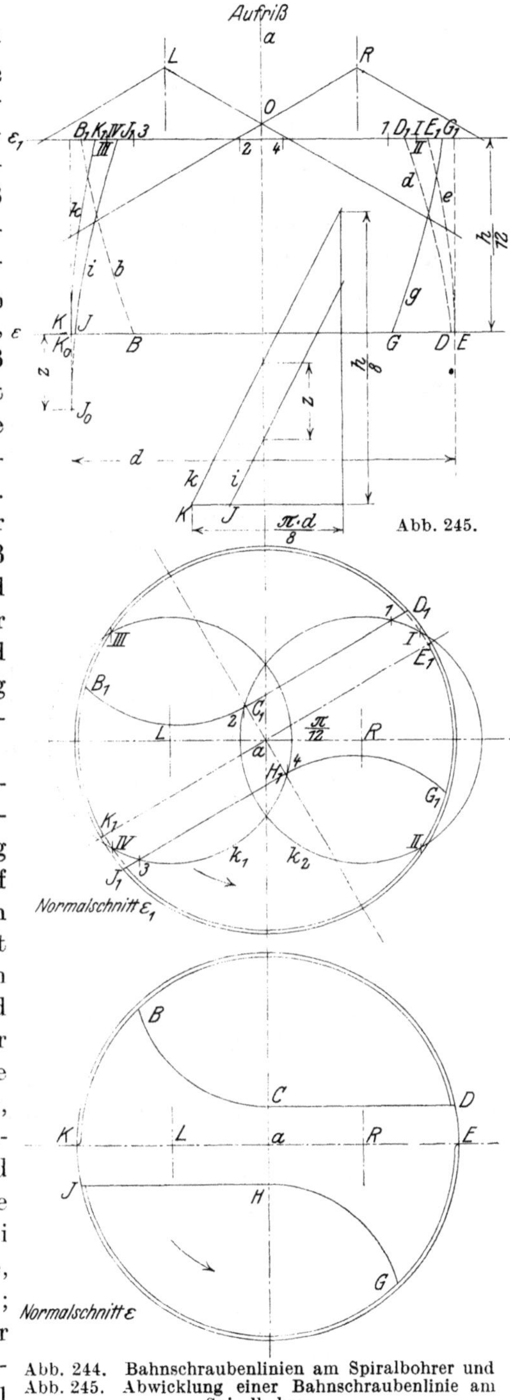

Abb. 245.

Abb. 244. Bahnschraubenlinien am Spiralbohrer und
Abb. 245. Abwicklung einer Bahnschraubenlinie am Spiralbohrer.

ein Kreisbogen ist. Diese zwei Nuten ergeben an der Bohrerspitze Durchdringungskurven mit den Kegeln, welche die Spitze bilden. Es sind dies die Schneidekanten des Bohrers und man trachtet, die Flächen so anzuordnen, daß diese Kurvenstücke möglichst flach verlaufen, sich tunlichst einer geraden Strecke anpassen[1]). (Die fertige Darstellung des Spiralbohrers in Abb. 248 läßt diese Durchdringungskurven s_1 und s_2 der einen Nut mit den beiden Kegeln erkennen.) Punkte dieser Durchdringungskurven findet (Abb. 244) man in achsnormalen Hilfsebenen, wie ε_1 eine solche ist. Stellt ε eine Anfangslage der Normalprofilebene dar und ist die Schraubung der Ebene ε in die Lage ε_1 z. B. mit einer Zwölftelumdrehung verbunden, so haben die Profilebenen ε und ε_1 den Abstand $\frac{h}{12}$, wo h die Ganghöhe der Schraubung ist. Die Profilebene ε_1 schneidet aus den beiden Kegeln Kreise k_1 und k_2 heraus, die von dem um den Winkel $\frac{2\pi}{12}$ gedrehten Normalprofil der Nuten in den Punkten 1—4 getroffen werden, die den betrachteten Durchdringungskurven angehören. Gleichzeitig erhält man die in der achsnormalen Hilfsebene liegenden Punkte I—IV, welchen den Durchdringungskurven u_1 und u_2 des Bolzenzylinders mit den beiden Abschlußkegeln angehören (s. Abb. 248).

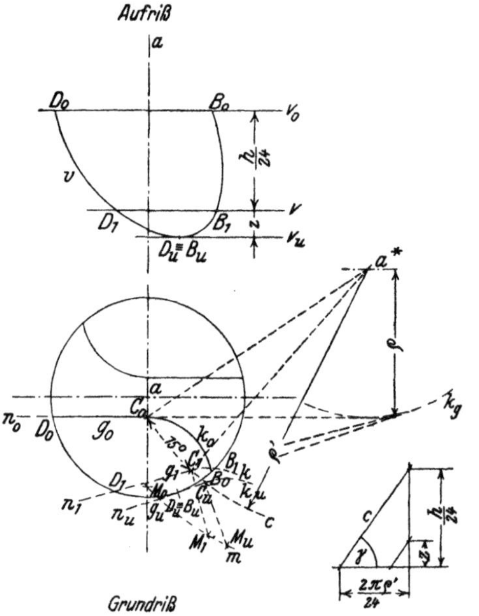

Abb. 246. Auslauf der Nute am Spiralbohrer.

Abb. 247. Abwicklung zur Konstruktion der Auslaufkurve.

c) Die Führungsleisten. Die Eckpunkte B, D, E, G, I und K beschreiben bei der Schraubung Schraubenlinien, die bzw. mit b, d, e, g, i und k bezeichnet seien. Abb. 245 enthält eine Abwicklung der Schraubenlinien i und k mit dem Zylinder, auf dem sie liegen. Aus dieser Abwicklung ergibt sich der Abstand z dieser beiden Schraubenlinien, gemessen auf den Mantellinien des Zylinders. Diesen Abstand z haben auch die äußersten Punkte I_0 und K_0 dieser beiden Schraubenlinien. Der Normalschnitt ε_1 ergibt die Punkte B_1, D_1, E_1, G_1, I_1

[1]) Spiralbohrer, deren Nut nach einer Schraubenregelfläche gekrümmt ist, haben dann ein Normalprofil, das sich nicht aus Kreisbogen zusammensetzt.

und K_1 der Schraubenlinien. Zwischen den Schraubenlinien d und e einerseits, i und k anderseits liegen die etwas über den Bolzenzylinder hinausragenden Führungsleisten.

d) Auslaufkurve für die Nuten. Um die Kurve v zu finden, in welcher am unteren Ende des Spiralbohrers die Nut ausläuft, denke man sich das Normalprofil von einer Höhenlage ν_0 an um die Achse a^* geschraubt und damit aus dem Bolzenzylinder herausgeführt (Abb. 246). Damit kommt das Normalprofil aus der Anfangslage n_0 über die Zwischenlage n_1 in die Endlage n_u, wo es aus dem Bolzenzylinder heraustritt. Ist das Profil n_1 aus der Anfangslage n_0 z. B. durch eine Schraubung hervorgegangen, die einem Drehungswinkel von 15⁰ (oder dem 24. Teil einer vollen Umdrehung) entspricht, so entspricht den beiden achsnormalen Ebenen ν und ν_1, welche diese Profile enthalten, eine Kotendifferenz von $\frac{h}{24}$. Die Gerade g_0, die einen Teil des Profils enthält, wird bei der Schraubung eine gerade, offene Schraubenregelfläche beschreiben, deren Kehlschraubenlinie sich im Grundriß als der Kreis k_g darstellt, dessen Radius ϱ durch die Anfangslage g_0 bestimmt ist. Der Mittelpunkt M_0 des Kreises k_0, der das Stück B_0C_0 des Profils enthält, beschreibt bei der Schraubung um die Achse a^* eine Schraubenlinie, deren Grundriß der Kreis m ist, und die Übergangsstelle C_0 der geraden Profilstrecke g_0 in den Bogen k_0 beschreibt eine Schraubenlinie, deren Grundriß in den Kreis c fällt. Entsprechend diesen Bemerkungen können die neuen Lagen des Profils gezeichnet werden und können die Schnittpunkte B_1 und D_1 eines solchen Normalschnittes n_1 mit dem Bolzenzylinder bestimmt werden. Es

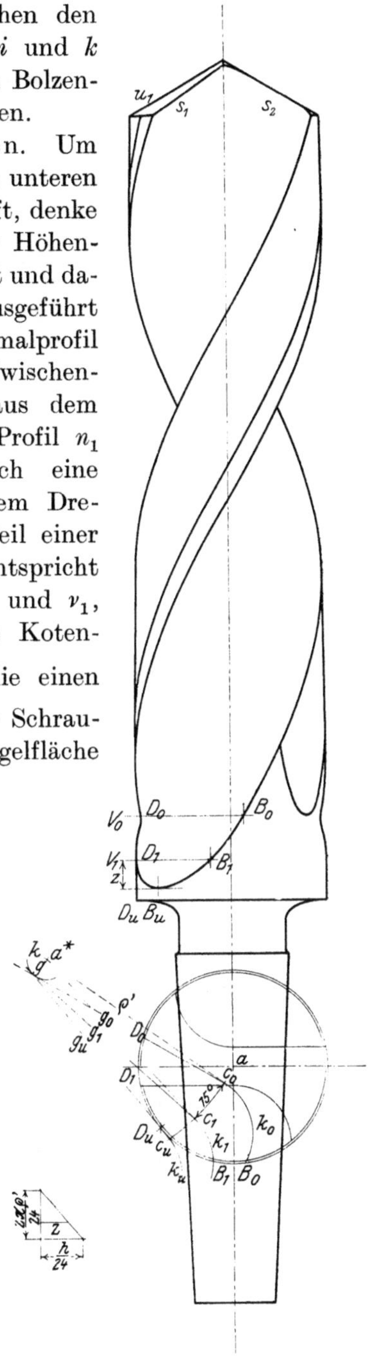

Abb. 248. **Darstellung des Spiralbohrers.**

kann insbesondere auch die Endlage n_u des Profils ermittelt werden, für welche die beiden Schnittpunkte B_u und D_u zusammenfallen. Dabei ergibt sich der Kotenunterschied z der beiden achsnormalen Profilebenen ν_0 und ν_u in Abb. 247 mit Benutzung der Abwicklung der Schraubenlinie c, die der Punkt C_0 beschreibt. Ist ϱ' der Radius dieser Schraubenlinie, deren Ganghöhe h ist, so ergibt sich der Steigungswinkel γ in der Abwicklung. Der Kotenunterschied der beiden Profilebenen ν_0 und ν_u ist gleich dem Kotenunterschied der beiden Punkte C_0 und C_u und entspricht dem Kreisbogen, der ihre Grundrisse verbindet.

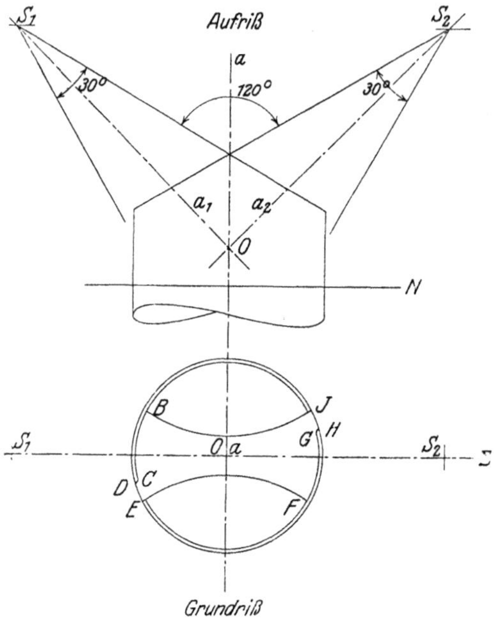

Abb. 249.
Variante für die Spitzenbildung des Spiralbohrers.

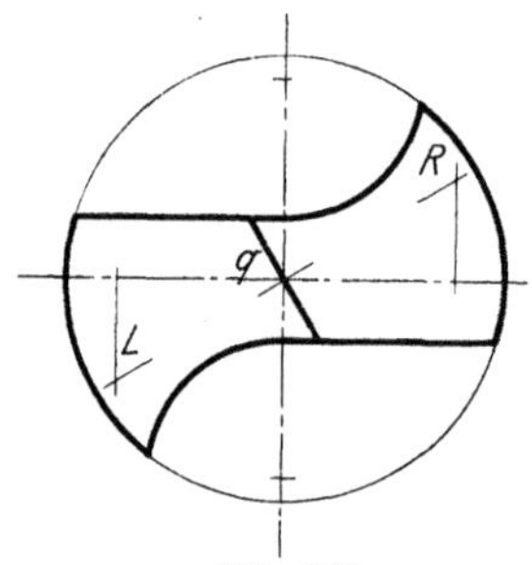

Abb. 250.
Variante für den Normalschnitt des Spiralbohrers.

Abb. 248 enthält die vollständige Darstellung des Spiralbohrers.

Abb. 249 zeigt eine andersartige Zuspitzung eines Spiralbohrers. Die Achsen a_1 und a_2 der beiden Spitzenkegel schneiden sich in einem Punkte 0 der Achse a des Bohrers, und ihre Verbindungsebene Σ geht durch die Achse a. Das Profil der Nuten ist ebenfalls angegeben.

Abb. 250 gibt ein Profil, bei welchem der Quersteg q schief steht zur Symmetrieachse des Profils.

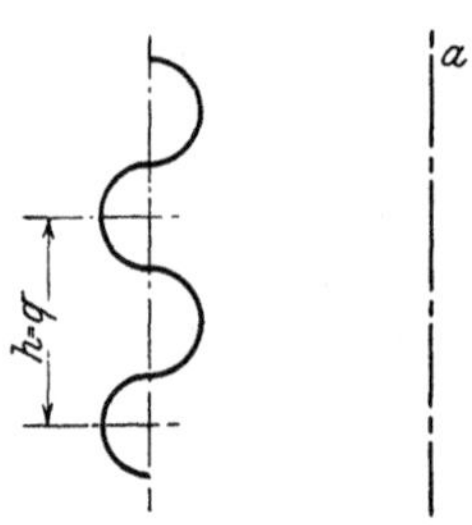

Abb. 251. Rundes Gewinde.

117. Rundes Schraubengewinde. Die Abb. 251 gibt das Profil eines solchen Gewindes; es besteht aus Schraubenflächen, deren Meridian ein Kreis ist. In der Abbildung wurde angenommen, die Ganghöhe h der Schraubung entspreche der Periodenlänge q des Profils.

118. Archimedisches Schlangenrohr. Wird eine Kugel geschraubt, so wird sie von einer Schraubenfläche, einer Serpentine, umhüllt. Um diese Fläche darzustellen, wurde in Abb. 252 die Leitschraubenlinie s des Kugelmittelpunktes gegeben. Damit können einzelne Lagen der bewegten Kugel dargestellt werden, und man erhält auch in beiden Projektionen die scheinbaren Umrisse der Fläche angedeutet, umhüllt von den Kugelbildern.

Im Grundriß der Abb. 252 sind zwei Kreise die scheinbaren Umrisse, zwei Kehlschraubenlinien die wahren Umrißkurven.

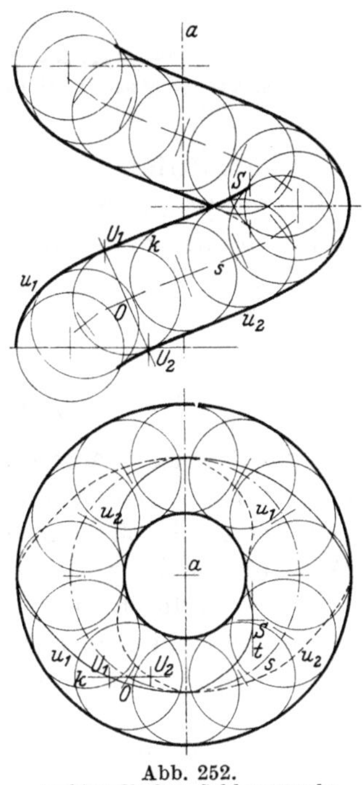

Abb. 252.
Archimedisches Schlangenrohr.

Punkte U der zweiten Umrißkurve u im Aufriß findet man, wenn man benutzt, das in jeder Lage der Kugel Berührung zwischen ihr und der Serpentine stattfindet, und zwar längs eines Großkreises der Kugel, dessen Ebene rechtwinklig steht zur Bahntangente der Leitschraubenlinie des Kugelmittelpunktes. Da sich Kugel und Serpentine längs dieses Großkreises berühren, müssen die auf dieser Kugel liegenden Umrißpunkte U_1 und U_2 auch auf dem scheinbaren Umriß der Kugel liegen, also auf dem Großkreis k, der zur Aufrißebene parallel ist. Die Schnittgerade der beiden Großkreise enthält also die gesuchten Umrißpunkte.

Der zweite Umriß u der Serpentine besteht aus zwei Kurventeilen u_1 und u_2, die im Grundriß als zwei ineinander verschlungene, geschlossene Schleifen erscheinen.

Im Aufriß der Abb. 252 weist der scheinbare Umriß Spitzen auf, entsprechend dem Umstand, daß der wahre Umriß u projizierende Tangenten hat (53), wie man im Grundriß erkennt. —

Der scheinbare Umriß bildet im Aufriß eine Parallelkurve zur Sinuslinie (Aufriß der Leitschraubenlinie).

„Spiralfedern" sind von Archimedischen Serpentinen begrenzt.

119. Spitzen der scheinbaren Umrißkurve. In Abb. 253 sei der scheinbare Umriß u einer Fläche dargestellt und weise in den Punkten A und B Spitzen auf. Die Fläche sei abgeschnitten und lasse das geschwärzte Innere erkennen. Die Punkte A und B entsprechen Punkten der wahren Umrißkurve, deren Tangente projizierend ist; es sind Rückkehrpunkte der scheinbaren Umrißkurve, wobei aber der zweite, in der

Abbildung gestrichelte Kurvenzug hier keine Bedeutung für den Umriß hat. Wird aber der Schnitt der Fläche, wie in Abb. 254, tiefer geführt, so bekommt auch dieser Teil der geometrisch bestimmten Umrißkurve anschauliche Bedeutung als Begrenzung des Durchblickes,

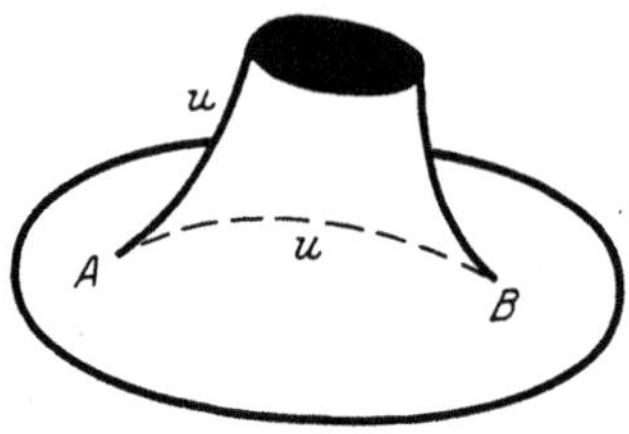

Abb. 253. Spitzen der Umrißkurve.

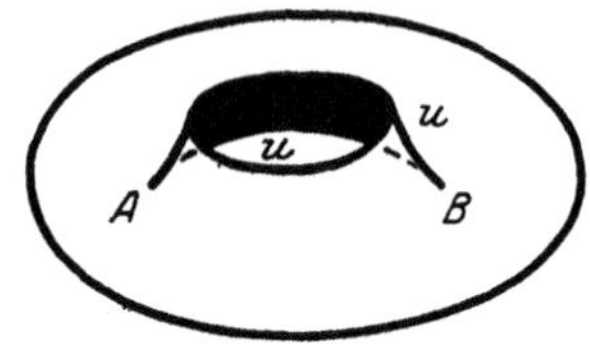

Abb. 254. Bedeutung des Kurventeils beiderseits der Spitzen.

der nun auftritt. Im Kurventeil, der in Abb. 253 ausgezogen ist, berührt die projizierende Tangente die Fläche von außen, im anderen Teil von innen. In den Punkten A und B, die beiden Kurventeilen angehören, wird somit eine Haupttangente der Fläche projizierend sein (54).

XVIII. Schlagherzen.

120. Zweck, Anordnung und Wirkungsweise der Schlagvorrichtung am mechanischen Webstuhl. Beim Weben ist der Einschlagfaden in den Zettel durch den Schützen einzuschießen. Beim mechanischen Webstuhl wird der Schützen, der das Webematerial trägt, das zum Schuß dienen soll, durch die Schlagbewegung durch das sog. Fach getrieben, indem der Schützen durch den Schlag einen Impuls erhält, der ihn aus dem einen Schützenkasten durch das Fach in den gegenüberliegenden wirft.

Abb. 255[1]) zeigt eine Schlagvorrichtung. Längs der Höhe der Gestellwand des Webstuhls ist eine Schlagwelle c gelagert, und zwar bei f in einem Hals-, bei i in einem Fußlager. An dieser Welle sind angebracht: oben der Schlagarm a, unten die Schlagrolle r. Der Schlagarm und die Achse der konischen Schlagrolle bilden mit der Schlagwelle rechte Winkel. Der Schränkungswinkel beider kann bei Bedarf abgeändert werden, da sich die feste Verbindung des Schlagarmes mit der Schlagwelle lösen läßt und der Schlagarm sich, nach etwelcher Verdrehung, in anderer Lage festklemmen läßt.

Das Schlagherz l (auch Schlagexzenter genannt) dreht sich um die Welle B, angetrieben von der Welle A. Die Schlagrolle soll der Flanke des Schlagherzens aufliegen. Sobald der konkave Teil des Schlag-

[1]) Abb. 255 entstammt dem „Lehrbuch der mechanischen Weberei“ von Franz Reh, 2. A., Wien: Carl Gerolds Sohn.

herzens mit der Schlagrolle in Berührung kommt, bewegt er diese, deren Achse sich zu drehen beginnt in einer horizontalen Ebene und um einen Punkt, der auf der Achse der Schlagwelle liegt. Mit der Schlagrolle dreht sich auch die Schlagwelle *c* um ihre Achse und damit auch der Schlagarm *a*.

Der Schlagarm *a* trägt an seinem freien Ende einen Lederriemen, der die Verbindung mit dem „Picker" herstellt. Der Picker ist ein aus Leder oder Holz hergestellter Treiber, der dem vor ihm liegenden Schützen einen Impuls vermittelt, sobald der obenerwähnte Lederriemen durch das Ausholen des Schlagarmes angespannt wird.

Sobald die Nase des Schlagherzens die Schlagrolle am weitesten gedreht hat, verläßt der Schützen, sich vom Treiber ablösend, den Kasten und fliegt durch das Fach. Eine Schlagfeder *h* sorgt nun dafür, daß die Schlagrolle dem Schlagherzen auch weiterhin anliegt und die Schlagrolle in ihre Ausgangslage zurückdreht.

Die Schlagrolle und mit ihr der Schlagarm haben somit zwei Totpunktslagen, die im Grundriß der Abb. 255 eingetragen sind. Die eine wird erreicht, wenn der Schlag, beim Vorbeistreifen der Nase, seinen größten Ausschlag ergibt, die andere dann, wenn der Schlag beendet ist. Der entsprechende Teil der Flanke des Schlagherzens ist konisch, streift an der Schlagrolle, ohne sie zu verschieben.

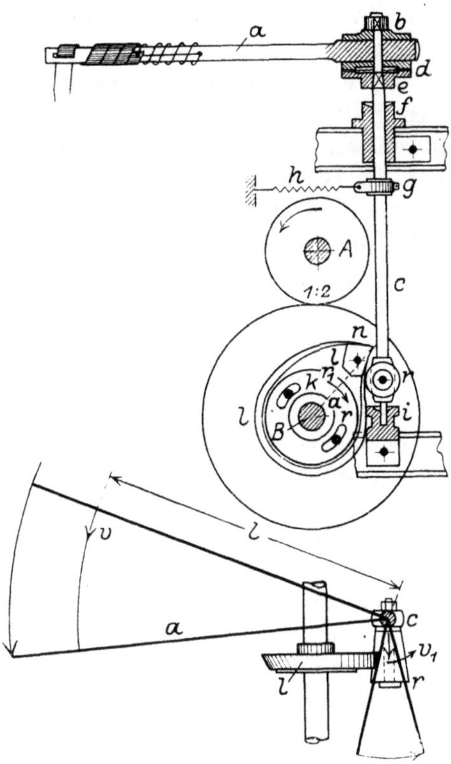

Abb. 255. Schlagvorrichtung.

Nun ist zu erwähnen, daß es aus mehrfachen Gründen erstrebenswert ist, die Formgebung des Schlagherzens und die Anordnung der Schlagvorrichtung so zu treffen, daß Schlagrolle und Schlagherz einander stets längs einer Mantellinie der ersteren berühren. Dadurch wird einmal die Verteilung der Flächendrücke zwischen beiden günstig, sodann findet ein richtiges Abrollen der Schlagrolle am Schlagherzen statt, wodurch eine geringere Abnützung beider entsteht und die Schlagbewegung auch weniger Kraft erfordert.

Da ist zunächst zu beachten, daß für die zweite der eben erwähnten Totpunktslagen der konische Teil des Schlagherzens in immerwährender Berührung mit der konischen Schlagrolle sein soll, damit eben die Richtung der Achse der letzteren unverändert bleibt. Wenn sich aber zwei gerade Kreiskegel längs Mantellinien berühren sollen, so müssen sich ihre Achsen schneiden (oder parallel sein). Also muß die Horizontalebene, in der die Achse der Schlagrolle schwingt, durch die Achse des Schlagherzens gehen (oder aber die Schlagachse in der Totpunktslage parallel sein zur Drehachse des Schlagherzens). Diese erste Forderung eines glatten Abrollens wird zumeist nicht beachtet; auch Abb. 255 läßt diesen Anordnungsfehler erkennen (s. den Aufriß der Abb.). Da dann die Berührung nur punktweise stattfindet, wird vermehrte Abnützung die Folge sein.

Im Textilmaschinenbau herrscht oft die Meinung, es sei nicht möglich, die Flanke der Schlagherzen so zu konstruieren, daß zwischen Schlagherz und Schlagrolle Berührung längs einer Linie stattfindet, „weil die beiden Flächen nicht aufeinander abwickelbar seien". Auch in der einschlägigen Fachliteratur wird diese Meinung, meines Wissens unwidersprochen, vertreten. Sie ist aber irrtümlich, und es soll in der Folge eine Schlagherzbestimmung entwickelt werden, so daß bei jeder Kurbelstellung des Schlagherzens konstruktionsgemäß Berührung der beiden Flächen längs einer geradlinigen Erzeugenden stattfindet.

Man hilft sich im Maschinenbau, der zudem nur mehr oder weniger begründete Näherungskonstruktionen für die Schlagherzen kennt, damit, daß man die Schlagherzen ausprobiert und durch Nachfeilen zusieht, daß die Schlagrolle „möglichst gut" aufliegt oder nach näherungsweise bestimmten Modellen gießt.

Die Flanke des Schlagherzens ist als eine abwickelbare Regelfläche zu konstruieren (56). Dann kann dafür gesorgt werden, daß sich Schlagrolle und Schlagherz längs einer Erzeugenden berühren, und da beide Flächen in die Ebene abwickelbar sind, so sind sie es auch aufeinander.

121. Schlagherz mit abwickelbarer Flanke. Um die Bestimmung der abwickelbaren Fläche zu erläutern, nach welcher die Flanke des Schlagherzens gekrümmt sein soll, denke man sich in Abb. 256 die Form des Schlagherzens durch die Angabe der äußeren Schlagkurve u bestimmt[1]. Die Ebene ε dieser Kurve sei eine zweite Hauptebene. Die Achse des

[1]) Da die Schlagbewegung dem Webstuhl, für den sie konstruiert wird, angepaßt werden muß, ist es empfehlenswerter, zu jeder Stellung der Rollenachse die betr. Kurbelstellung des Schlagherzens vorzuschreiben und danach beide Schlagkurven zu konstruieren.

Schlagherzens sei mit b bezeichnet und treffe die Kurvenebene im Punkte M. Dieser Punkt ist der Mittelpunkt des kreisförmigen Teiles der Schlagkurve u. Als „Nullage" der Schlagrolle werde bezeichnet die Stellung, wo die Rollenachse a_0 zur Ebene ε der äußeren Schlagkurve rechtwinklig steht. Σ sei die horizontale Ebene, in der die Kegelachse zwischen ihren beiden Totpunktlagen schwingt, und zwar um den Drehpunkt O, der somit in der Achse der Schlagwelle liegt.

Um die abwickelbare Fläche, um die es sich bei der Formgebung der Flanke des Schlagherzens handelt, dem Verständnis nahe zu führen, denke man sich die Schlagkurve u um den Punkt M gedreht und die Schlagrolle an ihrem Umfang abrollend. Jeder Lage der Schlagrolle wird dann eine von außen berührende Kurbelstellung der Kurve u entsprechen. Verbindet man den Berührungspunkt beider mit der Kegelspitze, so ist dies eine Erzeugende der abwickelbaren Fläche der Arbeitsflanke. Eine Näherungskonstruktion wird erkennen lassen, worin die im Maschinenbau herkömmlichen Näherungskonstruktionen bestehen und welches ihr gemeinsamer Übelstand ist.

Man denke sich eine Schablone aus steifem Papier oder auch aus dünnem Blech von der Form der äußeren Schlagkurve u angefertigt und ihren Mittelpunkt im Punkte M der Zeichnung befestigt, so daß die Schablone um diesen Punkt drehbar wird.

Nun werde das Konstruktionsverfahren zunächst an der Nullage der Schlagrolle durchgeführt. In dieser Lage hat die Rolle mit der zu ihrer Achse a_0 rechtwinkligen Ebene ε einen Kreis k_0 gemein, den man im Aufriß zeichnen kann. Dann dreht man die Schablone um den Punkt M, bis sie den Schnittkreis k_0 berührt. Es geschieht dies viermal, doch kommen nur zwei dieser Berührungsstellen in Betracht. Es sei (U_0) die eine von ihnen. Dieser Punkt werde um M in einem Kreisbogen zurückgedreht, bis er in U_0 auf die (in willkürlicher Kurbelstellung angenommene) Schlagkurve u fällt. Dieser Punkt U_0 der Schlagkurve u ist dann derjenige, in welchem die äußere Schlagkurve die Schlagrolle in der Nulllage berührt. Verbindet man (im Auf- und Grundriß) den Punkt (U_0) mit der Kegelspitze S_0, so erhält man die Kegelmantellinie, längs welcher die Schlagrolle in der Nullage das Schlagherz berühren soll, also eine Erzeugende (e_0) der Flanke in der gedrehten Lage. Sie ist demnach zurückzudrehen um den Drehpunkt M. Da sich dabei im Aufriß der Abstand vom Drehpunkt nicht ändert und auch das Tangentenstück (U_0) (T_0) seine Länge beibehält, läßt sich die Anfangslage der Erzeugenden e_0 mit Genauigkeit ermitteln.

Schneidet man (im Grundriß) die Berührungserzeugende (e_0) im Punkte (V_0) mit der Ebene φ, die zur Ebene ε parallel ist, so erhält man einen (gedrehten) Punkt der inneren Schlagkurve v. Da die Ebenen beider Schlagkurven parallel zueinander sind, werden die

Spuren der gemeinsamen Tangentialebene von Schlagrolle und Schlagherz, das sind die Tangenten an den beiden Schlagkurven, in den Punkten U_0 bzw. V_0 auch parallel zueinander sein, so daß man nicht nur Punkte, sondern auch Tangenten der inneren Schlagkurve angeben kann. Und da (für die Nullage der Rolle) die Berührungserzeugende des Kegels zur Tangente an den Normalschnittkreis k_0 rechtwinklig steht, ist die Erzeugende e_0 eine Fallgerade der Flanke (75) (verdient diesen anschaulichen Namen aber nur, wenn die Ebenen der Schlagkurven wagrecht gestellt werden).

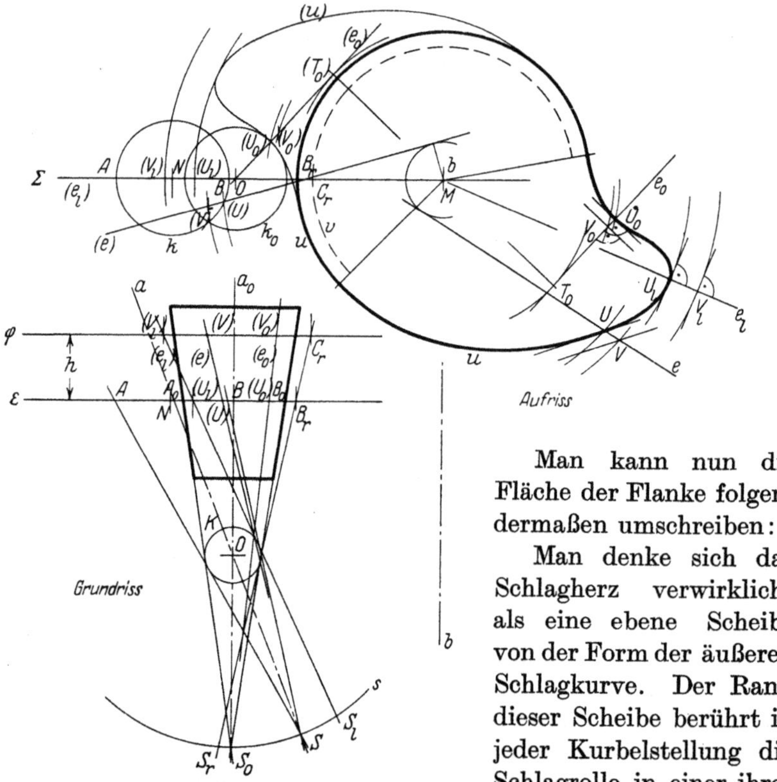

Abb. 256. Die beiden Schlagkurven.

Man kann nun die Fläche der Flanke folgendermaßen umschreiben:

Man denke sich das Schlagherz verwirklicht als eine ebene Scheibe von der Form der äußeren Schlagkurve. Der Rand dieser Scheibe berührt in jeder Kurbelstellung die Schlagrolle in einer ihrer Lagen. Legt man durch diesen Punkt die Tangentialebene des Kegels, so sei sie auch eine der umhüllenden Ebenen der Flanke. Bewegt sich der Berührungspunkt um die Schlagkurve herum, so wird auch diese Ebene eine Bewegung mit einem Grade der Freiheit ausführen, also eine abwickelbare Fläche umhüllen (56). Die Erzeugenden dieser Flächen verbinden die Punkte beider Schlagkurven miteinander, die parallele Tangenten haben.

Um die beiden Totpunktslagen der Schlagrolle zu beherrschen, kann man folgendermaßen vorgehen.

Totpunktslage rechts (Abb. 256): Für diese äußerste Lage der Rolle findet die Berührung mit dem Schlagherzen längs der (von oben gesehen) äußersten Mantellinie der Rolle statt. Ein Punkt dieser Mantellinie ist der äußerste Punkt B_r des kreisförmigen Teiles der Schlagkurve u. Nun umhüllen alle Lagen der Rolle (da sich ihre Achse um einen Punkt O dreht), eine Kugel K mit O als Mittelpunkt. Die eine der vom Punkt B_r ausgehenden, in der Schwingungsebene Σ liegenden Tangenten dieser Kugel ist die gesuchte äußerste Berührungsmantellinie und bestimmt auf dem Kreis s, den die Kegelspitze durchschwingt, die Spitze S_r für die eine Totpunktslage der Rolle. Die gefundene Berührungsmantellinie schneidet die Ebene φ in einem Punkt C_r der inneren Schlagkurve v und ergibt damit einen Punkt ihres kreisförmigen Teils. Damit ist der konische Teil des Schlagherzens bestimmt.

Totpunktlage links (Abb. 256): In dieser zweiten äußersten Lage der Schlagrolle streift die Schlagnase eben noch die Rolle[1]). Es ist die Erzeugende e_l der Flanke zu bestimmen, längs welcher dies geschieht. Der äußerste Punkt U_l der Schlagkurve u werde gedreht nach (U_l) in der Schwingungsebene Σ. Von diesem Punkt hat man (im Grundriß) die betr. Tangente an die Kugel K zu ziehen und erhält auf dem Kreise s die Spitze S_l des Schlagkegels in seiner äußersten Lage und damit auch den Schnittpunkt V_l dieser Berührungsmantellinie mit der Ebene φ der inneren Schlagkurve. Da die gedrehte Lage (U_l) (V_l) der Erzeugenden durch den Drehpunkt M des Schlagherzens geht, tut dies auch die zurückgedrehte Erzeugende e_l und sie ist rechtwinklig zu den Tangenten der beiden Schlagkurven in ihren Schnittpunkten mit diesen, ist also wieder eine Fallgerade der Flankenfläche im Sinne von (75).

Eine Näherungskonstruktion für beliebige Erzeugende der Fläche läßt sich für eine beliebige Lage der Schlagrolle ebenso durchführen wie für deren Nullage. Es sei S die Kegelspitze, a seine Achse. Dann schneidet der Kegel die Ebene ε der äußeren Schlagkurve in einer Ellipse, deren große Achse AB in Abb. 256 unmittelbar erkannt wird und von der man weitere Punkte, insbesondere auch die kleine Achse, leicht bestimmen könnte. Allein es läge kaum im Interesse der Genauigkeit und Einfachheit, diese Ellipse zu zeichnen und hierauf die Schablone um den Punkt M zu drehen, bis die äußere Schlagkurve mit ihr in Berührung kommt. Zudem wird beim Hin- und Herschwingen der Schlagrolle der Winkel ihrer Achse mit der Ebene der Schlagkurve nie sehr stark verschieden von einem rechten, so daß die Exzentrizität der Schnittellipsen klein bleibt. Man gelangt daher zu einer annehmbaren

[1]) In Abb. 256 ist, im Gegensatz zu Abb. 255, eine Abrundung der Schlagnase vorgesehen. Bei dieser oft gebräuchlichen Anordnung wird die Schlagrolle dem Schlagherzen auch unmittelbar nach dem Schlag anliegend bleiben.

Näherungskonstruktion, wenn man an Stelle der Ellipse den Kreis k über ihrer großen Achse AB nimmt. Dann ermittelt man die Berührungserzeugende (e) für diesen Kegel mit dem Schlagherzen wieder durch Drehung der Schablone um M und erhält, zurückgedreht, die Erzeugende e der Flanke. Die Tangenten an die beiden Schlagkurven in ihren Schnittpunkten U und V mit der Erzeugenden e sind wieder parallel zueinander[1]).

122. Darstellung eines Schlagherzens für eine konische Schlagrolle. Gemäß diesen Konstruktionen wurde in Abb. 257 ein Schlagherz dar-

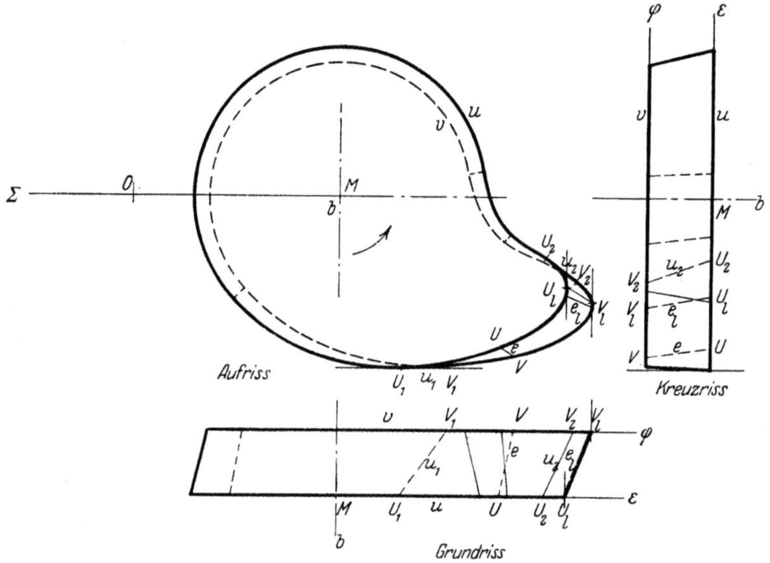

Abb. 257. Schlagherz für konische Rolle.

gestellt für eine Schlagvorrichtung, welche den Verhältnissen entspricht, die in Abb. 256 vorausgesetzt wurden.

Zum Aufriß des Schlagexzenters, der auf eine Ebene parallel zu den Ebenen der Schlagkurven erfolgt, ist zu sagen, daß der Umriß des Gegenstandes, wo er nicht von den Aufrissen der Schlagkurven gebildet wird, bestehen wird aus den Aufrissen der Umrißerzeugenden u_1 und u_2, die

[1]) Die im Maschinenbau gebräuchlichen Konstruktionen von Schlagherzen setzen ebenfalls Kreise an Stelle der Schnittellipsen voraus. Allein die meisten unter ihnen begehen leicht vermeidbare Fehler und konstruieren zudem die Schlagkurven als Hüllkurven der Ersatzkreise, wodurch diese, und insbesondere die Berührungserzeugenden von Rolle und Flanke sehr ungenau werden, trotz komplizierter Konstruktion. Am besten scheint mir das Näherungsverfahren von H. Jenny zu sein (Untersuchungen am mechanischen Webstuhl. Diss. Zürich, E. T. H., 1912). Allein auch dieser Verfasser ist der Meinung, es könne keine Formgebung der Flanke des Schlagherzens gegeben werden, bei welcher die Schlagrolle überall konstruktionsgemäß aufliegt.

sich darstellen als die gemeinsamen Tangenten der Aufrisse beider Schlagkurven. Diese beiden Erzeugenden haben Tangentialebenen (der Flanke), welche rechtwinklig stehen zur Aufrißebene; fallen doch für jede dieser Ebenen im Aufriß die Projektion der Erzeugenden zusammen mit den Aufrissen der Spuren mit den Ebenen der Schlagkurven.

Eine abwickelbare Fläche hat in jeder Parallel- oder Zentralprojektion (Photographie!) einen *geradlinigen* Umriß. Dieser wird gebildet von den Erzeugenden, deren Tangentialebene projizierend ist. Diesem Umstand wird in Maschinenzeichnungen häufig nicht Rechnung getragen, in dem man oft die Flanke der dargestellten Schlagherzen krummlinig umrissen sieht, als wollte der Zeichner damit andeuten, daß es sich eben um eine krumme Oberfläche handle.

In Abb. 257 findet man Grund- und Kreuzriß das Schlagherzens, indem man die betreffenden Projektionen von Erzeugenden der Flanke ermittelt. Die Umrißmantellinien der Flanke findet man, indem man an die beiden Schlagkurven die projizierenden Tangenten zieht.

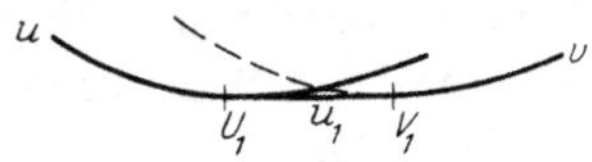

Abb. 258. Umrißstelle am Schlagherzen. (konische Rolle).

Abb. 258 gibt für den Aufriß die Umrißstelle wieder.

123. Schlagherz für eine zylindrische Schlagrolle. Die Verwendung

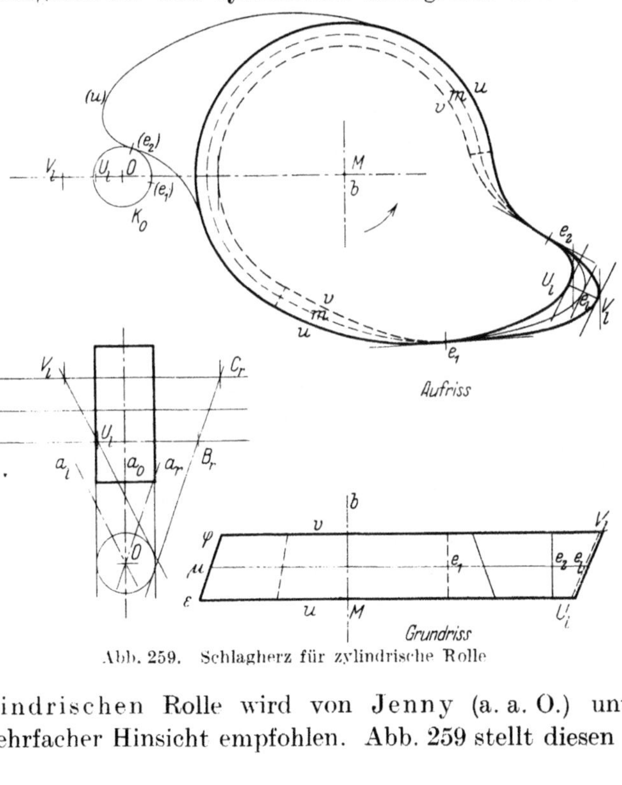

Abb. 259. Schlagherz für zylindrische Rolle

einer zylindrischen Rolle wird von Jenny (a. a. O.) untersucht und in mehrfacher Hinsicht empfohlen. Abb. 259 stellt diesen Sonderfall dar. Die allgemeinen Konstruktionen sind besondere Fälle der in (121) entwickelten. Zu beachten ist aber, daß sich die beiden Schlagkurven im Aufriß in besonderer gegenseitiger Lage darstellen. Ermittelt man nämlich für die Nullage der Rolle die beiden Berührungserzeugenden (e_1) und (e_2) (d. h. für Hin- und Hergang der Rolle), so erhält man die beiden zur Ebene der Schlagkurven rechtwinkligen Erzeugenden e_1 und e_2, die sich daher im Aufriß als Punkte darstellen. Daher werden sich in diesen beiden Punkten die Aufrisse der zwei Schlagkurven berühren und auch alle übrigen, zu den Schlagkurven parallele ebene Schnitte m haben Aufrisse, die einander in diesen Punkten berühren. Diesen beiden Erzeugenden e_1 und e_2 kommt hier die nämliche Bedeutung zu, wie den Umrißerzeugenden u_1 bzw. u_2 der Abb. 257.

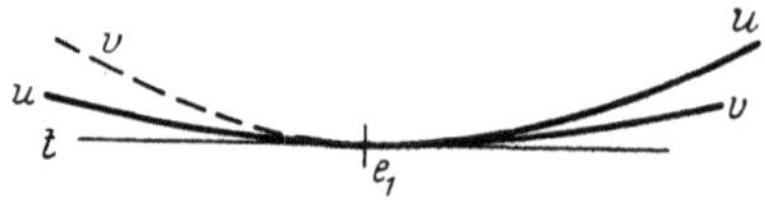

Abb. 260.
Umrißstelle am Schlagherzen, (zylindrische Rollen).

Abb. 260 gibt die Umrißverhältnisse der beiden Schlagkurven. —

Bezeichnungen.

Punkte mit großen, lateinischen Buchstaben, wie, A, B, P, Q.

Linien (gerade und krumme) mit kleinen, lateinischen Buchstaben, wie g, h, k, u, v.

Ebenen mit großen oder kleinen, griechischen Buchstaben, wie Δ, Σ, σ, ε.

Winkel mit kleinen, griechischen Buchstaben, wie α, φ, ψ.

Rechte Winkel sind als solche mit ⦜ bezeichnet.

Berichtigungen.

1. In Abb. 105 ist der isolierte Doppelpunkt im Falle d) (beim Buchstaben D gelegen) irrtümlich weggekratzt worden.
2. Im Aufriß der Abb. 189 ist das Stück der Schnittkurve zwischen den Punkten 10-6-2-12 von vorne gesehen unsichtbar.
3. In der Fußnote auf Seite 143 ist auf (118) zu verweisen.
4. Im Kreuzriß der Abb. 212 ist der Ansatz des Flügels an der Nabe nur zur Hälfte sichtbar; siehe Abb. 213.

GPSR Compliance

The European Union's (EU) General Product Safety Regulation (GPSR) is a set of rules that requires consumer products to be safe and our obligations to ensure this.

If you have any concerns about our products, you can contact us on ProductSafety@springernature.com

In case Publisher is established outside the EU, the EU authorized representative is:

Springer Nature Customer Service Center GmbH
Europaplatz 3
69115 Heidelberg, Germany

Batch number: 10682411

Printed by Printforce, the Netherlands